LINEAR SYSTEMS
線性系統

編著

莊政義

東華書局

國家圖書館出版品預行編目資料

線性系統 = Linear system / 莊政義編著. -- 初版. --
　　臺北市：臺灣東華，民94
　　480 面；19x26 公分
　　參考書目：467 面
　　ISBN 978-957-483-302-3（平裝）
　　1. 線性代數　2. 系統分析

440.11　　　　　　　　　　　　94002623

線性系統 Linear Systems

編 著 者	莊政義
發 行 人	陳錦煌
出 版 者	臺灣東華書局股份有限公司
地　　址	臺北市重慶南路一段一四七號三樓
電　　話	(02) 2311-4027
傳　　眞	(02) 2311-6615
劃撥帳號	00064813
網　　址	www.tunghua.com.tw
讀者服務	service@tunghua.com.tw
門　　市	臺北市重慶南路一段一四七號一樓
電　　話	(02) 2371-9320
出版日期	2005 年 3 月 1 版 1 刷
	2020 年 3 月 1 版 4 刷

ISBN　　978-957-483-302-3

版權所有　·　翻印必究

作者簡介

學歷
美國西北大學電機工程博士
國立台灣大學電機研究所碩士
國立交通大學控制工程學系學士

現職
北台灣科學技術學院電子工程系教授

經歷
美國賓州 *Drexel* 大學訪問及兼任教授
國立台灣海洋大學教授
國立台灣海洋大學電子計算機中心主任
國立台灣海洋大學電子工程學系主任
國立台灣海洋大學電子工程研究所所長

著作
線性系統與自動控制	徐氏基金會出版社出版
電子電路分析與設計	徐氏基金會出版社出版
自動控制	東華書局出版

自動控制【部審工職用書】	東華書局出版
五專電子電路（共四冊）【部審用書】	東華書局出版
五專電子學【部審用書】	大中國圖書公司出版
線性控制系統【部編大學用書】	中央圖書公司印行
基本網路理論【部編大學用書】	大中國圖書公司印行
自動控制	大中國圖書公司出版
自動控制【部審工職用書】	大中國圖書公司出版
線性系統設計【部編大學用書】	明文書局印行
及學術性論文約 100 篇	

編輯大意

一、本書全一冊,適合作為大學及四年制技術學院電子、電機、資訊、機械等科系「線性系統」、「信號與系統」、「線性系統分析」等課程,每週三小時一學期講授之用。

二、本書之敘述採用口語化,配合生動、清晰之圖片對照;例題力求易懂易學、習題深入淺出,皆有詳細之題解,可增進學習興趣與效果。

三、本書之編排力求條理分明,循序漸進;佐以適宜之例題、圖片、表格與習題相互配合,以為重點之闡釋,俾使得讀者能觸類旁通,事半功倍。因此,本書除了可供大專學生本科目教材之用,亦可供一般科技人員研讀與進修之用。

四、全書分八章:第一章「信號與系統」介紹一般常用的類比信號(連續時間信號)與離散時間信號,並且敘述其間相關的動態系統之基本概念。連續時間信號與離散時間信號之變換,亦即 A/D 或 DA 變換,及其相關的抽樣定理亦作完整的介紹。

　　線性系統的動態關係是以數學描述的,又稱為數學模型。本書針對時域與頻域之分析原理,將討論微分(差分)方程式模型、狀

態方程式模型、單位脈衝（脈波）響應模型等時域模型；另一方面，要討論頻域模型為：轉移函數（脈波轉移函數）、頻率轉移函數等。

這些數學模型之時域分析及其特性之討論將在第二章「線性系統的時域模型」介紹之；有關轉移函數（脈波轉移函數）、頻率轉移函數等頻域模型之頻率響應分析將於第六章「線性系統的頻率響應」做交代，並佐以波德頻率響應圖（頻率響應曲線），描述幅度與相角響應，以及弦波穩態響應之原理。

欲作系統分析（或信號分析），可將時域模型變換成為頻域模型：對於類比系統及信號，使用拉式變換，如第三章「拉式變換及其應用」；而於離散時間系統及信號（又稱數列），則使用 z-變換，交代於第四章的「z-變換及其應用」。藉著這些數學變換原理，則微分方程式或差分方程式之時域解答可以轉換為代數解法，非常方便；系統的脈衝（脈波）響應及頻率響應分析亦可利用數值計算或製圖描述方式施行之。

我們在第五章「方塊圖及信號流程圖」介紹另一種很有用的數學描述工具，可供上述數學模型之建構、數學模型之間的轉換與、與實現。藉著方塊圖之描述，可以建構動態線性系統的數學模型；而經由梅生公式之應用，數學模型之間的轉換與實現可以有系統地施行之。因此，方塊圖及信號流程圖實在是做系統分析及實現設計工作之利器。

做信號分析及信號處理（或 DSP）時，需了解時域及頻域之功率分布情形，以及其間關連性質。週期函數（信號）之能量呈現於各次的諧波中，因此對應之頻譜為離散式；非週期信號則具有（頻率）連續式頻譜。以上所述連續時間信號之性質及分析變換將在第

七章「傅立葉級數與變換」裏討論之。週期信號對應於離散式頻譜，因此可用各次諧波的正弦及餘弦函數表示之，即為傅立葉級數（FS）。非週期函數視為週期無窮大，其頻譜為頻率的連續函數，稱為傅立葉變換（FT）。

如果信號為離散時間式（數列），則其對應的頻譜應是週期函數，離散時間數列的傅立葉變換（DTFT）討論此原理，類似於連續時間信號的傅立葉變換（FT）。如果信號為離散週期式數列，則其有類似的離散式傅立葉級數（DFS），通常以離散傅立葉變換（DFT）表達其離散週期式的頻譜數列。這些原理留待於第八章「DTFT與DFT」討論。DFT之數值計算亦可使用快速傅立葉變換（FFT）演算法執行之，其原理與應用也將介紹於第八章。

五、各章例題或習題所相關的波形係以 MATLAB 軟體之製作而成，並附加適當的說明，以期易懂易學，增進效果。

六、文中重要的定義、術語、重點摘要以顯耀的套色字體呈現出來，附以英文名詞，以利參考文獻之查照。

七、本書得以順利出版，在此特別地感謝東華書局全體同仁的大力協助，北台科技學院同仁之鼓勵，與家人之全力支持。編者自料才疏學淺，錯誤在所難免，敬祈海內外先進、學者專家大力斧正，以匡不逮。

莊政義　謹識

中華民國九十四年春月

VIII 線性系統

目　錄

作者簡介

編輯大意

第一章　信號與系統
- 1.1　信號及系統概述 1
- 1.2　連續時間信號 9
- 1.3　離散時間信號 25
- 1.4　連續與離散信號之變換 35
- 1.5　抽樣定理 40
- 1.6　第一章習題 43

第二章　線性系統的時域模型
- 2.1　線性系統的基本性質 49
- 2.2　微分方程式模型 58
- 2.3　差分方程式模型 76
- 2.4　單位脈衝響應模型 91

2.5	狀態方程式模型	103
	第二章習題	114

第三章　拉式變換及其應用

3.1	拉式變換之定義	119
3.2	拉式變換之性質	127
3.3	拉式反變換	135
3.4	利用拉式變換解 LCDE	144
3.5	拉式變換解狀態方程式	150
	第三章習題	159

第四章　Z-變換及其應用

4.1	z-變換之定義	165
4.2	z-變換之性質	173
4.3	z-反變換原理	179
4.4	利用 z-變換解差分方程式	185
4.5	利用 z-變換解狀態方程式	197
4.6	脈波轉移函數	208
	第四章習題	214

第五章　方塊圖及信號流程圖

5.1	方塊圖敘述與化簡	217
5.2	信號流程圖與應用	229
5.3	系統模型的轉換	243
5.4	狀態方程式的實現	260
	第五章習題	272

第六章　線性系統的頻率響應

- 6.1　頻率轉移函數 279
- 6.2　頻率響應特性 286
- 6.3　波德頻率響應曲線 294
- 6.4　濾波器之頻率響應 306
- 　　　第六章習題 313

第七章　傅立葉級數與變換

- 7.1　傅立葉級數 317
- 7.2　傅立葉級數之性質 331
- 7.3　傅立葉變換 336
- 7.4　傅立葉變換之性質 346
- 　　　第七章習題 354

第八章　DTFT 與 DFT

- 8.1　離散式傅立葉變換 361
- 8.2　DTFT 的性質 367
- 8.3　DFT 及其性質 380
- 8.4　FFT 及其應用 391
- 　　　第八章習題 397

附　錄　習題解答

參考文獻

第一章 信號與系統

> 在本章我們要介紹下列主題：
> 1. 信號及系統概述
> 2. 連續時間信號
> 3. 離散時間信號
> 4. 連續與離散時間信號之變換
> 5. 抽樣定理

1-1 信號及系統概述

　　系統 (system) 無所不在，於工程、生活、人文社會、自然生物，甚至於周遭事務、用具、儀器等，皆有系統存在。一組相關的元件、裝置或事件視為一體，或表現有如一體，可以達到某一特定的功能或預期目標者，即為系統。一個系統有輸入，或稱之為外加激發 (excitation) 信號；而系統的輸出，或稱之為響應 (response)，可以由

於本身的儲能，或因外加激發產生之。在分析或設計系統時，這些激發輸入及輸出響應是以時間函數（信號）敘述之。

如圖 1.1 所示，一個系統可用方塊圖 (block diagram) 代表之，其中 $x(t)$ 用來代表輸入（激發）變數，而 $y(t)$ 代表輸出（響應）變數。輸出入變數之間的關係可用數學模型描述之，將在稍後討論。系統的輸入或輸出可以有許多個，稱為多輸入多輸出 (MIMO)，圖中所示為單輸入單輸出 (single-input single-output, SISO) 系統。

圖 1.1 以方塊圖代表系統。

在討論一個系統時，我們必須知道與其相關的輸出或輸入之間的信號 (signal) 轉換關係、或處理情形。欲了解系統的特性或信號處理之情況，則必須使用數學及其相關工具做分析。通常在討論一個物理系統，必須施行下列四步驟：

1. 系統模型化
2. 分析
3. 表現或規格之評判
4. 設計

以數學敘述一個系統的輸出輸入關係，稱之為模型化 (modeling)。在某種信號輸入，或且某一條件下，估算出系統的輸出信號，稱為分析 (analysis)。之後，以量化結果分析系統的表現 (performance)，判斷是否合乎需要規格 (specification)，以憑施行補償設計 (design)。本節要介紹各種常用信號及系統之基本概念。

■ **數學模型**　欲做系統設計，則須先估算系統的輸出信號。這種分析工作建立於系統輸出輸入的數學敘述，即數學模型 (mathmetical model)。於本書中，使用的數學模型有：線性常係數常微分方程式、轉移函數 (TF)、狀態方程式、方塊圖，與信號流程圖 (SFG)。

■ **常微分方程式** (ODE)　描述系統輸出入關係 (數學模型) 常以微分方程式為之。在線性非時變 (linear time-invariant, LTI) 的系統，輸出變數 $y(t)$ 與其時間導數，如 dy/dt 等，為線性組合的型式，且其係數為實常數，如下式

$$\frac{d^2y(t)}{dt^2}+5\frac{dy}{dt}+6y(t)=2\frac{dx}{dt}+6x(t)$$

上式稱為線性常係數常微分方程式 (LCDE)。因此，一個 LTI 系統係以 LCDE 描述其輸出與輸入的關係。

在線性時變 (linear time-varying, LTV) 的系統，輸出變數 $y(t)$ 與其時間導數為線性組合的型式，但其係數為時間函數，如下式

$$\frac{dy}{dt}+(1-2\cos 2t)y(t)=2x(t)$$

而非線性 (nonlinear) 微分方程式則不具有以上性質，例如下式

$$\frac{d_2y(t)}{dt^2}+(y^2-1)\frac{dy}{dt}+y(t)+y^3=2\sin\omega t+x(t)$$

■ **線性與非線性系統**　如上所述，一線性系統的輸出與輸入關係可以使用 ODE 描述之；而非線性系統則須以非線性 ODE，甚且須用偏微分方程式描述之。本書主要涉及以 LCDE 描述輸出入關係的 LTI 系統。

線性系統最重要的性質是重疊定理 (principle of superposition)。此定理陳述如下：由不同輸入產生的總響應，等於每一輸入產生個別

響應的總和。因此,欲分析由於複雜情形的輸入所產生的總響應,可以先估算每一簡單的輸入所產生的響應,然後再將他們合成之。這些 LTI 系統的性質,以及各種類型的信號描述,將在下一章詳加介紹之。

線性系統的信號變化通常限定在某一定工作範圍內,超出此工作區域則系統的輸出入線性關係可能不再遵守。因此,非線性系統常在某一工作條件(工作點)附近做線性化,再以近似之 LTI 系統描述之,以利於施行小信號分析 (small-signal analysis) 及設計。

■ **連續時間與離散時間系統** 處理連續時間 (continuous-time, CT) 信號的系統是為連續時間系統。因此,連續時間系統可用微分方程式描述之。而離散時間 (discrete-time, DT) 系統所處理的信號為離散時間信號,此種系統係以差分方程式 (difference equation) 描述之。有關 CT 與 DT 信號之數學代表式,或描述模式,將在下一小節再詳加介紹之。

一個 N 階連續時間線性非時變系統 (CT-LTI),如圖 1.2 所示,其輸出輸入關係(數學模型)係以如下所示之 LCDE 描述之,

$$\frac{d^N y}{dt^n} + a_{n-1}\frac{d^{n-1} y}{dt^{n-1}} + \cdots + a_1 \frac{dy}{dt} + a_0 y(t) = b_M \frac{d^M x}{dt^m} + \cdots + b_1 \frac{dx}{dt} + b_0 x(t) \quad (1.1)$$

上式可以精簡式表達如下,

$$\sum_{k=0}^{N} a_k \frac{d^k y(t)}{dt^k} = \sum_{k=0}^{M} b_k \frac{d^k x(t)}{dt^k} \quad (1.2)$$

激發 $x(t)$ → CT-LTI → 響應 $y(t)$

圖 1.2 連續時間 LTI 系統。

而一個 N 階離散時間線性非時變系統 (DT-LTI)，如圖 1.3 所示，其輸出輸入關係 (數學模型) 係以如下所示之 LTI 差分方程式描述之，

$$y[n]+a_1 y[n-1]+\cdots a_N y[n-N] = b_0 x[n]+b_1 x[n-1]+\cdots+b_M x[n-M] \quad (1.3)$$

上式可以精簡式表達如下，

$$\sum_{k=0}^{N} a_k y[n-k] = \sum_{k=0}^{M} b_k x[n-k] \quad (1.4)$$

```
          激發              響應
  x[n] ───▶ │ DT-LTI │ ───▶ y[n]
```

圖 1.3 離散時間 LTI 系統。

■ **連續時間與離散時間信號** 信號是以時間為主變數的物理變數。聲、光、化學、力熱、機械、電學等物理系統中所涉及的信號，若以數學描述之，則藉由系統的數學模型便可以估算輸出響應信號了。以 $x(t)$ 代表某一信號，若時間變數 t 為任意實數，即 $t \in \Re$，則 $x(t)$ 稱之為連續時間信號 (CT 信號)；若 $x(t)$ 每隔 T 秒取樣(sampled) 一次，令 $x[k] = x(kT)$ 僅定義於一些固定的瞬刻，即第 k 個取樣值，則形成離散時間信號 (DT 信號)。此時 $\{x[k], k=...0,1,2...\}$ 稱為數列 (sequence)，我們將在下一小節再詳加介紹 CT 與 DT 信號之數學描述。

■ **時域分析與頻域分析** 系統分析方法有兩類：時域分析，以及頻域分析。做時域分析 (time-domain analysis) 時，所使用的系統數學模型有：CT 微分方程式、DT 差分方程式、CT 狀態方程式、與 DT 差分狀態方程式等。這些將分別在本書的第二章及第六章討論之。CT 信

號可以藉由拉式變換 (Laplace transformation) 將之轉換成複數頻率函數，因此微分方程式可以利用拉式變換法解答之。這種原理稱之為頻域分析 (frequency- doamin analysis)。圖 1.4 所示為分析 CT 系統所使用的時域及頻域數學模型，與其間之變換原理。我們將在本書第三章再介紹有關拉式變換法的性質，及其在 CT 微分方程式之應用原理。

如圖所示，在時域分析中，我們要做脈衝響應、步階響應、迴旋積分、弦波穩態響應等輸出之估算，這些將分別於第二章以及第七章討論之。另一方面，在頻域分析中，我們要做幅度響應、相角響應、波德圖、頻譜分析等估算，及其頻率響應曲線之繪製原理。這些將分別於第二章以及第八章討論之。

圖 1.5 所示為分析 DT 系統所使用的時域及頻域數學模型，與其間之變換原理。我們將在本書第四章再介紹有關 z-變換法的性質，及其在 DT 差分方程式之應用原理。有關連續時間信號 (CT 信號) 變換

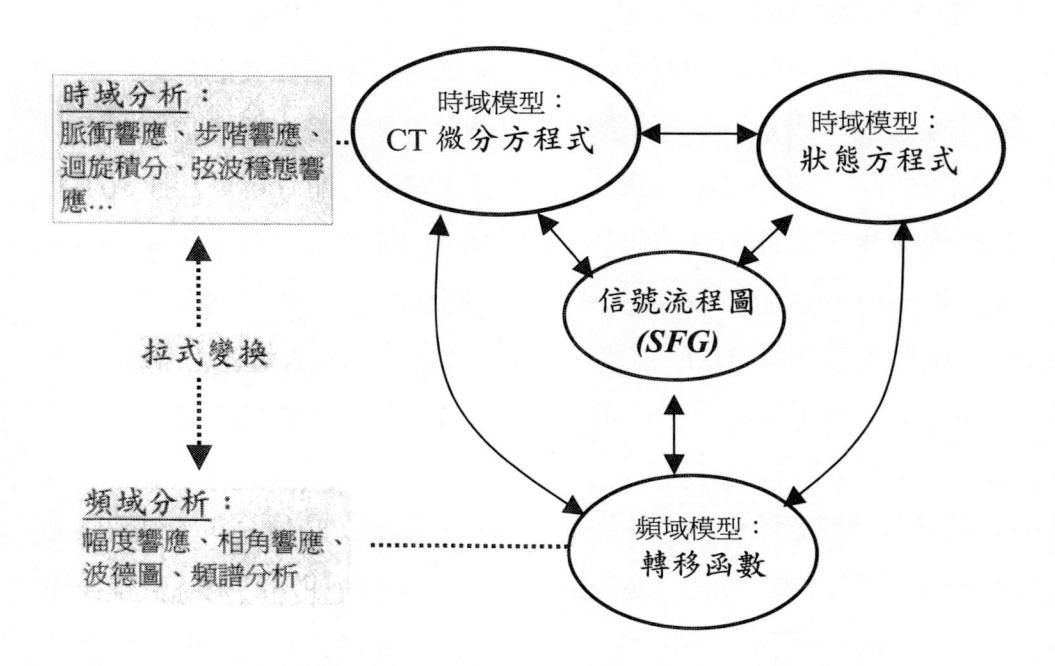

圖 1.4 時域分析與頻域分析，以及各種 CT 數學模型之變換原理。

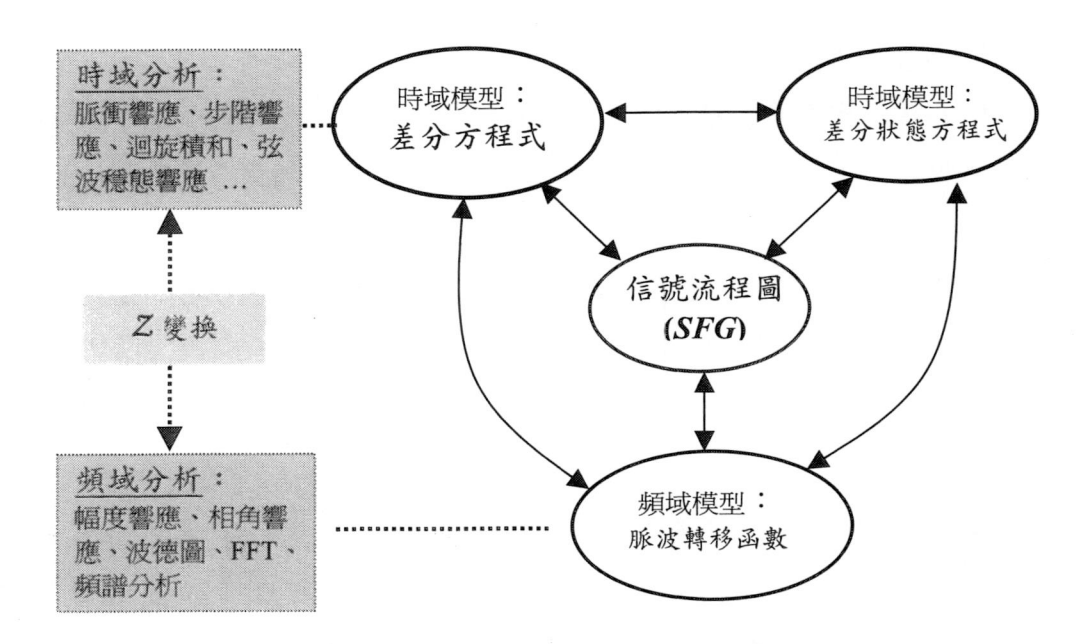

圖1.5　時域分析與頻域分析，以及各種 DT 數學模型之變換原理。

至離散時間信號（DT 信號），或稱為抽樣（取樣）程序，將在本章稍後介紹之。

　　如圖所示，在時域分析中，我們要做脈衝波響應、步階響應、迴旋積和、弦波穩態響應等輸出之估算，這些將分別於第二、六章以及第七章討論之。另一方面，在頻域分析中，我們要做幅度響應、相角響應、波德圖、頻譜分析等估算，及其頻率響應曲線之繪製原理。這些將分別於第七章討論之。離散時間系統在 Z-變換之頻域轉移函數稱為脈波轉移函數 (pulse transfer function)，以別於拉式變換頻域的轉移函數。

■ **類比信號與數位信號**　　一般情形的 CT 信號皆稱為類比信號 (analog signal)。亦即，可使用時間函數描述的 CT 信號皆是。在數學上，我們描述為：$x(t) \in \Re, (\forall t \in \Re)$。但是，離散時間信號還不算是數位信號 (digital signal)。離散時間信號之幅度須再經過有限字元階化 (quantized)，使得 $x[k] = x(kT)$ 可以用某一形式的二進位數碼代表之，

即可於編碼 (encoded)，才算是數位信號。基於此原則，二值 (two-valued) CT 信號可做二進編碼，因此屬於是數位信號。有關類比與數位信號之間的轉換關連及性質將在本章第四節介紹之。以電路系統的觀點而言，類比信號可以利用類比電子電路系統，(例如：運算放大器、電晶體放大器等) 處理之。而數位信號則須使用數位電路系統，(例如：微處理機、數位邏輯電路等) 處理之。

如圖 1.6 所示，(a) 為連續時間，實數值信號，一般稱之為類比信號。此時，$x(t) \in \Re, (\forall t \in \Re)$。在另一方面，圖 (b) 為離散時間，實數值信號，一般稱之為離散時間信號，或序列。此時，$x[n] = x(nT) \in \Re$，n 為整數。在取樣電路的輸出，由於數位電路暫存器 (register) 係記憶有限位元，因此 $x[n]$ 之值常為階位化之離散值。

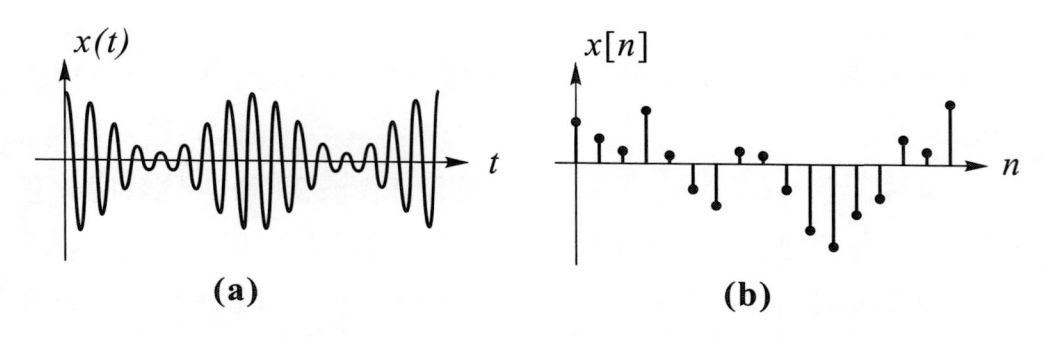

圖 1.6 CT 與 DT 信號：(a) 類比信號，(b) 離散時間信號。

如圖 1.7 所示，(a) 為連續時間，階化值信號，此時 $x(t)$ 是離散數值，其精確值為有限位元。此種波形通常代表一個數位至類比轉換器 (DAC) 的輸出。(b) 為連續時間，二值信號，一般的數位信號係屬於此種波形。此時信號的幅度 $x(t)$ 不是高位準 (High)，就是低位準 (Low)，相當於邏輯 **1** 或 **0**，通常以脈波出現的寬度或延遲情況代表之，例如在數位控制 (digital control) 中所做的脈波寬度調制 (PDW)，或脈波相位 (PPM) 調制。

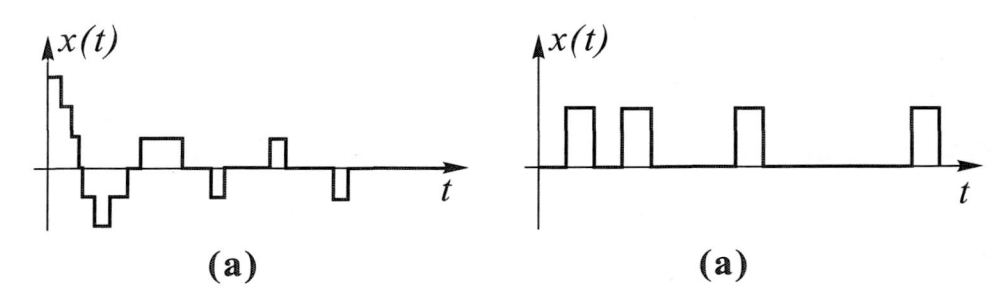

圖 1.7 (a)連續時間，階化值信號，(b)數位信號。

1-2 連續時間信號

若 $x(t)$ 代表某一連續時間信號 (CT 信號)，在數學上描述為 $x(t) \in \Re$，且 $t \in \Re$（$\Re$ 為任意實數)。此種信號一般常稱為類比信號。本節要介紹施行系統分析或設計時，常用的類比信號。在此種數學函數描述，時間變數 t 為獨立變數 (independent variable)，而信號 x 為應變數 (dependent variable)。因此，連續時間信號 $x(t)$ 在數學上是一種單變數函數。如果我們以時間變數 t 為橫軸，以應變數 x 為縱軸繪製曲線，即為 $x(t)$ 的波形 (wave form)。在本書中，線性系統的時間分析工作是以信號，或波形，的變換、轉換或處理關係敘述之。

■ **指數信號** (exponential signal)

連續時間指數函數信號之數學代表式如下，

$$x(t) = Ce^{\alpha t} \tag{1.5}$$

式中，幅度 (magnitude) C 及指數 (exponent) α 可以為實數，抑或複數。這種複數指數之數學描述非常的有用，而且很重要，在往後的章節裏所使用到的信號幾乎都可以利用 (1.5) 式描述之。

如果 C 及 α 皆為實數，則 $x(t)$ 是為實數指數函數信號。若 α 為正數，則信號 $x(t)$ 之值隨時間 t 增加而增大，如圖 1.8(a) 所示的指數上升曲線；否則，當 α 為負，$x(t)$ 之值隨時間 t 增加而降低，如圖 1.8(b) 所示，是為指數下降曲線。在穩定的系統中，所有指數函數信號的 α 須為負。

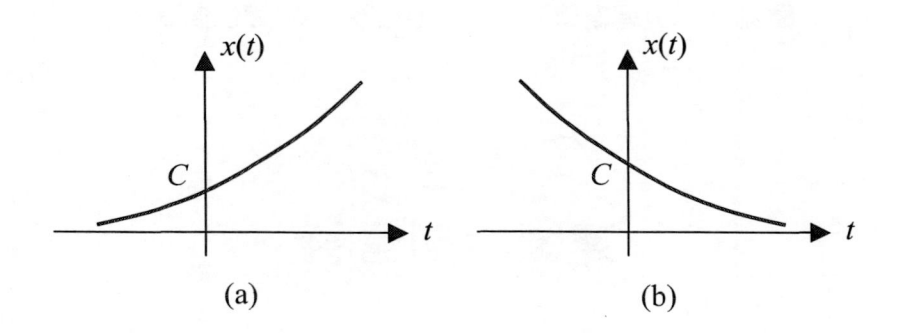

圖1.8 CT 實數指數信號：(a) $\alpha > 0$，指數上升曲線；(b) $\alpha < 0$，指數下降曲線。

實數指數函數信號常用來描述一階 LTI 系統中所處理的信號，其常用形式又如下式，

$$x(t) = A + Be^{-t/\tau} \tag{1.6}$$

式中，τ 稱為時間常數 (time constant)，以秒 (s) 為單位，而常數 A 及 B 可由初值條件 $x(0)$ 及終值 $x(\infty)$ 決定之。

【例題 1.1】

試繪製 $x(t) = 1 - e^{-0.5t}$ 之波形。

解 當 $t = 0, x(0) = 0$;

當 $t \to \infty, x(\infty) = 1$. 因為

$$x(t) = 1 - e^{-t/2}$$

由 (1.6) 式可知，此信號之時間常數為：$\tau = 2$ 秒，波形繪製如圖 1.9。

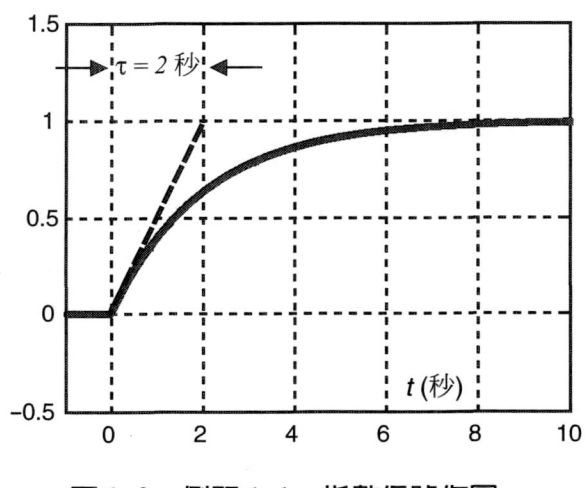

圖 1.9 例題 1.1，指數信號作圖。

■ **複數指數函數** (complex exponential function)

CT 複數指數函數信號之數學代表式如下，

$$x(t) = Xe^{st} \tag{1.7}$$

式中，幅度 (magnitude) X 為複數，s 稱為複數頻率 (complex frequency)。許多 CT 函數信號皆可以利用這種複數指數之數學描述之，如下所述：

1. $X = A, s = 0$, 則 $x(t) = A$ 為一實常數，代表直流 (DC) 信號。
2. $X = A, s = -\alpha$, 則 $x(t) = Ae^{-\alpha t}$ 為實指數函數，如上所述。
3. $x(t) = A\cos\omega t = \text{Re}\{Ae^{j\omega t}\}$，因此 $X = A$ 且 $s = j\omega$。式中，Re{ } 代表求取 { } 中所給予函數的實數部分 (real part)。
4. $x(t) = A\sin\omega t = \text{Im}\{Ae^{j\omega t}\}$，因此 $X = A$ 且 $s = j\omega$。式中，Im{ } 代表求取 { } 中所給予函數的虛數部分 (imaginary part)。

5. 如果 $X = A\angle\phi = Ae^{j\phi}$，$\phi$ 稱為相角 (phase angle)；$s = -\alpha + j\omega$，則

$$x(t) = Ae^{-\alpha t}\cos(\omega t + \phi) = \text{Re}\{Xe^{st}\} \tag{1.8}$$

6. 或者，

$$x(t) = Ae^{-\alpha t}\sin(\omega t + \phi) = \text{Im}\{Xe^{st}\} \tag{1.9}$$

上述情況 (1) 為直流波，(2) 為指數波，(3) 與 (4) 為弦波 (sinusoidal) 信號；情況 (5) 與 (6) 為指數調制的弦波 (exponentially modulated sinusoidal) 信號。

【例題 1.2】

如圖 1.10 所示波形代表電壓信號，試將之表達成為複數指數

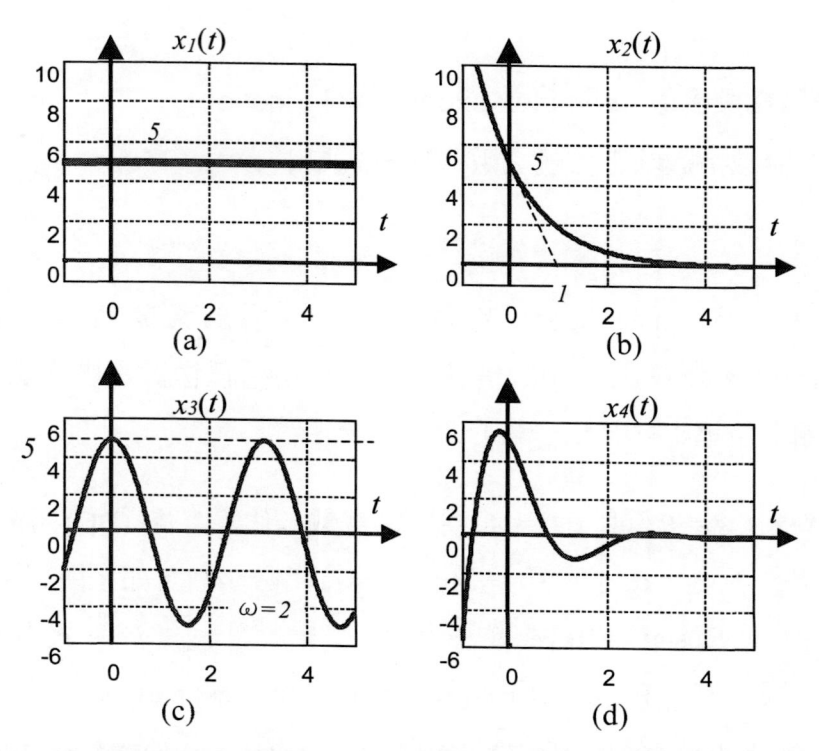

圖 1.10　例題 1.2 之波形：(a)直流波，(b)指數波，(c)餘弦波，(b)指數調制的餘弦波。

函數之形式,且各種情形的幅度與頻率為若干。

解 (a) 情形為直流波,$x_1(t) = 5$ 伏: $X=5, s=0$。

(b) 為指數波,圖中時間常數:$\tau = 1$,因此 $x_2(t) = 5e^{-t}$:$X = 5$, $s = -1$。

(c) 情形為餘弦波,信號角頻率:$\omega = 2$,因此
$$x_3(t) = 5\cos(2t) = \text{Re}\{5e^{j2t}\}$$,且 $X = 5, s = j2$。
又 $x_3(t) = 5\sin(2t + 90°) = \text{Im}\{(5e^{j90°})e^{j2t}\}$。
$X = 5e^{j90°} = 5\angle 90°, s = j2$。

(d) 情形為指數調制的餘弦波,由 (b) 圖與 (c) 圖可知
$$x_4(t) = 5e^{-t}\cos(2t) = \text{Re}\{5e^{-1+j2t}\}$$,$X = 5, s = -1 + j2$。

■ 弦波函數信號 (sinusoidal signal)

弦波函數包括正弦 (sine) 及餘弦 (cosine) 兩種,但一般情形可以使用下述函數廣泛地涵蓋之。

$$x(t) = A\sin(\omega t + \phi) = A\sin\left(\frac{2\pi}{T}t + \phi\right) = A\sin(2\pi f t + \phi) \tag{1.10}$$

亦即,弦波之三要素為:振幅 (amplitude)、頻率 (frequency)、與相角 (phase angle),我們以圖 1.11 之波形解釋如下,

1. 振幅:$A = 5$,有時稱為波峰值 (peak value),記為:$X_p = A = 5$;因此峰至峰值 (peak to peak value) 為:$X_{pp} = 2A = 10$。
2. 頻率:角頻率 (angular frequency) ω 之單位為 (rad/sec),其與頻率 f 之關係為,

$$\omega = 2\pi f = \frac{2\pi}{T} \tag{1.11}$$

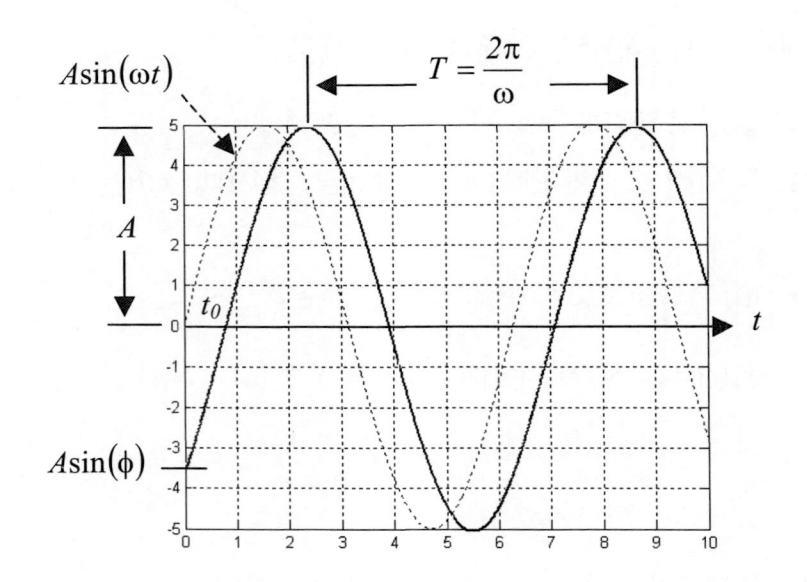

圖 1.11 CT 弦波信號：$x(t) = 5\sin(t - \pi/4)$。

式中，T 稱為週期 (period)，係一波峰至下一個波峰發生所需時間。由圖 1.11 可讀出，$T \approx 6.3$ sec，因此由上式可知，此信號之角頻率為：$\omega = 2\pi/T \approx 6.28/6.3 \cong 1$ rad/sec。頻率 f 與週期 T 互為倒數，

$$f = \frac{1}{T} \tag{1.12}$$

因此，信號之頻率為 $f = 1/6.3 \doteqdot 0.16$ 赫茲 (Hz)。

3. **相角**：相角 ϕ 與時間延遲 (time delay) t_0 之關連為，

$$\phi = \omega t_0 \tag{1.13}$$

式中，t_0 係為延遲時間。如圖信號與 $\sin\omega t$ 比較之，其相角為 $\phi = -\pi/4$，相當於延遲時間 $t_0 = |\phi/\omega| = \pi/(4 \times 1) \approx 0.785$ 秒。因此，該信號表達為，

$$x(t) = A\sin(\omega t + \phi) = 5\sin(t - \pi/4)$$

在時間 $t = 0$ 時，信號值等於 $5\sin(-\pi/4) \approx -3.5$，參見圖所示。因為 $\phi = -\pi/4 < 0$，此信號與 $\sin\omega t$ 相較之下係為相位角落後，稱為滯相 (phase lag)。是故，滯相與時間延遲係屬同意義。

■ **奇異函數信號** (singularity signal)

如上所述之 CT 信號皆為在各處連續，且可以微分。亦即，這些信號之波形皆是平滑 (smooth) 曲線。但在實用上，由於開關之作用，信號可能在某一時間不連續，發生移位式跳躍 (jump)，或者其時間導數發生不連續的情形，這一類的信號稱為奇異函數 (singular function) 信號，簡稱奇異信號。常見的有：脈衝函數、步級函數、斜坡函數、閘波函數等奇異信號，其特性及意義介紹如後。

■ **步級函數信號** (step function signal)

首先介紹單位步級函數 (unit-step function)，如圖 1.12(a)，以 $u(t)$ 表示之，定義為，

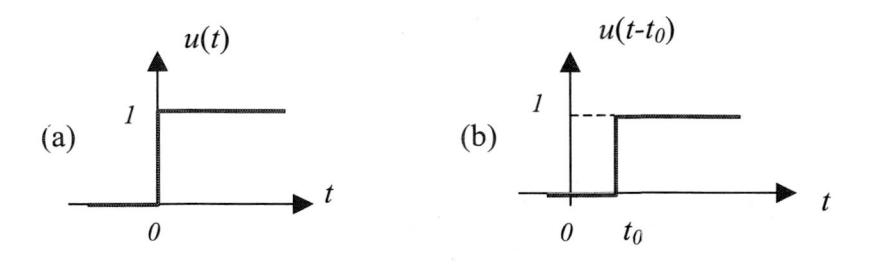

圖 1.12 (a) 單位步級函數，(b) 延遲 t_0 秒的單位步級函數。

$$u(t) = \begin{cases} 0, & t < 0 \\ 1, & t \geq 0 \end{cases} \quad (1.14)$$

而 $u(t - t_0)$ 為延遲了 t_0 秒（時間相後移位）的單位步級函數，如圖 1.12(b)，亦即，

$$u(t - t_0) = \begin{cases} 0, & t < t_0 \\ 1, & t \geq t_0 \end{cases} \quad (1.15)$$

【例題 1.3】

如圖 1.13 所示為脈波 (pulse) $p_\Delta(t)$，脈波寬度為 Δ，高度 $1/\Delta$，因此所涵蓋的面積等於 1。試以步級函數表達脈波 $p_\Delta(t)$。

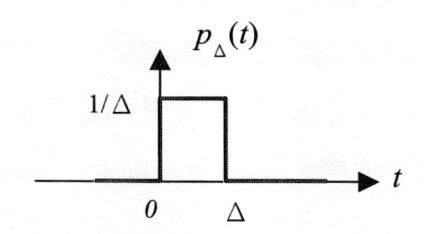

圖 1.13 例題 1.3：脈波函數。

解 參見圖 1.12，此時 $t_0 = \Delta$，因此

$$p_\Delta(t) = (1/\Delta)\,u(t) - (1/\Delta)\,u(t - t_0)$$

即，

$$p_\Delta(t) = \frac{u(t) - u(t - \Delta)}{\Delta} \tag{1.16}$$

■ 脈衝函數信號 (impulse function signal)

單位脈衝函數 (unit impulse function)，參見圖 1.14，又稱為狄拉克 Δ (Dirac delta) 函數，在數學尚無嚴謹的定義，但須滿足以下兩個性質：

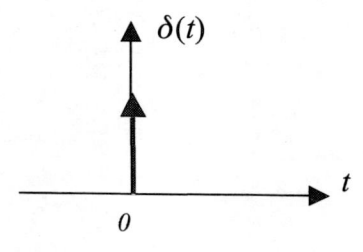

圖 1.14 單位脈衝函數。

(a) $$\delta(t) = \begin{cases} 0, & t \neq 0 \\ \infty, & t = 0 \end{cases}$$ (1.17a)

(b) $$\int_{-\infty}^{\infty} \delta(t) dt = 1$$ (1.17b)

(a) 式意味在 $t = 0$ 時,信號有奇異值之情況發生,(b) 式意味了單位強度 (unit strength),因此 $\delta(t)$ 稱為單位脈衝信號。

滿足此條件的試驗函數有許多,如圖 1.13 所示的方脈波 $p_\Delta(t)$ 即為一例。因為 $p_\Delta(t)$ 波形掩蓋的面積恆等於 1,滿足 (b) 式;且當 $\Delta \to 0$ 時,(a) 式亦可滿足,即

$$\lim_{\Delta \to 0} p_\Delta(t) \to \delta(t)$$ (1.18)

因為,

$$\lim_{\Delta \to 0} p_\Delta(t) = \lim_{\Delta \to 0} \frac{u(t) - u(t-\Delta)}{\Delta} = \frac{du(t)}{dt}$$

所以單位脈衝函數與單位步級函數之間具有下述微分、積分運算關係:

$$\frac{du(t)}{dt} = \delta(t), \quad \text{或} \quad u(t) = \int_{-\infty}^{t} \delta(\tau) d\tau$$ (1.19)

而 $\delta(t - t_0)$ 為延遲了 t_0 秒的單位脈衝函數,如圖 1.15 所示。

如果 $f(t)$ 為一 CT 函數,則

$$\int_{-\infty}^{\infty} f(t) \delta(t - t_0) = f(t_0)$$ (1.20)

圖 1.15 延遲 t_0 秒的單位脈衝函數。

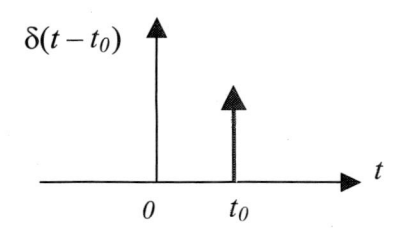

上式稱為抽樣 (sampling)，或取樣性質。

■ **斜坡函數信號** (ramp function signal)

單位斜坡函數 (unit-ramp function)，如圖 1.16(a)，以 $r(t)$ 表示之，定義為，

$$r(t) = \begin{cases} 0, & t < 0 \\ t, & t \geq 0 \end{cases} \tag{1.21}$$

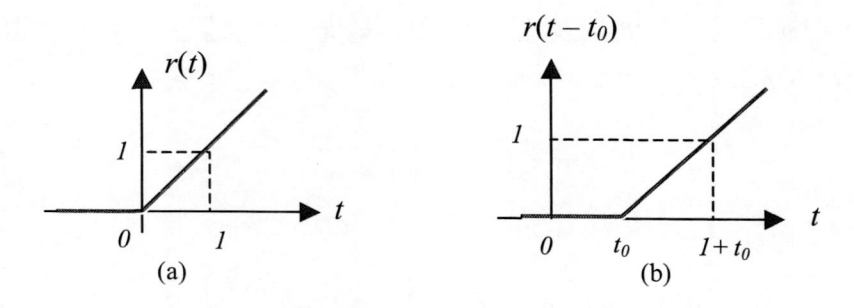

圖 1.16 (a)單位斜坡函數，(b)延遲 t_0 秒的單位斜坡函數。

而 $r(t - t_0)$ 為延遲了 t_0 秒的單位斜坡函數，如圖 1.16(b)，亦即，

$$r(t - t_0) = \begin{cases} 0, & t < t_0 \\ t - t_0, & t \geq t_0 \end{cases} \tag{1.22}$$

由 (1.21) 及 (1.14) 可知，

$$\frac{dr}{dt} = \begin{cases} 0, & t < 0 \\ 1, & t \geq 0 \end{cases} = u(t) \tag{1.23}$$

同理可證，

$$\frac{dr(t - t_0)}{dt} = u(t - t_0) \tag{1.24}$$

又由 (1.14) 可知，

$$tu(t) = \begin{cases} 0, & t < 0 \\ t, & t \geq 0 \end{cases} = r(t) \tag{1.25}$$

因此，如圖 1.16(b) 所示。

$$r(t-t_0) = (t-t_0)u(t-t_0) \tag{1.26}$$

【例題 1.4】

試繪製 (a) $tu(t-1)$, (b) $(t-1)u(t)$, (c) $(t+1)u(t)$

解 分別詳見圖 1.17(a), (b), 及 (c) 所示。

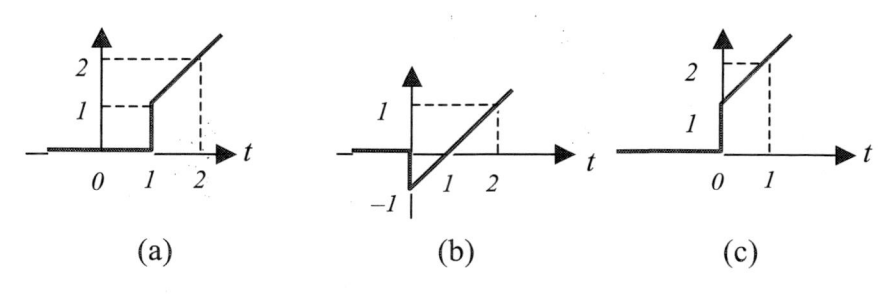

圖 1.17 例題 1.4 (a) $tu(t-1)$，(b) $(t-1)u(t)$, (c) $(t+1)u(t)$ 等波形。

【例題 1.5】

試將圖 1.18 所示的電流波形以步級函數表示之。

解 由圖示可知，波形在 $t=0$ 發生 $+2$ 單位步級，在 $t=1$ 發生

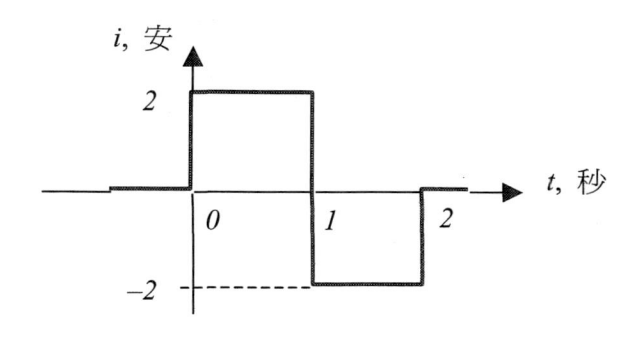

圖 1.18 例題 1.5 之波形。

–4 單位步級,而在 $t=2$ 發生 $+2$ 單位步級。因此,

$$i(t) = 2u(t) - 4u(t-1) + 2u(t-2) \text{ 安}。$$

【例題 1.6】

有一電壓信號 $v(t)$ 依分時段定義如下,試以基本奇異函數表示之,並繪出波形。

$$v(t) = \begin{cases} -1/2 & t < 0 \\ t - 1/2 & 0 \leq t < 1 \\ 3/2 - t & 1 \leq t < 2 \\ -1/2 & t \geq 2 \end{cases}$$

解 $v(t) = -1/2 + r(t) - 2r(t-1) + r(t-2)$ 伏特,波形詳見圖 1.19。

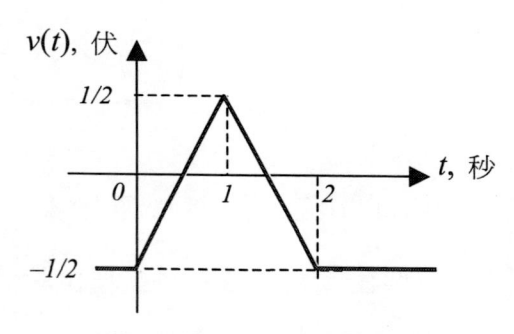

圖 1.19 例題 1.6 之波形。

■ **CT 信號的轉換**

若一連續時間時間信號

$$y(t) = Ax(\alpha t + \beta) + B \tag{1.27}$$

則稱信號 $x(t)$ 依時間軸及幅度之轉換,變成 $y(t)$。若 α 及 β 皆為實常

數,則稱之為時間軸之線性轉換 (linear transformation);同理,若 A 及 B 亦為實常數,則稱幅度軸之線性轉換。仿照前面所介紹的弦波信號,相角 β 相當於時間移位 (time shift);頻率 α 相當於時間軸的縮放 (time scaling);B 相當於幅度移位 (amplitude shift);而 A 相當於幅度的縮放 (amplitude scaling)。

茲以圖 1.20 所示的正弦波信號說明之。圖 (a) 為 $x(t)=\sin(t)$,圖 (b) 為 $\sin(t-\pi/4)$,係由 $x(t)$ 延時了 $\pi/4$;圖 (c) 之波形,其頻率快一倍,相當於時間軸被壓縮一倍;而圖 (d) 之波形,其頻率慢一倍,相當於時間軸膨脹一倍。

在新的時間軸 t_n 上繪製 $x(t)$,可得信號 $y(t) = x(\alpha t+\beta)$ 之波形,其中

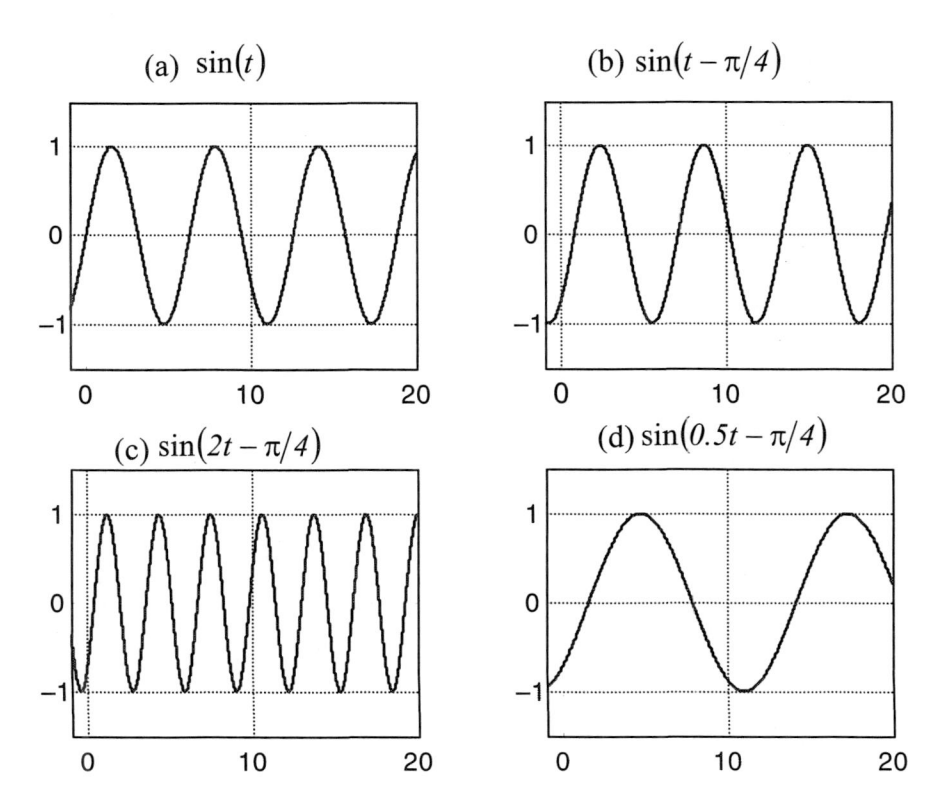

圖 1.20 Sine 波形的各種時間軸轉換:(a) $\sin(t)$, (b) $\sin(t-\pi/4)$, (c) $\sin(2t-\pi/4)$, (d) $\sin(0.5t-\pi/4)$。

$$t = \alpha t_n + \beta \tag{1.28}$$

亦即，已知 $x(t)$，則繪製 $x(\alpha t + \beta)$ 波形之步驟如下：

1. 將波形往左作 β 單位的時移，即 $x(t) \Rightarrow x(t+\beta)$；
2. 再將波形於時間軸上壓縮 α 倍，即 $x(t+\beta) \Rightarrow x(\alpha t + \beta)$。

【註】若 $\beta < 0$，則須作 $|\beta|$ 單位的右移 (時間延遲)。茲以下述例題說明之。

【例題 1.7】

若信號 $x(t) = 1.5t$, $0 \leq t < 2$，而在其他時間等於 0，試繪製下述信號的波形。(a) $x(t)$, (b) $g(t) = x(1-t)$, (c) $h(t) = x(0.5t + 0.5)$, (d) $f(t) = x(-2t + 2)$。

解　　$x(t)$ 之波形參見圖 1.21(a)。將 $x(t)$ 之波形往左作 1 單位時

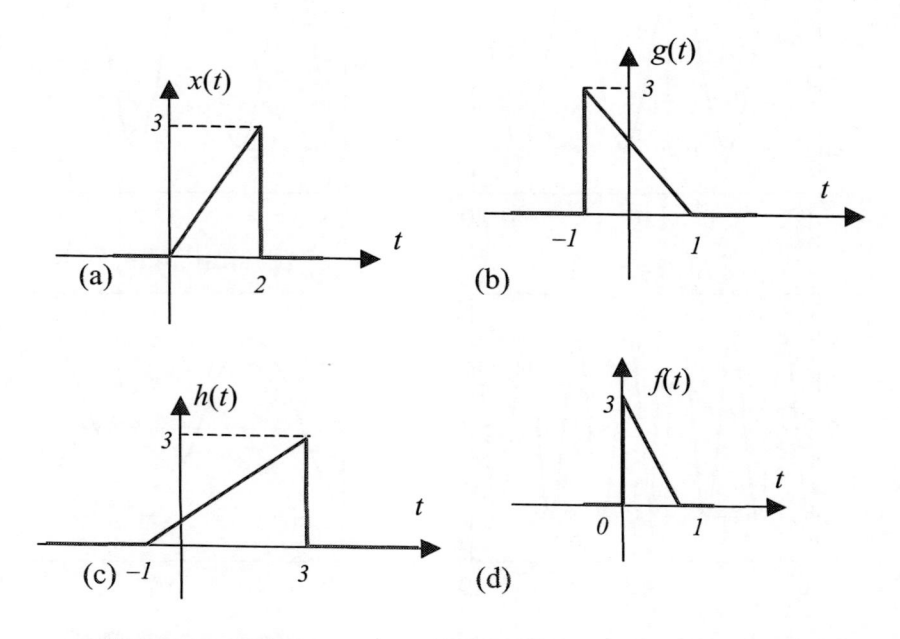

圖 1.21　例題 1.7：(a) $x(t)$，(b) $g(t) = x(1-t)$，(c) $h(t) = x(0.5t + 0.5)$，(d) $f(t) = x(-2t+2)$。

移，然後將時間軸前後反摺，即得 $g(t)$，如圖 (b)。欲得 $h(t)$ 之波形，首先將 $x(t)$ 之波形往左作 0.5 單位時移，然後將波形在時間軸上放大（膨脹）一倍，如圖 (c) 所示。將 $x(t)$ 之波形往左作 2 單位時移，再將波形在時間軸上縮小（壓縮）一倍，然後將時間軸前後反摺，即得 $f(t)$。

【例題 1.8】

試將圖 1.22 的信號 $y(t)$ 以信號 $x(t)$ 之函數表示之。

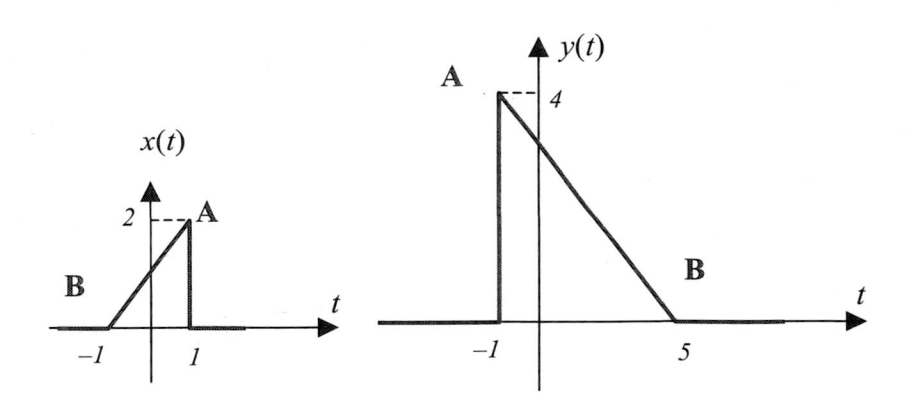

圖 1.22　例題 1.8 之信號 $x(t)$ 及 $y(t)$。

解　由圖所示可知，$y(t)$ 之幅度係 $x(t)$ 的 2 倍，且作時間軸反摺，並膨脹 3 倍，則脈波之邊緣位於 $(-3, 3)$，因此須再作右時移（延遲）2 單位而得 $y(t)$。因此，

$$y(t) = 2x\left(-\frac{1}{3}(t-2)\right)。$$

另一解法如下：令 $y(t) = 2x(\alpha t + \beta)$，並使用 $t = \alpha t_n + \beta$。由圖中波形可知，$t = -1$ 相當於 $t_n = 5$，而 $t = 1$ 相當於 $t_n = -1$，即

$$-1 = 5\alpha + \beta$$
$$1 = -\alpha + \beta$$

解得， $\alpha = -1/3$, $\beta = 2/3$

因此， $y(t) = 2x\left(-\dfrac{t}{3}+\dfrac{2}{3}\right)$.

我們驗算如後： $t = -1$ (**A** 點)， $y(-1) = 2x(1) = 4$；而在 $t = 5$ (**B** 點)， $y(5) = 2x(-1) = 0$，因此上式正確無誤。

【例題 1.9】

如圖 1.23 的波形，$f(t)$ 為單一鋸齒波 (sawtooth)，$g(t)$ 為週期式鋸齒波，試分別求出信號的時間函數式。

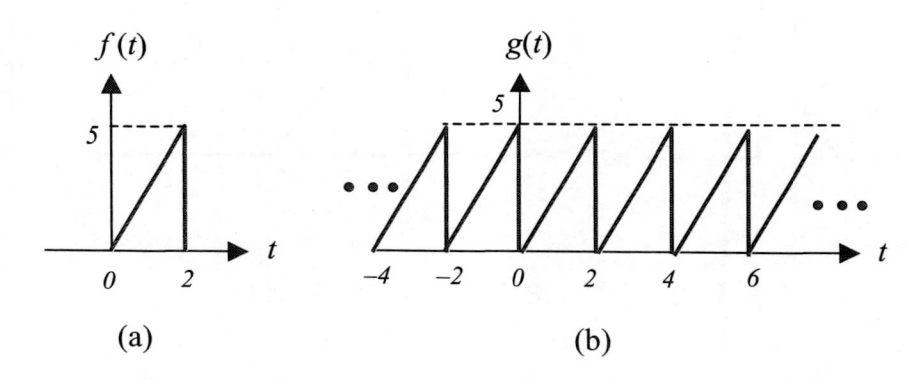

圖 1.23 例題 1.9：(a) 鋸齒波，(b) 週期式鋸齒波。

解 由圖 (a) 所示可知，

$$f(t)=\begin{cases} \dfrac{5}{2}t, & 0 \leq t < 2 \\ 0, & \text{其他} \end{cases} = \dfrac{5}{2}t[u(t)-u(t-2)]$$

若將圖 (a) 的波形每次移位 2 單位，左移或右移皆是，可得到

$$\cdots,\ f(t+4),\ f(t+2),\ f(t),\ f(t-2),\ f(t-4),\ \cdots,$$

上述各項之通式為：

$$f(t-2m) = \frac{5}{2}(t-2m)[u(t-2m) - u(t-2m-2)]$$

式中，$m = 0, \pm 1, \pm 2, \cdots$ 為整數。將這些時移 $2m$ 單位的單一鋸齒波通通加起來，即可得週期式鋸齒波 $g(t)$。因此，

$$g(t) = \sum_{m=-\infty}^{\infty} f(t-2m) = \sum_{m=-\infty}^{\infty} \frac{5}{2}(t-2m)[u(t-2m) - u(t-2m-2)]$$

1-3 離散時間信號

離散時間信號（例如每日之溫度），記為 $x[n]$，係由一連續時間信號 $x(t)$ 於每一固定瞬刻抽樣（取樣）而得。如果 T_s 為固定的抽樣週期 (sampling period)，則 $x[n]$ 係為 $x(t)$ 在 $t = nT_s$ 瞬刻的抽樣值 (sampled value)，定義為：

$$x[n] := x(nT_s) \qquad (1.29)$$

所以，離散時間信號（DT 信號）$x[n]$ 對於時刻之整數序數 (index) n 而言，是為一連串的實係數，稱之為序列 (sequence)，或稱為數列 (number sequence)。例如，

$$x[n] = \{\ \ldots, -1, 1; 2, 4, 6, 5, \ldots\}$$

當 $n = 0$ 時，$x[0] = 2$，以分號 (;) 區別之。上述 DT 數列之波形如圖 1.24。

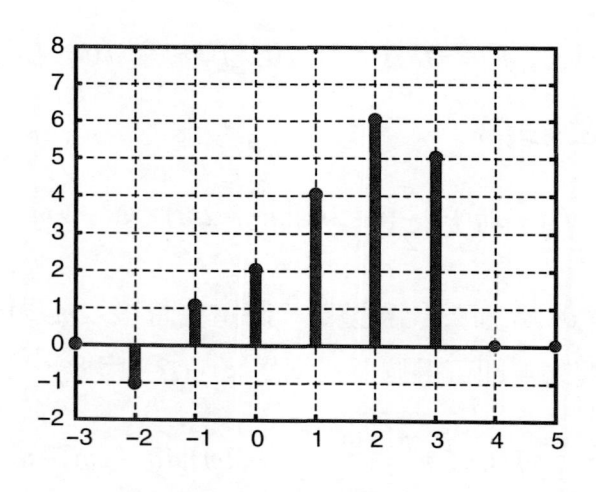

圖 1.24 DT 信號 $x[n]$。

■ **單位脈波數列** (unit sample sequence)

單位脈衝 CT 信號在離散時間之情況稱為單位脈波數列 (unit sample sequence)，記為 $\delta[n]$，定義如下：

$$\delta[n] = \begin{cases} 1, & n = 0 \\ 0, & n \neq 0 \end{cases} \quad (1.30)$$

如圖 1.25(a) 所示。$\delta[n-m]$ 為往右位移 m 單位的單位脈波，亦即

$$\delta[n-m] = \begin{cases} 1, & n = m \\ 0, & n \neq m \end{cases} \quad (1.31)$$

例如，圖 1.25(b) 所示 $\delta[n-3]$ 為單位脈波數列往右 (延時) 位移 3 單位。

因此，任何的數列 $f[n]$ 皆可使用 $\delta[n-m]$ 的加權代數和表示如下：

$$f[n] = \sum_{m=-\infty}^{\infty} f[m]\delta[n-m] \quad (1.32)$$

上式稱為迴旋和 (convolution sum)。例如圖 1.24 的 DT 數列 $x[n]$ 可表示為，

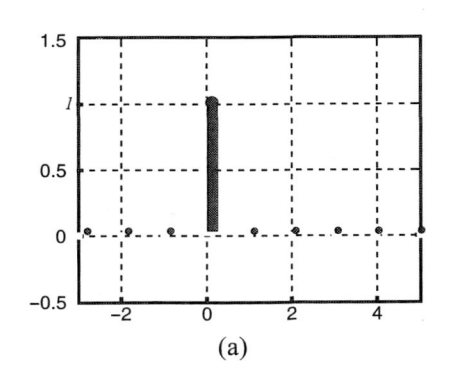

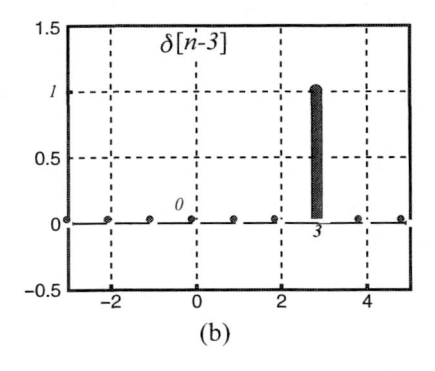

圖 1.25 單位脈波數列：(a) $\delta[n]$，(b) $\delta[n-3]$。

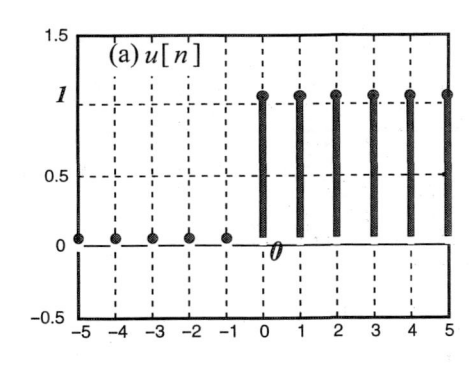

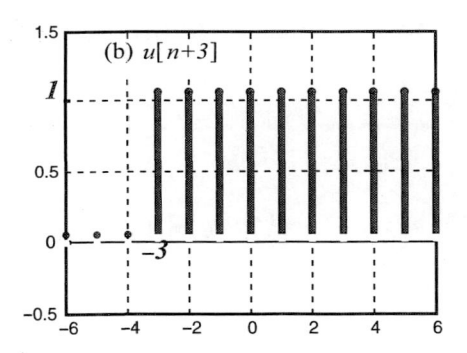

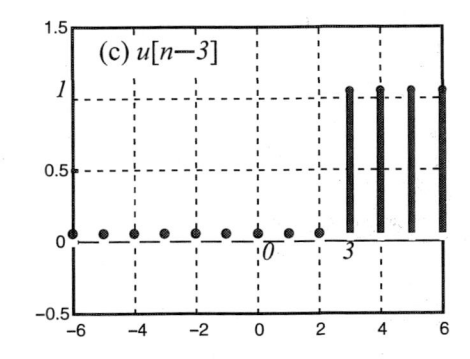

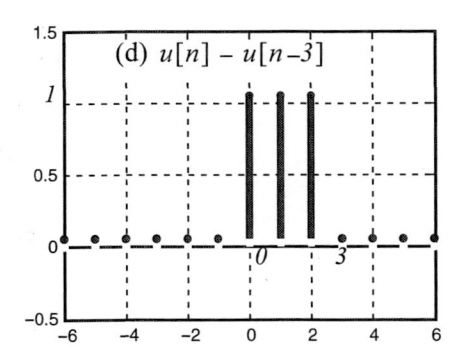

圖 1.26 DT 單位步級數列：(a) $u[n]$，(b) $u[n+3]$，(c) $u[n-3]$，(d) $u[n] - u[n+3]$。

$$x[n] = -\delta[n+2] + \delta[n+1] + 2\delta[n] + 4\delta[n-1] + 6\delta[n-2] + 5\delta[n-3]$$

■ **步級數列** (step sequence)

單位步級 CT 信號在離散時間之情況稱為單位步級數列 (unit step sequence)，記為 $u[n]$，定義如下：

$$u[n] = \begin{cases} 0, & n < 0 \\ 1, & n \geq 0 \end{cases}, \quad (n \text{ 為整數}) \tag{1.33}$$

其波形參見圖 1.26(a)。$u[n-m]$ 為往右位移 m 單位的單位步級數列，例如圖 1.26(c) 所示 $u[n-3]$ 為單位步級數列往右 (延時) 位移 3 單位；另一方面，如圖 1.26(b)，$u[n+3]$ 為單位步級數列往左 (超前) 移位 3 單位。圖 (d) 所示為閘波 (gate) 數列：$g(n) = u[n] - u[n-3]$。

【例題 1.10】

試定義圖 1.27 所示 DT 週期脈波信號之數列函數。

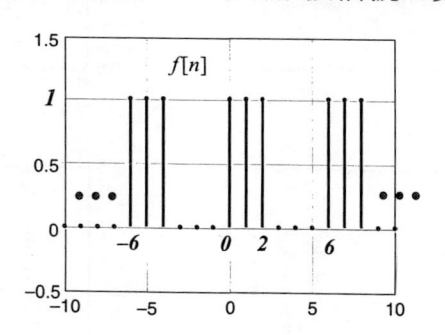

圖 1.27 例題 1.10 之週期脈波信號。

解 當 $0 \leq n < 6$ 時，$g[n] = u[n] - u[n-3]$，參見圖 1.26(d) 所示。圖 1.27 所示的信號係由 $g[n]$ 以週期 $N = 6$ 重複形成之，亦即

$$f[n] = \sum_{m=-\infty}^{\infty} g[n - Nm]$$

在 CT 信號的情形，單位步級函數為單位脈衝函數對時間的積分，參見 (1.19)。而在 DT 信號的情況，單位步級數列為單位脈波數列的代數累積和，表達如下：

$$u[n] = \sum_{k=-\infty}^{n} \delta[k] \qquad (1.34)$$

■ **斜坡數列** (ramp sequence)

單位斜坡信號在離散時間之情況稱為**單位斜坡數列** (unit ramp sequence)，記為 $r[n]$，定義如下：

$$r[n] = \begin{cases} n, & n \geq 0 \\ 0, & n < 0 \end{cases} \qquad (1.35)$$

其波形參見圖 1.28。$r[n-m]$ 為往右位移 m 單位的單位斜坡數列，例如 $r[n-3]$ 為單位斜坡數列 $r[n]$ 往右 (延時) 位移 3 單位；另一方

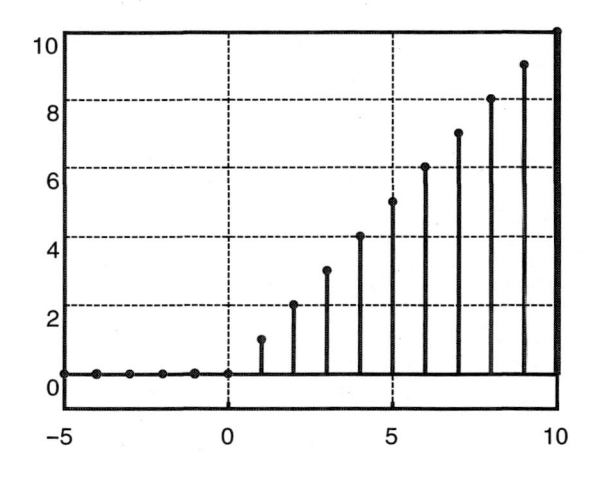

圖 1.28 單位斜坡數列。

面，$r[n+3]$ 為單位斜坡數列往左 (超前) 移位 3 單位。

【例題 1.11】

試定義圖 1.29 所示 DT 信號之數列函數 $x[n]$。

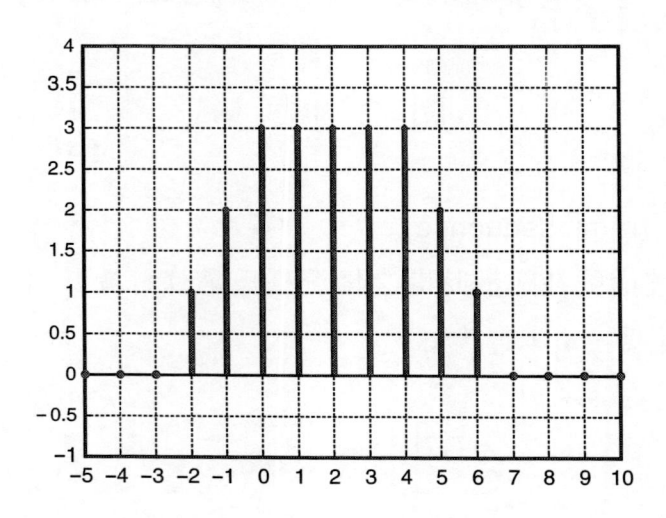

圖 1.29 例題 1.11 之數列 $x[n]$。

解　由圖 1.29 可知，此數列可依照分時區段描述之。

1. 在區段 $n \leq -3$ 時，$x[n] = 0$；
2. 在區段 $-2 \leq n < 0$ 時，$x[n] = n+3$；
3. 在區段 $0 \leq n < 5$ 時，$x[n] = 3$；
4. 在區段 $5 \leq n < 7$ 時，$x[n] = 7-n$；
5. 在區段 $n \geq 7$ 以後，$x[n] = 0$。

即，

$$x[n] = \begin{cases} 0, & n \leq -3 \\ n+3 & -2 \leq n < 0 \\ 3 & 0 \leq n < 5 \\ -(n-7) & 5 \leq n < 7 \\ 0 & n \geq 7 \end{cases}$$

所以，

$$x[n] = (n+3)\{u[n+2]-u[n]\} + 3\{u[n]-u[n-5]\}$$
$$+(-n+7)\{u[n-5]-u[n-7]\}$$
$$= (n+3)u[n+3] - nu[n] - (n-4)u[n-4] + (n-7)u[n-7]$$

■ **指數數列** (exponential sequence)

如同 CT 的情形，複數指數之數列定義為，

$$x[n] = Ce^{\beta n} := C\alpha^n \tag{1.36}$$

式中，$\alpha := e^{\beta}$，且 C 及 α 可以是複數。現在我們先考慮 C 及 α 皆是實數之情形。如果 $|\alpha|>1$，則此指數數列之幅度隨著序數 n 之增加而增大；反之，當 $|\alpha|<1$，則數列為指數衰減式。若 $\alpha>0$ 則所有 $C\alpha^n$ 皆為同號；否則當 $\alpha<0$，$C\alpha^n$ 之符號隨著序數 n 作一正、一負地交替變化。

當 $\alpha=1$ 時，$x[n]$ 為一常 (實) 數之數列；而當 $\alpha=-1$ 時，$x[n]$ 隨著序數 n 之演進，等於 $+C$ 或 $-C$，其值作一正、一負地交替變化。圖 1.30 解釋實指數數列之各種情況。

■ **弦波數列** (sinusoidal sequence)

在 (1.36) 式中，若 $\beta = j\Omega$，為一虛數，且 $C = Ae^{j\phi}$，因此

$$Ce^{\beta n} = Ae^{j\Omega n+\phi} = A\cos(\Omega n+\phi) + jA\sin(\Omega n+\phi) \tag{1.37}$$

式中，Ω 稱為數位頻率 (digital frequency)，其與數位週期 N 之關係為，

$$\Omega = \frac{2\pi}{N} \tag{1.38}$$

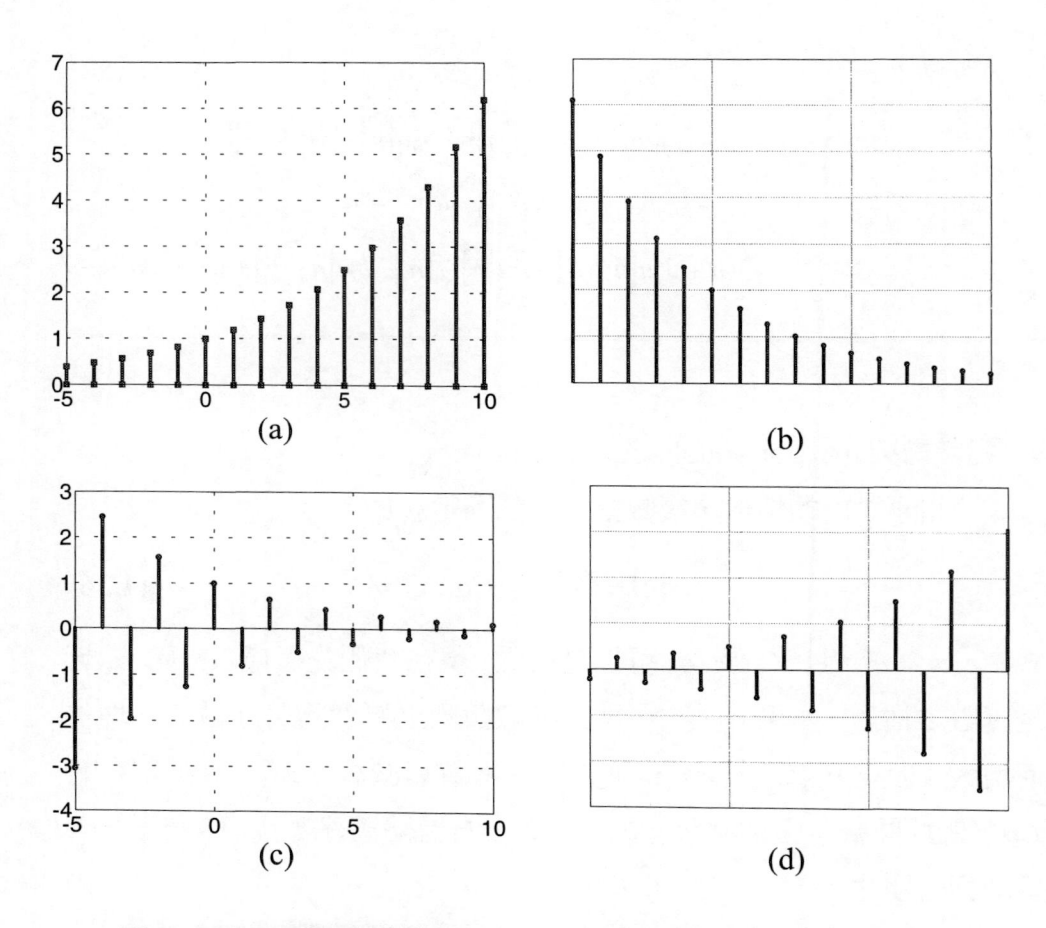

圖 1.30 實指數之數列 $x[n] = C\alpha^n$：(a) $\alpha > 1$，(b) $0 < \alpha < 1$，(c) $-1 < \alpha < 0$，(d) $\alpha < -1$。

亦即，弦波數列可由複數指數之數列導出，其為

$$x[n] = A\cos(\Omega n + \phi) \tag{1.39a}$$

或，

$$x[n] = A\sin(\Omega n + \phi) \tag{1.39b}$$

之形式。圖 1.31 所示為週期 $N = 12$ 之正弦波數列，表示為

$$x[n] = \sin\left(\frac{2\pi}{N}n\right) = \sin\left(\frac{\pi}{6}n\right)$$

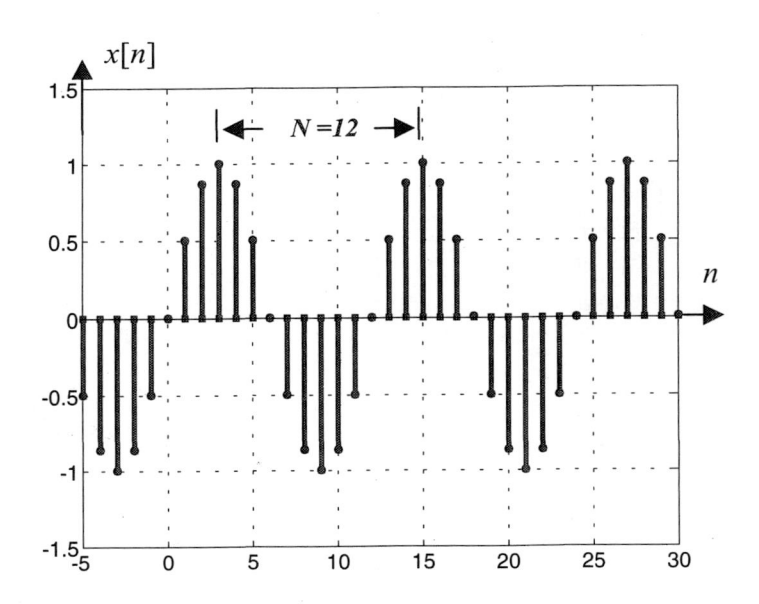

圖 1.31 正弦波數列 $x[n] = \sin(\Omega n)$，$\Omega = \pi/6$。

現在我們考慮下述兩個 DT 信號：

$$x_1[n] = A\cos(2\pi K_1 n + \phi) \quad \text{及} \quad x_2[n] = A\cos(2\pi K_2 n + \phi) \quad (1.40)$$

如果他們的角度相差剛好是 2π 的倍數（同界角），則此兩正弦信號相等。例如圖 1.32 所示的 DT 信號，

$$\begin{aligned} x_2[n] &= \cos\left(\frac{12\pi}{5}n\right) = \cos\left(\frac{2\pi}{5}n + 2\pi n\right) \\ &= \cos\left(\frac{2\pi}{5}n\right) = x_1[n] \end{aligned} \quad (1.41)$$

圖中虛線所示為 CT 信號：

$$x_1(t) = \cos\left(\frac{2\pi}{5}t\right) \quad \text{及} \quad x_2(t) = \cos\left(\frac{12\pi}{5}t\right) \quad (1.42)$$

雖然 $x_1(t)$ 與 $x_2(t)$ 看起來不一樣，但是 $x_1[n]$ 卻可以等於 $x_2[n]$。

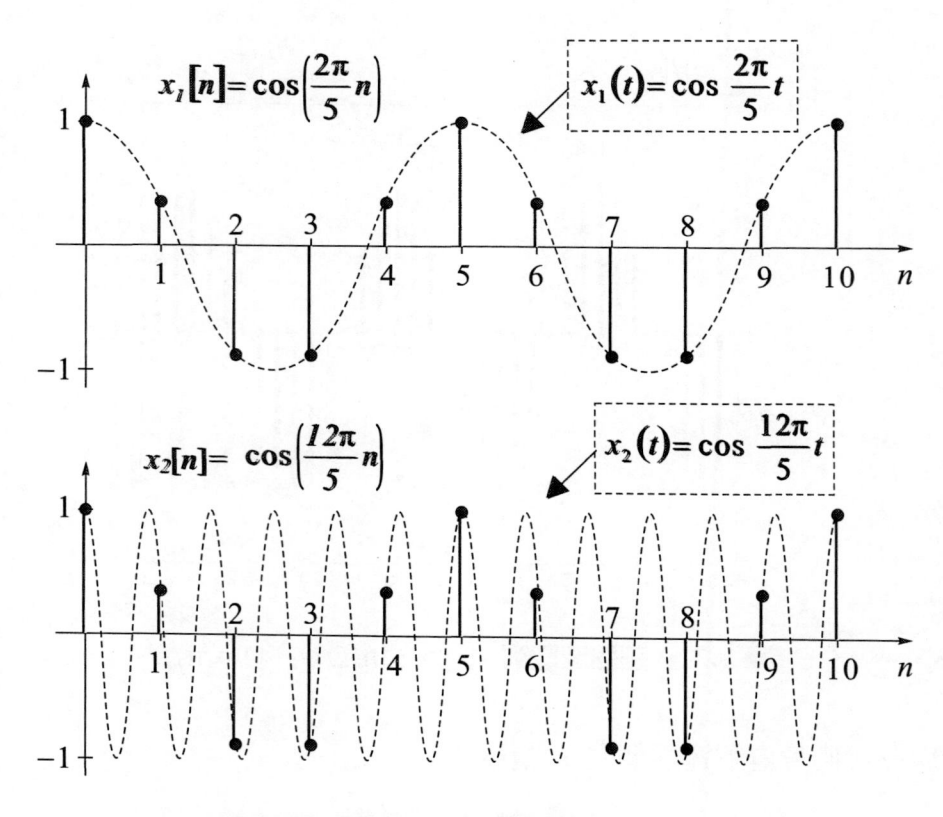

圖 1.32 兩個 DT 弦波信號相等。

■ **指數調制弦波數列**

在 (1.36) 式中，若 α 及 C 皆為複數，即

$$\alpha = |\alpha| e^{j\Omega} \text{ ,}$$

且，

$$C = A e^{j\phi} \text{ ,}$$

則

$$C\alpha^n = A|\alpha|^n \cos(\Omega n) + jA|\alpha|^n \sin(\Omega n) \tag{1.43}$$

圖 1.33 所示為 $|\alpha| = 0.8 < 1$，$\Omega = \pi/6, \phi = \pi/4$ 情形的指數調制弦波數

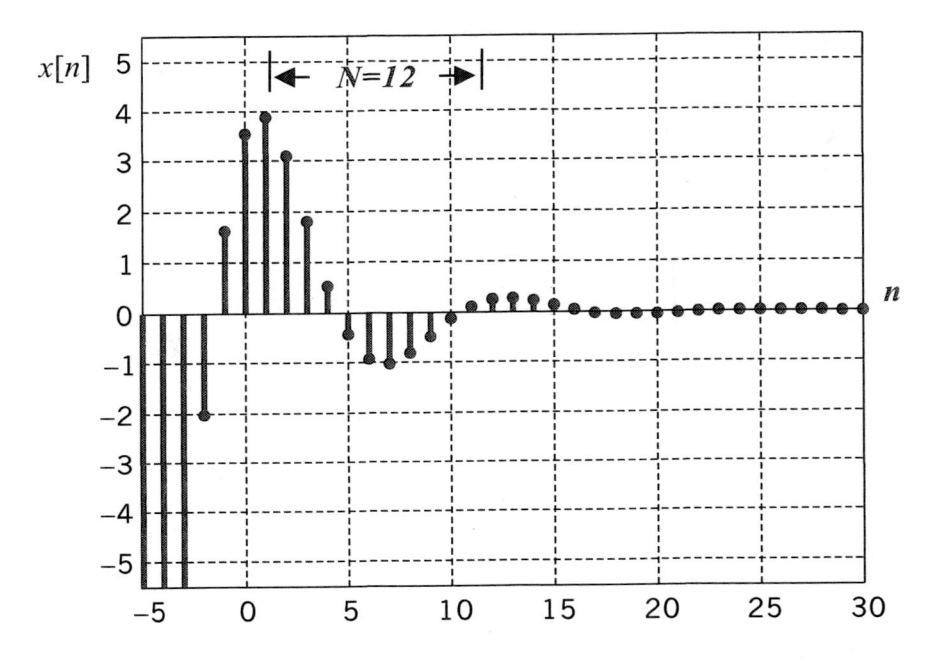

圖1.33 指數調製弦波數列：$|\alpha| = 0.8$，且 $\Omega = \pi/6, \phi = \pi/4$。

列。即，

$$x[n] = (0.8)^n \sin\left(\frac{\pi}{6}n + \pi/4\right) \tag{1.44}$$

1-4 連續與離散信號之變換

　　通常一個實用系統皆含有一些 CT 或 DT 的元件或次系統。如圖 1.34 的數位信號處理 (DSP) 系統，類比信號經抽樣及持握程序，變成階梯式連續時間信號後，再經由類比至數位變換器 (ADC) 轉換成為 DT 信號。數位信號是一種離散時間 (DT) 式，且幅度經過階位化，並可以進一步地做二進編碼的二值信號。因此數位信號可以經由數位計算機，或 DSP 晶片組 (chip set) 做數值演算，或資料處理。其

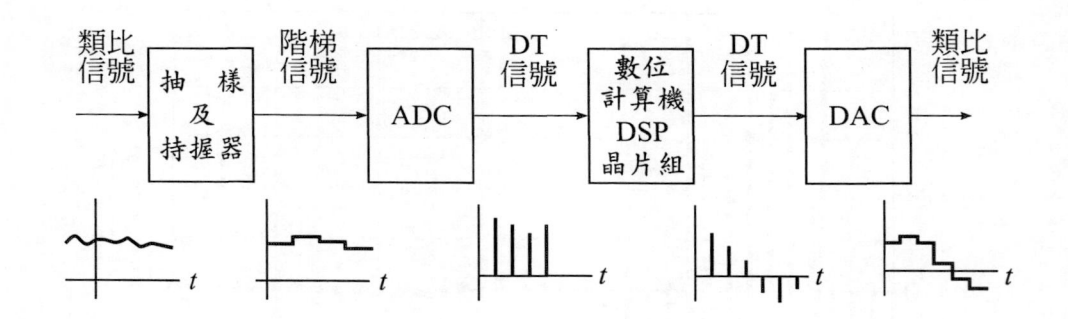

圖 1.34 數位信號處理系統。

輸出的數位信號再經數位至類比變換器 (DAC) 轉換成為一般裝置作用所需的類比式 CT 信號。

■ **類比至數位變換器** (ADC)

圖 1.35 所示為類比至數位變換器的結構方塊圖。類比信號先經抽樣 (sampled)，變換成為離散時間式的脈波。此種 DT 信號再經持握器 (hold) 積分，成為階梯式信號 (staircase signal)，用以近似地代表所輸入的類比信號。這種連續時間信號的幅度在兩個抽樣時刻之間 (每一抽樣週期內) 被保持於一固定值，有利於往後的編碼工作。DT 信號欲變換成為數位信號之前還要先階位化 (quantized)，然後才能做二進編碼 (binary coded)。數位計算機 (或數位電路) 只能接受二值電信號 (如 0 伏及 5 伏)，且其記憶或做運算處理的資料位元組 (byte) 限制在一定長度 (如 16 位元)，因此圖 1.35 所示階化及編碼器之功用

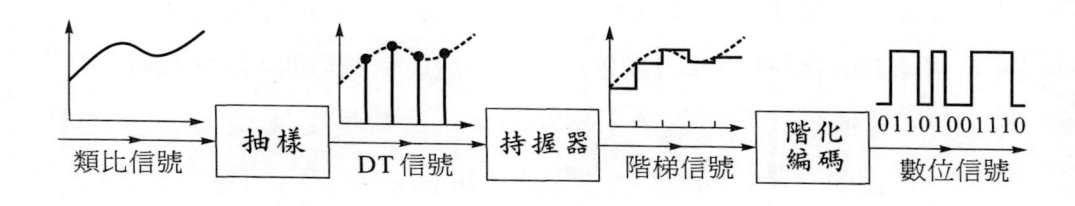

圖 1.35 類比至數位轉換 (ADC)。

在轉換出這種性質的數位信號，以供往後的計算機處理之。

在圖 1.34 中，數位計算機做數值演算或資料處理所相關的輸入及輸出數位信號係表達成簡單的 DT 數列信號，以方便於做數學描述，或往後介紹的 z-變換處理。

■ 數位至類比變換器 (DAC)

一般裝置係工作於類比式 CT 信號，因此數位信號經過計算機演算或處理後，須再經過數位至類比變換器 (DAC) 轉換成為類比式 CT 信號。圖 1.36 所示為數位至類比變換器的結構方塊圖。

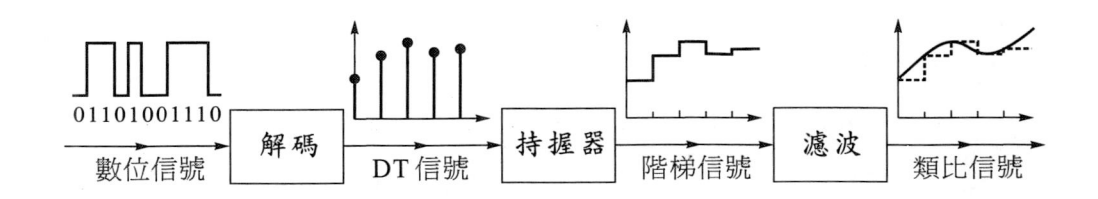

圖1.36 數位至類比轉換 (DAC)。

數位信號先由解碼器 (decoder) 轉換成 DT 數列。此 DT 信號再經過持握器積分，變換成為分時段定值 (piece-wise constant) 的 CT 階梯式信號。這種階梯式信號再經適當的低頻通濾波器 (low-pass filter) 做類比信號處理，即可以產生能夠工作於一般裝置所需要的類比式信號。DAC 的信號輸入輸出轉換關係可用圖 1.37 解釋之。

同理，在圖 1.34 中，數位計算機的輸出數位信號係表達成簡單的 DT 數列信號，以方便於做數學描述，或往後介紹的 z-變換處理。亦即，圖 1.36 的解碼工作一般是在計算機的數位電路裏面處理的。

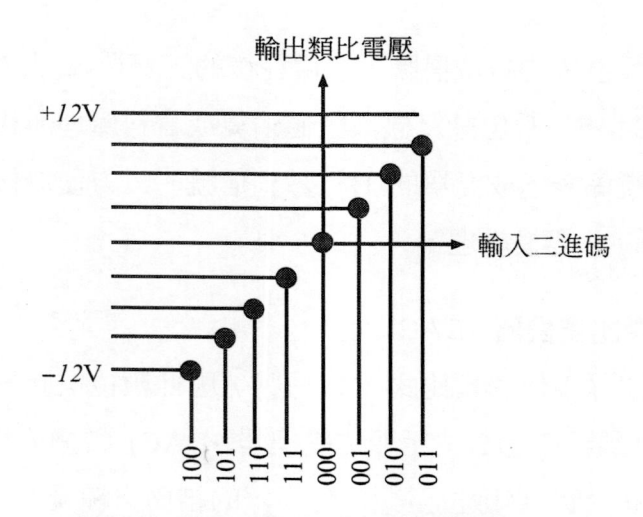

圖 1.37 DAC 的輸入輸出轉換關係。

- **抽樣及持握 (S/H)**

抽樣及持握 (Sample and Hold, S/H) 是類比至數位變換器主要的兩個功能。我們再以圖 1.38 的波形解釋其工作原理。S/H 經由時間脈波 (clock pulse) $c(t)$ 做同步觸發，在脈波發生期間 (孔隙時間) 內拾取

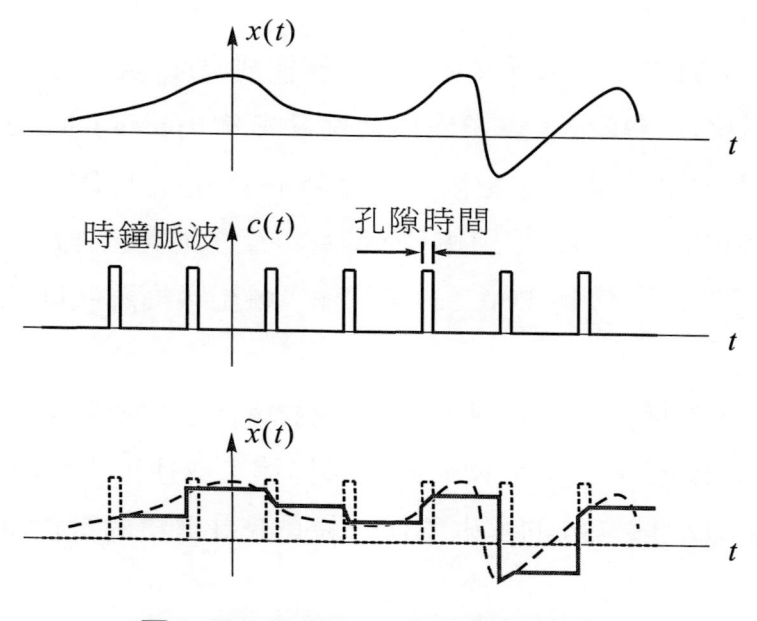

圖 1.38 抽樣及持握工作原理解釋。

輸入類比信號 $x(t)$ 之值，直到下一個時鐘脈波到來之前，S/H 之輸出將保持於此一固定值。因此，S/H 的輸出在兩個時鐘脈波之間是為一定值的電信號，形成了階梯式信號 $\tilde{x}(t)$。此階梯式信號有助於利用數位電路做階位化，正確地將任何時數值電壓轉換成為離散數值的階梯式電信號，以實施二進編碼，轉換成為二值數位信號。

將類比信號轉換成為二值數位信號有兩種方式，參見圖 1.39：一為串流式 (serial) ADC，另一為並位式 (parallel) ADC。串流式 ADC 輸出只有一條數位線，而並位式之輸出為同時 8 條數位線 (1 位元組)，或 16 位元不等。例如圖 1.39 所示為 4 位元 ADC，可將類比信號轉化成 4 位元數碼代表。

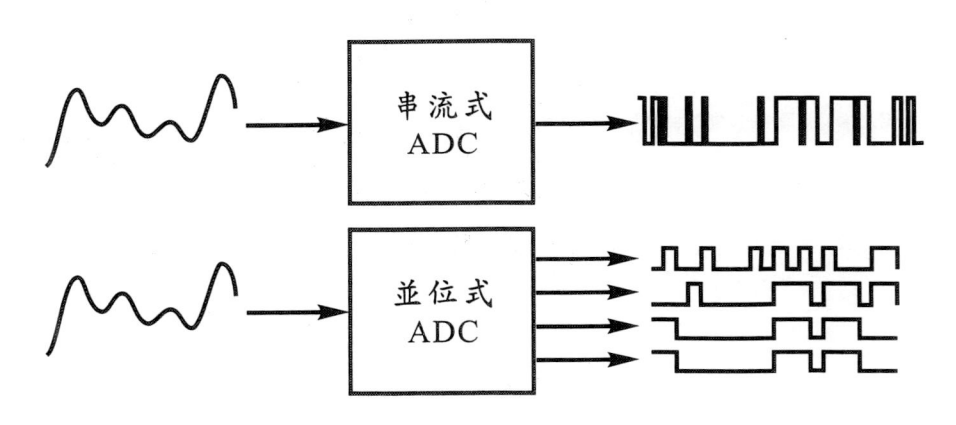

圖 1.39 串流式與並位式 ADC 之工作原理。

■ **階位化** (quantization)

圖 1.40 所示為 3 位元 ADC 的輸入輸出信號之轉換關係。輸入類比電壓變化在 *−12* 伏至 *12* 伏的範圍內，可以轉換出 3 位元的二進碼：100，101… 010，011 等 8 個不同的狀態。此意味了：輸入的 CT 信號被階位化，輸出形成 $2^3 = 8$ 個離散的狀態，各編譯為一個 3 位元的二進數碼。

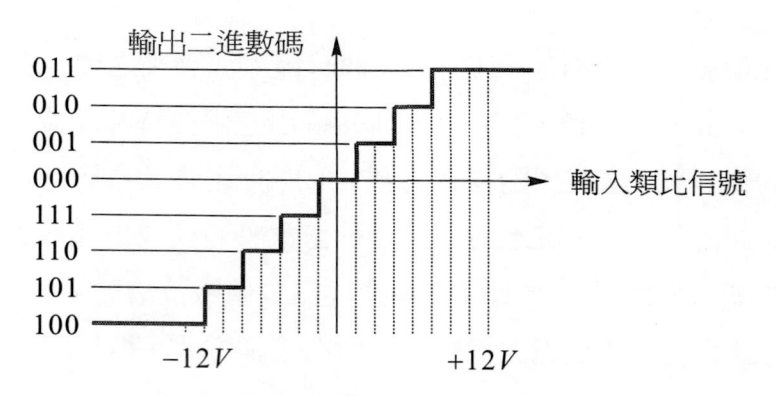

圖 1.40 ADC 的輸入輸出轉換關係。

1-5 抽樣定理

連續時間與離散時間系統之間的關連可用抽樣定理 (sampling theorem) 描述之。此定理經由奈奎斯特 (H. Nyquist)、費泰克 (J. M. Whittaker)、蓋伯 (D. Gabor)、及向農 (C. E. Shannon) 諸氏發展定論，陳述如下：

抽樣定理

1. 若類比信號含有的最高頻率為 f_{max}，欲以等速率抽樣脈波正確地代表此信號，則脈波抽樣頻率 f_s 必須大於 $2f_{max}$。
2. 再者，將這些抽樣脈波經過適當頻帶寬度的低頻通濾波器處理，即可以重新獲得原來的類比信號。

我們將在往後的章節，討論到傅立葉變換 (Fourier transform) 定理時，再來詳細地解釋此一定理。應用此定理時，可被接受的最小抽

樣頻率稱為是奈奎斯特頻率 (Nyquist frequency)。在實際的系統中，信號的分布並非完全侷促於有限頻寬 f_{max}，因此欲正確地應用此定理，則類比信號須先使用適當的低頻通濾波器做處理，使得頻率高於 f_{max} 的成分能有效地衰減殆盡。這種預先抽樣濾波器稱為反混疊失真濾波器 (anti-aliasing filter)，用以防止不必要的高頻信號出現在被抽樣的信號中。當抽樣動作 (例如：定時率掃描) 的頻率不夠快：$f_s < 2f_{max}$，則可能發生混疊失真的現象，所以

類比信號抽樣處理的正確方針

1. 應用反混疊失真濾波器，將不要的高頻成分衰減掉。
2. 抽樣頻率 f_s 須遠大於奈奎斯特頻率 $2f_{max}$。

我們以實際的例子解釋這種混疊失真的現象。在早期的電影拍攝，每一分鐘約使用 20 個連續動作畫面，相當於抽樣頻率為：f_s = 20/min，而人眼視覺暫留的延遲反應特性認為這是連續平滑動作。因此馬車經過時，我們以為輪子旋轉不已。如是，動作拍攝成為一個一個影像畫面相當於抽樣程序，而人眼相當於 DAC 的低頻通濾波器：每分鐘 20 個畫面在放映時，使我們覺得影像有如平滑的連續動作。

但是，馬車輪子的轉速實際上不只 20/min ($f_{max} > 20$)，因此抽樣頻率小於奈氏頻率 40，上述的抽樣定理被違反了。於是，當馬車經過後，我們在銀幕上仍然看到輪子快速地旋轉不已。這種反常就是混疊失真的現象，又稱為車輪效應。

再以週期等於 T 的 CT 弦波信號：$x(t) = A\cos(\omega t + \phi)$ 經過理想 ADC 抽樣，成為 DT 信號為例說明之。如果信號每 T_s 秒被抽樣一次 (抽樣週期為 T_s)，即抽樣頻率 $f_s = 1/T_s$，則第 n 個抽樣數據值為，

$$x(nT_s) = x(t)|_{t=nT_s} = A\cos(\omega t + \phi)|_{t=nT_s} = A\cos(\omega nT_s + \phi)$$

若定義數位頻率 (digital frequency) 如下：

$$\Omega := \omega T_s = 2\pi f T_s = \frac{2\pi}{N} \tag{1.45}$$

式中，$f = 1/T$ 為弦波信號的頻率，且

$$N = \frac{T}{T_s} = \frac{f_s}{f} := 數位週期 \tag{1.46}$$

則，輸出數列可表達為

$$x[n] = A\cos(\Omega n + \phi) = A\cos\left(\frac{2\pi}{N}n + \phi\right) \tag{1.47}$$

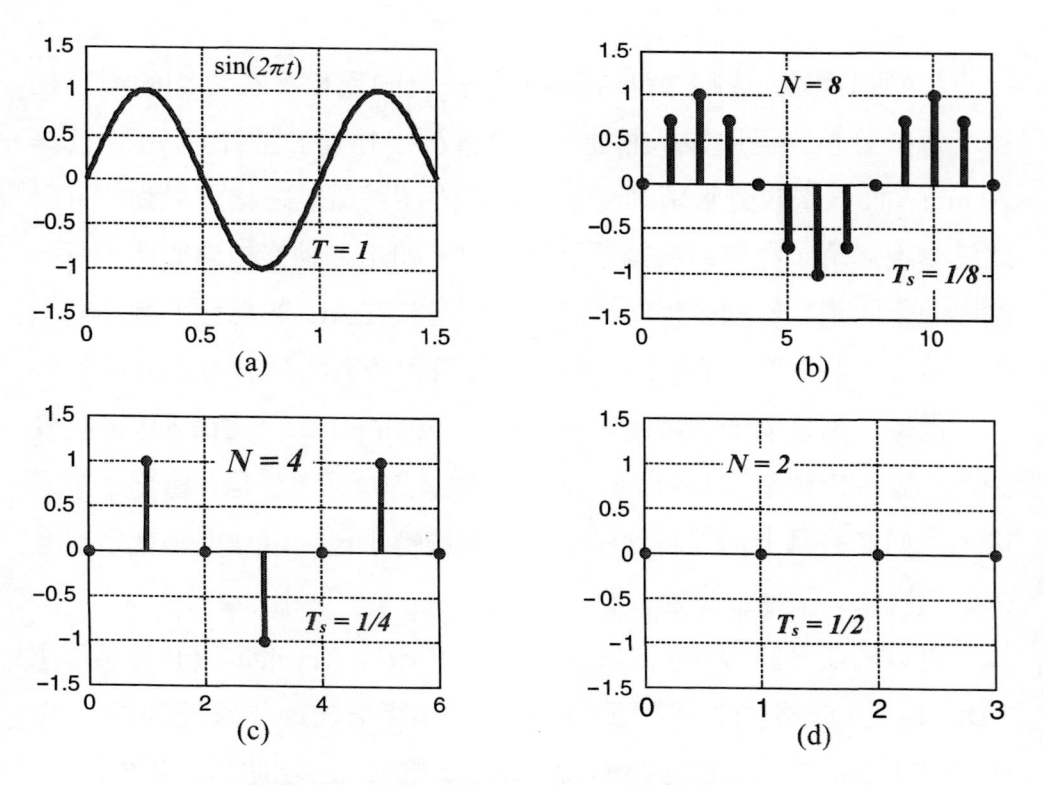

圖 1.41 不同抽樣頻率之 DT 信號比較。

當 $x[n]$ 為週期弦波數列時，2π 必須是 Ω 的倍數。欲正確地應用抽樣定理，信號的最高頻率限制於 $\frac{f_s}{2}$，因此 $\Omega = \pi$。亦即，在一個離散系統中，數位頻率 Ω 之可用值為 $0 \leq \Omega < \pi$。圖 1.41(a) 為 $x(t) = \sin(2\pi t)$，週期 $T = 1$ 秒；圖 (b) 至 (c) 為 DT 數列 $x[n] = \sin(\Omega n)$，抽樣週期分別為 $1/8, 1/4, 1/2$。可以發現當 $N = 2$ ($f_s = 2f$) 時，由抽樣脈波已經無法辨識出原來的類比信號了；而當 $N = 8$ ($f_s = 8f$) 時，由抽樣脈波幾乎可以辨識出原來的類比信號。

習 題

P1.1. (系統) 下列名詞請簡單地定義，或做說明：
(a) 系統， (b) 激發， (c) 響應， (d) SISO， (e) MIMO.

P1.2. (數學模型) 下列名詞請簡單地定義，或做說明：
(a) 模型化， (b) 數學模型， (c) ODE， (d) LCDE.

P1.3. (系統) 何謂「重疊定理」？

P1.4. (系統) 何謂「小信號分析」？

P1.5. (系統) 下列名詞請簡單地定義，或做說明：
(a) CT， (b) DT， (c) LTI， (d) LTV.

P1.6. (分析) 下列名詞請簡單地定義，或做說明：
(a) 時域分析， (b) 頻域分析。

P1.7. (轉移函數) 何謂「脈波轉移函數」？

P1.8. (信號) 下列名詞請簡單地定義，或做說明：
(a) 數位信號， (b) 階化， (c) 編碼。

P1.9. (波形) 繪製下列信號的波形。
(a) $\sin(4\pi t - 30°)$，(b) $u(t-2) - u(t-5)$，
(c) $-2.5t[u(t+2) - u(t)]$，
(d) $-(t+4)u(t+4) + (t+2)u(t+2) + (t-2)u(t-2) - (t-4)u(t-4)$。

P1.10. (波形) 繪製下列信號的波形。

(a) $3e^{-2t}u(t)$，(b) $2[1-e^{-2t}]u(t)$，(c) $3e^{-2t}\sin(4\pi t - 30°)u(t)$。

P1.11. (波形轉換) 若信號 $x(t)$ 定義如下，試繪製下列信號的波形。

$$x(t) = \begin{cases} 0, & t < -2 \\ 2, & -2 \leq t < 0 \\ t-2, & 0 \leq t < 2 \\ 0, & t \geq 2 \end{cases}$$

(a) $x(t)$， (b) $x(-t)$， (c) $x(2t-2)$，
(d) $x(0.5(t-2))$， (e) $x(-1-0.5t)$。

P1.12. (波形分析) (a) 試以數學式定義圖 P1.12 波形所代表的信號；(b) 求出信號的時間微分。

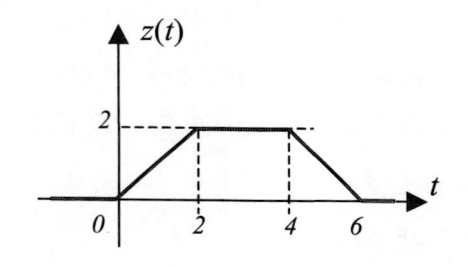

圖 P1.12 習題 1.12 之波形。

P1.13. (波形分析) 將圖 P1.12 的波形代表成為步級與斜坡函數的組合。

P1.14. (數列) 試繪製下述數列。

(a) $3u[n-4]$， (b) $-2r[n-1]$， (c) $3u[n+6]$。

P1.15. (數列) 試繪製下述數列。

(a) $\sin(4\pi n - 30°)$， (b) $u[n-2]-u[n-5]$，
(c) $\{-3, -2; -1, 0, 3, 1, 0, \}$， (d), (e) $8(0.5)^n u[n]$。

P1.16. (數列) 若 $x[n]= \{ ; 6, 4, 2, 2\}$，試求以下數列：

(a) $x[n-2]$， (b) $x[n+2]$，
(c) $x[-n+2]$， (d) $x[-n-2]$。

P1.17. (週期波形分析) 試以數學式定義圖 P1.17 週期波形所代表的信號。

(a)

(b)

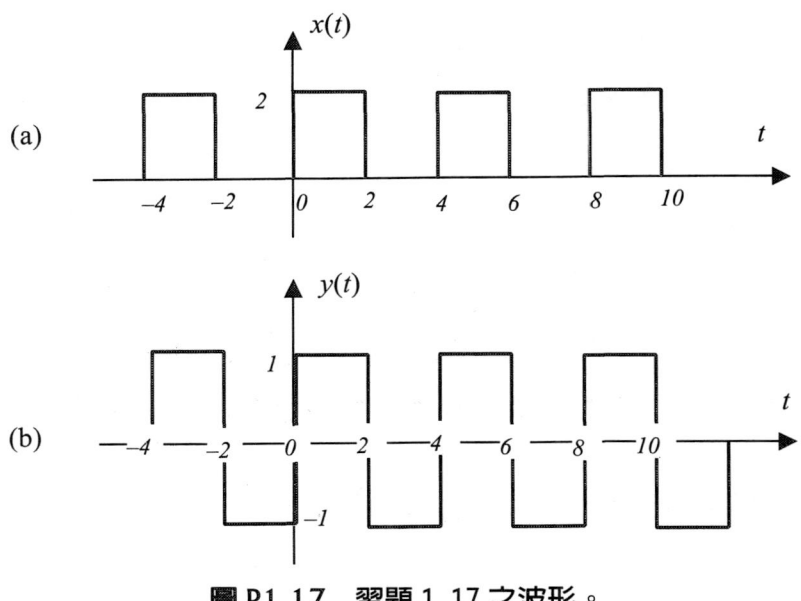

圖 P1.17 習題 1.17 之波形。

P1.18. (波形分析) 圖 P1.17 所示的波形中，$x(t)$ 與 $y(t)$ 有何關係？

P1.19. (數列分析) 將圖 P1.19 的數列表示成步級與斜坡數列函數的組合。

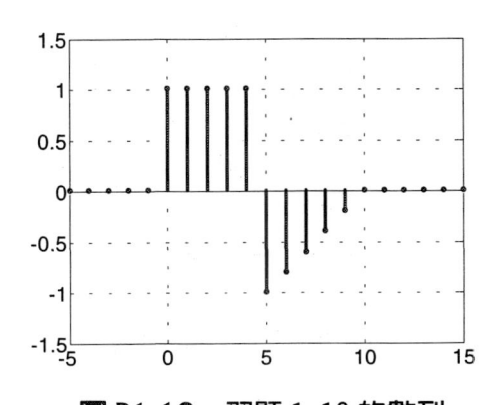

圖 P1.19 習題 1.19 的數列。

P1.20. (數列分析) 圖 P1.20 的數列可表示為：$A\alpha^n(u[n]-u[n-N])$，試求出其中所有的參數 A，α 及 N。

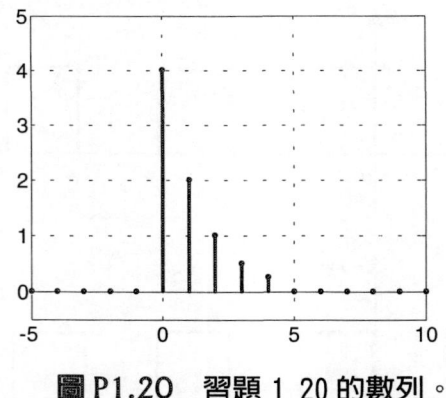

圖 P1.20 習題 1.20 的數列。

P1.21. (週期數列分析) 圖 P1.21 的數列可表示為：$A\cos(2\pi F n + \phi)$，試求出其中所有的參數 A, ϕ 及 F。 (**解**：$2\cos(n\pi/4 + \pi/4)$)

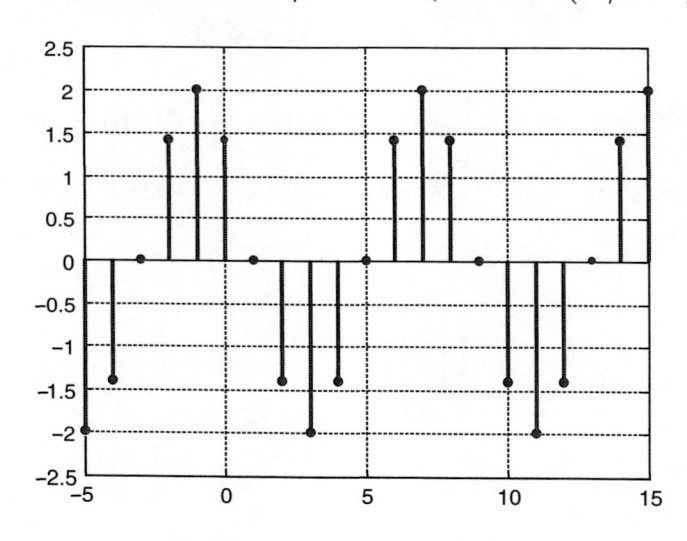

圖 P1.21 習題 1.21 的數列。

P1.22. (週期數列分析) 圖 P1.22 的數列表示為：$A\alpha^n \sin(2\pi F n + \phi)u[n]$，試求出其中所有的參數 A, α, ϕ 及 F。
(**解**：$5(0.8)^n \sin(\pi n/6 + \pi/4)u[n]$)

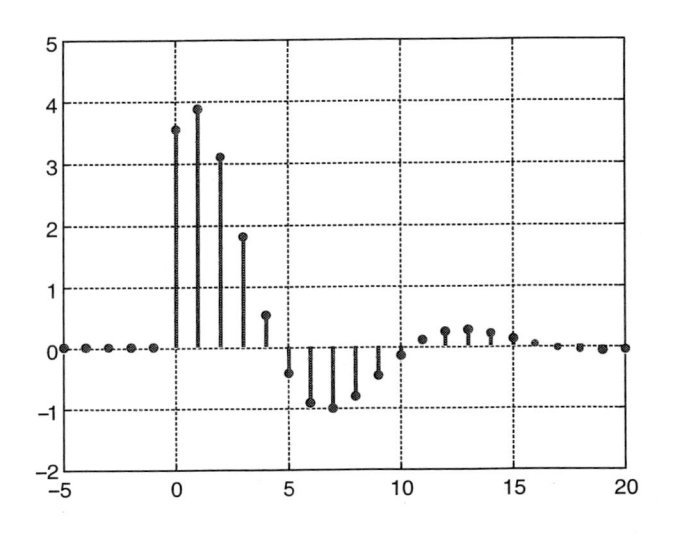

圖 P1.22 習題 1.22 的數列。

P1.23. (數列分析) 試表示出圖 P1.23 的數列。

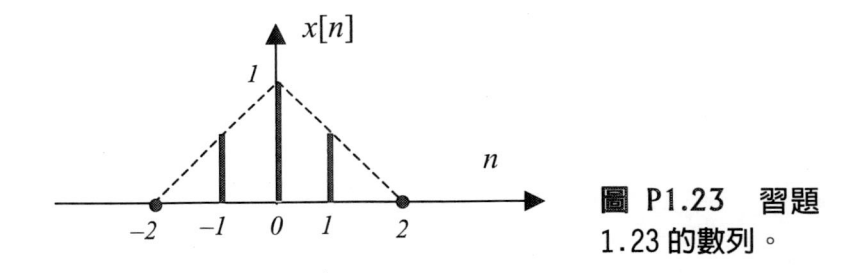

圖 P1.23 習題 1.23 的數列。

P1.24. (數位與類比變換) 何謂「抽樣與持握」？

P1.25. (數位與類比變換) 解釋「數位信號處理 (DSP) 系統」之原理。

P1.26. (數位與類比變換) 何謂「混疊失真」？如何防止？

P1.27. (數位與類比變換) 何謂「奈奎斯特頻率」？

P1.28. (數位與類比變換) 類比信號施行「抽樣處理」的正確方針為何？

第二章 線性系統的時域模型

在本章我們要介紹下列主題：
1. 線性系統的基本性質
2. 微分方程式模型
3. 差分方程式模型
4. 單位脈衝響應模型
5. 狀態方程式模型

2-1 線性系統的基本性質

在第一章我們曾提及，CT 線性系統可用微分方程式描述之 (數學模型化)。雖然有些物理元件或系統須使用偏微分方程式描述，例如氣體或液壓系統，但在適當的工作條件及合理的工作範圍，例如小信號工作，系統的特性或行為是可以用線性常係數常微分方程式 (LCDE) 描述。亦即，LCDE 可以用來描述連續時間線性非時變 (CT-LTI) 系

統。

另一方面,離散時間線性非時變 (DT-LTI) 的系統係使用線性常係數差分方程式 (DE) 描述。我們將在往後章節再介紹之。因為本書主要討論的是 LTI 系統,所以本章要討論 LCDE 的性質、解答方式,及其所代表的 LTI 系統之時間響應。

對於 CT-LTI 系統,拉式變換 (Laplace transformation) 是做系統分析及設計時,非常重要的工具;而對於 DT-LTI 系統,Z-變換 (Z-transformation) 是系統分析及設計的重要工具,這些將在往後章節再介紹之。拉式變換可將 LCDE 轉變成為代數方程式;而 Z-變換可將線性常係數差分方程式轉變成為代數方程式。因此,由代數方程式之解答即可求出 CT-LTI 系統的時間響應,或 DT-LTI 系統響應的時間順序。

CT 信號,如 $x(t)$,經拉式變換為 $X(s)$ 複變函數;DT 數列,如 $x[n]$,經 Z-變換為 $X(z)$,亦為複變函數。因為 s 及 z 皆為複數頻率,因此利用拉式變換及 Z-變換所做的分析是為頻域分析 (frequency-domain analysis)。在頻域分析中,系統的轉移函數是非常重要的工具,將在往後討論之。現在我們要討論動態系統的一些特性,分述如後。

■ **線性** (Linearity)　在系統理論中,線性是很重要的一種性質,定義如下:

系統線性之充分且必要條件為:均勻性,與加成性。

■ **均勻性** (homogenity)　參見圖 2.1 所示的線性系統,對於 CT 系統,$x(t)$ 是輸入,產生 $y(t)$ 輸出 (對於 DT 系統,$x[n]$ 是輸入數列,而產生 $y[n]$ 輸出數列),記為:$x \rightarrow y$。則均勻性意味:$Cx \rightarrow Cy$,式中 C 為常數。亦即,當輸入放大 C 倍時,輸出也成比率地放大 C 倍。

```
         x(t)    ┌────────┐   y(t)
        ────────▶│ 線性系統 │────────▶
         x[n]    └────────┘   y[n]
```

圖 2.1　線性系統示意圖：$x \to y$。

■ **加成性 (additivity)**　系統的加成性意味：若 $x_1 \to y_1$，且 $x_2 \to y_2$，則 $x = (x_1 + x_2) \to y = (y_1 + y_2)$。亦即，由兩個獨立輸入之和所造成的響應輸出，等於由個別輸入造成響應輸出之總和。

【例題 2.1】

圖 2.1 系統如果 $y[n] = \text{Re}\{x[n]\}$，試判斷均勻性。

解　此例題中，令輸入為 $x_1[n] = r[n] + js[n]$，則輸出應為：$y_1[n] = r[n]$。如果現在輸入放大的幅度為 $C = j$，亦即輸入為 $x_2[n] = jx_1[n] = -s[n] + jr[n]$，則輸出為：

$$y_2[n] = \text{Re}\{x_2[n]\} = -s[n] \neq Cy_1[n]$$

均勻性不被滿足，因此系統不是線性系統。

【例題 2.2】

如果系統的輸入輸出關係分別為：(a) $y(t) = tx(t)$；(b) $y(t) = x^2(t)$，試判斷系統的加成性。

解　我們分別解答如下，

(a) 若 $x_1 \to y_1 = tx_1$，且 $x_2 \to tx_2$，則

$$x = (x_1 + x_2) \to tx = t(x_1 + x_2) = tx_1 + tx_2 = y_1 + y_2.$$

因此系統 (a) 滿足加成性。

(b) 若 $x_1 \rightarrow y_1 = x_1^2$，且 $x_2 \rightarrow y_2 = x_2^2$，則

$$x = (x_1 + x_2) \rightarrow x^2 = (x_1 + x_2)^2 \neq y_1 + y_2.$$

因此系統 (b) 不能滿足加成性，且必定不是線性系統。

■ **重疊性** (superposition)　令 C_1 及 C_2 皆為常數，則重疊性意味：

$$x = (C_1 x_1 + C_2 x_2) \rightarrow y = (C_1 y_1 + C_2 y_2)。$$

亦即，由兩個獨立輸入之線性組合 (linear combination) 所造成的輸出，等於由個別輸入造成輸出之線性組合。因此，線性系統必須同時具有均勻性及加成性；而同時具有這兩種特性就是重疊性。換言之，系統線性的充要條件為：必須滿足重疊原理 (principle of superposition)，我們以 CT 系統為例說明之。

【例題 2.3】　（重疊性）

於圖 2.1 之線性系統，如果輸入為 x_1，產生的響應為 y_1；而輸入為 x_2，產生的響應為 y_2，如圖 2.2(a) 至 (d) 所示。則當輸入為圖 (e) 時，求輸出響應為何。

解　此例題中，$x_1 = u(t) \rightarrow y_1 = (1-e^{-t})u(t)$，且 $x_2 = u(t-2) \rightarrow y_2 = (1-e^{-(t-2)})u(t-2)$。因為，$x = x_1 - x_2$，根據前述重疊原理，則輸出響應為：$y = y_1 - y_2 = (1-e^{-t})u(t) - (1-e^{-(t-2)})u(t-2)$，波形請參見圖 2.2(e), (f)。

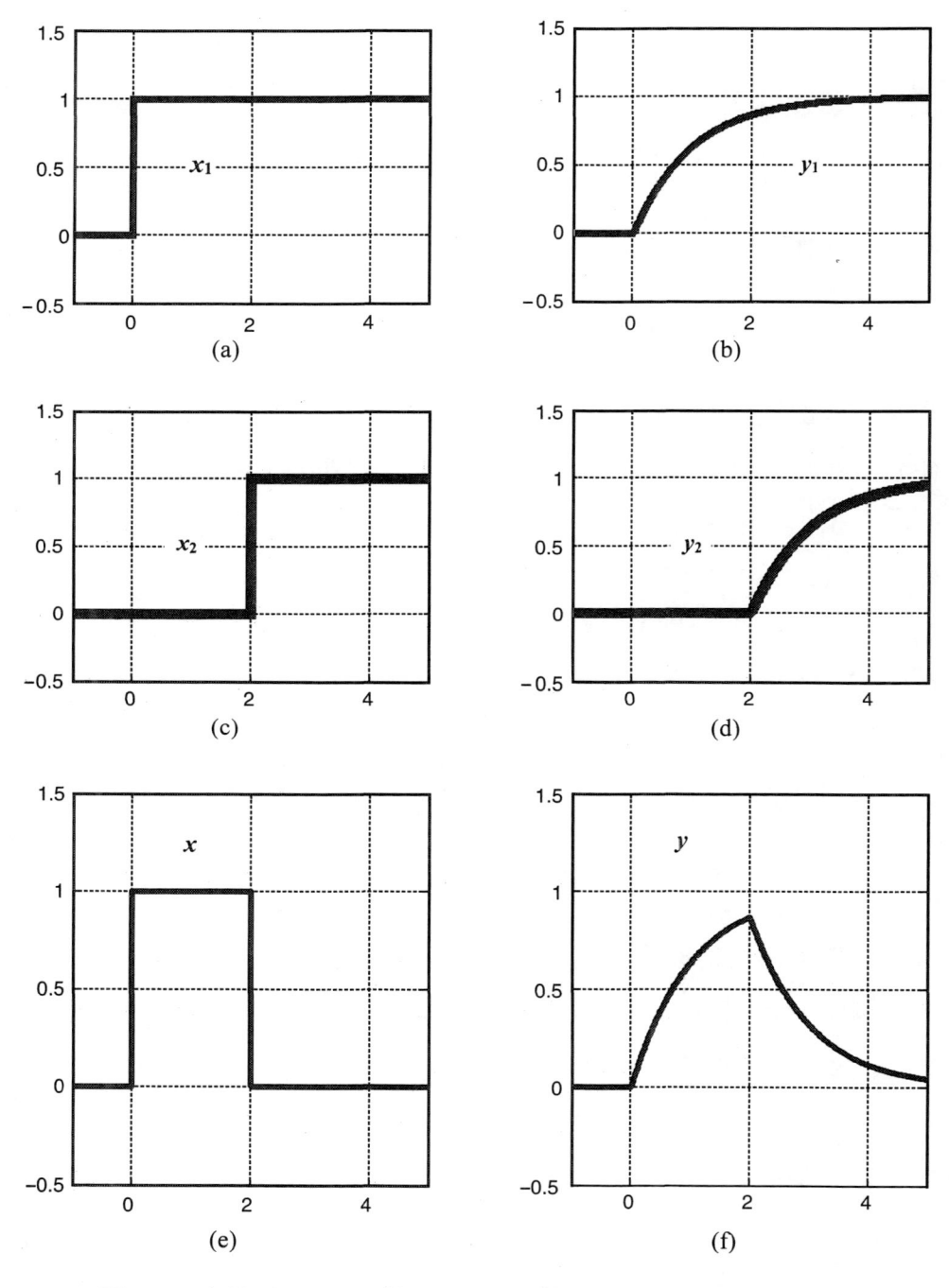

圖 2.2 例題 2.3：(a) 輸入 x_1，(b) 輸出 y_1，(c) 輸入 x_2，(d) 輸出 y_2，(e) 輸入 x，(f) 輸出 y。

- **線性運算之交換性**　線性之性質亦適用於系統分析所用的數學運算，諸如：拉式變換、傅立葉變換、積分以及微分等線性運算或操作。因此，若 $x \to y$，則 $\dfrac{dx}{dt} \to \dfrac{dy}{dt}$；且 $\int x dt \to \int y dt$。

- **非時變性** (time invariance)　非時變性之定義如下：

$$\text{如果 } x(t) \to y(t)，\text{則 } x(t-t_0) \to y(t-t_0)。$$

亦即，當輸入延遲了 t_0 秒才發生，則輸出也相對地延遲了 t_0 秒。例如在圖 2.2(a) 及 (b) 中，$x_1 = u(t) \to y_1 = (1-e^{-t})u(t)$，則根據非時變性之原理，$x_1(t-2) \to y_1(t-2)$。亦即，$u(t-2) \to (1-e^{-(t-2)})u(t-2)$，請參見圖 2.2(c) 及 (d)。所以例題 2.3 所要表達的意義為：若 $x_1 = u(t) \to y_1 = (1-e^{-t})u(t)$，則根據非時變性及重疊原理之原理，$u(t) - u(t-2) \to y_1(t) - y_1(t-2) = (1-e^{-t})u(t) - (1-e^{-(t-2)})u(t-2)$，波形請參見圖 2.2(f)。

對於 DT 線性系統，非時變性之定義如下：

$$\text{如果 } x[n] \to y[n]，\text{則 } x[n-n_0] \to y[n-n_0]。$$

亦即，當輸入數列延遲了 t_0 秒才發生，則輸出數列也相對地延遲了 t_0 秒。例如，當 $x[n] = \{0,0;1,0,0\cdots\} \to y[n] = \{0,0;1,0.5,0.25,0.125,...\}$，則當輸入數列為 $\{0,0;0,0,1,0,0\cdots\}$ 時，輸出數列應為：$\to \{0,0;0,0,1,0.5,0.25,0.125,...\}$。亦即，輸出數列也相對地延遲了 2 時間單位，參見圖 2.3。

- **因果性** (causality)　因果性是動態系統 (dynamic system) 一項必然的特性，前因後果之故，輸出不可以發生在激發輸入之前，因此對於一個初始靜止 (initially rest) 的系統，$x_1(t-t_0) \to y_1(t-t_0)$ 是必然的；亦即，若 t_0 以前輸入為 $x=0$，則在 t_0 以前，輸出響應亦必然為

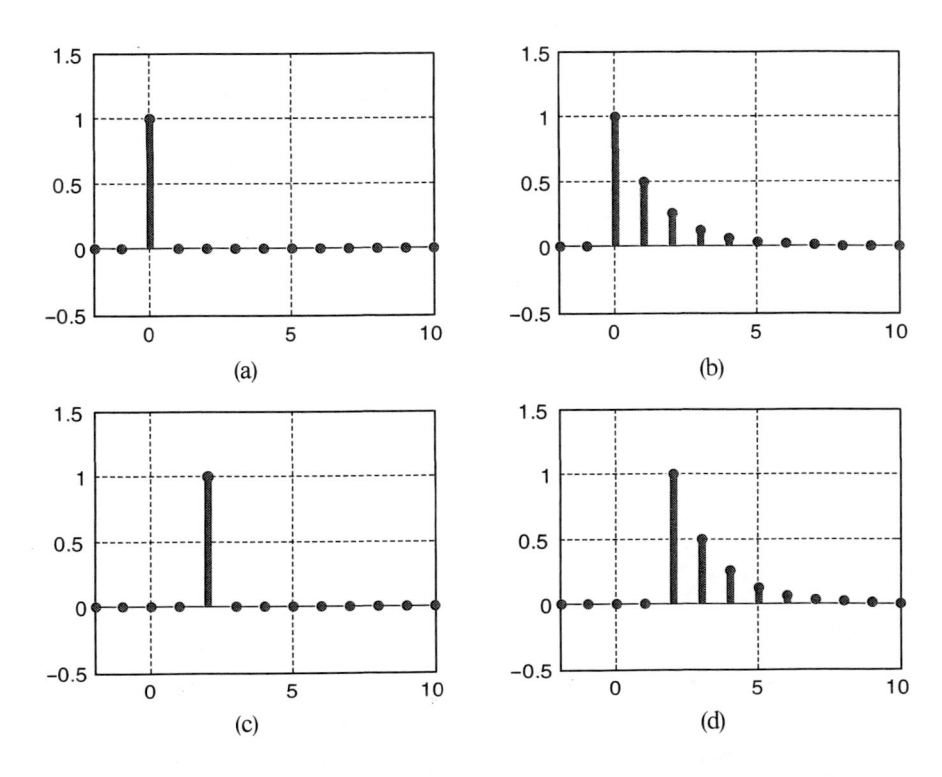

圖 2.3 DT 非時變性質說明：(a) $x[n]$，(b) $y[n]$，(c) $x[n-2]$，(d) $y[n-2]$。

$y = 0$。

例如，在數位電路中的單位延遲元件，或稱為移位記錄器 (shift register)，其輸出入之關係為：$y[n] = x[n-1]$，因為輸出只與過去的輸入有關，輸出永遠發生在輸入來到之後，因此這是一個具有因果性質的系統。

【例題 2.4】（線性系統的性質）

(a) 有一系統的輸入輸出關係描述為：$y = Ax + B$，式中 x 及 y 分別為輸入及輸出變數，試判斷此系統是否為線性？又，此系統是否為具有非時變性？

(b) 有一 CT 系統的輸入輸出關係描述為，

$$y(t) = \int_0^t x(\tau)d\tau + y(0), \quad t \geq 0$$

式中，$y(0)$ 為初值狀態，而 $x(t)$ 為輸入，試判斷系統之因果性。

解 (a) 當輸入為 x_1，則輸出為 $y_1 = Ax_1 + B$；當輸入為 x_2 時，輸出為 $y_2 = Ax_2 + B$。則當輸入為 $x = (C_1x_1 + C_2x_2)$ 時，輸出應為，

$$y = A(C_1x_1 + C_2x_2) + B$$

在另一方面，

$$\begin{aligned} C_1y_1 + C_2y_2 &= C_1(Ax_1 + B) + C_2(Ax_2 + B) \\ &= A(C_1x_1 + C_2x_2) + B(C_1 + C_2) \neq y \end{aligned}$$

所以，此系統不是線性系統，而是非線性系統。

（註：若 $B = 0$，則此系統為線性系統，請讀者驗證之。）

再者，當輸入為 $x_1(t - t_0)$，則輸出為，

$$y = Ax_1(t - t_0) + B = y_1(t - t_0).$$

此說明了：若 $x_1(t) \to y_1(t)$，則 $x_1(t - t_0) \to y_1(t - t_0)\, y_1(t - t_0)$，因此可證明，系統為非時變性。

對於 DT 系統：當輸入為 $x_1[n - n_0]$，則輸出為，

$$Ax_1[n - n_0] + B = y[n - n_0]$$

因此是為非時變性系統。

(b) 因為輸出 $y(t)$ 只與 $t \geq 0$ 以後的輸入 $x(t)$ 及 $t = 0$ 時的初值狀態 $y(0)$ 有關；在 $t < 0$ 以前，輸入 $x(t) = 0$，且輸出 $y(t) = 0$，因此可證明，此為因果性系統。

【例題 2.5】 （因果性）

若 DT 系統的單位脈波輸入產生輸出數列如圖 2.4(a) 及 (b)，試分別判斷系統之因果性。

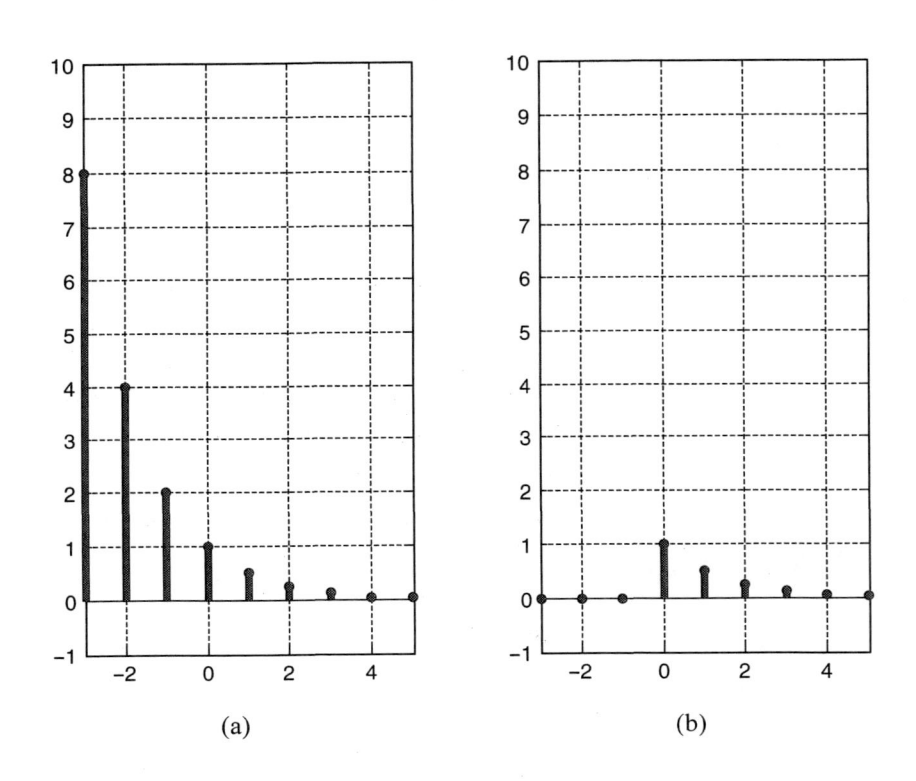

圖 2.4 例題 2.3 之輸出數列：(a) 非因果性，(b) 因果性。

解 單位脈波輸入發生於 $n = 0$。圖 2.4(a) 的系統在 $n < 0$ 時有輸出數列，因此是非因果性系統。而圖 2.4(b) 的系統只在 $n = 0$ 以後才有輸出，因此是因果性系統。

■ **穩定性** (stability) 系統的穩定性有許多定義，例如：有限輸入有限輸出式 (**BIBO**) 穩定、漸進式穩定、絕對穩定、李亞普諾夫式穩定等，在本書中我們只介紹 BIBO 穩定，定義如下：

當一個穩定系統的輸入為有限時，其輸出必然為有限。

亦即，BIBO 穩定的系統於任何時間中，$|x(t)|<\infty \to |y(t)|<\infty$ (DT 系統：$|x[n]|<\infty \to |y[n]|<\infty$)。線性系統的穩定性可經由描述此系統的特性根 (characteristic root) 之性質判斷之：

對於 CT 系統，如果特性根 λ 之實數部分為負（負根），亦即：$Re\{\lambda\}<0$，則此系統為穩定；對於 DT 系統，如果特性根 α 之幅度小於 1，亦即：$|\alpha|<1$，則此系統為穩定。

【例題 2.6】（穩定性）

若一 CT 系統的輸入輸出關係描述為：$y(t)=t|x(t)|$，(DT 系統，$y[n]=n|x[n]|$) 試判斷系統之穩定性。

解 令輸入為 $x=Au(t)$，因此當 $t\geq 0$，$|x|=A<\infty$，係有限輸入，則輸出為：$y(t)=At$。但是當 $t\to\infty$ 時，輸出 $|y|\to\infty$，違反 BIBO 之要求條件，此系統不穩定。

對於 DT 系統，令輸入為步級數列 $x=Au[n]$，因此當 $n\geq 0$，$|x|=A<\infty$，係為有限輸入，則輸出數列為 $y[n]=\{0, A, 2A, 3A, \ldots\}$，其數值增長到無限，違反 BIBO 之要求條件，此系統不穩定。

2-2 微分方程式模型

■ **微分方程式** 本節要討論線性常係數常微分方程式 (LCDE)，以描

述連續時間線性非時變 (CT-LTI) 系統。一個 n 階 (n 次) LCDE 表達如下：

$$\frac{d^n y}{dt^n} + a_{n-1}\frac{d^{n-1} y}{dt^{n-1}} + \cdots + a_1\frac{dy}{dt} + a_0 y(t) = b_m\frac{d^m x}{dt^m} + \cdots + b_1\frac{dx}{dt} + b_0 x(t) \tag{2.1a}$$

以精簡式表達為，

$$\sum_{k=0}^{n} a_k \frac{d^k y(t)}{dt^k} = \sum_{k=0}^{m} b_k \frac{d^k x(t)}{dt^k} \tag{2.1b}$$

在討論線性系統的輸出入關係時，可將 (2.1) 式的右方激勵函數 (excitation) 以單一項簡潔地表達如下：

$$\frac{d^n y}{dt^n} + a_{n-1}\frac{d^{n-1} y}{dt^{n-1}} + \cdots + a_1\frac{dy}{dt} + a_0 y(t) = x(t). \tag{2.2}$$

式中，$y(t)$ 及 $x(t)$ 分別為輸出及輸入變數。我們定義微分操作子 (differential operator) 如下：

$$D := \frac{d}{dt} \tag{2.3}$$

則 (2.2) 式可以寫成，

$$(D)[y] := \left(D^n + a_{n-1}D^{n-1} + \cdots + a_1 D + a_0\right) y(t) = x(t) \tag{2.4}$$

於是，系統的輸出入數學模式可以簡單地表達為，

$$L[y] = x \tag{2.5}$$

上式中，$L(D)$ 稱為是系統的線性運算操作子 (linear operator)，其為 D 的運算函數。此意謂：激發輸入 $x(t)$ 造成響應輸出 $y(t)$，簡單地表示成：

$$x(t) \xrightarrow{L} y(t) ， 或 \quad L: x(t) \to y(t) \tag{2.6}$$

在 (2.2) 式中，如果 $x(t) = 0$，則 LCDE 為齊次性 (homogeneous)，或稱為同次性，此時響應 $y(t)$ 是由於*初始條件* (initial condition) 所造成的，因此齊次 LCDE 的解代表線性系統的**自由響應** (free response)；而非齊次 LCDE (即，$x \neq 0$) 的解是為系統的**強迫響應** (forced response)。

■ **齊次解** (homogeneous solution)　在討論齊次性時令 $x(t) = 0$，此時 LCDE 為下式，

$$\frac{d^n y}{dt^n} + a_{n-1}\frac{d^{n-1} y}{dt^{n-1}} + \cdots + a_1 \frac{dy}{dt} + a_0 y(t) = 0. \tag{2.7}$$

由 (2.5) 及 (2.4) 的線性運算子定義，上式可寫成，

$$L(D)[y] = 0. \tag{2.8}$$

如果 $y_1(t)$ 及 $y_2(t)$ 皆為上式之解，亦即：$L[y_1(t)] = 0$ 且 $L[y_2(t)] = 0$，則由前一節所述線性運算子之交換性可得，

$$L[C_1 y_1(t) + C_2 y_2(t)] = C_1 L[y_1] + C_2 L[y_2] = C_1 y_1 + C_2 y_2 \tag{2.9}$$

亦即，

若 $y_1(t)$ 及 $y_2(t)$ 皆為齊次解，則 $C_1 y_1 + C_2 y_2$ 亦為齊次解。

此說明了齊次 LCDE 為線性運算子，且重疊原理適用之。如果 $\{y_i(t), i = 1, 2 \ldots n\}$ 為 (2.2) 式之一組 n 個獨立的齊次解，則 (2.2) 式所述 LCDE 之齊次解為下式：

$$y_h = \sum_{i=1}^{n} C_i y_i(t) \tag{2.10}$$

此式中，C_i, $(i = 1..n)$ 為 n 個未定係數，可由系統的初始條件決定之。

欲求獨立齊次解可令，

$$y_h(t) = Ye^{st} \neq 0 \tag{2.11}$$

將上式代入 (2.7) 可得，

$$L(s)Ye^{st} = 0. \tag{2.12}$$

因為 $Ye^{st} \neq 0$，則

$$\text{CE: } L(s) = s^n + a_{n-1}s^{n-1} + \cdots + a_1 s + a_0 = 0. \tag{2.13}$$

上式稱為特性方程式 (characteristic equation, CE)，滿足 (2.13) 之解稱為特性根 (characteristic root)。因此如果 $s_i, (i = 1..n)$ 為特性方程式 (2.13) 的 n 個獨立解根，則齊次解為 (2.10) 式所示，亦即：

$$y_h = \sum_{i=1}^{n} C_i y_i(t) \tag{2.14}$$

式中，$C_i, (i = 1..n)$ 為 n 個未定係數，可由系統的初值條件：$y(0)$, $Dy(0) = y'(0), \ldots, D^{n-1}y(0) = y^{(n-1)}(0)$ 決定之，如此即可得到自由響應 (free response)。自由響應與特性根有密切的關係，整理成表 2.1，請參見之。

【例題 2.7】 （自由響應）

若一系統的輸入輸出關係描述為：

$$(D+2)y(t) = 0; \quad y(0) = 2,$$

試求自由響應 $y(t)$。

解 由式 (2.13)，特性方程式為：$L(s) = s + 2 = 0$，因此特性根為：$s = -2$，則齊次解為，

$$y(t) = Ce^{-2t}$$

由初始條件：$t = 0$ 時，$y(0) = 2$，可得：$2 = C$，所以 LCDE 之解為：

$$y(t) = 2e^{-2t}u(t)。$$

表 2.1 自由響應與特性根的關係

齊次解	特性根 s	自由響應形式：$y_h(t)$
1.	實數單根：α	$Ce^{\alpha t}$
2.	共軛複數：$\alpha \pm j\omega$	$e^{\alpha t}(C_1\cos\omega t + C_2\sin\omega t)$
3.	實數重根：α^M	$e^{\alpha t}(C_0 + C_1 t + \cdots + C_{M-1}t^{M-1})$
4.	複數重根：$(\alpha \pm j\omega)^M$	$e^{\alpha t}\cos\omega t(A_0 + A_1 t + \cdots + A_{M-1}t^{M-1}) +$ $e^{\alpha t}\sin\omega t(B_0 + B_1 t + \cdots + B_{M-1}t^{M-1})$

■ **特解 (particular solution)** 如果 $y_P(t)$ 滿足了 (2.2) 式，則 $y_P(t)$ 稱為特解，或強迫響應 (forced response)。所以，(2.2) 式 LCDE 的完全解 (complete solution) 為，

$$y(t) = y_h(t) + y_P(t) \tag{2.15}$$

式 (2.2) 右邊 $x(t)$ 激勵函數或稱為電源函數，代表 LTI 系統的外加輸入。常用的電源函數 $x(t)$ 可用複數形指數函數：

$$x(t) = Xe^{s_P t} \tag{2.16}$$

表示之，式中 X 及 s_P 分別為複數振幅及複數信號頻率，我們已在節 1-2 式 (1.7) 介紹過了，再整理如表 2.2。

因此，特解 $y_P(t)$ 可表示為，

$$y_P(t) = Ye^{s_P t} \tag{2.17}$$

將 (2.16) 及 (2.17) 代入 (2.2) 式，可得

$$\left(s_P^n + a_{n-1}s_P^{n-1} + \cdots + a_1 s_P + a_0\right)Y = X$$

亦即，

表 2.2　特解與激勵函數的關係

註：如果 LCDE 等號的右邊為 $e^{\alpha t}$ 形式，而 α 亦為特性根，且重複 r 次，則特解響應式必須再乘上 t^r。

特解	右邊激勵函數	特解響應式
1.	C_0 (常數)	C_1 (常數)
2.	$e^{\alpha t}$ (參見上述註記)	$Ce^{\alpha t}$
3.	$\cos(\omega t + \theta)$	$[C_1 \cos\omega t + C_2 \sin\omega t]$，或 $A\cos(\omega t + \phi)$
4.	$e^{\alpha t}\cos(\omega t + \theta)$ (參見上述註記)	$e^{\alpha t}[C_1 \cos\omega t + C_2 \sin\omega t]$，或 $Ae^{\alpha t}\cos(\omega t + \phi)$
5.	t	$C_0 + C_1 t$
6.	t^P	$C_0 + C_1 t \cdots + C t^P$
7.	$te^{\alpha t}$ (參見上述註記)	$e^{\alpha t}(C_0 + C_1 t)$
8.	$t^P e^{\alpha t}$ (參見上述註記)	$e^{\alpha t}(C_0 + C_1 t \cdots + C t^P)$
9.	$t\cos(\omega t + \theta)$	$(C_1 + C_2 t)\cos(\omega t) + (C_3 + C_4 t)\sin(\omega t)$

$$\frac{Y}{X} = L[s_P] = \frac{1}{s_P^n + a_{n-1}s_P^{n-1} + \cdots + a_1 s_P + a_0} \tag{2.18}$$

上式亦稱為輸出入轉移函數 (transfer function)。

【例題 2.8】（強迫響應）

若一系統的輸入輸出關係描述為：

$$(D+2)y(t) = 2; \quad y(0) = 2,$$

試求 $y(t)$ 的強迫響應。

解 此例題中，右方激勵函數為 $x = 2$，因此 $X = 2$，$s_P = 0$。由式 (2.18) 可知，$Y = 1$，因此強迫響應為 $y_P(t) = Ye^{s_P t} = 1$。

■ **一階 LCDE 解答** 一階（一次）LCDE 為如下形式：

$$(D + a)y(t) = x(t). \tag{2.19}$$

其特性方程式為：$L(s) = s + a = 0$，特性根為：$s = -a$，因此齊次解為，

$$y_h(t) = Ce^{st} = Ce^{-at}. \tag{2.20}$$

令右方激勵為 $x(t) = Xe^{s_P t}$ 型式，則特解為：

$$y_P(t) = Ye^{s_P t}, \tag{2.21}$$

之形式，且轉移函數為，

$$L(s_P) = \frac{Y}{X} = \frac{1}{s_P + a}. \tag{2.22}$$

因此完全解為，

$$y(t) = y_h(t) + y_P(t) = Ce^{-at} + L(s_P)Xe^{s_Pt}. \qquad (2.23)$$

如果知道初值條件：y(0)，將之代入上式，即可以求出未定係數 C。

綜上所述，欲解式 (2.2) 之 LCDE，其步驟為：

1. 由特性方程式 (2.13) 解出特性根，因而齊次解為 $y_h(t) = Ce^{st}$ 之形式，此時常數 C 為未定係數，尚待決定。
2. 將 LCDE 右方激勵函數表達成：$x(t) = Xe^{s_Pt}$ 的形式，因而特解之形式為：$y_P(t) = Ye^{s_Pt}$。利用轉移函數 (2.18) 求出 Y。
3. 則 LCDE 的完全解為：$y(t) = y_h(t) + y_P(t)$
4. 再將初值條件：y(0), Dy(0) ... 等代回 y(t)，即可解得未定係數 C。

【例題 2.9】 （完全響應）

若一系統的輸入輸出關係描述為：

$$(D+2)y(t) = 2; \quad y(0) = 0,$$

試求響應 y(t)。

解 我們仿照上述四個步驟解題。

1. 由例題 2.7 可知，特性方程式為 $L(s) = s + 2 = 0$，因此特性根為：s = –2，則齊次解為 $y_h(t) = Ce^{-2t}$，C 為未定係數。
2. 由例題 2.8 可知，強迫響應為 $y_P(t) = Ye^{s_Pt} = 1$。
3. 因此，完全解為：$y(t) = y_h(t) + y_P(t) = Ce^{-2t} + 1$。
4. 由初始條件 y(0) = 0 解得：C = –1，因此

$$y(t) = 1 - e^{-2t}, \quad (t \geq 0)$$

【例題 2.10】 （完全響應）

若一系統的輸入輸出關係描述為：

$$(D+2)y(t) = 2e^{-t}\ ;\quad y(0)=1,$$

試求響應 $y(t)$。

解 我們仿照上述四個步驟解題。

1. 由例題 2.7 可知，特性方程式為 $L(s) = s+2 = 0$，因此特性根為：$s = -2$，則齊次解為 $y_h(t) = Ce^{-2t}$，C 為未定係數。

2. 激勵函數為 $x(t) = Xe^{s_p t} = 2e^{-t}$，故知：$X = 2, s_P = -1$。令特解為：$y_P(t) = Ye^{s_p t}$，由轉移函數 (2.22) 可得

$$Y = \frac{2}{-1+2} = 2$$

因此，$y_P(t) = Ye^{s_p t} = 2e^{-t}$。

3. 完全解為：

$$y(t) = y_h(t) + y_P(t) = Ce^{-2t} + 2e^{-t}.$$

4. 由初始條件 $y(0) = 1$ 解得：$C = -1$，因此

$$y(t) = 2e^{-t} - e^{-2t},\quad (t \geq 0)$$

【例題 2.11】（弦波穩態響應）

求下述系統的特解 $y_P(t)$。

$$(D+2)y(t) = 10\cos(t).$$

解 因為 $x(t) = 10\cos t = Re[10e^{jt}]$，即 $X = 10, s_P = j$，故令特解 $y_P(t) = Re[Ye^{s_p t}]$，由轉移函數 (2.22) 可得，

$$Y = \frac{X}{s_P + 2} = \frac{10}{j+2} = \frac{10}{\sqrt{5}}\angle\tan^{-1}(1/2)$$

因此，$y_P(t) = Re[Ye^{s_pt}] = Re\left[\dfrac{10}{j+2}e^{jt}\right] = Re\left[\dfrac{10}{\sqrt{5}}e^{j(t-\phi)}\right]$，式中相角 $\phi = \tan^{-1}(1/2)$，所以特解為：

$$y_P(t) = \dfrac{10}{\sqrt{5}}\cos(t-\phi)$$

■ **二階 LCDE 之自由響應**　二階（次）LCDE 在工程應用上，特別是電路及機械系統振動的研究及討論最為重要。二階 LCDE 如下形式：

$$(D^2 + a_1 D + a_0)y(t) = x(t) \tag{2.24}$$

仿照前面所述的一階系統解法，齊次解為，

$$y_h(t) = Ye^{st} \neq 0 \tag{2.25}$$

其特性根須滿足下述特性方程式：

$$L(s) = s^2 + a_1 s + a_0 = 0. \tag{2.26}$$

因為上式根之形式不同，使得齊次解的形式亦有不同，茲討論於後。

一、過阻尼響應 (over-damped response)

當特性方程式 $L(s) = 0$ 有不等的兩實根，即

$$L(s) = (s - s_1)(s - s_2) = 0 \tag{2.27}$$

式中，特性根 $s_1 \neq s_2$，皆為實數根，則 $e^{s_1 t}$ 與 $e^{s_2 t}$ 為獨立函數。因此 LCDE 之解為如下形式：

$$y_h(t) = C_1 e^{s_1 t} + C_2 e^{s_2 t} \tag{2.28}$$

其中 C_1，及 C_2 為未定係數，可以利用初始條件：$y(0)$ 及 $Dy(0)$ 決

定之。我們用下述例題說明之。

【例題 2.12】 （過阻尼）

試解下述 LCDE。

$$D^2 y + 3Dy + 2y(t) = 0$$

初始條件為 $y(0) = 1$；$Dy(0) = \dfrac{dy}{dt}(0) = 0.$

解 特性方程式為，

$$L(s) = s^2 + 3s + 2 = (s+1)(s+2)$$

因此，特性根為：$s_1 = -1$ 及 $s_2 = -2$；齊次解為，

$$y_h(t) = C_1 e^{s_1 t} + C_2 e^{s_2 t}$$

使得

$$Dy_h(t) = s_1 C_1 e^{s_1 t} + s_2 C_2 e^{s_2 t}$$

代入初始條件：$y(0) = 1$，及 $Dy(0) = \dfrac{dy}{dt}(0) = 0$ 可得到下列聯立方程式：

$$C_1 + C_2 = y(0)$$
$$s_1 C_1 + s_2 C_2 = Dy(0)$$

進而解得，

$$C_1 = \frac{s_2 y(0) - Dy(0)}{s_2 - s_1} = \frac{(-2)(1) - 0}{-2 - (-1)} = 2$$

$$C_2 = \frac{s_1 y(0) - Dy(0)}{s_1 - s_2} = \frac{(-1)(1) - 0}{-1 - (-2)} = -1$$

所以，$y(t) = 2e^{-t} - e^{-2t}$，$(t \geq 0)$，響應波形請見圖 2.5。

圖 2.5　例題 2.12 的過阻尼響應波形。

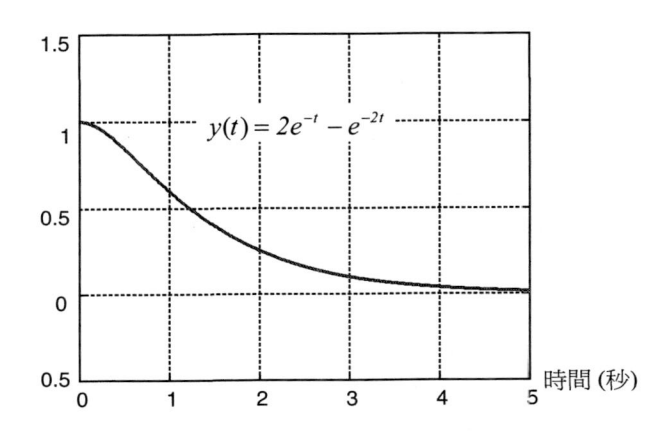

二、臨界阻尼響應 (critical-damped response)

當 $a_1^2 = 4a_0$ 時，特性方程式 (2.26) 兩實數根相等，即

$$L(s) = (s-\lambda)^2 = 0 \tag{2.29}$$

式中，特性根為：$\lambda = -a_1/2$，由表 2.1 可得齊次解為，

$$y_h(t) = (C_1 + C_2 t)e^{\lambda t} \tag{2.30}$$

其中 C_1，及 C_2 為未定係數，可以利用初始條件：$y(0)$ 及 $Dy(0)$ 決定之。我們用下述例題說明之。

【例題 2.13】（臨界組尼）

試解下述 LCDE。

$$D^2 y + 4Dy + 4y(t) = 0$$

初始條件為：$y(0) = 3,\ Dy(0) = \dfrac{dy}{dt}(0) = 1.$

解 特性方程式爲：$L(s)=s^2+4s+4=(s+2)^2$，因此特性根爲：$\lambda=-2$（二重根）；齊次解爲，$y_h(t)=(C_1+C_2t)e^{\lambda t}$，使得，

$$Dy_h(t)=(\lambda C_1+C_2)e^{\lambda t}+\lambda C_2 e^{\lambda t}$$

代入初始條件：$y(0)=3$，及 $Dy(0)=\dfrac{dy}{dt}(0)=1$ 可得到下列聯立方程式：

$$C_1=y(0)=3,\ 及\ \lambda C_1+C_2=Dy(0)=1.$$

解上述聯立方程式得：$C_1=3$，$C_2=7$。因此，齊次解爲：

$$y_h(t)=(3+7t)e^{-2t},\ (t\geq 0).$$

響應波形請參見圖 2.6。

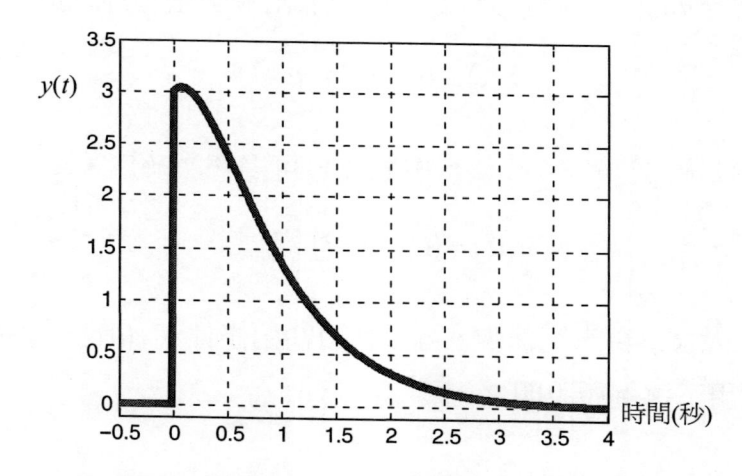

圖 2.6 例題 2.13 的臨界阻尼響應波形。

三、 **阻尼振盪響應** (damped oscillation response)

當 $a_1^2<4a_0$ 時，特性方程式 (2.26) 有一對共軛複數根，即

$$L(s) = (s-\lambda)(s-\lambda^*) = 0 \qquad (2.31)$$

式中,特性根為:

$$\begin{matrix}\lambda\\\lambda^*\end{matrix} = \alpha \pm j\beta, \quad (\alpha, \beta \text{ 皆為實數}) \qquad (2.32)$$

且,

$$\alpha = -\frac{a_1}{2}, \quad \beta = \frac{\sqrt{4a_0 - a_1^2}}{2} \qquad (2.33)$$

由表 2.1 可得齊次解為,

$$y_h(t) = e^{\alpha t}(C_1\cos(\beta t) + C_2\sin(\beta t)) \qquad (2.34)$$

其中 C_1,及 C_2 為未定係數,可以利用初始條件:$y(0)$ 及 $Dy(0)$ 決定之。我們用下述例題說明之。

【例題 2.14】 (阻尼振盪)

試解下述 LCDE。

$$D^2y + 2Dy + 10y(t) = 0$$

初始條件為 $y(0) = 4; Dy(0) = \frac{dy}{dt}(0) = 2$.

解 特性方程式為,$L(s) = s^2 + 2s + 10 = 0$,因此特性根為

$$\begin{matrix}\lambda\\\lambda^*\end{matrix} = \alpha \pm j\beta = -1 \pm j3, \quad (\alpha = -1, \beta = 3).$$

齊次解為,

$$y_h(t) = e^{\alpha t}(C_1\cos(\beta t) + C_2\sin(\beta t))$$

使得，

$$Dy_h(t) = e^{\alpha t}((\alpha C_1 + \beta C_2)\cos(\beta t) + (-\beta C_2 + \alpha C_1)\sin(\beta t))$$

代入初始條件：$y(0) = 3$，及 $Dy(0) = \dfrac{dy}{dt}(0) = 1$ 可得到下列聯立方程式：

$$C_1 = y(0) = 4,$$
$$\alpha C_1 + \beta C_2 = Dy(0) = 2.$$

解得：$C_1 = 4$，$C_2 = 2$，因此，$(t \geq 0)$ 時，齊次解為：

$$y_h(t) = e^{-t}(4\cos 3t + 2\sin 3t) = \sqrt{20}\,e^{-t}\cos(3t - \tan^{-1}(-1/2))$$

響應波形請參見圖 2.7。

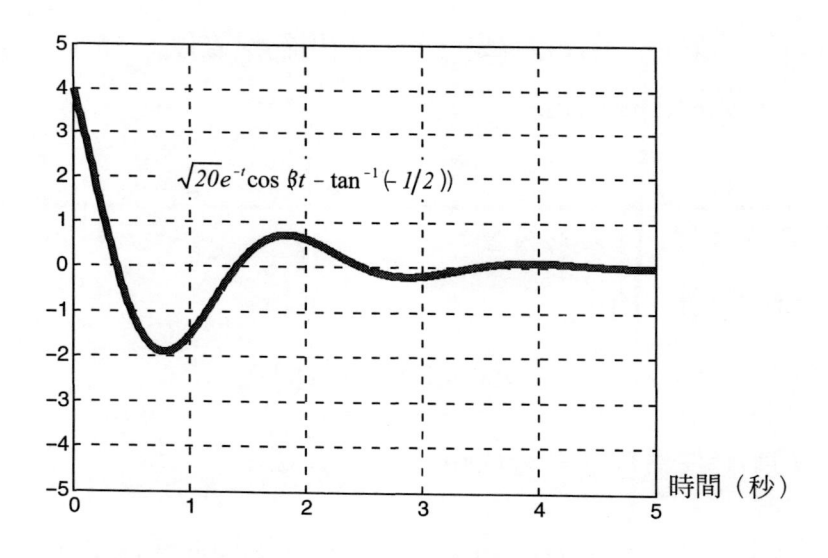

圖 2.7 例題 2.14 阻尼振盪響應波形。

■ **二階 LCDE 的強迫響應** 非齊次二階 LCDE 為，

$$L(D)[y] := (D^2 + a_1 D + a_0)y(t) = x(t) \tag{2.35}$$

右邊激勵函數 $x(t)$ 可用複數形指數函數 $x(t) = Xe^{s_P t}$ 表示之，式中 X 及 s_P 分別為複數振幅及複數頻率，因此，特解 $y_P(t)$ 可表示為，

$$y_P(t) = Ye^{s_P t} \tag{2.36}$$

式中，Y 稱為響應振幅，可由如下轉移函數式決定之：

$$Y = \frac{1}{L(s_P)}X = \frac{1}{s_P^2 + a_1 s_P + a_0}X \tag{2.37}$$

因此，二階 LCDE 的完全響應為，

$$y(t) = y_P(t) + y_h(t) = Ye^{s_P t} + C_1 e^{s_1 t} + C_2 e^{s_2 t} \tag{2.38}$$

式中齊次解 $y_h(t)$ 應依照特性根的性質，而各種不同的形式，請參照表 2.1 所示。未定係數 C_1 及 C_2 可以利用初始條件：$y(0)$ 及 $Dy(0)$ 決定之。我們用下述例題說明之。

【例題 2.15】　（強迫響應）

試解下述二階 LCDE。

$$D^2 y + 2\zeta\omega_n Dy + \omega_n^2 y(t) = \omega_n^2 x(t)，\quad 0 < (\zeta < 1)$$

$$y(0) = Dy(0) = 0 .\quad (初始靜止)$$

解 特性方程式為，

$$L(s) = s^2 + 2\zeta\omega_n s + \omega_n^2 = 0.$$

因此，特性根為

$$\begin{matrix}\lambda\\\lambda^*\end{matrix} = -\zeta\omega_n \pm j\omega_n\sqrt{1-\zeta^2} := -\alpha \pm j\beta \tag{2.39}$$

齊次解為，

$$y_h(t) = e^{-\alpha t}(C_1\cos\beta t + C_2\sin\beta t)$$

特解設為

$$y_P(t) = Ye^{s_P t}, \quad (s_P = 0)$$

則，

$$Y = \frac{1}{L(s_P)}X = \frac{\omega_n^2}{0 + 0 + \omega_n^2} = 1.$$

因此，完全解之通式為：

$$y(t) = 1 + e^{-\alpha t}(C_1\cos\beta t + C_2\sin\beta t)$$

將初始條件 $y(0) = Dy(0) = 0$ 代入上式，及 $Dy(t)$ 即可以解得未定係數 C_1 及 C_2。最後，

$$y(t) = 1 - \frac{1}{\sqrt{1-\zeta^2}}e^{-\zeta\omega_n t}\sin\left(\omega_n\sqrt{1-\zeta^2}\,t + \cos^{-1}\zeta\right) \quad (2.40)$$

【註：上式為標準二次系統的單位步級響應式，非常重要，請牢記之。】

圖 2.8 所示為標準二次系統的單位步級時間響應圖，圖中虛線所示為阻尼比 $\zeta = 1$ 的情形，實線所示為阻尼比 $\zeta = 0.6$ 的情形。當 $\zeta = 1$ 時，兩特性根為相等實根，響應曲線沒有振盪之情形；而當 $\zeta = 0.6$ 時，兩特性根為共軛複數根，因此響應曲線為阻尼振盪之情形。

單位步級響應

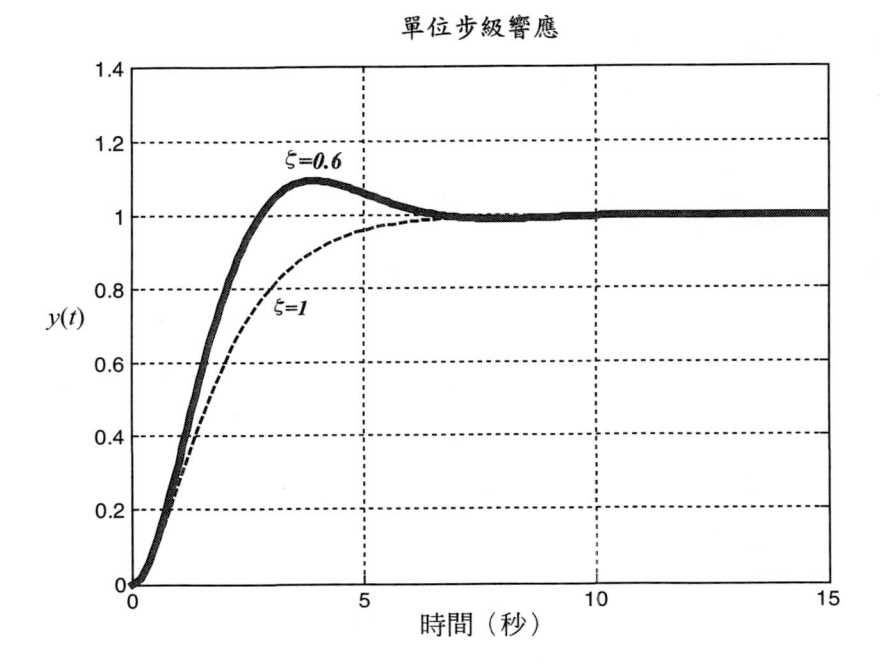

圖 2.8 二次系統的單位步級響應。

【例題 2.16】（重根）

試求下述 LCDE 解答之形式。

$$D^5 y - 3D^4 y + 3D^2 y - D^2 y(t) = 0$$

解 特性方程式為 $L(s) = s^2(s-1)^3 = 0$，因此特性根為：

$s_1 = 0$（重複次數 $m_1 = 2.$），$s_2 = 1$（重複次數 $m_2 = 3.$）。

因此，齊次解為如下形式：

$$y(t) = (C_{11} + C_{12}\,t) + (C_{21} + C_{22}\,t + C_{23}\,t^2)e^t, \ (t \geq 0)$$

【例題 2.17】 （重根）

試求下述 LCDE 解答之形式。

$$D^2 y - 2Dy + y(t) = e^t + t$$

解 特性方程式為 $L(s) = (s-1)^2 = 0$，因此特性根為：$s_1 = s_2 = 1$（二重根），齊次解為：

$$y_h(t) = (C_1 + C_2 t)e^t$$

右邊的激勵項 $x(t) = e^t + t$ 中，e^t 與齊次解 $y_h(t)$ 之部分有重合根，故特解之形式為，

$$y_P(t) = (K_0 + K_1 t) + Y t^2 e^t$$

上式代入原 LCDE 可解得：$Y = \frac{1}{2}, K_0 = 2, K_1 = 1$。因此強迫響應為：

$$y_P(t) = (2 + t) + 0.5 t^2 e^t$$

全解為

$$y(t) = (C_1 + C_2 t)e^t + \frac{1}{2}t^2 e^t + (t+2)$$

式中，未定係數 C_1 與 C_2 可由初始條件 $y(0)$ 及 $Dy(0)$ 決定之。

2-3 差分方程式模型

■ **差分方程式** 本節要討論線性常係數差分方程式 (DE)，以描述離散

時間線性非時變 (DT-LTI) 系統。N 階 (N 次) DE 通常以下述形式表達之：

$$\text{DE}: y[n] + a_1 y[n-1] + a_2 y[n-2] + \cdots + a_N y[n-N] = x[n] \qquad (2.41)$$

式中，$y[n]$ 為輸出；$x[n]$ 為輸入，或激勵 (excitation) 項。在討論到動態系統，或數位濾波器 (digital filter, DF) 時，上式右方通常出現如下形式，

$$\begin{aligned} y[n] + a_1 y[n-1] + a_2 y[n-2] + \cdots + a_N y[n-N] \\ = b_0 x[n] + b_1 x[n-1] + \cdots + b_M x[n-M] \end{aligned} \qquad (2.42a)$$

即，

$$y[n] = -\sum_{k=1}^{N} a_k y[n-k] + \sum_{k=0}^{M} b_k x[n-k] \qquad (2.42b)$$

此種系統又稱為遞迴式 (recursive) 系統，因為輸出 $y[n]$ 與其過去的值 $y[n-k]$ 以及輸入數列 $x[n-k]$ 有關，因此是屬於有記憶型系統。$y[n]$ 即是數列 y 在第 n 個抽樣瞬刻之數值，亦即 $y[n] = y(nT_s)$，T_s 為抽樣週期。

另一類的離散時間系統描述為，

$$y[n] = \sum_{k=0}^{M} b_k x[n-k] \qquad (2.43)$$

此種系統稱為非遞迴式 (non-recursive) 系統，因為輸出 $y[n]$ 與其過去的值 $y[n-k]$ 無關，而只與輸入數列 $x[n-k]$ 有關，因此是屬於無記憶型 (memoryless) 系統。離散時間系統常稱之為數位濾波器 (digital filter, DF)，上述兩種 DF 在數位信號處理 (DSP) 程序中非常重要，將在往後章節再介紹之。

我們定義延時操作子 (delay operator) z^{-1} 如下：

$$z^{-1}x[n] = x[n-1] \tag{2.44}$$

則 (2.41) 式可寫成，

$$\left(1 + a_1 z^{-1} + a_2 z^{-2} + \cdots + a_N z^{-N}\right) y[n] = x[n] \tag{2.45}$$

同理，遞迴式數位濾波器 (2.42) 的輸出入轉移函數可表達成：

$$H(z) = \frac{y[n]}{x[n]} = \frac{b_0 + b_1 z^{-1} + \cdots + b_M z^{-M}}{1 + a_1 z^{-1} + \cdots + a_N z^{-N}}$$
$$= \frac{b_0 z^N + b_1 z^{N-1} + \cdots + b_M z^{N-M}}{z^N + a_1 z^{N-1} + \cdots + a_N} \tag{2.46}$$

於是，系統的輸出入數學模式可以簡單地表達為，

$$y = H(z)x \tag{2.47}$$

在 (2.41) 式中，如果 $x[n] = 0$，則 DE 為齊次性 (homogeneous)，或稱為同次性，此時 $y[n]$ 的響應值只由於初值條件 (initial condition, IC) 所造成的，因此齊次 DE 的解代表線性系統的自由響應 (free response)；而非齊次 LCDE (即，$x \neq 0$) 的解是為系統的強迫響應 (forced response)。

■ **齊次解** 當系統無輸入項，即 $x[n] = 0$，則 (2.41) 變成，

$$y[n] + a_1 y[n-1] + a_2 y[n-2] + \cdots + a_N y[n-N] = 0 \tag{2.48}$$

由線性運算的關係，若 $y_i[n]$, $(i = 1..n)$，滿足 (2.48)，則齊次解之一般式為，

$$y_h[n] = \sum_{i=1}^{N} A_i y_i[n]，\quad （A_i：未定係數） \tag{2.49}$$

欲求齊次解可令

$$y_h[n] = Az^n \qquad (2.50)$$

將之代入 (2.48) 可得特性方程式如下,

$$1 + a_1 z^{-1} + a_2 z^{-2} + \cdots + a_N z^{-N} = 0 \qquad (2.51)$$

上式再改寫為,

$$(1 - r_1 z^{-1})(1 - r_2 z^{-1}) \cdots (1 - r_N z^{-1}) = 0 \qquad (2.52a)$$

或,

$$\text{CE:} \qquad (z - r_1)(z - r_2) \cdots (z - r_N) = 0 \qquad (2.52b)$$

式中,$\{r_i, (i=1\ldots n)\}$ 是為特性根。若此時之解答可以由 $y[-1]$, $y[-2], \cdots y[-N]$ 等初始條件 (IC) 決定之,則可得自由響應。假設所有特性根皆為相異根,則自由響應 (IC 響應) 為,

$$\text{IC 響應} \qquad y_{IC}[n] = \sum_{k=1}^{N} A_k (r_k)^n \qquad (2.53)$$

自由響應與特性根有密切的關係,整理成表 2.3,請參見之。

表 2.3 自由響應與特性根的關係

齊次解	特性根:r	自由響應形式:$y_h[n]$
1.	實數單根:r	Ar^n
2.	共軛複數:$re^{j\Omega}$	$r^n(A_1\cos(n\Omega) + A_2\sin(n\Omega))$
3.	實數重根:r^{P+1}	$r^n(A_0 + A_1 n + \cdots + A_P n^P)$
4.	複數重根:$(re^{j\Omega})^{P+1}$	$r^n\cos(n\Omega)(A_0 + A_1 n + \cdots + A_P n^P) +$ $r^n\sin(n\Omega)(B_0 + B_1 n + \cdots + B_P n^P)$

【例題 2.18】（自由響應）

若一 DT 系統的輸入輸出關係描述為：

DE: $y[n] - 0.6y[n-1] = 0$,   IC: $y[-1] = 10$.

試求自由響應 $y_{IC}[n]$。

解 由式 (2.51)，特性方程式為 $1 - 0.6z^{-1} = 0$，或 $z - 0.6 = 0$，因此特性根為 $z = 0.6$，齊次解為 $y[n] = A(0.6)^n$。將初始條件：$y[-1] = 10$ 代入上式可解得：$A = 6$，因此，自由響應為：

$$y_{IC}[n] = 6(0.6)^n.$$

■ **特解 (particular solution)**　如果 $y_F[n]$ 滿足了 (2.41) 式，則 $y_F[n]$ 稱為特解，或強迫響應 (forced response)。所以，(2.41) 式 DE 的完全解 (complete solution) 為，

$$y[n] = y_h[n] + y_F[n] \tag{2.54}$$

式 (2.41) 右邊 $x[n]$ 稱為激勵函數，代表 DT-LTI 系統的外輸入。特解 $y_F[n]$ 之形式與激勵函數相同，故稱強迫響應，請參見表 2.4。

【例題 2.19】（強迫響應）

若一 DT 系統的輸入輸出關係描述為：

DE: $y[n] - 0.6y[n-1] = (0.4)^n$

試求強迫響應 $y_F[n]$。

解 此例題中，右方激勵函數為：$x[n]=(0.4)^n$，參見表 2.4，令強迫響應為：$y_F[n]=C(0.4)^n$，代入 DE 式中，

$$y[n]-0.6y[n-1]=(0.4)^n=C(0.4)^n-0.6C(0.4)^{n-1}$$

消去 $(0.4)^n$ 可以解出：$C=-2$，因此強迫響應為：

$$y_F[n]=-2(0.4)^n.$$

表 2.4 特解與激勵函數的關係

註：如果 DE 等號的右邊為 α^n 形式，而 α 亦為特性根，且重複 p 次，則特解響應式必須再乘上 n^p。

特解	右邊激勵函數	特解響應式
1.	C_0（常數）	C_1（另一常數）
2.	α^n（參見上述註）	$C\alpha^n$
3.	$\cos(n\Omega+\beta)$	$[C_1\cos n\Omega+C_2\sin n\Omega]$，或 $C\cos(n\Omega+\phi)$
4.	$\alpha^n\cos(n\Omega+\beta)$ （參見上述註）	$\alpha^n[C_1\cos n\Omega+C_2\sin n\Omega]$
5.	n	C_0+C_1n
6.	n^P	$C_0+C_1n\ \cdots+Cn^P$
7.	$n\alpha^n$（參見上述註）	$\alpha^n(C_0+C_1n)$
8.	$n^P\alpha^n$（參見上述註）	$\alpha^n(C_0+C_1n\ \cdots+Cn^P)$
9.	$n\cos(n\Omega+\beta)$	$(C_1+C_2n)\cos(n\Omega)+(C_3+C_4n)\sin(n\Omega)$

■ **完全解** (complete solution)　綜上所述，欲解式 (2.41) 之線性差分方程式，其步驟為：

1. 由特性方程式 (2.51) 解出特性根 α，因而齊次解為 $y_h(t) = A\alpha^n$ 之形式，此時常數 A 為未定係數，尚待決定。
2. 參考表 2.4，令特解 $y_F[n]$ 與 DE 右方激勵函數一致，然後代入原差分 DE 式中，解出 $y_F[n]$ 中的未定係數。
3. 則 DE 的完全解為：$y[n] = y_h[n] + y_F[n]$。
4. 再將初始條件：$y[-1], y[-2], \ldots$ 等代回 $y[n]$ 即可解得 y_h 中的未定係數 A。

【例題 2.20】（完全響應）

若一 DT 系統的輸入輸出 DE 描述為：

$$\text{DE: } y[n] - 0.6y[n-1] = (0.4)^n, \quad \text{IC: } y[-1] = 10$$

試求響應 $y[n]$。

解　我們仿照上述四個步驟解題。

1. 由例題 2.18，特性方程式為 $1 - 0.6z^{-1} = 0$，因此，特性根為：$z = 0.6$，則齊次解為，$y[n] = A(0.6)^n$。
2. 由例題 2.19 可知，強迫響應為：$y_F[n] = -2(0.4)^n$。
3. 因此，完全解為：$y[n] = A(0.6)^n - 2(0.4)^n$。
4. 由初始條件 $y[-1] = 10 = A/0.6 - 5$，解得：$A = 9$，因此
$$y[n] = -2(0.4)^n + 9(0.6)^n$$

【例題 2.21】（完全響應）

若一 DT 系統的輸入輸出描述為：

DE: $y[n] - 0.5y[n-1] = 5\cos(0.5n\pi)$, IC: $y[-1] = 4$

試求總響應 $y[n]$。

解 我們仿照上述四個步驟解題。

1. 特性方程式為 $1 - 0.5z^{-1} = 0$，因此，特性根為：$z = 0.5$，則齊次解為，$y_h[n] = A(0.5)^n$。

2. 因激勵項為：$x[n] = 5\cos(0.5n\pi)$，故令強迫響應為：
$$y_F[n] = [C_1\cos(0.5n\pi) + C_2\sin(0.5n\pi)]$$

所以，
$$y_F[n-1] = [C_1\cos(0.5(n-1)\pi) + C_2\sin(0.5(n-1)\pi)]$$
$$= [-C_1\cos(0.5n\pi) - C_2\sin(0.5n\pi)]$$

將以上兩式代入 DE 中，可解得：$C_1 = 4, C_2 = 2$，因此
$$y_F[n] = [4\cos(0.5n\pi) + 2\sin(0.5n\pi)]$$

3. 因此，完全解為：$y[n] = A(0.5)^n + [4\cos(0.5n\pi) + 2\sin(0.5n\pi)]$。

4. 由初始條件 $y[-1] = 4 = 2A - 2$ 解得：$A = 3$，

因此總響應為：
$$y[n] = 3(0.5)^n + [4\cos(0.5n\pi) + 2\sin(0.5n\pi)], \quad (n \geq 0)$$

【例題 2.22】（重根）

若一 DT 系統的輸入輸出 DE 描述為：

DE: $y[n] - 0.5y[n-1] = 3(0.5)^n$, IC: $y[-1] = 2$

試求完全響應 $y[n]$。

解 我們仿照上述四個步驟解題。

1. 由上例可知，特性根爲： $z = 0.5$，齊次解爲， $y_h[n] = A(0.5)^n$。
2. 因激勵項爲： $x[n] = (0.5)^n$，與齊次解同形式，由表 2.4 之註記，
   強迫響應爲： $y_F[n] = Cn(0.5)^n$ 之形式，代入 DE 中：

$$y_F[n] - 0.5 y_F[n-1] = 3(0.5)^n = Cn(0.5)^n - 0.5C(n-1)(0.5)^{n-1}$$

解得： $C = 3$，因此強迫響應爲： $y_F[n] = 3n(0.5)^n$。
3. 完全解爲： $y[n] = A(0.5)^n + 3n(0.5)^n$， $(n \geq 0)$。
4. 代入 IC 可得 $A = 4$，因此，

$$y[n] = 4(0.5)^n + 3n(0.5)^n = (4 + 3n)(0.5)^n.$$

【例題 2.23】 （二次 DT-DE 系統）

若一系統的輸入輸出 DE 爲：

$$\text{DE：} \quad y[n] - \frac{1}{6} y[n-1] - \frac{1}{6} y[n-2] = 4u[n]$$

$$\text{IC：} \quad y[-1] = 0, \ y[-2] = 12$$

試求完全響應 $y[n]$。

解 我們仿照上述四個步驟解題。

1. 特性方程式爲 $1 - \frac{1}{6} z^{-1} - \frac{1}{6} z^{-2} = 0$，因此，二個特性根爲： $z_1 = 1/2$ 及 $z_2 = -1/3$；齊次解爲： $y_h[n] = K_1 \left(\frac{1}{2}\right)^n + K_2 \left(-\frac{1}{3}\right)^n$。
2. 因激勵項爲： $x[n] = 1, (n \geq 0)$，故令 $y_F[n] = C$，代入 DE 中，解得： $C = 6$，因此強迫響應爲： $y_F[n] = 6$。
3. 完全解爲： $y[n] = K_1 \left(\frac{1}{2}\right)^n + K_2 \left(-\frac{1}{3}\right)^n + 6$。
4. 再代入初值條件可決定出 $K_1 = -1.2, K_2 = 1.2$，即可得解答。

【例題 2.24】 （單位脈衝波響應）

試求例題 2.18 系統的單位脈衝波響應 (unit impulse response)：$h(n)$。(即，$\delta[n] \to h[n]$)

解 此題之 DE 為：$h[n] - 0.6h[n-1] = 0$，令初值條件 $h[0] = 1$，解出齊次解，即可得出系統的單位脈衝波響應。

由例題 2.18，齊次解為 $h[n] = A(0.6)^n$，將初始條件 $h[0] = 1$ 代入齊次解可得 $A = 1$，因此單位脈衝波響應為：

$$h[n] = (0.6)^n u[n].$$

■ **反覆疊代法** 利用反覆疊代的方法，差分方程式 (2.41)，或 (2.42)，之解答 $y[n]$ 可由初始條件：$y[-1], y[-2], \cdots y[-N]$ 計算之。將 (2.41) 改寫為，

$$y[n] = x[n] - a_1 y[n-1] - a_2 y[n-2] - \cdots - a_N y[n-N] \qquad (2.55)$$

因此，反覆疊代之計算原理說明如下：

1. 由 $n = 0$ 開始，(2.55) 式成為，

$$y[0] = x[0] - a_1 y[-1] - a_2 y[-2] - \cdots - a_N y[-N].$$

因此 $y[0]$ 可由初值：$y[-1], y[-2], \cdots y[-N]$ 及輸入值：$x[0]$ 等計算之。

2. 當 $n = 1$ 時，(2.55) 式成為，

$$y[1] = x[1] - a_1 y[0] - a_2 y[-1] - \cdots - a_N y[-N+1].$$

因此 $y[1]$ 可由 $y[0], y[-1], \cdots y[-N+1]$ 及輸入值：$x[1]$ 等計算之。

3. 當 $n = 2, 3\ldots$ 等，重複上述步驟，可以計算出 $y[n]$。

我們以例題說明差分方程式之反覆疊代解法。

【例題 2.25】 （反覆疊代計算）

試以反覆代入法解下述 DT-DE，並與前述的齊次解法做比較。

DE: $y[n] - 0.25y[n-1] - 0.125y[n-2] = 0$
IC: $y[-1] = 1,\ y[-2] = 0$

解 (a) 先將差分方程式改寫如下，

$$y[n] = 0.25y[n-1] + 0.125y[n-2]$$

因此，由 $n = 0$ 開始，代入初值：$y[-1] = 1,\ y[-2] = 0$ 以計算出 $y[0]$

$$y[0] = 0.25y[-1] + 0.125y[-2] = 0.25(1) + 0.125(0) = 0.25$$

然後，當 $n = 1$，

$$y[1] = 0.25y[0] + 0.125y[-1] = 0.25(0.25) + 0.125(1) = 0.188$$

依次，$n = 2, 3 \ldots$ 等，

$$y[2] = 0.25y[1] + 0.125y[0] = 0.25(0.188) + 0.125(0.25) = 0.078$$
$$\ldots$$

因此輸出之數列為：$y = \{\cdots 0,\ 1;\ 0.25,\ 0.188,\ 0.078,\ \cdots\}$。

(b) 現在使用齊次解法：因為特性根為 $z_1 = 0.5,\ z_2 = -0.25$，所以齊次解為：$y[n] = A_1(0.5)^n + A_2(-0.25)^n$。代入初值：$y[-1] = 1$，$y[-1] = 1,\ y[-2] = 0$ 可以解得：$A_1 = 0.333, A_2 = -0.083$，因此輸出之數列為：

$$y[n] = 0.333(0.5)^n - 0.083(-0.25)^n.$$

分別將 $n = 0, 1, 2, ...$ 等代入上式可得，

$$y[0] = 0.333(0.5)^0 - 0.083(-0.25)^0 = 0.25,$$
$$y[1] = 0.333(0.5)^1 - 0.083(-0.25)^1 = 0.188,$$
$$y[2] = 0.333(0.5)^2 - 0.083(-0.25)^2 = 0.078,$$
$$\cdots$$

比較之下，兩種方法得到答案是一樣的。但是，齊次解法 (方法 b) 可以得到完整的數列表示，稱為可析式解答 (analytic solution)；反覆疊代法 (方法 a) 只可以經由初值開始，依次地計算出 $y[0], y[1], y[2], \cdots$ 等。但是此法有利於使用電子計算機程式做疊代式數值計算，亦適用於非線性系統，係為數值方法 (numerical method)。

【例題 2.26】 （反覆疊代計算）

試以反覆疊代法解下述 DE。

DE: $y[n] + a_1 y[n-1] = b_0 x[n]$， $x[n] = D, (n \geq 0)$.
IC: $y[-1] = 0$

解 將差分方程式改寫為，

$$y[n] = b_0 x[n] - a_1 y[n-1]$$

因此，$y[0] = b_0 D,$

$$y[1] = b_0 x[1] - a_1 y[0] = b_0 D - a_1 b_0 D = b_0 D(1 - a_1),$$
$$y[2] = b_0 x[2] - a_1 y[1] = b_0 D(1 - a_1 + a_1^2),$$
$$\cdots$$

（經由反覆代入之步驟依次計算之）

當 $n = k$ 時，可得

$$y[k] = b_0 D(1 + \alpha + \alpha^2 + \cdots + \alpha^k), \quad \alpha \equiv -a_1$$

如果 $\alpha \neq 1$，則上式可以收斂成如下完整解：

$$y[k] = b_0 D \frac{1 - \alpha^{k+1}}{1 - \alpha}, \quad (k = 0, 1, \cdots).$$

■ **有限脈衝響應 (FIR)**　在 (2.43) 式我們曾經介紹過線性因果性非遞迴式系統，其輸出 $y[n]$ 與其過去的值 $y[n-k]$ 無關，而只與輸入數列 $x[n-k]$ 有關，屬於無記憶型系統。此種系統的差分方程式再敘述如下：

$$y[n] = \sum_{k=0}^{M} b_k x[n-k] \tag{2.56}$$

現在我們要探討系統 (2.56) 在單位脈衝波，$x[n] = \delta[n]$，的輸入下所產生的響應數列，$y[n] = h[n]$。這種輸出數列稱為單位脈衝波響應 (unit impulse response)，或稱之為單位脈波響應 (unit pulse response)。經由反覆疊代法，可得輸出數列如下：

$$\begin{aligned} y[0] &= 0, \quad n < 0 \\ y[0] &= h[0] = b_0, \\ y[1] &= h[1] = b_1, \\ y[2] &= h[2] = b_2, \\ &\vdots \\ y[M] &= h[M] = b_M, \\ y[k] &= 0, \quad k > M \end{aligned}$$

亦即，單位脈衝響應數列值 $h[n]$ 與系統差分方程式的係數依次相等，

$$\textit{FIR:} \quad y[n] = h[n] = \begin{cases} b_n, & 0 \leq n \leq M \\ 0, & n > 0, \, n > M \end{cases} \tag{2.57}$$

因為響應數列值之個數只有 (M+1) 個，係屬有限，此種系統稱之為有限脈衝響應 (Finite Impulse Response, **FIR**) 系統。綜言之，非遞迴式系統 (2.56) 是一種有限脈衝響應 (**FIR**) 系統，其單位脈衝響應數列為，

$$h[n] = \sum_{k=0}^{M} b_k \delta[n-k] = \sum_{k=0}^{M} h[k] \delta[n-k] \tag{2.58}$$

因此之故，非遞迴式系統 (2.56) 又稱為有限脈衝響應數位濾波器 (**FIRDF**)。

■ **無限脈衝響應** (IIR)　在式 (2.42) 我們介紹過線性遞迴式系統，其輸出 $y[n]$ 與其過去值 $y[n-k]$ 以及輸入數列 $x[n-k]$ 有關，屬於有記憶型系統。此系統的差分方程式再敘述如下：

$$y[n] = -\sum_{k=1}^{N} a_k y[n-k] + \sum_{k=0}^{M} b_k x[n-k] \tag{2.59}$$

一般而言，在單位脈衝波 $x[n] = \delta[n]$ 的輸入下，輸出產生的單位脈衝波響應數列，$y[n] = h[n]$，其數列值之個數有無窮個，因此這種系統稱之為無限脈衝響應 (Infinite Impulse Response, **IIR**) 系統。綜言之，遞迴式系統 (2.58) 是一種無限脈衝響應 (**IIR**) 系統。

接下來的問題是如何求得 IIR 系統 (2.59) 的單位脈衝波響應數列 $y[n] = h[n]$。比較完整、正確的方法是 **z**-變換法，我們留待往後的章節再來討論。利用前所述的反覆疊代法是不容易解得 IIR 系統的單位脈衝波響應，但其一般解答形式為：

$$h[n] = \sum_{i=1}^{N} C_i (r_i)^n + \sum_{k=0}^{M-N} A_k \delta[n-k] \tag{2.60}$$

式中，N 為系統 (2.59) 的階 (次) 數，M 為輸入延遲 (delay) 的個數。

$r_i (i = 1..n)$ 是系統方程式 (2.59) 的特性根,在此假設皆為不等單根。簡單系統 (如,一階 DT-DE) 之單位脈衝波響應解法請參見例題 2.24 之解法,此時假設所有的初始條件皆為零,稱為初始靜止 (initially rest) 之系統,而只考慮由單位脈衝波 $x[n] = \delta[n]$ 的激發輸入所產生的響應輸出數列:$y[n] = h[n]$。所以,一個線性系統的單位脈衝響應,或者單位步級響應,是屬於零狀態響應 (Zero State Response, *ZSR*),留待以後的章節再來討論。

■ **穩定性 (stability)**. 我們只討論 BIBO 式穩定性。因為單位脈波屬於有限輸入,故經由單位脈衝波響應可判斷其穩定性。所有 *FIR* 系統因響應數列之個數係屬有限,其和亦有限,必為穩定;而 *IIR* 系統穩定之條件為:所有特性根幅度皆小於 1,即 $|r_i| < 1 (i = 1..n)$。

【例題 2.27】

判斷下列系統的穩定度,

(a) $y[n] - \frac{1}{6} y[n-1] - \frac{1}{6} y[n] = x[n]$,

(b) $y[n] - y[n-1] = x[n]$,

(c) $y[n] - 2y[n-1] + y[n-2] = x[n]$,

(d) $y[n] - \frac{1}{2} y[n-1] = nx[n]$,

(e) $y[n] = x[n] - 2x[n-1]$.

解 (a) 所有特性根幅度皆小於 *1*,系統為穩定。

(b) 特性根幅度等於 *1*,系統不穩定。

(c) 特性根為 $z = 1$ (兩重根),系統不穩定。

(d) 雖然特性根為 $z = 1/2$,$|z| < 1$;但是輸入項 $x[n] = n$,使得穩態強迫響應為 $y_P[n] = nu[n]$;當 $n \to \infty$,輸出無限,因此系統不穩定。

(e) 此系統為有限階次的 FIR-DF,必為穩定之系統。

2-4 單位脈衝響應模型

於圖 2.1 的初始靜止 CT-LTI 系統，當輸入為單位脈衝信號時，$x(t) = \delta(t)$，所產生的響應：$y(t) = h(t)$ 稱為單位脈衝響應 (unit impulse response)；對於 DT-LTI 系統，輸入為單位脈衝波數列，$x[n] = \delta[n]$，產生的單位脈衝響應數列 (unit inpulse response sequence) 為：$y[n] = h[n]$，參見圖 2.9 的示意圖。

圖 2.9 單位脈衝響應示意圖：$\delta \rightarrow h$。

單位脈衝響應，$h(t)$ 或 $h[n]$，也是線性系統的一種數學模型，線性系統的許多特性可經由此數學模型探討之：例如，重疊原理、非時變性、因果性、穩定性、以及迴旋積分 (convolution integral) 或迴旋積和 (convolution sum) 等性質。由系統的單位脈衝響應可以知道在任何輸入下，所產生的輸出響應式或輸出響應數列，即：$x(t) \rightarrow y(t)$ 或 $x[n] \rightarrow y[n]$。有關 CT-LTI 系統的迴旋積分原理，或 DT-LTI 系統的迴旋積和之原理、特性及其運用，將在往後的章節再來討論之。

若將單位脈衝響應 $h(t)$ 做拉式變換，即可得到 CT 系統輸出入轉移函數 $H(s)$；將單位脈衝響應數列 $h[n]$ 做 Z-變換，則得到 DT 系統輸出入脈波轉移函數 $H(z)$。轉移函數也是線性系統的一種數學模型，係屬於複數頻域 (frequency domain) 之描述，由此可以討論線性系統的頻率響應：$H(j\omega)$，或 DT 系統 $H(e^{j\Omega})$，以為頻域分析(frequency-domain analysis)。若將單位脈衝響應 $h(t)$ 或 $h[n]$ 經由傅立葉變換 (Fourier transformation)，即可得到系統的頻率響應函數 (frequency response function)：$H(j\omega)$，或 DT 系統 $H(e^{j\Omega})$。我們將在往後的章節再來討論拉式變換、z-變換、與傅立葉變換之原理及其性質。這些線性變換，或運算，之目的在將時域信號及函數變換至頻域，以利於數學處理及解釋。圖 1.4 所示為 CT 系統（圖 1.5 所示為 DT 系統）中，各種時域與頻域數學模型的變換關係，請分別參考之。

■ **由單位步級響應求單位脈衝響應** 我們先討論 (2.2) 式的單一輸入線性系統，當輸入為單位步級函數，$x(t)=u(t)$，其所產生的響應：$y(t)=\sigma(t)$ 稱為單位步級響應 (unit step response)，即 $u(t) \to \sigma(t)$。則由線性系統的性質可知，

$$\delta(t) = Du(t) \to h(t) = D\sigma(t)$$

亦即，單位脈衝響應 $h(t)$ 等於單位步級響應的時間導數：

$$h(t) = \frac{d}{dt}\sigma(t) \tag{2.61}$$

【例題 2.28】

於圖 2.9 中，若系統的 LCDE 為，

$$\frac{dy}{dt} + ay(t) = x(t)$$

試由單位步級響應求出單位脈衝響應。

解 先求單位步級響應，因此 $x(t)=u(t)$。仿照 (2.23) 式，通解為：

$$y(t) = Ke^{-at} + \frac{1}{a} \text{。}$$

令 $y(0)=0$，則解得未定係數為：$K=-\frac{1}{a}$，因此單位步級響應為：

$$\sigma(t)=\frac{1-e^{-at}}{a}u(t).$$

由 (2.61)，則單位脈衝響應為

$$h(t)=\frac{d}{dt}\sigma(t)=\frac{d}{dt}\left[\frac{1-e^{-at}}{a}u(t)\right]=e^{-at}u(t).$$

圖 2.10 所示為一階系統 ($a=2$) 的單位步級響應及單位脈衝響應，請參考之。

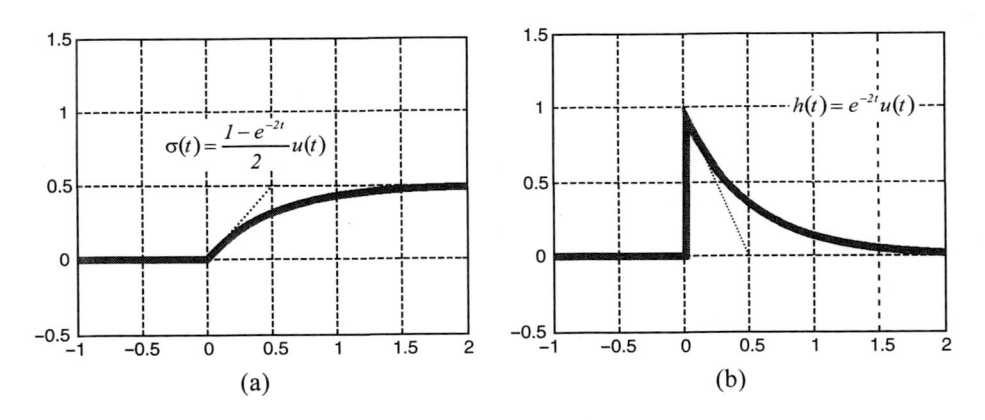

圖 2.10 一階系統的：(a) 單位步級響應，(b) 單位脈衝響應。

■ **由齊次解求單位脈衝響應** 在線性系統中，單位步級響應及單位脈衝響應係屬於零狀態響應 (zero state response)，亦即：初始條件為零，由例題 2.28 可以做一番解釋。但是，在求單位脈衝響應時，亦可令輸入激發項為零，而假設有初始狀態，亦即：零輸入響應 (zero input response)。上述原理表達如下，

欲解 $\frac{dy}{dt}+ay(t)=\delta(t),\ y(0)=0$ 相當於解 $\frac{dy}{dt}+ay(t)=0,\ y(0)=1.$

將此原理推廣至高階系統：

解 $\dfrac{d^n y}{dt^n} + a_1 \dfrac{d^{n-1} y}{dt^{n-1}} + \cdots + a_n y(t) = \delta(t),\ y(0) = 0$，相當於解

$$\dfrac{d^n h(t)}{dt^n} + a_1 \dfrac{d^{n-1} h(t)}{dt^{n-1}} + \cdots + a_n h(t) = 0,\ D^{n-1} h(0) = 0$$，其他初始條件為零。

我們用下面的例題說明，求單位脈衝響應時，如何將零狀態響應的命題轉換成為零輸入響應的命題。

【例題 2.29】 （一階系統）

試求下述 CT-LTI 系統的單位脈衝響應。

$$\dfrac{dy}{dt} + 2y(t) = x(t)$$

解 現在根據前述原理，則命題成為：解下列齊次 LCDE：

DE: $\dfrac{dh}{dt} + 2h(t) = 0,$ IC: $h(0) = 1.$

仿照例題 2.7 之解法，自由響應 (齊次解答) 為：$h(t) = Ke^{-2t}$。再將初始條件代入上式，即可解得：$h(0) = K = 1$。因此，系統的單位脈衝響應為：$h(t) = e^{-2t} u(t)$，參見例題 2.28 及圖 2.10 所示。

【例題 2.30】 （二階系統）

試求下述 CT-LTI 系統的單位脈衝響應。

$$\dfrac{d^2 y}{dt^2} + 3\dfrac{dy}{dt} + 2y(t) = x(t)$$

解 根據前述原理,則命題成為:解下列齊次 LCDE:

$$\text{DE: } \frac{d^2h}{dt^2} + 3\frac{dh}{dt} + 2h(t) = 0, \text{ IC: } h(0) = 0, Dh(0) = 1.$$

因為兩特性根為:$-1, -2$ (過阻尼情況),仿照例題 2.12 之解法,自由響應 (齊次解答) 為:

$$h(t) = K_1 e^{-t} + K_2 e^{-2t}.$$

將初始條件代入上式,則

$$h(0) = K_1 + K_2 = 0\text{,} \quad 且 \quad Dh(0) = -K_1 - 2K_2 = 1$$

因此解得:$K_1 = 1, K_2 = -1$。故知系統的單位脈衝響應為:

$$h(t) = \left(e^{-t} - e^{-2t}\right)u(t).$$

此二階系統的單位脈衝響應波形請參見圖 2.11 所示。

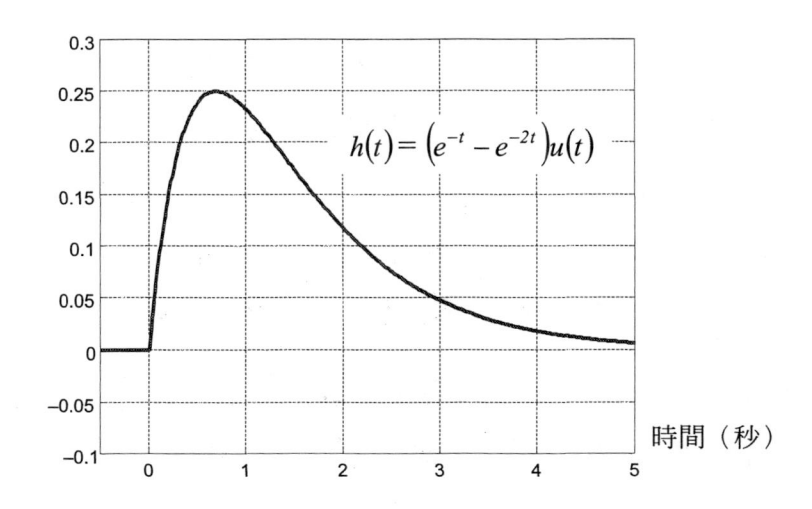

圖 2.11 二階系統的單位脈衝響應。

■ **一般 CT-LTI 系統的單位脈衝響應** 再來討論如 (2.1) 式所描述的一般 CT-LTI 系統之單位脈衝響應。將此 n 階 CT-LTI 系統再表達如下：

$$\frac{d^n y}{dt^n} + a_{n-1}\frac{d^{n-1} y}{dt^{n-1}} + \cdots + a_1\frac{dy}{dt} + a_0 y(t)$$
$$= b_m\frac{d^m x}{dt^m} + \cdots + b_1\frac{dx}{dt} + b_0 x(t) \tag{2.62}$$

現在輸入非單一項，而是包含了 $x(t)$ 及其數個，而且是好幾階的，微分項：$Dx(t)$, $D^2 x(t)$, … 等，因此 (2.62) 可視為是多重輸入的 n 階 CT-LTI 系統。於是，我們可以應用重疊原理解得系統的單位脈衝響應。茲將方法介紹如後：

1. 由單一輸入項的系統

$$\frac{d^n y}{dt^n} + a_{n-1}\frac{d^{n-1} y}{dt^{n-1}} + \cdots + a_1\frac{dy}{dt} + a_0 y(t) = x(t) \tag{2.63}$$

開始，仿照前述齊次解法之原理，求單位脈衝響應。亦即：由下列齊次 LCDE 求出單位脈衝響應 $h_0(t)$。

DE: $\dfrac{d^n h_0(t)}{dt^n} + a_{n-1}\dfrac{d^{n-1} h_0(t)}{dt^{n-1}} + \cdots + a_1\dfrac{dh_0(t)}{dt} + a_0 h_0(t) = 0,$

IC: $D^{n-1} h_0(0) = 1,$ 其他初始值為零。

2. 再來，利用線性系統的重疊原理計算出 (2.62) 式所代表系統的單位脈衝響應 $h(t)$，如下

$$h(t) = b_m\frac{d^m h_0(t)}{dt^m} + \cdots + b_1\frac{dh_0(t)}{dt} + b_0 h_0(t) \tag{2.64}$$

我們用下面的例題說明之。

【例題 2.31】

試求下述 CT-LTI 系統的單位脈衝響應。

$$\frac{dy}{dt} + 2y(t) = \frac{dx(t)}{dt} + 3x(t)$$

解 根據前述原理，第一步先解如 (2.63) 的單一輸入項系統

$$\frac{dy}{dt} + 2y(t) = x(t)$$

的單位脈衝響應，參見例題 2.28 及 2.29，其解答為：

$$h_0(t) = e^{-2t}u(t).$$

第二步，應用重疊原理，則多重輸入系統的單位脈衝響應為：

$$h(t) = \frac{dh_0(t)}{dt} + 3h_0(t) = \delta(t) + e^{-2t}u(t).$$

【例題 2.32】

試求下述 CT-LTI 系統的單位脈衝響應。

$$\frac{d^2y}{dt^2} + 3\frac{dy}{dt} + 2y(t) = \frac{d^2x(t)}{dt^2}$$

解 第一步先解單一輸入項系統

$$\frac{d^2y}{dt^2} + 3\frac{dy}{dt} + 2y(t) = x(t)$$

的單位脈衝響應，參見例題 2.30，其解答為：

$$h_0(t) = \left(e^{-t} - e^{-2t}\right)u(t).$$

第二步，應用重疊原理，則多重輸入系統的單位脈衝響應為：

$$h(t) = \frac{d^2 h_0(t)}{dt^2} = \delta(t) + \left(e^{-t} - 4e^{-2t}\right)u(t).$$

■ **有限脈衝響應** (FIR) 有關 DT 系統的單位脈衝響應數列，我們已經在上一節的「差分方程式模型」裏介紹過了。對於線性因果性非遞迴式系統 (無記憶型系統)：

$$y[n] = \sum_{k=0}^{M} b_k x[n-k], \tag{2.65}$$

其單位脈衝響應數列值 $h[n]$ 與系統差分方程式的係數依次相等：

$$y[n] = h[n] = \begin{cases} b_n, & 0 \leq n \leq M \\ 0, & n > 0, n > M \end{cases} \tag{2.66}$$

或表達成，

$$h[n] = \sum_{k=0}^{M} b_k \delta[n-k] = \sum_{k=0}^{M} h[k]\delta[n-k]. \tag{2.67}$$

因為響應數列值之個數只有 $(M+1)$ 個，係屬有限，此種非遞迴式系統即為有限脈衝響應 (*FIR*) 系統，又稱為有限脈衝響應數位濾波器 (*FIRDF*)。因此，FIR 系統必為穩定。

■ **無限脈衝響應** (IIR). 線性遞迴式系統的差分方程式如下：

$$y[n] = -\sum_{k=1}^{N} a_k y[n-k] + \sum_{k=0}^{M} b_k x[n-k] \tag{2.68}$$

其一般單位脈衝波響應數列值之個數有無窮個，因此遞迴式系統為無

限脈衝響應 (*IIR*) 系統。利用反覆疊代法只可以解得單位脈衝波響應的部分數列值，請參見例題 2.24。比較完整的方法是 *z*-變換法 (往後介紹)。IIR 的單位脈衝波響應數列一般解答形式為：

$$h[n] = \sum_{i=1}^{N} C_i (r_i)^n + \sum_{k=0}^{M-N} A_k \delta[n-k], \tag{2.69}$$

穩定之條件為：所有特性根幅度皆小於 1：$|r_i| < 1 (i = 1...n)$，請參見例題 2.27。

■ **由齊次解求單位脈衝響應**　如前述，DT 系統的單位脈衝響應屬於零狀態響應 (*ZSR*)，亦即：初始條件為零之解答。但欲求單位脈衝響應時，亦可令輸入為零，假設適當初始狀態，而得到解答，亦即：零輸入響應 (*ZIR*)。上述原理以一階系統為例，表達如下：

欲解　　$y[n] + ay[n-1] = \delta[n], \quad y[0] = 0$

相當於解　$h[n] + ah[n-1] = 0, \quad h[0] = 1.$

【例題 2.33】（齊次解）

試求下列系統的單位脈衝響應。

$$y[n] - 0.6 y[n-1] = x[n]$$

解　由上述原理可知，命題成為：須解如下 DT-DE，

DE: $h[n] - 0.6 h[n-1] = 0, \quad h[0] = 1.$

上式之自由響應為：$h[n] = K(0.6)^n$。將初值代入得：$h[0] = 1 = K$，因此系統的單位脈衝響應數列為 $h[n] = (0.6)^n u[n]$，參見圖 2.12。

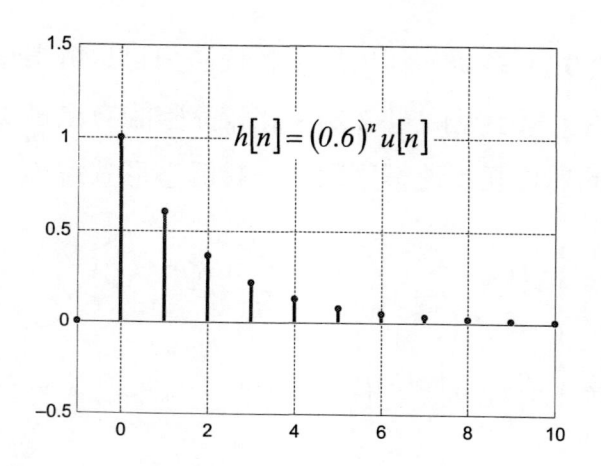

圖 2.12 例題 2.33 的單位脈衝響應數列。

將此原理推廣至高階系統：

欲解 $y[n]+a_1 y[n-1]+\cdots+a_n y[n-N](t)=\delta[n]$，相當於解 $h[n]+a_1 h[n-1]+\cdots+a_n h[n-N](t)=0$, $h[0]=1$，其他初始條件為零。

【例題 2.34】（齊次解）

試求下列系統的單位脈衝響應。

$$y[n]-\tfrac{1}{6}y[n-1]-\tfrac{1}{6}y[n]=x[n]$$

解 由上述原理可知，命題成為：須解如下 DT-DE，

DE: $h[n]-\tfrac{1}{6}h[n-1]-\tfrac{1}{6}y[n]=0$, $h[0]=1$.

上式之自由響應為：$h[n]=K_1\left(\tfrac{1}{2}\right)^n+K_2\left(-\tfrac{1}{3}\right)^n$。將初值代入得：$K_1=0.6, K_2=0.4$，所以單位脈衝響應數列為：

$$h[n]=\left[0.6\left(\tfrac{1}{2}\right)^n+0.4\left(-\tfrac{1}{3}\right)^n\right]u[n].\ (\text{參見圖 2.13})$$

$$h[n] = [0.6(\tfrac{1}{2})^n + 0.4(-\tfrac{1}{3})^n]\, u[n]$$

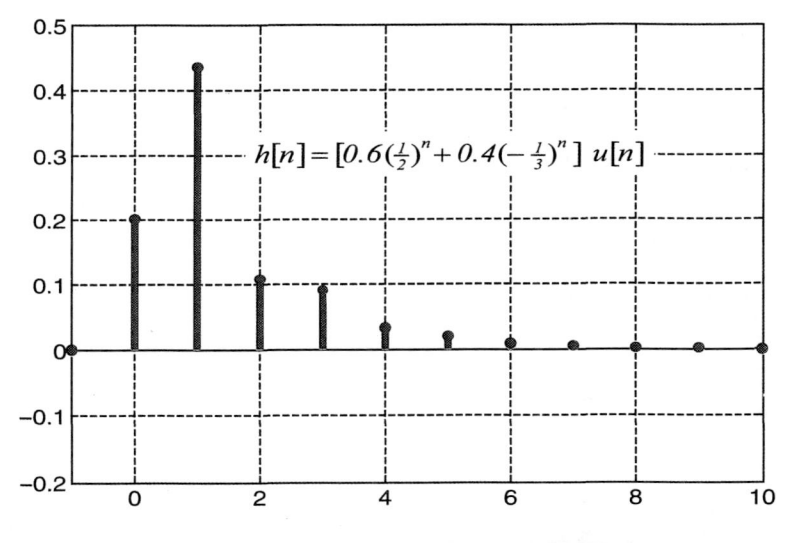

圖 2.13 例題 2.34 的單位脈衝響應數列。

■ **一般 DT-LTI 的單位脈衝響應** 再來討論如 (2.42) 式所描述的一般遞迴式 DT-LTI 系統的單位脈衝響應。將此 N 階 DT-LTI 系統再表達如下:

$$y[n]+a_1y[n-1]+a_2y[n-2]+\cdots+a_Ny[n-N] \\ = b_0x[n]+b_1x[n-1]+\cdots+b_Mx[n-M] \tag{2.70}$$

現在輸入非單一項,而是包含了 $x[n]$ 及其數個,而且是好幾階的,時間延遲單位: $x[n-1]$, $x[n-2]$, …等,因此 (2.70) 可視為是多重輸入的 N 階 DT-LTI 系統。如同 CT-LTI 的情形,我們可以應用重疊原理解得系統的單位脈衝響應數列。茲將方法介紹如後:

1. 由單一輸入項的系統

$$y[n]+a_1y[n-1]+a_2y[n-2]+\cdots+a_Ny[n-N]=x[n] \tag{2.71}$$

開始,仿照前述齊次解法之原理,求單位脈衝響應數列。亦即:

由下列齊次 DE 求出單位脈衝響應 $h_0[n]$。

DE: $h_0[n]+a_1h_0[n-1]+\cdots+a_Nh_0[n-N]=0$,

IC: $h_0[0]=1$,其他初始條件為零。

2. 再來,利用線性系統的重疊原理,計算出 (2.70) 式所代表系統的單位脈衝響應 $h[n]$,如下

$$h[n]=b_0h_0[n]+b_1h_0[n-1]+\cdots+b_M[n-M] \quad (2.72)$$

【例題 2.35】 (一般解)

試求下列系統的單位脈衝響應。

$$y[n]-0.6y[n-1]=3x[n+1]-x[n]$$

解 由上述原理可知,第一步先要解如 (2.71) 的單一輸入系統

$$h_0[n]-0.6h_0[n-1]=x[n]$$

之單位脈衝響應數列 $h_0[n]$。參見例題 2.33,其解為:

$$h_0[n]=(0.6)^n u[n].$$

因此,參照 (2.72) 式,系統的單位脈衝響應數列為:

$$h[n]=3h_0[n+1]-h_0[n]=3\delta[n+1]+0.8(0.6)^n u[n].$$

【例題 2.36】 (一般解)

試求下列系統的單位脈衝響應。

$$y[n]-\tfrac{1}{6}y[n-1]-\tfrac{1}{6}y[n]=2x[n]-6x[n-1]$$

解 由上述原理可知，第一步先要解如 (2.71) 的單一輸入系統

$$y[n] - \tfrac{1}{6} y[n-1] - \tfrac{1}{6} y[n] = x[n]$$

之單位脈衝響應數列 $h_0[n]$。參見例題 2.34，其解為：

$$h_0[n] = \left[0.6 \left(\tfrac{1}{2} \right)^n + 0.4 \left(-\tfrac{1}{3} \right)^n \right] u[n].$$

因此，參照 (2.72) 式，系統的單位脈衝響應數列為：

$$h[n] = 2 h_0[n] - 6 h_0[n-1] = \left[-6 \left(\tfrac{1}{2} \right)^n + 8 \left(-\tfrac{1}{3} \right)^n \right] u[n].$$

參見圖 2.14 所示。

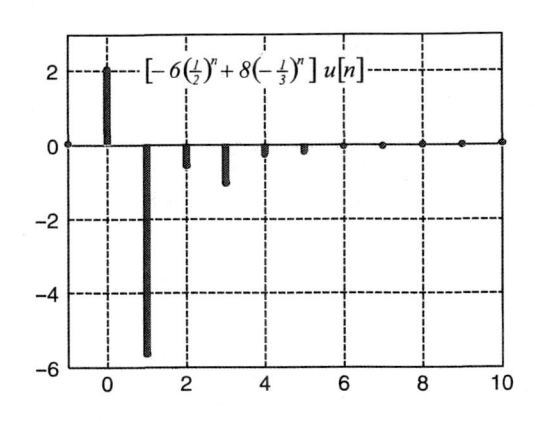

圖 2.14 例題 2.36 的單位脈衝響應數列。

2-5 狀態方程式模型

■ **狀態與狀態空間** (state space)　　在時間領域，系統的數學模型除了前面介紹的微分方程式、差分方程式、及單位脈衝響應外，本節要

介紹另一種數學描述模型,稱為狀態方程式 (State Equation, SE)。對於一個 n 階多輸入多輸出 (MIMO) 連續時間線性非時變 (CT-LTI) 系統,其形式為,

$$\dot{\mathbf{v}}(t) = \mathbf{A}\mathbf{v}(t) + \mathbf{B}\mathbf{x}(t); \tag{2.73a}$$

$$\mathbf{y}(t) = \mathbf{C}\mathbf{v}(t) + \mathbf{D}\mathbf{x}(t). \tag{2.73b}$$

式中,$\mathbf{v}$、$\mathbf{y}$、及 $\mathbf{x}$ 分別稱為狀態向量 (state vector)、輸出向量 (output vector)、及輸入向量 (input vector)。(2.73) 式中只出現狀態向量 $\mathbf{v}$ 的一階微分,所以狀態方程式因以稱之為一階模型 (first-order model)。(2.73a) 又可簡寫成

$$D\mathbf{v} = \mathbf{A}\mathbf{v} + \mathbf{B}\mathbf{x}, \quad \mathbf{y} = \mathbf{C}\mathbf{v} + \mathbf{D}\mathbf{x} \tag{2.74}$$

稱為系統 $\{\mathbf{A}, \mathbf{B}, \mathbf{C}, \mathbf{D}\}$。上式中 D 代表微分操作,即:$D\mathbf{v} := \dot{\mathbf{v}}$。

在另一方面,對於一個 n 階多輸入多輸出,離散時間線性非時變 (DT-LTI) 系統,其形式為,

$$\mathbf{v}[k+1] = \mathbf{A}\mathbf{v}[k] + \mathbf{B}\mathbf{x}[k]; \tag{2.75a}$$

$$\mathbf{y}[k] = \mathbf{C}\mathbf{v}[k] + \mathbf{D}\mathbf{x}[k]. \tag{2.75b}$$

(2.75a) 可簡寫成

$$z\mathbf{v} = \mathbf{A}\mathbf{v} + \mathbf{B}\mathbf{x}; \quad \mathbf{y} = \mathbf{C}\mathbf{v} + \mathbf{D}\mathbf{x} \tag{2.76}$$

亦稱為系統 $\{\mathbf{A}, \mathbf{B}, \mathbf{C}, \mathbf{D}\}$。上式中,$z$ 代表時移 (time shift) 操作,即:$z\mathbf{v} := \mathbf{v}[k+1]$,因此 $z^{-1}\mathbf{v} := \mathbf{v}[k-1]$,是為時間延遲 (time delay) 操作。

對於一個 n 階、m 輸入、p 輸出的線性系統,狀態向量、輸出向量、及輸入向量分別為:

$$\mathbf{v} = \begin{bmatrix} v_1 \\ v_2 \\ \vdots \\ v_n \end{bmatrix} \in \Re^n \,,\; \mathbf{y} = \begin{bmatrix} y_1 \\ y_2 \\ \vdots \\ y_p \end{bmatrix} \in \Re^p \,,\quad \mathbf{x} = \begin{bmatrix} x_1 \\ x_2 \\ \vdots \\ x_m \end{bmatrix} \in \Re^m \tag{2.77}$$

亦即，**v**、**y**、及 **x** 分別稱為 n-向量、p-向量、及 m-向量。在(2.77)式中，$\{v_i, i=1..n\}$ 為狀態變數 (state variable)，$\{y_i, i=1..p\}$ 為輸出變數 (output variable)，$\{x_i, i=1..m\}$ 為輸入變數 (input variable)。因此，n 階系統具有 n 個狀態變數。在這裡我們使用符號 v_i 代表狀態變數，而 **v** 係使用黑體字，表示其為狀態向量；**A, B, C** 及 **D** 各為 $n \times n$，$n \times m, p \times n$ 及 $p \times m$ 的有理數矩陣 (real matrices)。

茲將 CT-LTI 系統的狀態定義如下：

一個系統的狀態係由一組最少個數的變數 $\{v_i, i=1..n\}$ 集合之。如果知道這些變數在 $t=t_0$ 時刻之值：$\mathbf{v}_0 = \mathbf{v}(t_0)$，稱為系統在 $t=t_0$ 之狀態，則當 $t \geq t_0$ 之後，系統之任何輸出，可由此初始狀態以及 $t \geq t_0$ 以後之激發數入 $\mathbf{x}(t)$ 確定地計算之。

因此，(2.73) 式及初值 $\mathbf{v}_0 = \mathbf{v}(t_0)$ 可以決定 CT-LTI 系統的響應；而 (2.75) 及初值 $\mathbf{v}_0 = \mathbf{v}[t_0]$ 可以決定 DT-LTI 系統的響應。這種原理好比是：欲解答一個 CT 系統，除了解 LCDE，還需要初始條件 (初始狀態) 才可以解得齊次解中的未定係數；相對地，DT 系統差分方程式 DE 之解需要初始條件 (初始狀態)，才可以確定解答。

我們定義狀態空間 (state space) 如下：

以 n 個狀態變數 $\{v_i, i=1..n\}$ 為座標的 n 度空間 (n-dimensional space) 稱為是狀態空間。

■ **矩陣微分方程式與狀態方程式：單一輸入項情形** 我們先討論 (2.2) 的單一輸入項 n-階微分方程式，表達如下：

$$\frac{d^n y}{dt^n} + a_{n-1}\frac{d^{n-1} y}{dt^{n-1}} + \cdots + a_1 \frac{dy}{dt} + a_0 y(t) = x(t), \tag{2.78}$$

亦即，

$$D^n y = \frac{d^n y}{dt^n} = -a_0 y(t) - a_1 \frac{dy}{dt} - \cdots - a_{n-1}\frac{d^{n-1} y}{dt^{n-1}} + x(t) \tag{2.79}$$

因此，定義 n 個狀態變數為：

$$v_1(t) = y(t), \ v_2(t) = Dy(t), \ \cdots, \ v_n(t) = D^{n-1} y(t) \tag{2.80}$$

式中，$\left\{ D^k y = \frac{d^k y}{dt^k}, (k = 0..n-1) \right\}$ 為 n 個相變數 (phase variables)。現在分別對 (2.80) 之狀態變數做時間微分，並且利用 (2.79), (2.80) 式可得

$$\begin{aligned}
\frac{d}{dt}v_1(t) &= Dy(t) = v_2 \\
\frac{d}{dt}v_2(t) &= D^2 y(t) = v_3 \\
&\vdots \\
\frac{d}{dt}v_n(t) &= D^n y(t) = -a_0 y(t) - a_1 \frac{dy}{dt} - \cdots - a_{n-1}\frac{d^{n-1} y}{dt^{n-1}} + x(t) \\
&= -a_0 v_1(t) - a_1 v_2 - \cdots - a_{n-1} v_n(t) + x(t)
\end{aligned} \tag{2.81}$$

由 (2.77) 式，則 (2.81) 可表達成如下矩陣向量型一階微分方程式：

$$\frac{d}{dt}\mathbf{v}(t) = \begin{bmatrix} 0 & 1 & 0 & \cdots & 0 \\ 0 & 0 & 1 & \cdots & 0 \\ \vdots & \vdots & \vdots & \vdots & \vdots \\ 0 & 0 & 0 & \cdots & 1 \\ -a_0 & -a_1 & -a_2 & \cdots & -a_{n-1} \end{bmatrix} \mathbf{v}(t) + \begin{bmatrix} 0 \\ 0 \\ \vdots \\ 0 \\ 1 \end{bmatrix} x(t) \tag{2.82}$$

$$y(t) = \begin{bmatrix} 1 & 0 & 0 & 0 & 0 \end{bmatrix} \mathbf{v}(t) + [0] x(t)$$

上式係如 (2.73) 所述之矩陣微分方程式型式，且

$$\mathbf{A} = \begin{bmatrix} 0 & 1 & 0 & \cdots & 0 \\ 0 & 0 & 1 & \cdots & 0 \\ \vdots & \vdots & \vdots & \vdots & \vdots \\ 0 & 0 & 0 & \cdots & 1 \\ -a_0 & -a_1 & -a_2 & \cdots & -a_{n-1} \end{bmatrix}, \quad \mathbf{B} = \begin{bmatrix} 0 \\ 0 \\ \vdots \\ 0 \\ 1 \end{bmatrix}$$

$$\mathbf{C} = \begin{bmatrix} 1 & 0 & 0 & 0 & 0 \end{bmatrix}, \quad \mathbf{D} = [0]$$

因此，系統可由四個實數矩陣 $\{\mathbf{A}, \mathbf{B}, \mathbf{C}, \mathbf{D}\}$ 確定之。

【例題 2.37】

將下述 LCDE 轉換成為矩陣狀態方程式。

$$D^3 y(t) + 6D^2 y(t) + 11Dy(t) + 6y(t) = x(t).$$

解 3 個狀態變數為：$v_1(t) = y(t)$，$v_2(t) = Dy(t)$，$v_3(t) = D^2 y(t)$，由 LCDE 中解出最高階微分項得：

$$D^3 y = -6y - 11Dy - 6D^2 y + x(t) = -6v_1 - 11v_2 - 6v_3 + x(t)$$

因此，狀態向量為 $\mathbf{v}(t) = [v_1(t), v_2(t), v_3(t)]^T$，矩陣狀態方程式為

$$\dot{\mathbf{v}} = \begin{bmatrix} 0 & 1 & 0 \\ 0 & 0 & 1 \\ -6 & -11 & -6 \end{bmatrix} \mathbf{v}(t) + \begin{bmatrix} 0 \\ 0 \\ 1 \end{bmatrix} x(t), \quad y(t) = \begin{bmatrix} 1 & 0 & 0 \end{bmatrix} \mathbf{v}(t)$$

■ **矩陣微分方程式與狀態方程式：多重輸入項情形**

再討論 (2.1) 的廣義式 n-階微分方程式，表達如下：

$$\frac{d^n y}{dt^n} + a_{n-1}\frac{d^{n-1}y}{dt^{n-1}} + \cdots + a_1\frac{dy}{dt} + a_0 y(t)$$
$$= b_m \frac{d^m x}{dt^m} + \cdots + b_1 \frac{dx}{dt} + b_0 x(t) \tag{2.83}$$

與 (2.78) 比較之下，此式可以認為是多重輸入項。現在我們以三階 ($n = 3$) 為例做討論，以導出其相關狀態方程式。三階 CT-LTI 系統為，

$$\frac{d^3 y}{dt^n} + a_2 \frac{d^2 y}{dt^2} + a_1 \frac{dy}{dt} + a_0 y(t) = b_2 \frac{d^2 x}{dt^2} + b_1 \frac{dx}{dt} + b_0 x(t) \tag{2.84}$$

與 (2.83) 是比較之下：$n > m = 2$。我們先考慮如下所列之單一項輸入系統：

$$\frac{d^3 y_1}{dt^n} + a_2 \frac{d^2 y_1}{dt^2} + a_1 \frac{dy_1}{dt} + a_0 y_1(t) = x(t) \tag{2.85}$$

由前面的討論可知，上述系統的狀態方程式 (矩陣一階微分方程式) 為：

$$\frac{d}{dt}\mathbf{v}(t) = \begin{bmatrix} 0 & 1 & 0 \\ 0 & 0 & 1 \\ -a_0 & -a_1 & -a_2 \end{bmatrix}\mathbf{v}(t) + \begin{bmatrix} 0 \\ 0 \\ 1 \end{bmatrix} x(t) \tag{2.86a}$$

$$y_1(t) = \begin{bmatrix} 1 & 0 & 0 \end{bmatrix}\mathbf{v}(t) + [0]x(t) \tag{2.86b}$$

其狀態變數分別為：

$$v_1(t) = y_1, \quad v_2(t) = Dy_1, \quad v_3(t) = D^2 y_1 \tag{2.87}$$

亦即，由 $x(t)$ 輸入產生 $y_1(t)$ 輸出，代表為：

$$x(t) \to y_1(t) \tag{2.88}$$

再來應用線性系統的特性可知：

$$x(t) \to y_1(t), \qquad \text{因此} \quad b_0 x(t) \to b_0 y_1(t)$$

$$Dx(t) \to Dy_1(t), \qquad 因此 \quad b_1 Dx(t) \to b_1 Dy_1(t)$$
$$D^2 x(t) \to D^2 y_1(t), \qquad 因此 \quad b_2 D^2 x(t) \to b_2 D^2 y_1(t)$$

利用重疊原理可知,

$$b_2 D^2 x + b_1 Dx + b_0 x(t) \to y(t) = b_2 D^2 y_1 + b_1 Dy_1 + b_0 y_1 \tag{2.89}$$

亦即,參見 (2.87),由多重輸入項造成的輸出為:

$$y(t) = b_0 v_1 + b_1 v_2 + b_2 v_3$$

因此,(2.84) 式的狀態方程式為:

$$\frac{d}{dt}\mathbf{v}(t) = \begin{bmatrix} 0 & 1 & 0 \\ 0 & 0 & 1 \\ -a_0 & -a_1 & -a_2 \end{bmatrix} \mathbf{v}(t) + \begin{bmatrix} 0 \\ 0 \\ 1 \end{bmatrix} x(t) \tag{2.90}$$

$$y(t) = \begin{bmatrix} b_0 & b_1 & b_2 \end{bmatrix} \mathbf{v}(t)$$

綜言之,對於一般 n 階系統結論如下:

CT-LTI 系統: $\dfrac{d^n y}{dt^n} + a_{n-1} \dfrac{d^{n-1} y}{dt^{n-1}} + \cdots + a_1 \dfrac{dy}{dt} + a_0 y(t)$

$$= b_m \frac{d^m x}{dt^m} + \cdots + b_1 \frac{dx}{dt} + b_0 x(t)$$

其狀態方程式為,

$$\frac{d}{dt}\mathbf{v}(t) = \begin{bmatrix} 0 & 1 & 0 & \cdots & 0 \\ 0 & 0 & 1 & \cdots & 0 \\ \vdots & \vdots & \vdots & \vdots & \vdots \\ 0 & 0 & 0 & \cdots & 1 \\ -a_0 & -a_1 & -a_2 & \cdots & -a_{n-1} \end{bmatrix} \mathbf{v}(t) + \begin{bmatrix} 0 \\ 0 \\ \vdots \\ 0 \\ 1 \end{bmatrix} x(t) \tag{2.91}$$

$$y(t) = \begin{bmatrix} b_0 & b_1 & \cdots & b_m & \cdots 0 \end{bmatrix} \mathbf{v}(t) + [0] x(t)$$

【例題 2.38】

將下述 LCDE 轉換成為矩陣狀態方程式。

$$D^3 y(t) + 6D^2 y(t) + 11Dy(t) + 6y(t) = 2Dx(t) + 3x(t).$$

解 由 (2.91) 可知,矩陣狀態方程式為:

$$\dot{\mathbf{v}} = \begin{bmatrix} 0 & 1 & 0 \\ 0 & 0 & 1 \\ -6 & -11 & -6 \end{bmatrix} \mathbf{v}(t) + \begin{bmatrix} 0 \\ 0 \\ 1 \end{bmatrix} x(t),$$

$$y(t) = \begin{bmatrix} 3 & 2 & 0 \end{bmatrix} \mathbf{v}(t)$$

■ **矩陣差分方程式與狀態方程式:單一輸入項情形**

再討論 (2.41) 的單一輸入項 n-階差分方程式,表達如下:

$$y[k] + a_1 y[k-1] + a_2 y[k-2] + \cdots + a_n y[k-n] = x[k] \tag{2.92}$$

亦即,

$$y[k] = x[k] - a_n y[k-n] - \cdots - a_2 y[k-2] - a_1 y[k-1]$$

因此,定義 n 個狀態變數為:$v_1[k] = y[k-n]$,$v_2[k] = y[k-n+1]$,$\cdots$,$v_n[k] = y[k-1]$,$\{y[k-n+q], q = 0..n-1\}$ 為 n 個相變數。狀態定義如下:

DT 系統的狀態係由一組最少個數的變數 $\{v_i, i = 1..n\}$ 集合之。如果知道這些變數在 $k = k_0$ 時刻之值:$\mathbf{v}_0 = \mathbf{v}[k_0]$,稱為系統在 $k = k_0$ 之狀態,則在 $k > k_0$ 系統之任何輸出,可由此初始狀態以及 $k \geq k_0$ 以後之激發輸入 $\mathbf{x}[k]$ 確定地計算之。

應用時移操作，則

$$zv_1[k] = v_1[k+1] = y[k-n+1] = v_2[k]$$
$$zv_2[k] = v_2[k+1] = y[k-n+2] = v_3[k]$$
$$\vdots$$
$$zv_n[k] = v_n[k+1] = y[k] = x[k] - a_n v_1[k] - \cdots - a_2 v_{n-1} - a_1 v_n[k]$$ (2.93)

定義狀態向量為，

$$\mathbf{v}[k] = [v_1[k] \quad v_2[k] \quad \cdots \quad v_{n-1}[k] \quad v_n[k]]^T$$ (2.94)

因此，(2.84) 式可寫成如下的矩陣差分方程式：

$$\mathbf{v}[k+1] = \begin{bmatrix} 0 & 1 & 0 & \cdots & 0 \\ 0 & 0 & 1 & 0 & 0 \\ \vdots & \vdots & \vdots & \vdots & \vdots \\ 0 & 0 & 0 & \cdots & 1 \\ -a_n & -a_{n-1} & \cdots & -a_2 & -a_1 \end{bmatrix} \mathbf{v}[k] + \begin{bmatrix} 0 \\ 0 \\ \vdots \\ 0 \\ 1 \end{bmatrix} x[k]$$ (2.95a)

【例題 2.39】

將下述 DT-DE 轉換成為矩陣狀態方程式。

$$y[k] - 0.25 y[k-1] - 0.125 y[k-2] + 0.5 y[k-3] = 3x[k].$$

解 3 個狀態變數為：

$$v_1[k] = y[k-3] , \quad v_2[k] = y[k-2] , \quad v_3[k] = y[k-1] ,$$

狀態向量為：$\mathbf{v}[k] = [v_1[k] \quad v_2[k] \quad v_3[k]]^T$，使得

$$zv_1[k] = v_1[k+1] = y[k-2] = v_2[k] ,$$
$$zv_2[k] = v_2[k+1] = y[k-1] = v_3[k] ,$$

$$zv_3[k] = v_3[k+1] = y[k]$$

由 DE 解出：

$$y[k] = -0.5y[k-3] + 0.125y[k-1] + 0.25y[k-1] + 3x[k]$$
$$= -0.5v_1[k] + 0.125v_2[k] + 0.25v_3[k] + 3x[k]$$

因此，矩陣式差分狀態方程式為

$$\mathbf{v}[k+1] = \begin{bmatrix} 0 & 1 & 0 \\ 0 & 0 & 1 \\ -0.5 & 0.125 & 0.25 \end{bmatrix} \mathbf{v}[k] + \begin{bmatrix} 0 \\ 0 \\ 3 \end{bmatrix} x[k]$$
$$y[k] = \begin{bmatrix} -0.5 & 0.125 & 0.25 \end{bmatrix} \mathbf{v}[k] + 3x[k]$$

【註】此題之系統亦可表達為，

$$y[k+3] - 0.25y[k+2] - 0.125y[k+1] + 0.5y[k] = 3x[k+3]$$

則 3 個狀態變數為：$v_1[k] = y[k]$，$v_2[k] = y[k+1]$，$v_3[k] = y[k+2]$。
系統的初始條件為：$y[0], y[1], y[2]$；因此初始狀態為：

$$\mathbf{v}[0] = \begin{bmatrix} v_1(0) \\ v_2(0) \\ v_2(0) \end{bmatrix} = \begin{bmatrix} y(0) \\ y(1) \\ y(2) \end{bmatrix}$$

使得，

$$zv_1[k] = v_1[k+1] = y[k+1] = v_2[k]，$$
$$zv_2[k] = v_2[k+1] = y[k+2] = v_3[k]，$$
$$zv_3[k] = v_3[k+1] = y[k+3]$$

■ 矩陣差分方程式與狀態方程式：一般情形

再討論 (2.42) 的廣義 n-階差分方程式，表達如下：

$$y[k+n] + a_{n-1}y[k+n-1] + \cdots a_1 y[k+1] + a_0 y[k]$$
$$= b_m x[k+m] + b_{m-1} x[k+m-1] + \cdots + b_0 x[k] \tag{2.96}$$

仿照 (2.91) 之程序，令狀態變數為：

$$v_1[k] = y[k], \ v_2[k] = y[k+1], \ \cdots, \ v_n[k] = y[k+n-1]$$

則差分狀態方程式為，

$$\mathbf{v}[k+1] = \begin{bmatrix} 0 & 1 & 0 & \cdots & 0 \\ 0 & 0 & 1 & \cdots & 0 \\ \vdots & \vdots & \vdots & \vdots & \vdots \\ 0 & 0 & 0 & \cdots & 1 \\ -a_0 & -a_1 & -a_2 & \cdots & -a_{n-1} \end{bmatrix} \mathbf{v}[k] + \begin{bmatrix} 0 \\ 0 \\ \vdots \\ 0 \\ 1 \end{bmatrix} x[k] \tag{2.97}$$

$$y[k] = \begin{bmatrix} b_0 & b_1 & \cdots & b_m & \cdots 0 \end{bmatrix} \mathbf{v}[k]$$

【例題 2.40】

將下述 DT-DE 轉換成為矩陣狀態方程式。

$$y[k+2] + y[k+1] + 0.16 y[k] = x[k+1] + 2x[k].$$

解 2 個狀態變數為：$v_1[k] = y[k]$，$v_2[k] = y[k+1]$.

狀態向量為：$\mathbf{v}[k] = [v_1[k] \ \ v_2[k]]^T$，使得

$$zv_1[k] = v_1[k+1] = y[k+1] = v_2[k],$$
$$zv_2[k] = v_2[k+1] = y[k+2]$$

因此由 (2.97) 可知，矩陣式差分狀態方程式為

$$\mathbf{v}[k+1] = \begin{bmatrix} 0 & 1 \\ -0.16 & -1 \end{bmatrix} \mathbf{v}[k] + \begin{bmatrix} 0 \\ 1 \end{bmatrix} x[k]$$

$$y[k] = \begin{bmatrix} 2 & 1 \end{bmatrix} \mathbf{v}[k].$$

習 題

P2.1. (系統分類) 下列名詞請簡單地定義，或做說明：
(a) LCDE,
(b) CT-LTI,
(c) DT-LTI,
(d) DE,
(e) FIR,
(f) IIR.

P2.2. (系統性質) 下列名詞請簡單地定義，或做說明：
(a) 均勻性，
(b) 加成性，
(c) 重疊性，
(d) 線性系統。

P2.3. (系統性質) 何謂「線性非時變性」？

P2.4. (系統性質) 何謂「因果性系統」？

P2.5. (系統性質) 何謂「BIBO 穩定」？

P2.6. (系統分類) 下列系統是否為線性、非時變、因果性、記憶型？
(a) $D^2 y(t) + 3Dy = 2Dx(t) + x(t)$,
(b) $D^2 y(t) + 3y(t)Dy = 2Dx(t) + x(t)$,
(c) $D^2 y(t) + 3tx(t)Dy = 2Dx(t)$,
(d) $D^2 y(t) + 3Dy = 2x^2(t) + x(t+2)$,
(e) $y(t) + 3 = 2x(t) + x^2(t)$,
(f) $y(t) = 2x(t+1) + 1$.

P2.7. (系統分類) 判斷下列系統是否為線性、非時變、因果性、記憶型：
(a) $D^2 y(t)+e^{-t}Dy=|Dx(t-1)|$, (b) $y(t)=2x(t+1)+x^2(t)$,
(c) $D^2 y(t)+\cos(2t)Dy=Dx(t+1)$, (d) $y(t)+t\int_{-\infty}^{t}ydt=2x(t)$,
(e) $y(t)+\int_0^t ydt=|Dx(t)|-x(t)$, (f) $D^2 y(t)+t\int_0^{t+1}ydt=Dx(t)+2$.

P2.8. (強迫響應) 試求下列系統的強迫響應。
(a) $Dy(t)+2y=u(t)$, (b) $Dy(t)+2y=\cos(t)u(t)$,
(c) $Dy(t)+2y=e^{-t}u(t)$, (d) $Dy(t)+2y=e^{-2t}u(t)$,
(e) $Dy(t)+2y=tu(t)$, (f) $Dy(t)+2y=te^{-2t}u(t)$.

P2.9. (系統響應) 試求下列系統的自由響應、強迫響應、與總響應。
(a) $Dy(t)+5y(t)=u(t)$, $y(0)=2$.
(b) $Dy(t)+3y(t)=2e^{-2t}u(t)$, $y(0)=1$.
(c) $Dy(t)+4y(t)=8tu(t)$, $y(0)=2$.
(d) $Dy(t)+2y(t)=2\cos(2t)u(t)$, $y(0)=4$.
(e) $Dy(t)+2y(t)=2e^{-2t}u(t)$, $y(0)=6$.
(f) $Dy(t)+2y(t)=2e^{-2t}\cos(t)u(t)$, $y(0)=8$.

P2.10. (脈衝響應) 試求下列系統的單位脈衝響應。
(a) $Dy(t)+2y=x(t)$, (b) $Dy(t)+2y=Dx(t)-2x(t)$,
(c) $D^2 y(t)+5Dy(t)+4y=x(t)$, (d) $D^2 y(t)+4Dy(t)+4y=2x(t)$,
(e) $D^2 y(t)+4Dy(t)+3y=2Dx(t)-x(t)$,
(f) $D^2 y(t)+2Dy(t)+y(t)=D^2 x(t)+Dx(t)$。

P2.11. (穩定性) 判斷下列系統的穩定性。
(a) $Dy(t)+2y=x(t)$, (b) $Dy(t)-3y=2x(t)$,
(c) $Dy(t)+4y=Dx(t)+3x(t)$, (d) $D^2 y(t)+5Dy(t)+4y=6x(t)$,
(e) $D^2 y(t)+5Dy(t)+6y=D^2 x(t)$, (f) $D^2 y(t)-5Dy(t)+4y=x(t)$.

P2.12. (系統響應) 一系統的單位步級響應為：$\sigma(t)=(1-e^{-t})u(t)$，
(a) 試求此系統的單位脈衝響應 $h(t)$，並繪其圖。
(b) 當輸入為 $u(t)-u(t-1)$ 時，試求系統的響應，並繪其圖。

P2.13. (系統分類) 現有兩系統：(1) $y(t) = x(\alpha t)$，(2) $y(t) = x(t + \alpha)$。
   (a) 當系統為線性時，α 之值為何？
   (b) 當系統具有因果性時，α 之值為何？
   (c) 當系統為非時變時，α 之值為何？
   (d) 當系統非為動態型式，α 之值為何？

P2.14. (系統分類) 判斷系統是否為線性、非時變、因果性、記憶型：
   (a) $y[n] - y[n-1] = x[n]$,
   (b) $y[n] + y[n+1] = nx[n]$,
   (c) $y[n] - y[n+1] = x[n+2]$,
   (d) $y[n+2] - y[n+1] = x[n]$,
   (e) $y[n+1] - x[n]y[n] = nx[n+2]$,
   (f) $y[n] + y[n-3] = x^2[n] + x[n+6]$,
   (g) $y[n] - 2^n y[n] = x[n]$,
   (h) $y[n] = x[n] + x[n-1] + x[n-2]$.

P2.15. (疊代解法) 試用反覆疊代法解出下列差分方程式，至 $n = 4$，然後歸納出解答 $y[n]$ 的完整式。
   (a) $y[n] - ay[n-1] = \delta[n]$, $y[-1] = 0$.
   (b) $y[n] - ay[n-1] = u[n]$, $y[-1] = 1$.
   (c) $y[n] - ay[n-1] = nu[n]$, $y[-1] = 0$.
   (d) $y[n] + 4y[n-1] + 3y[n-2] = u[n-2]$, $y[-1] = 0, y[-2] = 1$.

P2.16. (強迫響應) 試求下列差分方程式的強迫響應。
   (a) $y[n] - 0.4y[n-1] = u[n]$,
   (b) $y[n] - 0.4y[n-1] = (0.5)^n$,
   (c) $y[n] + 0.4y[n-1] = (0.5)^n$,
   (d) $y[n] - 0.5y[n-1] = \cos(\frac{n\pi}{2})$,
   (e) $y[n] - 1.1y[n-1] + 0.3y[n-2] = 2u[n]$,
   (f) $y[n] - 0.9y[n-1] + 0.2y[n-2] = (0.5)^n$,
   (g) $y[n] + 0.7y[n-1] + 0.1y[n-2] = (0.5)^n$,
   (h) $y[n] - 0.25y[n-2] = \cos(\frac{n\pi}{2})$.

P2.17. (系統響應) 試求下列 DE 的完全響應。
   (a) $y[n] + 0.1y[n-1] - 0.3y[n-2] = 2u[n]$, $y[-1] = 0, y[-2] = 0$.
   (b) $y[n] - 0.9y[n-1] + 0.2y[n-2] = (0.5)^n$, $y[-1] = 1, y[-2] = -4$.
   (c) $y[n] + 0.7y[n-1] + 0.1y[n-2] = (0.5)^n$, $y[-1] = 0, y[-2] = 3$.
   (d) $y[n] - 0.25y[n-2] = (0.5)^n$, $y[-1] = 0, y[-2] = 0$.

(e) $y[n] - 0.25y[n-2] = (0.4)^n$, $y[-1] = 0, y[-2] = 3$.

P2.18. (脈衝響應) 試求下列系統的單位脈衝響應。
(a) $y[n] - y[n-1] = 2x[n]$,
(b) $y[n] = x[n] + x[n-1] + x[n-2]$,
(c) $y[n] + 2y[n-1] = x[n-1]$,
(d) $y[n] + 2y[n-1] = 2x[n] + 6x[n-1]$,
(e) $y[n] + 4y[n-1] + 4y[n-2] = x[n]$

P2.19. (穩定性) 判斷下列系統的穩定性及因果性值。
(a) $y[n] = x[n-1] + x[n] + x[n+1]$,
(b) $y[n] = x[n] + x[n-1] + x[n-2]$,
(c) $y[n] - 2y[n-1] = x[n]$,
(d) $y[n] - 0.2y[n-1] = x[n] - 2x[n+2]$,
(e) $y[n] + y[n-1] + 0.5y[n-2] = x[n]$,
(f) $y[n] - 2y[n-1] + y[n-2] = x[n] - x[n-3]$.

P2.20. 若系統 $\frac{d}{dt}y(t) + \alpha y(t) = x(t), \alpha \neq 0$ 之響應為 $y(t) = (5 + 3e^{-2t})u(t)$,
(a) 自由響應與強迫響應各為何？ (b) α 及初始值 $y(0)$ 各為何？
(c) 零輸入響應與零狀態響應各為何？ (d) 激發項 $x(t)$ 應為何？

P2.21. (脈衝響應模型) 如過 CT-LTI 系統的單位脈衝響應為 $h(t) = e^{-t}u(t)$,計算其導數得：$Dh(t) = \delta(t) - e^{-t}u(t)$,因此 $Dh(t) + h(t) = \delta(t)$。有鑑於此,系統的輸出入 LCDE 因為：$Dy(t) + y(t) = x(t)$。試應用此原理導出下列單位脈衝響應所對應的系統微分方程式：
(a) $h(t) = e^{-\alpha t}u(t)$, (b) $h(t) = e^{-t}u(t) - e^{-2t}u(t)$

P2.22. (脈衝響應模型) 導出下列單位脈衝響應數列對應的差分方程式：
(a) $h[n] = \delta[n] + 2\delta[n-1]$, (b) $h[n] = \{2; 3, -1\}$,
(c) $h[n] = (0.3)^n u[n]$, (d) $h[n] = (0.5)^n u[n] - (-0.5)^n u[n]$.

P2.23. (微分狀態方程式模型) 有一系統的 LCDE 為 $\ddot{\theta}(t) + \dot{\theta}(t) = x(t)$,式中,$x$ 為輸入變數。試導出狀態方程式。

P2.24. (微分狀態方程式模型) 有一系統以下列的聯立 LCDE 描述為，
$$\ddot{\theta}(t) = \dot{\theta}(t) + x(t), \quad \ddot{p}(t) = \beta\theta(t) - x(t)$$
式中，$x(t)$ 為系統的輸入。令狀態變數 $v_1(t) = \theta(t), v_3(t) = p(t)$；輸出變數 $y_1(t) = \theta(t), y_2(t) = p(t)$，試導出此線性系統的狀態方程式。

P2.25. (微分狀態方程式模型) 有一系統以下列的聯立 LCDE 描述為，
$$3\ddot{p}(t) + 2\dot{p}(t) + p(t) - 2q(t) = 5f(t) - 7g(t), 2\ddot{q}(t) - 3\dot{q}(t) + 5p(t) = 3g(t).$$
式中，$f(t)$ 及 $g(t)$ 為系統的輸入。令狀態變數 $v_1(t) = p(t), v_3(t) = q(t)$；輸入變數 $x_1(t) = f(t), x_2(t) = g(t)$；輸出變數 $y_1(t) = p(t), y_2(t) = q(t)$，試導出此線性系統的狀態方程式。

P2.26. (差分狀態方程式模型) 有一 DT-LTI 系統以 DE 描述為，
$$y[n] - 0.5y[n-1] + 0.25y[n-2] - 0.125y[n-3] = 3x[n] - x[n-1].$$
式中，x 為輸入變數，y 為輸出變數。試導出狀態方程式。

P2.27. (差分狀態方程式模型) 有一 DT-LTI 系統以 DE 描述為，
$$y[n] + 0.65y[n-1] - 0.35y[n-2] - 0.11y[n-3] = x[n-2].$$
式中，x 為輸入變數，y 為輸出變數。試導出狀態方程式。

第三章
拉式變換及其應用

▶ **在本章我們要介紹下列主題：**
1. 拉式變換之定義
2. 拉式變換之性質
3. 拉式反變換
4. 利用拉式變換解 LCDE
5. 拉式變換解狀態方程式

3-1
拉式變換之定義

　　本章要介紹在線性系統的分析及設計中，非常重要、應用廣泛的**拉普拉斯變換** (Laplace transform)，簡稱**拉式變換**。在第二章我們討論過 CT-LTI 系統的微分方程式之時域解法，當系統的階次很高時，其解答程序變得繁雜且不方便，相信大家在節 2-2「微分方程式模型」的討論中已經領教過了。現在我們要介紹拉式變換法，將時間領域

(time-domain) 的題目轉變到複數頻率領域 (frequency-domain)，因此 LTI 微分方程式被變換成為代數方程式，以克服上述的困難。拉式變換法之重要性有下列諸點：

1. 初始條件及激勵輸入項一併被包含進去；
2. 在頻率 s-域裏，拉式變換解答為代數解法，比較方便；
3. 計算的程序較有系統化；
4. 可以利用查表的方式做拉式變換或反變換；
5. 不連續及奇異函數也可以處理；與
6. LTI 系統的暫態及穩態響應可以一併地解答之。

再者，拉式變換是頻率領域分析及設計的基礎，在往後要介紹的轉移函數、系統的方塊圖、信號流程圖、穩定性分析、頻率響應等，甚為重要。

■ **拉式變換之定義** 我們先做如下的定義：

1. $f(t)$ 為 CT 有因果函數 (causal function)：在 $t<0$ 時 $f(t)=0$。
2. $F(s)$ 為 $f(t)$ 的拉式變換，s 為複變數 (complex variable)，且

$$\mathcal{L}[f(t)] = F(s) = \int_0^\infty f(t)e^{-st}dt \tag{3.1}$$

式中，$\mathcal{L}$ 為拉式變換的運算符號，如 (3.1) 之定義。$f(t)$ 與 $F(s)$ 之間的變換關係也可以表達成

$$f(t) \xrightarrow{\mathcal{L}} F(s).$$

相反地，由拉式變換式 $F(s)$ 求出時間函數 $f(t)$ 的程序稱之為拉式反變換 (inverse Laplace transformation)，表達為

$$\mathcal{L}^{-1}[F(s)] = f(t)，\text{或}\quad F(s) \xrightarrow{\mathcal{L}^{-1}} f(t) \tag{3.2}$$

對於時間函數 $f(t)$，只當 (3.1) 式右方的積分式存在，且可以收斂於一定的函數，其拉式變換才有意義，而定義為 $F(s)$。對於 (3.2) 式，反變換所得的時間函數 $f(t)$ 只定義在 $t \geq 0$，有因果函數，因此通常也表達為 $f(t)u(t)$[1]。一般的應用下，時間函數 $f(t)$ 有所限制，敘述如下：

1. $f(t)$ 在有限時域，例如 $0 \leq t_1 \leq t \leq t_2$，為連續或片段連續；
2. $f(t)$ 為 t 的指數級 (exponential order) 函數。

第一項的性質可以保證積分的上下限為固定，積分可以存在。第二項的性質可以保證上述積分式存在，且可以收斂於一定的函數。$f(t)$ 為指數級函數意味，

$$\exists \sigma，使得 \lim_{t \to \infty} e^{-\sigma t}|f(t)| \to 0$$

因此保證積分收斂，拉式變換式 $F(s)$ 可以存在。

再來我們要介紹一些基本 CT 時間函數的拉式變換。這些時間函數大都在節 1-2 裏定義過了，表 3.1 所示為一些時間函數的拉式變換表。

■ **指數函數** 我們考慮如下指數函數

$$f(t) = \begin{cases} 0 & t < 0 \\ Ae^{-\alpha t} & t \geq 0 \end{cases} = Ae^{-\alpha t}u(t)$$

參見圖 3.1，由 (3.1) 可知，其拉式變換如下：

$$F(s) = \mathcal{L}[Ae^{-\alpha t}] = A\int_0^\infty e^{-\alpha t}e^{-st}dt = A^{-(\alpha+s)t}dt = \frac{A}{s+\alpha} \qquad (3.3)$$

---

[1] 本章只討論有因果信號函數 $f(t)u(t)$ 的拉式變換，以及線性非時變系統的分析，所使用的拉式變換 (3.1) 是為單邊式拉式變換 (unilateral Laplace transformation)，以別於雙邊式拉式變換 (bilateral Laplace transformation)，其積分下限為 $-\infty$。

表 3.1 一些函數的拉式變換

	$f(t),\ t \geq 0$	$F(s)$
1	單位脈衝函數 $\delta(t)$	1
2	單位步級函數 $u(t)$	$1/s$
3	單位斜坡函數 $tu(t)$	$1/s^2$
4	$\dfrac{t^n}{n!}\ (n=1, 2, 3 \ldots)$	$1/s^{n+1}$
5	指數函數 $e^{-\alpha t}$	$\dfrac{1}{s+\alpha}$
6	$te^{-\alpha t}$	$\dfrac{1}{(s+\alpha)^2}$
7	$\dfrac{t^n}{n!}e^{-\alpha t}\ (n=1, 2, 3 \ldots)$	$\dfrac{1}{(s+\alpha)^{n+1}}$
8	$\sin\omega t$	$\dfrac{\omega}{s^2+\omega^2}$
9	$\cos\omega t$	$\dfrac{s}{s^2+\omega^2}$
10	$\sinh\omega t$	$\dfrac{\omega}{s^2-\omega^2}$
11	$\cosh\omega t$	$\dfrac{s}{s^2-\omega^2}$
12	$\dfrac{1}{a}\left(1-e^{-at}\right)$	$\dfrac{1}{s(s+a)}$
13	$\dfrac{1}{b-a}\left(e^{-at}-e^{-bt}\right)$	$\dfrac{1}{(s+a)(s+b)}$
14	$\dfrac{1}{b-a}\left(be^{-bt}-ae^{-at}\right)$	$\dfrac{s}{(s+a)(s+b)}$
15	$\dfrac{1}{ab}\left[1+\dfrac{1}{a-b}\left(be^{-at}-ae^{-bt}\right)\right]$	$\dfrac{1}{s(s+a)(s+b)}$
16	$\dfrac{1}{a^2}\left(at-1+e^{-at}\right)$	$\dfrac{1}{s^2(s+a)}$
17	$e^{-at}\sin\omega t$	$\dfrac{\omega}{(s+a)^2+\omega^2}$

表 3.1 （續前）

	$f(t), \ t \geq 0$	$F(s)$
18	$e^{-at}\cos\omega t$	$\dfrac{s+\omega}{(s+a)^2+\omega^2}$
19	$\dfrac{\omega_n^2}{\sqrt{1-\zeta^2}}e^{-\zeta\omega_n t}\sin\omega_n\sqrt{1-\zeta^2}\,t$	$\dfrac{\omega_n^2}{s^2+2\zeta\omega_n s+\omega_n^2}$
20	$1-\dfrac{\omega_n^2}{\sqrt{1-\zeta^2}}e^{-\zeta\omega_n t}\sin\left(\omega_n\sqrt{1-\zeta^2}\,t-\phi\right)$ $\phi=\tan^{-1}\dfrac{\sqrt{1-\zeta^2}}{\zeta}$	$\dfrac{\omega_n^2}{s(s^2+2\zeta\omega_n s+\omega_n^2)}$
21	$1-\cos\omega t$	$\dfrac{\omega^2}{s(s^2+\omega^2)}$
22	$\omega t-\sin\omega t$	$\dfrac{\omega^3}{s^2(s^2+\omega^2)}$
23	$\sin\omega t-\omega t\cos\omega t$	$\dfrac{2\omega^3}{(s^2+\omega^2)^2}$
24	$\dfrac{1}{2\omega}t\sin\omega t$	$\dfrac{s}{(s^2+\omega^2)^2}$
25	$t\cos\omega t$	$\dfrac{s^2-\omega^2}{(s^2+\omega^2)^2}$
26	$\dfrac{1}{2\omega}(\sin\omega t+\omega t\cos\omega t)$	$\dfrac{s^2}{(s^2+\omega^2)^2}$

圖 3.1 指數函數：$Ae^{-\alpha t}$。

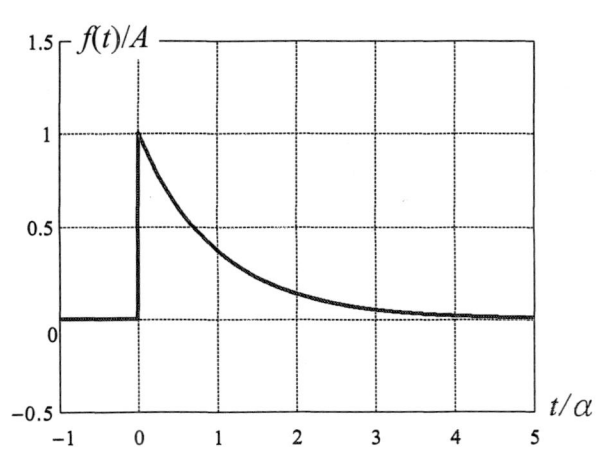

(3.3) 式積分收斂成為函數 $F(s) = \frac{A}{s+\alpha}$ 之條件，又稱為收斂區 (region of convergence, **ROC**)，為 $s > -\alpha$。

■ **步級函數** 考慮如下步級函數

$$f(t) = \begin{cases} 0 & t < 0 \\ A & t \geq 0 \end{cases} = Au(t)$$

參見圖 3.2。與 (3.3) 比較，此時 $\alpha = 0$，因此上式的拉式變換為：

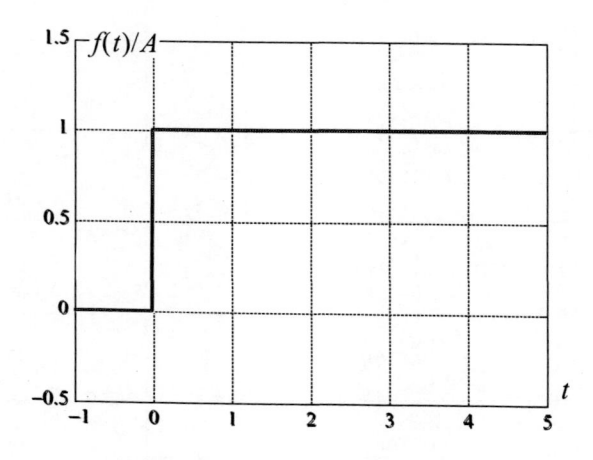

圖 3.2 步級函數：$Au(t)$。

$$F(s) = \mathcal{L}[A] = A\int_0^\infty e^{-st} dt = \frac{A}{s} \tag{3.4}$$

■ **斜坡函數** 考慮如下斜坡函數

$$f(t) = \begin{cases} 0 & t < 0 \\ At & t \geq 0 \end{cases} = Atu(t) = Ar(t)$$

參見圖 3.3。其拉式變換如下：

$$F(s) = \mathcal{L}[At] = A\int_0^\infty te^{-st} dt$$

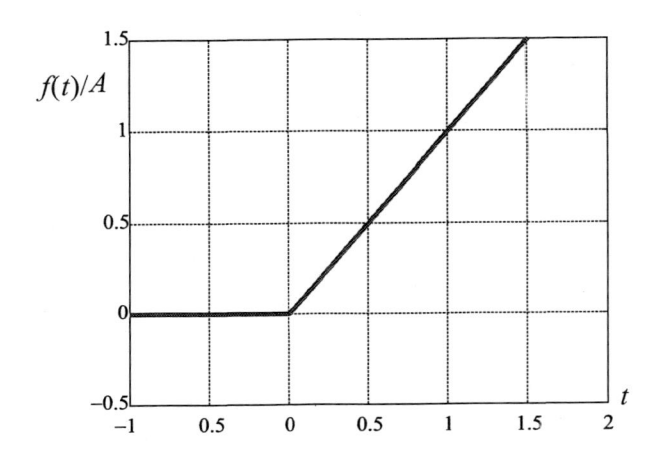

圖 3.3 斜坡函數 $Atu(t)$。

利用如下部分積分公式：

$$\int_a^b u\,dv = uv\Big|_a^b - \int_a^b v\,du \tag{3.5}$$

令 $u = t$，且 $dv = e^{-st}dt$，因此 $v = -\frac{1}{s}e^{-st}$。則

$$\begin{aligned}\mathcal{L}[At] &= A\int_0^\infty te^{-st}\,dt = A\left(t\frac{e^{-st}}{-s}\Big|_0^\infty - \int_0^\infty \frac{e^{-st}}{-s}\,dt\right) \\ &= \frac{A}{s}\int_0^\infty e^{-st}\,dt = \frac{A}{s^2}\end{aligned} \tag{3.6}$$

【例題 3.1】

試求圖 3.4 所示，$f(t)$ 波形的拉式變換。

解 因為 $f(t) = \begin{cases} 0 & t < 1 \\ t & t \geq 1 \end{cases}$，

所以，$F(s) = \mathcal{L}[f(t)] = \int_1^\infty te^{-st}\,dt = \dfrac{e^{-s}(1+s)}{s^2}$.

圖 3.4 例題 3.1。

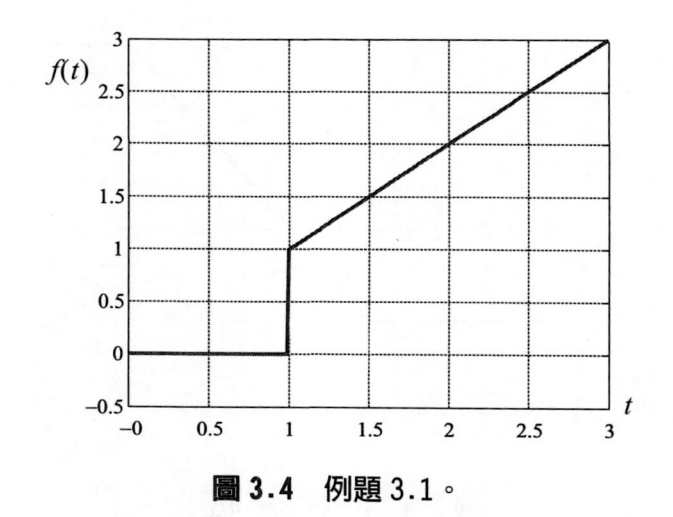

■ **弦波函數** 考慮如下正弦波函數

$$f(t) = \begin{cases} 0 & t < 0 \\ A\sin\omega t & t \geq 0 \end{cases} = (A\sin\omega t)u(t) \tag{3.7}$$

利用如下尤拉公式：

$$e^{j\omega t} = \cos\omega t + j\sin\omega t$$
$$e^{-j\omega t} = \cos\omega t - j\sin\omega t$$

因此，

$$\begin{aligned} \mathcal{L}[A\sin\omega t] &= \frac{A}{2j}\int_0^\infty \left(e^{j\omega t} - e^{-j\omega t}\right)e^{-st}\,dt \\ &= \frac{A}{2j}\frac{1}{s-j\omega} - \frac{A}{2j}\frac{1}{s+j\omega} = \frac{A\omega}{s^2+\omega^2} \end{aligned} \tag{3.8}$$

同理可證，餘弦函數之拉式變換為：

$$\mathcal{L}[A\cos\omega t] = \frac{As}{s^2+\omega^2} \tag{3.9}$$

【例題 3.2】

試求 $f(t) = 10\sin(2t - 45°)$ 之拉式變換。

解 當

$$f(t) = 10\sin(2t - 45°)$$
$$= 10[\sin 2t \cos(-45°) + \cos 2t \sin(-45°)]$$
$$= 5\sqrt{2}(\sin 2t - \cos 2t)$$

由 (3.8) 及 (3.9) 可知

$$F(s) = 5\sqrt{2}\left(\frac{2}{s^2+4} - \frac{s}{s^2+4}\right) = 5\sqrt{2}\left(\frac{-s+2}{s^2+4}\right).$$

3-2 拉式變換之性質

本節要介紹拉式變換的一些定理或特性，這些將可以幫助我們在做拉式變換時，獲得正確且快捷的答案。

■ **線性操作** 若 a, b 為常數，與 s 及 t 無關，且 $f(t)$ 滿足前述的一些可以做拉式變換的特性，因此 $F(s) = \mathcal{L}[f(t)]$ 則

$$\mathcal{L}[a\,f(t)] = a\mathcal{L}[f(t)] = aF(s) \tag{3.10}$$

若 $F_1(s)$ 及 $F_2(s)$ 分別為 $f_1(t)$ 及 $f_2(t)$ 的拉式變換式，則

$$\mathcal{L}[f_1(t) + f_2(t)] = F_1(s) + F_2(s) \tag{3.11}$$

因此，

$$\mathcal{L}[af_1(t)+bf_2(t)] = aF_1(s)+bF_2(s) \tag{3.12}$$

亦即，拉式變換係屬一種線性運算，上述之性質分別即為節 2.1 所討論的均勻性、加成性與重疊性。

■ **時間移位** (time-shifting)　若 $F(s)=\mathcal{L}[f(t)]$，$f(t-a)u(t-a)$ 為函數 $f(t)u(t)$ 在時間軸往右位移了 a 單位 (a 秒時移)，參見圖 3.5。則

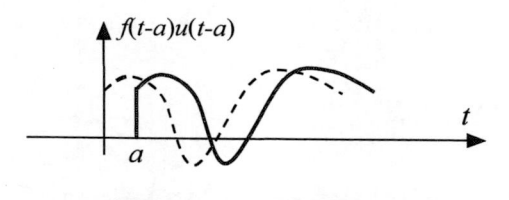

圖 3.5　時間移位。

$$\mathcal{L}[f(t-a)u(t-a)] = e^{-as}F(s) \tag{3.13}$$

因此當時間函數 $f(t)$ 往正 t 方向位移 a 單位，則拉式變換乘上 e^{-as}。亦即

若 $f(t)u(t)\xrightarrow{\mathcal{L}} F(s)$，則 $f(t-a)u(t-a)\xrightarrow{\mathcal{L}} e^{-as}F(s)$

【例題 3.3】

試求圖 3.4 所示函數之拉式變換。

解　圖 3.4 函數可以表達為：$f(t-1)u(t-1)$，且

$$f(t)u(t) = (1+t)u(t) \xrightarrow{\mathcal{L}} F(s) = \frac{1+s}{s^2}$$

因此，由 (3.13) 可知：$f(t-1)u(t-1) \xrightarrow{\mathcal{L}} e^{-s}F(s) = \frac{1+s}{s^2}e^{-s}$。

【例題 3.4】

試求圖 3.6 所示各波形之拉式變換。

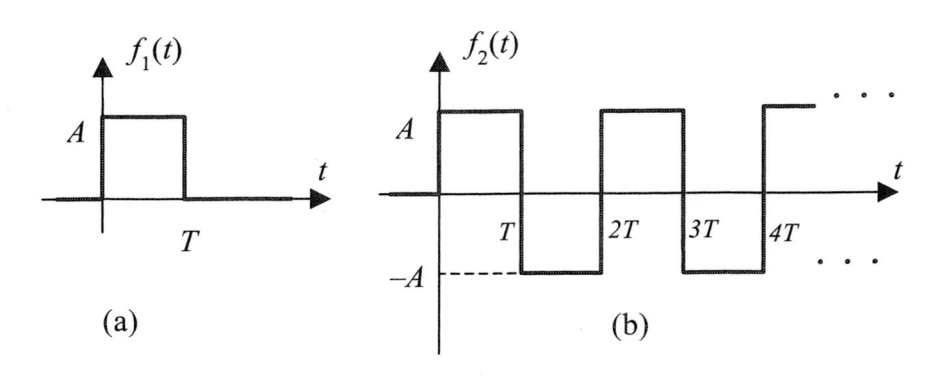

圖 3.6 例題 3.4 之波形。

解 (a) 由圖 (a) 可知：$f_1(t) = A[u(t) - u(t-T)]$，因此

$$f_1(t) \xrightarrow{\mathcal{L}} F_1(s) = \frac{A}{s} - e^{-Ts}\frac{A}{s} = \frac{A}{s}(1 - e^{-Ts}).$$

(b) 由圖 (b) 可知：$f_2(t) = A[u(t) - 2u(t-T) + 2u(t-2T) - + \cdots]$，因此

$$f_2(t) \xrightarrow{\mathcal{L}} F_2(s) = A\left(\frac{1}{s} - \frac{2}{s}e^{-Ts} + \frac{2}{s}e^{-2Ts} - + \cdots\right)$$

$$= \frac{A}{s}\left[1 - 2e^{-Ts}\left(1 - e^{-Ts} + e^{-2Ts} - + \cdots\right)\right]$$

利用級數：$\sum_{n=0}^{\infty} x^n = 1 + x + x^2 + \cdots = \frac{1}{1-x}$ $(|x| < 1)$，令 $x = -e^{-Ts}$ 則

$$F_2(s) = \frac{A}{s}\left[1 - \frac{2e^{-TS}}{1 + e^{-TS}}\right] = \frac{A}{s}\left[\frac{1 - e^{-TS}}{1 + e^{-TS}}\right]$$

- **複數微分** 若 $F(s) = \mathcal{L}[f(t)]$，則

$$\mathcal{L}[tf(t)] = -\frac{d}{ds}F(s) \tag{3.14}$$

亦即，

若 $f(t)u(t) \xrightarrow{\mathcal{L}} F(s)$，則 $tf(t)u(t) \xrightarrow{\mathcal{L}} -\frac{d}{ds}F(s)$

【例題 3.5】

試求 $f(t) = \frac{t^n}{n!}$ 之拉式變換。

解 利用數學歸納法如下。$\mathcal{L}[t] = -\frac{d}{ds}\mathcal{L}[1] = -\frac{d}{ds}\left(\frac{1}{s}\right) = s^{-2}$，

所以 $\mathcal{L}[t^2] = -\frac{d}{ds}\mathcal{L}[t] = -\frac{d}{ds}(s^{-2}) = 2s^{-3}$，亦即：$\mathcal{L}\left[\frac{t^2}{2}\right] = s^{-3}$。

假設：$\mathcal{L}\left[\frac{t^{n-1}}{(n-1)!}\right] = s^{-n}$，即 $\mathcal{L}[t^{n-1}] = \frac{(n-1)!}{s^n}$，則

$$\mathcal{L}[t^n] = -\frac{d}{ds}\mathcal{L}[t^{n-1}] = -\frac{d}{ds}\left(\frac{(n-1)!}{s^n}\right) = n \times (n-1)! \times s^{-(n+1)}$$

亦即，$f(t) = \frac{t^n}{n!} \xrightarrow{\mathcal{L}} F(s) = \frac{1}{s^{n+1}}$，如表 3.1 所述。

【例題 3.6】

試求 (a) $t\sin\omega t$，及 (b) $t\cos\omega t$ 之拉式變換。

解 (a) $\mathcal{L}[t\sin\omega t] = -\frac{d}{ds}\frac{\omega}{s^2+\omega^2} = \frac{2\omega s}{(s^2+\omega^2)^2}$

(b) $\mathcal{L}[t\cos\omega t] = -\frac{d}{ds}\frac{s}{s^2+\omega^2} = \frac{s^2-\omega^2}{(s^2+\omega^2)^2}$，如表 3.1 所述。

■ **複頻移位** 若 $F(s) = \mathcal{L}[f(t)]$，則

$$\mathcal{L}[e^{at}f(t)] = F(s)\big|_{s \leftarrow s-a} = F(s-a) \tag{3.15}$$

亦即，

$$\text{若 } f(t)u(t) \xrightarrow{\mathcal{L}} F(s) \text{，則 } e^{at}f(t)u(t) \xrightarrow{\mathcal{L}} F(s-a)$$

應用此性質，可以證明得到下面幾個重要公式 (參見表 3.1)：

1. 因為 $\mathcal{L}[1] = \frac{1}{s}$，所以 $\mathcal{L}[e^{at}] = \frac{1}{s-a}$。
2. 因為 $\mathcal{L}[\sin\omega t] = \frac{\omega}{s^2+\omega^2}$，所以 $\mathcal{L}[e^{-at}\sin\omega t] = \frac{\omega}{(s+a)^2+\omega^2}$。
3. 因為 $\mathcal{L}[\cos\omega t] = \frac{s}{s^2+\omega^2}$，所以 $\mathcal{L}[e^{-at}\cos\omega t] = \frac{s+a}{(s+a)^2+\omega^2}$。
4. 因為 $\mathcal{L}\left[\frac{t^n}{n!}\right] = \frac{1}{s^{n+1}}$，所以 $\mathcal{L}\left[e^{-at}\frac{t^n}{n!}\right] = \frac{1}{(s+a)^{n+1}}$。

■ **時間微分** 若 $F(s) = \mathcal{L}[f(t)]$，則

$$\mathcal{L}\left[\frac{d}{dt}f(t)\right] = sF(s) - f(0) \tag{3.16}$$

因此，

$$\mathcal{L}\left[\frac{d^2}{dt^2}f(t)\right] = s^2 F(s) - sf(0) - Df(0)$$

式中， $Df(0) = \frac{df(t)}{dt}\big|_{t \to 0}$

對於 n 階微分，可由歸納法得知：

$$\mathcal{L}\left[\frac{d^n}{dt^n}f(t)\right] = s^n F(s) - s^{n-1}f(0) - s^{n-2}Df(0) - \ldots - D^{n-1}f(0) \tag{3.17}$$

式中，$D^k f(0) = \dfrac{d^k f(t)}{dt^k}\Big|_{t\to 0}, (k=0, 1\cdots n-1)$

(3.17) 非常的重要，可以將 CT-LCDE 變換成為代數方程式，以得出時間響應的解答，將在往後節次詳加討論之。我們先用例題 3.7 解釋之。

【例題 3.7】

如例題 2.7，欲解 LCDE：

$$(D+2)y(t) = 0, \text{ 初始條件：} y(0) = 2 \text{ 。}$$

解 利用 (3.16)，對上式 DE 做拉式變換得：

$$[sY(s) - y(0)] + 2Y(s) = 0$$

因此解得 $Y(s) = \dfrac{2}{s+2}$，由表 3.1 可知 $y(t) = 2e^{-2t}, (t \geq 0)$ 。

■ **時間積分** 若 $F(s) = \mathcal{L}[f(t)]$，且 $f(t)$ 之時間積分為

$$D^{-1}f(t) = \int_0^t f(\tau)d\tau + D^{-1}f(0)$$

式中，$D^{-1}f(0)$ 為 $f(t)$ 之積分在時間 $t=0$ 之計值。則

$$\mathcal{L}[D^{-1}f(t)] = \dfrac{1}{s}F(s) + \dfrac{D^{-1}f(0)}{s} \tag{3.18a}$$

因此，

$$\mathcal{L}\left[\int_0^t f(t)dt\right] = \dfrac{F(s)}{s} \tag{3.18b}$$

■ **複頻積分** 若 $F(s) = \mathcal{L}[f(t)]$，且 $\lim_{t \to 0} \dfrac{f(t)}{t}$ 存在，則

$$\mathcal{L}\left[\dfrac{f(t)}{t}\right] = \int_s^\infty F(s)ds \tag{3.19}$$

【例題 3.8】

試求下列函數的拉式變換：

(a) $t^2 \sin \omega t$，(b) $\dfrac{\sin \omega t}{t}$.

解 (a) 因為 $\mathcal{L}[\sin \omega t] = \dfrac{\omega}{s^2 + \omega^2}$，利用 (3.14)：

$$\mathcal{L}\left[t^2 \sin \omega t\right] = (-1)^2 \dfrac{d^2}{ds^2}\left[\dfrac{\omega}{s^2 + \omega^2}\right] = \dfrac{2\omega(3s^2 - \omega^2)}{(s^2 + \omega^2)^3}$$

(b) 利用 (3.19)：

$$\mathcal{L}\left[\dfrac{\sin \omega t}{t}\right] = \int_s^\infty \dfrac{\omega}{s^2 + \omega^2} d\omega = \tan^{-1}\left(\dfrac{s}{\omega}\right)\Big|_s^\infty = \tan^{-1}\left(\dfrac{\omega}{s}\right) \text{。}$$

■ **時間與頻率縮比** 若 $F(s) = \mathcal{L}[f(t)]$，則

$$\mathcal{L}\left[f\left(\dfrac{t}{a}\right)\right] = aF(as) \tag{3.20}$$

因此，當時間軸壓縮 (擴張) 時，其相對的頻率分布為擴張 (壓縮)。

■ **初值定理** 若 $F(s) = \mathcal{L}[f(t)]$，則

$$f(0) = \lim_{t \to 0} f(t) = \lim_{s \to \infty} sF(s) \tag{3.21}$$

■ **終值定理** 若 $F(s) = \mathcal{L}[f(t)]$，則

$$f(\infty) = \lim_{t \to \infty} f(t) = \lim_{s \to 0} sF(s) \tag{3.22}$$

【例題 3.9】

有一函數的拉式變換為

$$F(s) = \frac{5}{s(s^2 + s + 2)}$$

試求 (a) $f(0^+)$，(b) $f(\infty)$。

解 (a) 利用 (3.21)：

$$f(0) = \lim_{t \to 0} f(t) = \lim_{s \to \infty} sF(s)$$
$$= \lim_{s \to \infty} \frac{5}{s^2 + s + 2} = 0$$

(b) 利用 (3.22)：

$$f(\infty) = \lim_{t \to \infty} f(t) = \lim_{s \to 0} sF(s) = \frac{5}{2}.$$

■ **褶積原理** 函數 $h(t)$ 與 $x(t)$ 的褶積 (convolution integral)，記為 $h(t) * x(t)$，定義如下：

$$h(t) * x(t) = \int_0^t h(t - \tau) x(\tau) d\tau, \quad (t \geq 0) \tag{3.23}$$

若令 $\xi = t - \tau$，則

$$h(t)*x(t) = \int_0^t h(t-\tau)x(\tau)d\tau$$
$$= \int_t^0 h(\xi)x(t-\xi)(-d\xi)$$
$$= \int_0^t x(t-\xi)h(\xi)d\xi = x(t)*h(t)$$

因此可知，褶積運算具有交換性 (commutative)，亦即：

$$h(t)*x(t) = x(t)*h(t) \tag{3.24}$$

若 C 為常數，f, g, h 為時間函數，則褶積尚有下列性質 (請自行證明)：

1. $(Cf)*g = C(f*g) = f(Cg)$
2. $f*(g+h) = f*g + f*h$
3. $(f*g)*h = f*(g*h)$

若 $\mathcal{L}[h(t)] = H(s)$，$\mathcal{L}[x(t)] = X(s)$，則

$$\mathcal{L}[h(t)*x(t)] = H(s)X(s) \tag{3.25}$$

上述褶積原理常使用於拉式反變換，非常方便且重要。在線性系統的時間響應分析中，若 $h(t)$ 為單位脈衝響應，$H(s) = \mathcal{L}[h(t)]$ 為系統轉移函數，則由輸入 $x(t)$ 產生的輸出響應便可由 $y(t) = \mathcal{L}^{-1}\{H(s)X(s)\}$ 計算出來，我們將在往後節次再來詳細討論之。

3-3 拉式反變換

由拉式變換 $F(s)$ 求其相對應的時間函數 $f(t)$ 之程序，稱為拉式反變換 (inverse Laplace transformation)。在求取反變換時，通常我們先針對有理係數函數 $F(s)$ 做部分分式展開 (partial-fractional expansion)，然後再參考表 3.1 的拉式變換公式，以查表 (table look-up) 的

方式決定時間函數 $f(t)$。

■ **部分分式展開法** 通常有理係數函數 $F(s)$ 可以分解成爲好幾個簡單的部分，如下示：

$$F(s) = F_1(s) + F_2(s) \cdots + F_n(s)$$

根據重疊原理的性質，$F(s)$ 的拉式反變換可以由 $F_1(s)$，$F_2(s)$，…，$F_n(s)$ 各自的拉式反變換組成之。如果反變換表示爲：$\mathcal{L}^{-1}[F_i(s)] = f_i(t)$，則

$$\mathcal{L}^{-1}[F(s)] = \mathcal{L}^{-1}[F_1(s)] + \mathcal{L}^{-1}[F_2(s)] + \cdots + \mathcal{L}^{-1}[F_n(s)] = \sum_{i=1}^{n} f_i(t)$$

因此，欲求複雜函數 $F(s)$ 的拉式反變換，則題目轉換成爲幾個比較低階、簡單的函數 $F_i(s)$ 之反變換。這些低階、簡單的反變換可以利用查表的方式決定之，非常便捷、簡易。

通常有理係數函數 $F(s)$ 表達成如下之分式形：

$$F(s) = \frac{N(s)}{D(s)} = \frac{N_m s^m + N_{m-1} s^{m-1} + \cdots + N_1 s + N_0}{s^n + D_{n-1} s^{n-1} + \cdots + D_1 s + D_0} \tag{3.26}$$

上式中，$N(s)$ 及 $D(s)$ 分別爲分子及分母多項式，皆爲複變數 s 的有理實係數多項式。通常分子的次數不高於分母，即：$n \geq m$。如果 $m < n$，則上式稱爲嚴格適當 (strictly proper)，即眞分式。若 $n = m$，可將 $F(s)$ 化成一常數項與一眞分式之和。在執行拉式反變換時，我們只針對眞分式做部分分式展開，這一點要特別注意。

如果 $N(s)$ 及 $D(s)$ 可以分解因式如下：

$$F(s) = \frac{N(s)}{D(s)} = \frac{K(s + z_1)(s + z_2) \cdots (s + z_m)}{(s + p_1)(s + p_2) \cdots (s + p_n)} \tag{3.27}$$

式中，K 稱爲系統增益 (gain)，$s = -p_i, (i = 1..n)$ 稱爲是極點 (poles)，

$s = -z_j$, $(j = 1..m)$ 稱為零點 (zeros)。因為 $N(s)$ 及 $D(s)$ 皆為有理係數多項式,所以零點或極點若為複數,必定共軛成對出現。

- **不等根極點的部分分式展開法** 如果 $F(s)$ 的所有極點皆為不相等根,則 (3.27) 式可以展開如下:

$$F(s) = \frac{N(s)}{D(s)} = \frac{A_1}{s+p_1} + \frac{A_2}{s+p_2} + \cdots + \frac{A_n}{s+p_n} \qquad (3.28)$$

式中,A_i 是為極點 $s = -p_i$ 的餘值 (residue),其求法如下:

$$A_k = \left[(s+p_k)\frac{N(s)}{D(s)}\right]\bigg|_{s=-p_k} \qquad (3.29)$$

因為 $\mathcal{L}^{-1}\left[\dfrac{A_k}{s+p_k}\right] = A_k e^{-p_k t} u(t)$,則 $F(s)$ 的拉式反變換為,

$$f(t) = \mathcal{L}^{-1}[F(s)] = \sum_{k=1}^{n} A_k e^{-p_k t}, \quad (t \geq 0) \qquad (3.30)$$

【例題 3.10】

試求下列函數的拉式反變換:

$$F(s) = \frac{s+3}{s^2+3s+2}$$

解 做部分分式展開如下,

$$F(s) = \frac{s+3}{(s+1)(s+2)} = \frac{A_1}{s+1} + \frac{A_2}{s+2}$$

利用 (3.29),分別求出在極點 $s = -1, -2$ 的餘值:

$$A_1 = \left[(s+1)\frac{s+3}{(s+1)(s+2)}\right]_{s=-1} = \left[\frac{s+3}{s+2}\right]_{s=-1} = 2，$$
$$A_2 = \left[(s+2)\frac{s+3}{(s+1)(s+2)}\right]_{s=-1} = \left[\frac{s+3}{s+1}\right]_{s=-1} = -1。$$

所以，

$$f(t) = \mathcal{L}^{-1}\left[\frac{2}{s+1}\right] + \mathcal{L}^{-1}\left[\frac{-1}{s+2}\right]$$
$$= 2e^{-t} - e^{-2t}, \qquad t \geq 0$$

【例題 3.11】

試求下列函數的拉式反變換：

$$F(s) = \frac{s^3 + 9s^2 + 23s + 17}{s^3 + 6s^2 + 11s + 6}$$

解 $F(s) = 1 + \dfrac{3s^2 + 12s + 11}{s^3 + 6s^2 + 11s + 6}$，再做部分分式展開如下：

$$F(s) = 1 + \frac{1}{s+1} + \frac{1}{s+2} + \frac{1}{s+3}$$

所以，

$$f(t) = \delta(t) + \left(e^{-t} + e^{-2t} + e^{-3t}\right)u(t)$$

【例題 3.12】

試求下列函數的拉式反變換：

$$F(s) = \frac{2s + 12}{s^2 + 2s + 5}$$

解

$$F(s) = \frac{2s+12}{s^2+2s+5} = \frac{10+2(s+1)}{(s+1)^2+2^2}$$
$$= 5\frac{2}{(s+1)^2+2^2} + 2\frac{s+1}{(s+1)^2+2^2}$$

由表 3.1 可知：

$$f(t) = 5e^{-t}\sin 2t + 2e^{-t}\cos 2t，\quad t \geq 0.$$

■ **重根極點的部分分式展開法** 我們利用下面的例子說明，如果 $F(s)$ 的有些極點相等時，所須施行的部分分式展開。

考慮如下函數

$$F(s) = \frac{N(s)}{D(s)} = \frac{s^2+2s+3}{(s+1)^3}$$

因為極點有三重根，則 $F(s)$ 須做如下部分分式展開：

$$F(s) = \frac{N(s)}{D(s)} = \frac{B_3}{(s+1)^3} + \frac{B_2}{(s+1)^2} + \frac{B_1}{(s+1)} \tag{3.31}$$

式中 B_1，B_2，B_3 為未定係數，尚待決定。首先將上式兩邊同乘 $(s+1)^3$：

$$(s+1)^3 \frac{N(s)}{D(s)} = B_3 + B_2(s+1) + B_1(s+1)^2 \tag{3.32}$$

令 $s = -1$，代入上式得：

$$\left[(s+1)^3 \frac{N(s)}{D(s)}\right]_{s=-1} = B_3$$

再將 (3.32) 對 s 微分，

$$\frac{d}{ds}\left[(s+1)^3 \frac{N(s)}{D(s)}\right] = B_2 + 2B_1(s+1). \tag{3.33}$$

令 $s=-1$，代入上式可得：

$$\frac{d}{ds}\left[(s+1)^3 \frac{N(s)}{D(s)}\right]_{s=-1} = B_2.$$

其次，將 (3.33) 對 s 微分，

$$\frac{d^2}{ds^2}\left[(s+1)^3 \frac{N(s)}{D(s)}\right] = 2B_1$$

綜合上述討論可知，未定係數 B_1，B_2，B_3 可以有系統地決定如下：

$$B_3 = \left[(s+1)^3 \frac{N(s)}{D(s)}\right]_{s=-1} = (s^2 + 2s + 1)\big|_{s=-1} = 2,$$

$$B_2 = \left\{\frac{d}{ds}\left[(s+1)^3 \frac{N(s)}{D(s)}\right]\right\}_{s=-1} = \frac{d}{ds}\left[(s^2 + 2s + 1)\right]\big|_{s=-1} = (2s+1)\big|_{s=-1} = 0$$

$$B_1 = \frac{1}{2!}\left\{\frac{d^2}{ds^2}\left[(s+1)^3 \frac{N(s)}{D(s)}\right]\right\}_{s=-1} = \frac{1}{2!}\frac{d^2}{ds^2}\left[(s^2 + 2s + 1)\right]\big|_{s=-1} = \frac{1}{2}(2) = 1.$$

因此，拉式反變換為：

$$f(t) = \mathcal{L}^{-1}[F(s)] = \mathcal{L}^{-1}\left[\frac{2}{(s+1)^3} + \frac{0}{(s+1)^2} + \frac{1}{(s+1)}\right]$$

$$= t^2 e^{-t} + 0 + e^{-t}$$

$$= (1+t^2)e^{-t}, \; t \geq 0$$

我們以另一方式：長除法 (long division) 解題，施行方式如下：

$$\frac{N(s)}{(s+1)} = s + 1 + \frac{2}{(s+1)},$$

其次，
$$\frac{N(s)}{(s+1)^2} = 1 + \frac{2}{(s+1)^2}$$

因此，
$$\frac{N(s)}{(s+1)^3} = \frac{N(s)}{D(s)} = \frac{1}{s+1} + \frac{2}{(s+1)^3}$$

【例題 3.13】

試求下列函數的拉式反變換：

$$F(s) = \frac{cs+d}{(s^2+2as+a^2)+b^2}$$

解 將 $F(s)$ 重新整理如下，

$$F(s) = \frac{c(s+a)+(d-ca)}{(s+a)^2+b^2}$$
$$= \frac{c(s+a)}{(s+a)^2+b^2} + \left(\frac{d-ca}{b}\right)\frac{b}{(s+a)^2+b^2}$$

查表 3.1 可得：

$$f(t) = ce^{-at}\cos bt + \frac{d-ca}{b}\sin bt, \quad t \geq 0.$$

【例題 3.14】

試求下列函數的拉式反變換：

$$F(s) = \frac{5(s+2)}{s^2(s+1)(s+3)}$$

解 $F(s)$ 之部分分式展開如下：

$$F(s) = \frac{5(s+2)}{s^2(s+1)(s+3)} = \frac{B_2}{s^2} + \frac{B_1}{s} + \frac{A_1}{s+1} + \frac{A_2}{s+3}$$

各係數之求法如下：

$$A_1 = \frac{5(s+2)}{s^2(s+3)}\Big|_{s=-1} = \frac{5}{2},$$

$$A_2 = \frac{5(s+2)}{s^2(s+1)}\Big|_{s=-3} = \frac{5}{18},$$

$$B_2 = \frac{5(s+2)}{(s+1)(s+3)}\Big|_{s=0} = \frac{10}{3},$$

$$B_1 = \frac{d}{ds}\left[\frac{5(s+2)}{(s+1)(s+3)}\right]\Big|_{s=-0}$$

$$= \frac{5(s+1)(s+3) - 5(s+2)(2s+4)}{(s+1)^2(s+3)^2}\Big|_{s=0} = -\frac{25}{9}$$

因此，

$$F(s) = \frac{10}{3}\frac{1}{s^2} - \frac{25}{9}\frac{1}{s} + \frac{5}{2}\frac{1}{s+1} + \frac{5}{18}\frac{1}{s+3}$$

查表 3.1 可得：

$$f(t) = \frac{10}{3}t - \frac{25}{9} + \frac{5}{2}e^{-t} + \frac{5}{18}e^{-3t}, \quad t \geq 0.$$

【例題 3.15】

試求下列函數的拉式反變換：

$$F(s) = \frac{2s^2 + 4s + 6}{s^2(s^2 + 2s + 10)}$$

解 $F(s)$ 之部分分式展開如下：

$$F(s) = \frac{A_1}{s^2} + \frac{A_2}{s} + \frac{Bs+C}{s^2+2s+10}$$

係數 A_1 之求法如下：

$$A_1 = \frac{2s^2+4s+6}{s^2+2s+10}\Big|_{s=0} = 0.6$$

因此，

$$\begin{aligned}F(s) &= \frac{0.6}{s^2} + \frac{A_2}{s} + \frac{Bs+C}{s^2+2s+10} \\ &= \frac{(A_2+B)s^3 + (0.6+2A_2+C)s^2 + (1.2+10A_2)s + 6}{s^2(s^2+2s+10)}\end{aligned}$$

與原來的函數 $F(s)$ 比較分子的係數，可得如下方程式：

$$A_2 + B = 0$$
$$0.6 + 2A_2 + C = 2$$
$$1.2 + 10A_2 = 4$$

解聯立方程式可得：

$$A_2 = 0.28 \text{，} \quad B = -0.28 \text{，} \quad C = 0.84$$

因此，

$$\begin{aligned}F(s) &= \frac{0.6}{s^2} + \frac{0.28}{s} + \frac{-0.28s+0.84}{s^2+2s+10} \\ &= \frac{0.6}{s^2} + \frac{0.28}{s} + \frac{-0.28(s+1) + (1.12/3)\times 3}{(s+1)^2 + 3^2}\end{aligned}$$

$$f(t) = 0.6t + 0.28 + -0.28e^{-t}\cos 3t + \frac{1.12}{3}e^{-t}\sin 3t \text{，}(t \geq 0).$$

【例題 3.16】

試求下列函數的拉式反變換：

$$F(s) = \frac{2s^2 + 5s + 7}{s^3 + 3s^2 + 7s + 5}$$

解 $F(s)$ 之部分分式展開如下：

$$F(s) = \frac{0.5 - j0.25}{s + 1 - j2} + \frac{0.5 + j0.25}{s + 1 + j2} + \frac{1}{s + 1}$$

$$= \frac{s + 2}{s^2 + 2s + 5} + \frac{1}{s + 1}$$

$$= \frac{(s+1) + \frac{1}{2} \times 2}{(s+1)^2 + 2^2} + \frac{1}{s+1}$$

所以：$f(t) = e^{-t}\left(1 + \cos 2t + \frac{1}{2}\sin 2t\right)$，$t \geq 0$。

3-4 利用拉式變換解 LCDE

在討論過拉式變換的基本定義、重要性質，及反拉式變換後，本節要應用以上所述的原理與方法，求解線性常係數常微分方程式 (LCDE)。一般而言，具備有初始條件 (初始狀態) 的 LCDE，可以利用拉式變換及拉式反變換直接求得解答 (時間響應)，施行之程序請參考圖 3.7。

利用拉式變換求解微分方程式，大致上需要下列四個步驟：

1. 利用 (3.17) 式，及表 3.1，對微分方程式兩邊同時取拉式變換，

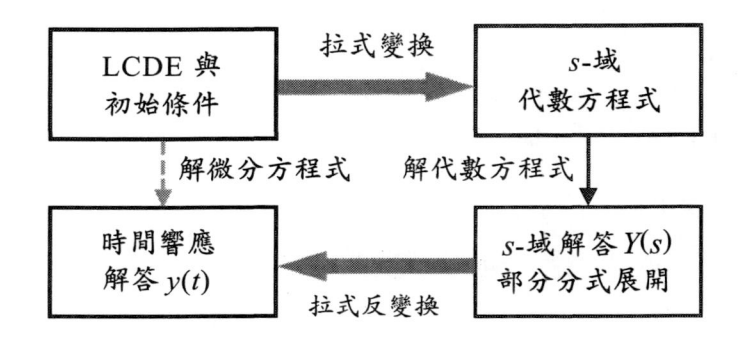

```
┌─────────────┐   拉式變換    ┌─────────────┐
│  LCDE 與    │ ═══════════▶ │   s-域      │
│  初始條件    │               │  代數方程式   │
└─────────────┘               └─────────────┘
      ▲ 解微分方程式    解代數方程式      │
      │                                  ▼
┌─────────────┐               ┌─────────────┐
│  時間響應    │ ◀═══════════ │ s-域解答Y(s)│
│  解答 y(t)  │   拉式反變換   │ 部分分式展開 │
└─────────────┘               └─────────────┘
```

圖 3.7 利用拉式變換求解 LCDE 之程序。

並將初始條件一併代入，得到 s-域代數方程式。

2. 解出響應的拉式變換式：$Y(s) = \mathcal{L}[y(t)]$。
3. 將 $Y(s)$ 依其極點是否為單根或重根，施行部分分式展開。
4. 參考 3.1，求取 $Y(s)$ 的拉式反變換，而得到時間響應解答 $y(t)$。

我們分別用例題說明，如何利用拉式變換法，以求解線性常係數常微分方程式。

【例題 3.17】

試解例題 2.9 的 LCD。

解 LCDE 為 $(D+2)y(t) = 2;\ y(0) = 0$.

1. 因為，$\mathcal{L}[Dy(t)] = sY(s) - y(0) = sY(s) - 0$，
2. 所以對 LCDE 兩邊同時取拉式變換，得

$$sY(s) + 2Y(s) = \frac{2}{s}.$$

3. 解出 $Y(s) = \dfrac{2}{s(s+2)} = \dfrac{1}{s} + \dfrac{-1}{s+2}$ (部分分式展開)。
4. 因此，解答為 $y(t) = 1 - e^{-2t}$，$t \geq 0$。

【例題 3.18】

試解例題 2.10 的 LCD。

解 LCDE 為 $(D+2)y(t) = 2e^{-t}$; $y(0) = 1$

1. 對 LCDE 兩邊同時取拉式變換，並代入初始條件 $y(0)$，得

$$[sY(s) - 1] + 2Y(s) = \frac{2}{s+1}.$$

2. 解出：$Y(s) = \dfrac{s+3}{(s+1)(s+2)} = \dfrac{A}{s+1} + \dfrac{B}{s+2}$ (單根極點)

3. 部分分式展開得：

$$A = (s+1)Y(s)\big|_{s=-1} = \frac{s+3}{s+2}\bigg|_{s=-1} = 2,$$

$$B = (s+2)Y(s)\big|_{s=-2} = \frac{s+3}{s+1}\bigg|_{s=-2} = -1.$$

4. 因此 (參見圖 3.8)，解答為

$$y(t) = \mathcal{L}^{-1}\left[\frac{2}{s+1} + \frac{-1}{s+2}\right] = 2e^{-t} - e^{-2t}, \quad t \geq 0.$$

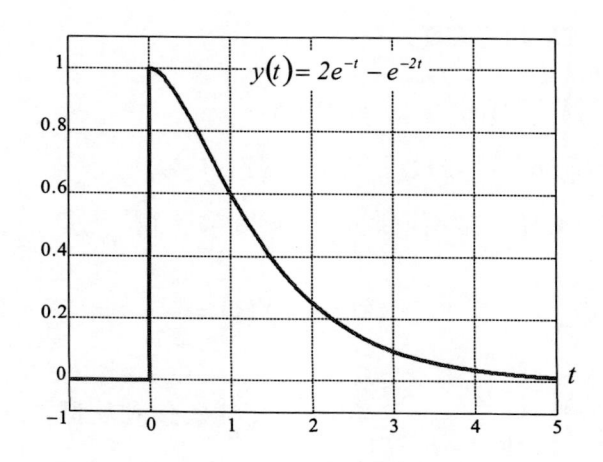

圖 3.8 例題 3.18 之響應。

【例題 3.19】

試解例題 2.11 的 LCD，$y(0) = 0$。

解 LCDE 為 $(D+2)y(t) = 10\cos t;\ y(0) = 0$

1. 對 LCDE 兩邊同時取拉式變換，並代入初始條件 $y(0)$，得

$$[sY(s) - 0] + 2Y(s) = \frac{10s}{s^2 + 1}$$

2. 解出 $Y(s) = \dfrac{10s}{(s+2)(s^2+1)}$ 。

3. 用部分分式展開如下：

$$Y(s) = \frac{A}{s+2} + \frac{Bs + C}{s^2 + 1}$$

通分後，比較分子的係數，可得如下聯立方程式：

$$\left.\begin{array}{l} A + B = 0 \\ 2B + C = 10 \\ A + 2C = 0 \end{array}\right\} \text{解得：} \begin{cases} A = -4 \\ B = 4 \\ C = 2 \end{cases}$$

4. 因此 (參見圖 3.9)，解答為，

$$y(t) = \mathcal{L}^{-1}\left[\frac{-4}{s+2}\right] + \mathcal{L}^{-1}\left[\frac{4s+2}{s^2+1}\right]$$

$$= -4e^{-2t} + 4\cos t + 2\sin t$$

$$= -4e^{-2t} + 2\sqrt{5}\cos\left(t - \tan^{-1}\frac{1}{2}\right),\ t \geq 0.$$

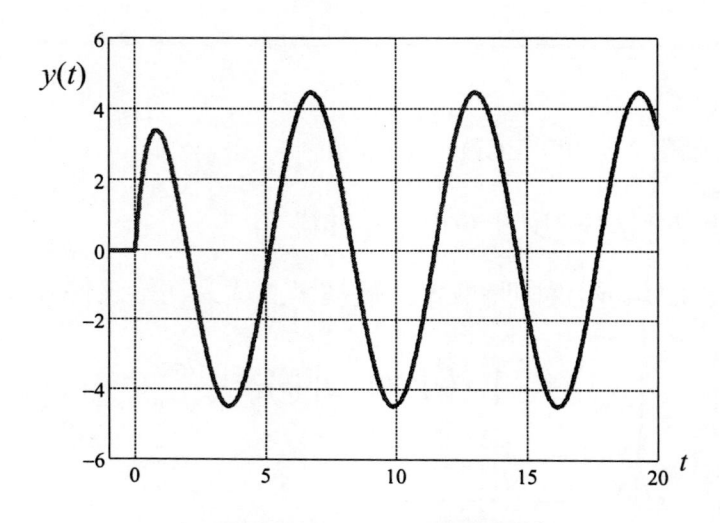

圖 3.9 例題 3.19 之響應。

【例題 3.20】

試解例題 2.12 的 LCD。

解 例題 2.12 的 LCDE 為 $(D^2+3D+2)y(t)=0$，初始條件為 $y(0)=1$, $Dy(0)=0$。

1. 對 LCDE 兩邊同時取拉式變換，並代入初始條件 $y(0)$，得

$$[s^2Y(s)-s]+3[sY(s)-1]+2Y(s)=0.$$

2. 解出：$Y(s)=\dfrac{s+3}{(s+1)(s+2)}$

3. 參見例題 3.18，解答為

$$y(t)=\mathcal{L}^{-1}\left[\frac{2}{s+1}+\frac{-1}{s+2}\right]=2e^{-t}-e^{-2t}, \quad t\geq 0.$$

【例題 3.21】

試解例題 2.13 的 LCD。

解 例題 2.13 的 LCDE 為 $(D^2+4D+4)y(t)=0$，初始條件為 $y(0)=3$, $Dy(0)=1$。

1. 對 LCDE 兩邊同時取拉式變換，並代入初始條件 $y(0)$，得

$$[s^2Y(s)-3s-1]+4[sY(s)-3]+4Y(s)=0$$

2. 解出：$Y(s)=\dfrac{3s+13}{(s+2)^2}=\dfrac{3}{s+2}+\dfrac{7}{(s+2)^2}$，

3. 因此，$y(t)=(3+7t)e^{-2t}u(t)$，參見圖 3.10。

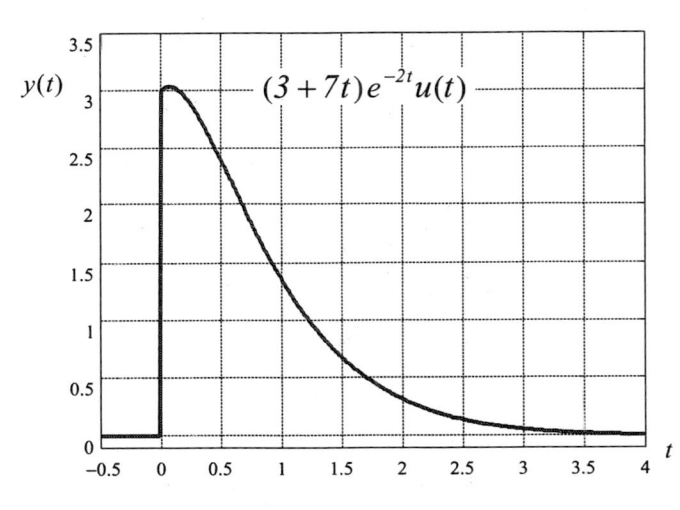

圖 3.10 例題 3.21 的響應。

【例題 3.22】

試解例題 2.14 的 LCD。

解 例題 2.14 的 LCDE 為 $(D^2+2D+10)y(t)=0$，初始條件為 $y(0)=4$, $Dy(0)=2$。

1. 對 LCDE 兩邊同時取拉式變換，並代入初始條件 $y(0)$，得

$$[s^2Y(s)-4s-2]+2[sY(s)-4]+10Y(s)=0$$

2. 解出： $Y(s) = \dfrac{4s+10}{s^2+2s+10} = \dfrac{4(s+1)+2(3)}{(s+1)^2+(3)^2}$

$$= \dfrac{4(s+1)}{(s+1)^2+(3)^2} + \dfrac{2(3)}{(s+1)^2+(3)^2}.$$

3. 因此， $y(t) = e^{-t}(4\cos 3t + 2\sin 3t)$

$$= \sqrt{20}\, e^{-t} \cos(3t - \tan^{-1} \tfrac{1}{2}),\ t \geq 0.$$

此系統的響應波形請參見圖 2.7。

3-5 拉式變換解狀態方程式

■ **聯立微分方程式** 具有多輸入或多輸出的線性系統 (MIMO)，常以聯立微分方程式描述，例如

$$3\ddot{p}(t) + 2\dot{p}(t) + p(t) - 2q(t) = 5f(t) - 7g(t)$$
$$2\ddot{q}(t) - 3\dot{q}(t) + 5p(t) = 3g(t)$$

式中， $f(t)$ 及 $g(t)$ 為輸入函數， $p(t)$ 及 $q(t)$ 為輸出函數。對上式等號的兩邊同時取拉式變換可得

$$3[s^2 P(s) - sp(0) - \dot{p}(0)] + 2[sP(s) - p(0)] + P(s) - 2Q(s) = 5F(s) - 7G(s)$$
$$2[s^2 Q(s) - sq(0) - \dot{q}(0)] - 3[sQ(s) - q(0)] + 5P(s) = 3G(s)$$

式中， $F(s)$, $G(s)$, $P(s)$, 及 $Q(s)$ 分別為 $f(t)$, $g(t)$, $p(t)$, 及 $q(t)$ 之拉式變換。上列聯立方程式可以重新整理，成為如下矩陣方程式：

$$\begin{bmatrix} 3s^2+2s+1 & -2 \\ 5 & 2s^2-3s \end{bmatrix} \begin{bmatrix} P(s) \\ Q(s) \end{bmatrix}$$
$$= \begin{bmatrix} (3s+2)p(0)+3\dot{p}(0) \\ (2s-3)q(0)+2\dot{q}(0) \end{bmatrix} + \begin{bmatrix} 5 & -7 \\ 0 & 3 \end{bmatrix} \begin{bmatrix} F(s) \\ G(s) \end{bmatrix}$$

再來，我們可以利用矩陣代數，解出 P(s) 及 Q(s)；然後，參照節 3-3 「拉式反變換」之原理，求出響應輸出 p(t) 及 q(t)。因此，聯立微分方程式亦可利用拉式反變換法解答之，我們以下列的例子說明之：

【例題 3.23】

有一線性系統，其輸出變數為 $y(t)$ 及 $z(t)$，輸入變數為 $x_1(t)$ 及 $x_2(t)$，以聯立微分方程式描述為

$$\dot{y}(t) - z(t) = -x_1(t), \quad 及 \quad \dot{z}(t) - y(t) = x_2(t)$$

初始條件為 $y(0) = 0, z(0) = -1$，激發輸入為 $x_1(t) = u(t), x_2(t) = tu(t)$。試以拉式變換法求解出響應 $z(t)$。

解 我們仿照節 3-4「以拉式變換解 LCDE」之步驟解題。

1. 對微分方程式等號的兩邊同時取拉式變換如下，

$$[sY(s) - y(0)] - Z(s) = -X_1(s)$$
$$[sZ(s) - z(0)] - Y(s) = X_2(s)$$

式中，$y(0) = 0, z(0) = -1$；$X_1(s) = \frac{1}{s}$，$X_2(s) = \frac{1}{s^2}$。
因此，

$$\begin{bmatrix} s & -1 \\ -1 & s \end{bmatrix} \begin{bmatrix} Y(s) \\ Z(s) \end{bmatrix} = \begin{bmatrix} -\frac{1}{s} \\ -1 + \frac{1}{s^2} \end{bmatrix}$$

2. 解上述矩陣方程式得

$$\begin{bmatrix} Y(s) \\ Z(s) \end{bmatrix} = \begin{bmatrix} s & -1 \\ -1 & s \end{bmatrix}^{-1} \begin{bmatrix} -\frac{1}{s} \\ -1 + \frac{1}{s^2} \end{bmatrix}$$

$$= \frac{1}{s^2 - 1} \begin{bmatrix} s & 1 \\ 1 & s \end{bmatrix} \begin{bmatrix} -\frac{1}{s} \\ -1 + \frac{1}{s^2} \end{bmatrix} = \begin{bmatrix} \frac{-2s + 1}{s^2(s^2 - 1)} \\ \frac{-s}{s^2 - 1} \end{bmatrix}$$

$$= \begin{bmatrix} \dfrac{-2s+1}{s^2(s^2-1)} \\ \dfrac{-s}{s^2-1} \end{bmatrix}.$$

3. 施行解答 $Z(s)$ 的部分分式展開如下：

$$Z(s) = \frac{-s}{s^2-1} = \frac{-\frac{1}{2}}{s+1} + \frac{-\frac{1}{2}}{s-1}.$$

4. 查表 3.1，取拉式反變換即得

$$z(t) = -0.5\left[e^{-t} + e^{t}\right], \ t \geq 0 \ \circ$$

■ **狀態方程式 (state equation)** 　聯立微分方程式描述最具代表性的模型，就是狀態方程式了。因此，CT-LTI 系統的狀態方程式解答，亦可利用拉式變換法解決之；亦即，我們可以仿照節 3-4「以拉式變換解 LCDE」之步驟解題，如同例題 3.23 之解題程序。

我們已經在節 2-5「狀態方程式模型」，討論過 CT-LTI 系統的狀態方程式描述；也曾經介紹過，如何將線性系統的微分方程式，轉換成為狀態方程式。現在我們要介紹，利用拉式變換法解狀態方程式的程序。

一個 n 階 (n^{th}-order) CT-LTI 系統的狀態方程式表達為

$$\dot{\mathbf{v}}(t) = \mathbf{A}\mathbf{v}(t) + \mathbf{B}\mathbf{x}(t) \ ; \quad \mathbf{v}_0(t) = \mathbf{v}(t_0) \tag{3.34}$$

$$\mathbf{y}(t) = \mathbf{C}\mathbf{v}(t) + \mathbf{D}\mathbf{x}(t) \tag{3.35}$$

式中，行向量 $\mathbf{v}(t) = [v_1(t) \ v_2(t) \ \cdots \ v_n(t)]^T$ 為狀態向量，$\{v_i(t), i = 1..n\}$ 為狀態變數，如前所述；$\mathbf{v}_0(t) = \mathbf{v}(t_0)$ 為系統在時間 $t = t_0$ 的初始狀態

(initial state)。對於有因果 (causal) 系統，通常 $t_0 = 0$，亦即我們只考慮 $t \geq 0$ 之後的響應。(3.34) 式稱為狀態方程式，而 (3.35) 式為輸出方程式，以上述二式敘述的 CT-LTI 系統簡稱為：{ A, B, C, D } 系統。

對狀態方程式 (3.34) 等號的兩邊同時取拉式變換如下，

$$s\mathbf{V}(s) - \mathbf{v}_0 = \mathbf{A}\mathbf{V}(s) + \mathbf{B}\mathbf{X}(s)$$

因為 $s\mathbf{V}(s)$ 為行向量，將之寫成 $s\mathbf{IV}(s)$，以便往後可以跟矩陣 A 合併。上式可以寫成

$$(s\mathbf{I} - \mathbf{A})\mathbf{V}(s) = \mathbf{v}_0 + \mathbf{B}\mathbf{X}(s)$$

可以解得

$$\begin{aligned}\mathbf{V}(s) &= (s\mathbf{I} - \mathbf{A})^{-1}\mathbf{v}_0 + (s\mathbf{I} - \mathbf{A})^{-1}\mathbf{B}\mathbf{X}(s) \\ &= \{\text{IC響應：} \mathbf{V}_{IC}(s)\} + \{\text{強迫響應：} \mathbf{V}_F(s)\}\end{aligned} \quad (3.36)$$

定義 $(s\mathbf{I} - \mathbf{A})$ 的反矩陣為

$$\mathbf{\Phi}(s) = (s\mathbf{I} - \mathbf{A})^{-1} \quad (3.37)$$

因此，

$$\mathbf{V}(s) = \mathbf{\Phi}(s)\mathbf{v}_0 + \mathbf{\Phi}(s)\mathbf{B}\mathbf{X}(s) \quad (3.38)$$

則得狀態向量的時間響應如下：

$$\begin{aligned}\mathbf{v}(t) &= \mathcal{L}^{-1}\{\mathbf{\Phi}(s)\mathbf{v}_0\} + \mathcal{L}^{-1}\{\mathbf{\Phi}(s)\mathbf{B}\mathbf{X}(s)\} \\ &= \phi(t)\mathbf{v}_0 + \int_0^t \phi(t-\tau)\mathbf{B}\mathbf{x}(\tau)d\tau \\ &= \{\text{IC響應：} \mathbf{v}_{IC}(t)\} + \{\text{強迫響應：} \mathbf{v}_F(t)\}\end{aligned} \quad (3.39)$$

式中，$\phi(t)$ 稱為狀態轉移矩陣 (state transition matrix)，亦即：

$$\mathcal{L}[\phi(t)] = \mathbf{\Phi}(s) = (s\mathbf{I} - \mathbf{A})^{-1} \quad (3.40)$$

比照 $\mathcal{L}[e^{at}] = \frac{1}{s-a}$，則定義矩陣指數 (matrix exponential) 函數如下：

$$e^{\mathbf{A}t} = \exp(\mathbf{A}t) = \phi(t) = \mathcal{L}^{-1}[\mathbf{\Phi}(s)] = \mathcal{L}^{-1}\{(s\mathbf{I}-\mathbf{A})^{-1}\} \tag{3.41}$$

上式中，$e^{\mathbf{A}t} := \exp(\mathbf{A}t)$，即為狀態轉移矩陣 $\phi(t)$，係屬 $n \times n$ 階矩陣。對於 $n \times n$ 階矩陣 $\mathbf{A} = [a_{ij}]$，$(s\mathbf{I}-\mathbf{A})$ 形如

$$s\mathbf{I}-\mathbf{A} = \begin{bmatrix} s-a_{11} & -a_{12} & \cdots & -a_{1n} \\ -a_{21} & s-a_{22} & \cdots & -a_{2n} \\ \vdots & \vdots & \ddots & \vdots \\ -a_{n1} & -a_{n2} & \cdots & s-a_{nn} \end{bmatrix}$$

由矩陣代數可知，$s\mathbf{I}-\mathbf{A}$ 的反矩陣為

$$(s\mathbf{I}-\mathbf{A})^{-1} = \frac{\mathbf{adj}(s\mathbf{I}-\mathbf{A})}{|s\mathbf{I}-\mathbf{A}|}$$

上式中，行列式 $|s\mathbf{I}-\mathbf{A}|$ 一般可以寫成

$$\Delta(s) := |s\mathbf{I}-\mathbf{A}| = s^n + \alpha_{n-1}s^{n-1} + \cdots + \alpha_1 s + \alpha_0 \tag{3.42}$$

稱為矩陣 $\mathbf{A}$ 的特性多項式 (characteristic polynomial)，因此

$$\Delta(s) = s^n + \alpha_{n-1}s^{n-1} + \cdots + \alpha_1 s + \alpha_0 = 0 \tag{3.42}$$

是為特性方程式 (characteristic equation)。如果上式可再分解因式如下：

$$\Delta(s) = (s-\lambda_1)(s-\lambda_2)\cdots(s-\lambda_n) = 0$$

則 $\{\lambda_i, i = 1..n\}$ 是為特性根 (characteristic roots)，或是矩陣 $\mathbf{A}$ 的特徵值 (eigenvalues)。亦即，$|s\mathbf{I}-\mathbf{A}| = 0$ 的根即為特性根，或特徵值。

一個線性系統的穩定度可以由特性根的性質判斷之，原理如下：

穩定度判斷法則

若所有特性根之實數部分皆為負，即 $\text{Re}\{\lambda_i\} < 0, \forall i = 1..n$，則此系統為穩定系統。因此，穩定的系統只具有 s-左半面 (LHP) 極點。

由 (3.35) 及 (3.36) 可知

$$\begin{aligned}\mathbf{Y}(s) &= \mathbf{CV}(s) + \mathbf{DX}(s) \\ &= \mathbf{C}(s\mathbf{I}-\mathbf{A})^{-1}\mathbf{v}_0 + \{\mathbf{C}(s\mathbf{I}-\mathbf{A})^{-1}\mathbf{B}+\mathbf{D}\}\mathbf{X}(s)\end{aligned} \tag{3.43}$$

不考慮初始條件，即令 $\mathbf{v}(0) = \mathbf{0}$，則

$$\mathbf{Y}(s) = \{\mathbf{C}(s\mathbf{I}-\mathbf{A})^{-1}\mathbf{B}+\mathbf{D}\}\mathbf{X}(s) := \mathbf{H}(s)\mathbf{X}(s) \tag{3.44}$$

此時，$\mathbf{H}(s)$ 稱為轉移函數矩陣 (transfer function matrix)。

$$\mathbf{H}(s) = \mathbf{C}(s\mathbf{I}-\mathbf{A})^{-1}\mathbf{B}+\mathbf{D} \tag{3.45}$$

如第二章所述，系統的單位脈衝響應 (unit-impulse response) 為

$$\mathbf{h}(t) = \mathcal{L}^{-1}\{\mathbf{H}(s)\} \text{ , } t \geq 0 \tag{3.46}$$

【例題 3.24】

有一線性系統之狀態模型如下，

$$\dot{\mathbf{v}} = \begin{bmatrix} 0 & 1 \\ -2 & -3 \end{bmatrix}\mathbf{v}(t) + \begin{bmatrix} 0 \\ 2 \end{bmatrix}x(t) \text{ ; } \quad \mathbf{v}(0) = \begin{bmatrix} 4 & -5 \end{bmatrix}^T$$

$$y(t) = \begin{bmatrix} 0 & 1 \end{bmatrix}\mathbf{v}(t) \text{ , } \quad x(t) = 3e^{-4t}u(t)$$

(a) 求系統的特性方程式。

(b) 求系統的特性方根,及其穩定度。

(c) 當 $x(t)=0$,求自由響應 $\mathbf{v}_{IC}(t)$。

(d) 不考慮初始條件,即令 $\mathbf{v}(0)=0$,求強迫響應 $\mathbf{v}_F(t)$。

(e) 試求總響應 $\mathbf{v}(t)$,$y(t)$。

(f) 試求轉移函數 $\mathbf{H}(s)$。

解 矩陣參數分別為 $\mathbf{A} = \begin{bmatrix} 0 & 1 \\ -2 & -3 \end{bmatrix}$,$\mathbf{B} = \begin{bmatrix} 0 \\ 2 \end{bmatrix}$,$\mathbf{C} = \begin{bmatrix} 0 & 1 \end{bmatrix}$

(a) $s\mathbf{I} - \mathbf{A} = \begin{bmatrix} s & -1 \\ 2 & s+3 \end{bmatrix}$,所以特性方程式為

$$\begin{vmatrix} s & -1 \\ 2 & s+3 \end{vmatrix} = 0 \text{,即 } s^2 + 3s + 2 = 0.$$

(b) 特性方根為 $\lambda_{1,2} = -1, -2$;皆為負根,故為穩定系統。

(c) 由 (3.40),

$$\mathbf{\Phi}(s) = (s\mathbf{I} - \mathbf{A})^{-1} = \frac{1}{s^2 + 3s + 2} \begin{bmatrix} s+3 & 1 \\ -2 & s \end{bmatrix}$$

$$= \begin{bmatrix} \dfrac{s+3}{s^2+3s+2} & \dfrac{1}{s^2+3s+2} \\ \dfrac{-2}{s^2+3s+2} & \dfrac{s}{s^2+3s+2} \end{bmatrix}$$

$$\mathbf{V}_{IC}(s) = (s\mathbf{I} - \mathbf{A})^{-1} \mathbf{v}_0 = \begin{bmatrix} \dfrac{s+3}{s^2+3s+2} & \dfrac{1}{s^2+3s+2} \\ \dfrac{-2}{s^2+3s+2} & \dfrac{s}{s^2+3s+2} \end{bmatrix} \begin{bmatrix} 4 \\ -5 \end{bmatrix}$$

$$= \begin{bmatrix} \dfrac{4s+7}{s^2+3s+2} \\ \dfrac{-5s-8}{s^2+3s+2} \end{bmatrix} = \begin{bmatrix} \dfrac{4s+7}{(s+1)(s+2)} \\ \dfrac{-5s-8}{(s+1)(s+2)} \end{bmatrix} = \begin{bmatrix} \dfrac{3}{(s+1)} + \dfrac{1}{(s+2)} \\ \dfrac{-3}{(s+1)} + \dfrac{-2}{(s+2)} \end{bmatrix}$$

所以,

$$\mathbf{v}_{IC}(t) = \begin{bmatrix} 3e^{-t} + e^{-2t} \\ -3e^{-t} - 2e^{-2t} \end{bmatrix} \quad , \quad t \geq 0$$

(d) $x(t) = 3e^{-4t}u(t)$,是故 $X(s) = \dfrac{3}{s+4}$。由 (3.36),

$$\begin{aligned}
\mathbf{V}_F(s) &= (s\mathbf{I} - \mathbf{A})^{-1}\mathbf{B}X(s) \\
&= \begin{bmatrix} \dfrac{s+3}{s^2+3s+2} & \dfrac{1}{s^2+3s+2} \\ \dfrac{-2}{s^2+3s+2} & \dfrac{s}{s^2+3s+2} \end{bmatrix} \begin{bmatrix} 0 \\ 2 \end{bmatrix} \cdot \dfrac{3}{s+4} \\
&= \begin{bmatrix} \dfrac{2}{s^2+3s+2} \\ \dfrac{2s}{s^2+3s+2} \end{bmatrix} \cdot \dfrac{3}{s+4} \\
&= \begin{bmatrix} \dfrac{6}{(s+1)(s+2)(s+4)} \\ \dfrac{6s}{(s+1)(s+2)(s+4)} \end{bmatrix} = \begin{bmatrix} \dfrac{2}{s+1} + \dfrac{-3}{s+2} + \dfrac{1}{s+4} \\ \dfrac{-2}{s+1} + \dfrac{6}{s+2} + \dfrac{-4}{s+4} \end{bmatrix}
\end{aligned}$$

所以,

$$\mathbf{v}_F(t) = \begin{bmatrix} 2e^{-t} - 3e^{-2t} + e^{-4t} \\ -2e^{-t} + 6e^{-2t} - 4e^{-4t} \end{bmatrix} \quad , \quad t \geq 0$$

(e) 總響應

$$\begin{aligned}
\mathbf{v}(t) &= \mathbf{v}_{IC}(t) + \mathbf{v}_F(t) \\
&= \begin{bmatrix} 5e^{-t} - 2e^{-2t} + e^{-4t} \\ -5e^{-t} + 4e^{-2t} - 4e^{-4t} \end{bmatrix} \quad , \quad t \geq 0 \\
y(t) &= v_2(t) = -5e^{-t} + 4e^{-2t} - 4e^{-4t} \quad , \quad t \geq 0
\end{aligned}$$

(f) 由 (3.45),轉移函數為

$$\mathbf{H}(s) = \mathbf{C}(s\mathbf{I} - \mathbf{A})^{-1}\mathbf{B} + \mathbf{D} = \dfrac{2s}{s^2 + 3s + 2}$$

【例題 3.25】

求狀態轉移矩陣 $\phi(t) = e^{At}$，$A = \begin{bmatrix} 2 & 1 & 0 \\ 0 & 2 & 1 \\ 0 & 0 & 2 \end{bmatrix}$。

解 $s\mathbf{I} - \mathbf{A} = \begin{bmatrix} s & 0 & 0 \\ 0 & s & 0 \\ 0 & 0 & s \end{bmatrix} - \begin{bmatrix} 2 & 1 & 0 \\ 0 & 2 & 1 \\ 0 & 0 & 2 \end{bmatrix} = \begin{bmatrix} s-2 & -1 & 0 \\ 0 & s-2 & -1 \\ 0 & 0 & s-2 \end{bmatrix}$

所以，

$$\mathbf{\Phi}(s) = (s\mathbf{I} - \mathbf{A})^{-1} = \frac{1}{(s-2)^3} \begin{bmatrix} (s-2)^2 & (s-2) & 1 \\ 0 & (s-2)^2 & (s-2) \\ 0 & 0 & (s-2)^2 \end{bmatrix}$$

$$= \begin{bmatrix} \dfrac{1}{s-2} & \dfrac{1}{(s-2)^2} & \dfrac{1}{(s-2)^3} \\ 0 & \dfrac{1}{s-2} & \dfrac{1}{(s-2)^2} \\ 0 & 0 & \dfrac{1}{s-2} \end{bmatrix}$$

分別求拉式反變換，得

$$e^{\mathbf{A}t} = \mathcal{L}^{-1}[\mathbf{\Phi}(s)] = \begin{bmatrix} e^{2t} & te^{2t} & \frac{t^2}{2}e^{2t} \\ 0 & e^{2t} & te^{2t} \\ 0 & 0 & e^{2t} \end{bmatrix}$$

【例題 3.26】

線性系統的狀態方程式為

$$\dot{\mathbf{v}}(t) = \mathbf{A}\mathbf{v}(t) + \mathbf{B}\mathbf{x}(t)$$

在下列情形之 $\mathbf{A}$ 矩陣，試分別判斷其穩定性。

(a) $\mathbf{A} = \begin{bmatrix} -1 & 0 \\ 0 & -2 \end{bmatrix}$, (b) $\mathbf{A} = \begin{bmatrix} -1 & 0 \\ 0 & 2 \end{bmatrix}$, (c) $\mathbf{A} = \begin{bmatrix} 0 & 1 \\ 0 & -2 \end{bmatrix}$,

(d) $\mathbf{A} = \begin{bmatrix} 0 & 1 \\ -2 & 0 \end{bmatrix}$, (e) $\mathbf{A} = \begin{bmatrix} -1 & -4 & 0 \\ 1 & -1 & 0 \\ 4 & 2 & -3 \end{bmatrix}$.

解 (a) 特性方程式 $s^2 + 3s + 2 = 0$；特性根：$-1, -2$，故為穩定。

(b) 特性方程式 $s^2 - s - 2 = 0$；特性根：$-1, +2$，故不穩定。

(c) 特性方程式 $s^2 + 2s = 0$；特性根：$0, -2$，故不穩定。

(d) 特性方程式 $s^2 + 2 = 0$；特性根：$\pm j\sqrt{2}$，故不穩定。

(e) 特性方程式：

$$|s\mathbf{I} - \mathbf{A}| = \begin{vmatrix} s+1 & 4 & 0 \\ -1 & s+1 & 0 \\ -4 & -2 & s+3 \end{vmatrix}$$
$$= (s+3)[s^2 + 2s + 5] = 0$$

特性根為：$s_1 = -3$, $s_{2,3} = -1 \pm j2$，皆為 LHP 根，因此系統為穩定。

習題

P3.1. (**基本定義**) 下列名詞請簡單地定義，或做說明：

(a) 有因果函數 (causal function), (b) 指數級 (exponential order)
(c) 收斂區 (ROC), (d) 單邊式拉式變換。

P3.2. (**基本定義**) 「時間領域」與「頻率領域」有何不同？

P3.3. (**拉式變換**) 證明下列拉式變換公式：

(a) $\mathcal{L}[\sin(\omega t + \theta)] = \dfrac{s\sin\theta + \omega\cos\theta}{s^2 + \omega^2}$

(b) $\mathcal{L}\left[\dfrac{1}{b-a}\left(e^{-at} - e^{-bt}\right)\right] = \dfrac{1}{(s+a)(s+b)}$

(c) $\mathcal{L}\left[\dfrac{1}{b-a}\left(be^{-bt} - ae^{-at}\right)\right] = \dfrac{s}{(s+a)(s+b)}$

(d) $\mathcal{L}\left\{\dfrac{1}{ab}\left[1 + \dfrac{1}{a-b}\left(be^{-at} - ae^{-bt}\right)\right]\right\} = \dfrac{1}{s(s+a)(s+b)}$

(e) $\mathcal{L}\left[\dfrac{1}{a^2}\left(at - 1 + e^{-at}\right)\right] = \dfrac{1}{s^2(s+a)}$

P3.4. (解微分方程式) 試證明微分方程式

$$\dfrac{d^2 y}{dt^2} + 3\dfrac{dy}{dt} + 2y(t) = 0 \ ; \quad y(0) = a \text{ , } Dy(0) = b$$

之解為 $y(t) = (2a+b)e^{-t} - (a+b)e^{-2t}$, $t \geq 0$ 。

P3.5. (解微分方程式) 試求下列微分方程式之響應:

(a) $\dfrac{d^2 y}{dt^2} + 2\dfrac{dy}{dt} + 5y(t) = 5 \ ; \quad y(0) = 0 \text{ , } Dy(0) = 0$.

(b) $\dfrac{d^2 y}{dt^2} + 2\dfrac{dy}{dt} + y(t) = 1 \ ; \quad y(0) = 0 \text{ , } Dy(0) = 0$.

(c) $\dfrac{d^2 y}{dt^2} + 1.5\dfrac{dy}{dt} + 0.5y(t) = 0.5 \ ; \quad y(0) = 0 \text{ , } Dy(0) = 0$.

(d) $\dfrac{d^2 y}{dt^2} + \dfrac{dy}{dt} - 2y(t) = 2 \ ; \quad y(0) = 0 \text{ , } Dy(0) = 0$.

P3.6. (拉式變換) 證明下列拉式變換公式:

(a) $\mathcal{L}[t^n f(t)] = (-1)^n \dfrac{d^n}{ds^n} F(s)$, 式中 $\mathcal{L}[f(t)] = F(s)$,

(b) $\mathcal{L}[t^2 \sin \omega t] = \dfrac{-2\omega^3 - 6\omega s}{(s^2 + \omega^2)^3}$ 。

P3.7. (拉式變換) 若一函數 $F(s)$ 經部分分式展開後，如下式

$$F(s) = \dfrac{A}{s - \sigma - j\omega} + \dfrac{A^*}{s - \sigma + j\omega} \ ,$$

式中, A 與 A^* 為共軛複數, 且 $A = |A|e^{j\theta}$ 。試證明其拉式反變換為

$$f(t) = 2|A|e^{\sigma t}\cos(\omega t + \theta), \quad t \geq 0 \text{。}$$

P3.8. (拉式變換) 若一函數 $F(s)$ 經部分分式展開後，如下式

$$F(s) = \frac{A}{(s-\sigma-j\omega)^2} + \frac{A^*}{(s-\sigma+j\omega)^2},$$

式中，A 與 A^* 為共軛複數，且 $A = |A|e^{j\theta}$。試證明其拉式反變換為

$$f(t) = 2t|A|e^{\sigma t}\cos(\omega t + \theta), \quad t \geq 0 \text{。}$$

P3.9. (拉式變換) 若一週期函數 $f(t)$ 之週期為 T，試證明其拉式變換為

$$F(s) = \frac{\int_0^T f(t)e^{-st}dt}{1-e^{-Ts}}$$

P3.10. 若 $\mathcal{L}[f(t)] = F(s)$，$F(s) = \dfrac{s+3}{s^2+3s+2}$，求

(a) $f(0^+)$ (b) $f(\infty)$

P3.11. 若 $\mathcal{L}[f(t)] = F(s)$，$F(s) = \dfrac{2(s+2)}{s(s+1)(s+2)}$，求

(a) $f(0^+)$ (b) $f(\infty)$

P3.12. (拉式變換) 試求下列函數的拉式變換：

(a) $x(t) = e^{-2t+4}u(t)$，   (b) $x(t) = te^{-2t+4}u(t)$，

(c) $x(t) = e^{-2t+4}u(t-1)$，   (d) $x(t) = (t-2)u(t-1)$。

P3.13. (拉式反變換) 試求下列函數的拉式反變換：

(a) $F(s) = \dfrac{2s}{(s+1)(s+2)(s+3)}$，   (b) $F(s) = \dfrac{4s}{(s+3)(s+1)^2}$，

(c) $F(s) = \dfrac{4(s+2)}{(s+3)(s+1)^2}$，   (d) $F(s) = \dfrac{2(s^2+2)}{(s+2)(s^2+4s+5)}$。

P3.14. (拉式變換性質) 若 $x(t)$ 的拉式變換為 $X(s) = 4/(s+2)^2$，試求下列信號的拉式變換：

(a) $x(t-2)$，   (b) $x(2t)$，   (c) $x(2t-2)$，

(d) $\dfrac{d}{dt}x(t)$，   (e) $\dfrac{d}{dt}x(t-2)$，   (f) $\dfrac{d}{dt}x(2t)$。

P3.15. (拉式變換性質) 若 $x(t) = e^{-2t}u(t) \Leftrightarrow X(s)$，試求下列拉式變換所對應的信號：

(a) $X(2s)$，
(b) $\frac{d}{ds}X(s)$，
(c) $sX(s)$，
(d) $s\frac{d}{ds}X(s)$。

P3.16. (解微分方程式) 試求下列微分方程式之響應解答：

(a) $\frac{d^3y}{dt^3} + 6\frac{d^2y}{dt^2} + 11\frac{dy}{dt} + 6y(t) = 0$；$y(0) = 1$，$Dy(0) = D^2y(0) = 0$.

(b) $\frac{d^3y}{dt^3} + 6\frac{d^2y}{dt^2} + 11\frac{dy}{dt} + 6y(t) = 6$；$y(0) = Dy(0) = D^2y(0) = 0$.

(c) $\frac{d^3y}{dt^3} + 6\frac{d^2y}{dt^2} + 11\frac{dy}{dt} + 6y(t) = 6$；$y(0) = 1$，$Dy(0) = D^2y(0) = 0$.

(d) $\frac{d^3y}{dt^3} + 6\frac{d^2y}{dt^2} + 11\frac{dy}{dt} + 6y(t) = 12$；$y(0) = 1$，$Dy(0) = D^2y(0) = 0$

P3.17. (解微分方程式) 試求下列微分方程式之響應，若輸入 $x(t) = e^{-2t}u(t)$，且初始條件為 $y(0) = 1$，$Dy(0) = 2$：

(a) $\ddot{y} + 4\dot{y} + 3y(t) = 2\dot{x} + (x)$，
(b) $\ddot{y} + 4\dot{y} + 4y(t) = 2\dot{x} + (x)$，
(c) $\ddot{y} + 4\dot{y} + 5y(t) = 2\dot{x} + (x)$。

P3.18. (系統響應) 若線性系統之轉移函數為 $H(s) = \dfrac{2s+2}{s^2+4s+4}$，試求由下列輸入產生的響應。

(a) $x(t) = \delta(t)$，
(b) $x(t) = e^{-t}u(t)$，
(c) $x(t) = te^{-t}u(t)$，
(d) $x(t) = [4\cos(2t) + 4\sin(2t)]u(t)$。

P3.19. (拉式變換) 試求下列函數之拉式變換：

(a) $x(t) = \cos\left(t - \frac{\pi}{4}\right)u(t)$，
(b) $x(t) = \cos\left(t - \frac{\pi}{4}\right)u\left(t - \frac{\pi}{4}\right)$，
(c) $x(t) = \cos(t)u\left(t - \frac{\pi}{4}\right)$，
(d) $x(t) = u(\sin(\pi t))u(t)$。

P3.20. (拉式反變換) 試求下列函數之拉式反變換：

(a) $F(s) = \dfrac{e^{-4s}}{s^3}$，
(b) $\dfrac{(1-e^{-2s})}{s^3}$
(c) $\dfrac{e^{-3\pi s}}{s+1}$
(d) $\dfrac{se^{-2s}}{s^2+16}$

(e) $\dfrac{e^{-2s}}{s^2+6s+10}$ (f) $\dfrac{e^{-3\pi s}}{s(s+1)}$

P3.21. (解狀態方程式) 有一線性系統之狀態模型如下，

$$\dot{\mathbf{v}} = \begin{bmatrix} 0 & 6 \\ -1 & -5 \end{bmatrix}\mathbf{v}(t) + \begin{bmatrix} 0 \\ 1 \end{bmatrix}x(t)\ ; \quad \mathbf{v}(0) = [0\ \ 1]^T$$

$$y(t) = [1\ \ 0]\mathbf{v}(t)\ ,\quad x(t) = u(t)$$

(a) 求系統的特性方程式。
(b) 求系統的特性根，及其穩定度。
(c) 當 $\mathbf{v}(t)=0$，求自由響應 $\mathbf{v}_{IC}(t)$。
(d) 不考慮初始條件，即令 $\mathbf{v}(0)=0$，求強迫響應 $\mathbf{v}_F(t)$。
(e) 試求總響應 $\mathbf{v}(t)$，及輸出響應 $y(t)$。
(f) 試求轉移函數 $\mathbf{H}(s)$。
(g) 試求單位脈衝響應 $h(t)$。

P3.22. (轉移函數矩陣) 有一 MIMO 線性系統之狀態模型如下，

$$\dot{\mathbf{v}} = \begin{bmatrix} 0 & 1 \\ -2 & -3 \end{bmatrix}\mathbf{v}(t) + \begin{bmatrix} 1 & 1 \\ 0 & -2 \end{bmatrix}\mathbf{x}(t)\ ;\quad \mathbf{y}(t) = \begin{bmatrix} 0 & -2 \\ 1 & 0 \end{bmatrix}\mathbf{v}(t).$$

式中，輸入向量 $\mathbf{x}(t) = \begin{bmatrix} x_1(t) \\ x_2(t) \end{bmatrix}$，輸出向量 $\mathbf{y}(t) = \begin{bmatrix} y_1(t) \\ y_2(t) \end{bmatrix}$

(a) 求系統的特性方程式。
(b) 求系統的特性方根，及其穩定度。
(c) 試求狀態轉移矩陣 $\mathbf{\Phi}(s)$。
(d) 試求轉移函數矩陣 $\mathbf{H}(s)$，使得 $\mathbf{Y}(s) = \mathbf{H}(s)\mathbf{X}(s)$。

P3.23. (穩定性) 線性系統的狀態方程式為

$$\dot{\mathbf{v}}(t) = \mathbf{A}\mathbf{v}(t) + \mathbf{B}\mathbf{x}(t)$$

在下列情形之 $\mathbf{A}$ 矩陣，試分別判斷其穩定性。

(a) $\mathbf{A} = \begin{bmatrix} -6 & -1 \\ 5 & 0 \end{bmatrix}$,   (b) $\mathbf{A} = \begin{bmatrix} -1 & 0 \\ 1 & 1 \end{bmatrix}$,   (c) $\mathbf{A} = \begin{bmatrix} 0 & 1 \\ 0 & -2 \end{bmatrix}$,

(d) $\mathbf{A} = \begin{bmatrix} -1 & 0 & 0 \\ -1 & -2 & -1 \\ -1 & 0 & -3 \end{bmatrix}$, (e) $\mathbf{A} = \begin{bmatrix} 0 & 2 & -4 \\ 1 & 3 & 1 \\ 2 & 0 & 1 \end{bmatrix}$ 。

P3.24. (Faddeev-Leverrier 公式) 若一矩陣 **A** 的特性方程式為

$$\Delta(s) = s^n + \alpha_1 s^{n-1} + \alpha_2 s^{n-2} + \cdots + \alpha_{n-1} s + \alpha_n$$

則

$$\Phi(s) = [s\mathbf{I} - \mathbf{A}]^{-1} = \frac{1}{\Delta(s)}\left[\mathbf{R}_0 s^{n-1} + \mathbf{R}_1 s^{n-2} + \cdots + \mathbf{R}_{n-2} s + \mathbf{R}_{n-1}\right]$$

式中，

$$\alpha_1 = -\frac{\mathrm{Tr}(\mathbf{AR}_0)}{1}, \quad \mathbf{R}_0 = \mathbf{I}$$

$$\alpha_2 = -\frac{\mathrm{Tr}(\mathbf{AR}_1)}{2}, \quad \mathbf{R}_1 = A\mathbf{R}_0 + \alpha_1 \mathbf{I} = \mathbf{A} + \alpha_1 \mathbf{I}$$

$$\alpha_3 = -\frac{\mathrm{Tr}(\mathbf{AR}_2)}{3}, \quad \mathbf{R}_2 = A\mathbf{R}_1 + \alpha_2 \mathbf{I} = \mathbf{A}^2 + \alpha_1 \mathbf{A} + \alpha_2 \mathbf{I}$$

$$\vdots$$

$$\alpha_n = -\frac{\mathrm{Tr}(\mathbf{AR}_{n-1})}{n}, \quad \begin{aligned}\mathbf{R}_{n-1} &= A\mathbf{R}_{n-2} + \alpha_{n-1}\mathbf{I} \\ &= \mathbf{A}^{n-1} + \alpha_1 \mathbf{A}^{n-2} + \cdots + \alpha_{n-1}\mathbf{I}\end{aligned}$$

且，
$$\mathbf{0} = \mathbf{AR}_{n-1} + \alpha_n \mathbf{I}.$$

試利用此公式計算下列矩陣 $\Phi(s) = [s\mathbf{I} - \mathbf{A}]^{-1}$，且

$$\mathbf{A} = \begin{bmatrix} 0 & 1 & 0 \\ 0 & 0 & 1 \\ -6 & -11 & -6 \end{bmatrix}.$$

第四章
Z-變換及其應用

在本章我們要介紹下列主題：
1. z-變換之定義
2. z-變換之性質
3. z-反變換原理
4. 利用 z-變換解差分方程式
5. 利用 z-變換解差分狀態方程式
6. 脈波轉移函數

4-1
Z-變換之定義

　　本章要介紹應用於離散時間、線性非時變 (DT-LTI) 系統，解出差分方程式，及差分狀態方程式響應的 Z-變換法 (Z-transformation)。在第二章，節 2-3，我們曾經討論過差分方程式的時間數列解法，以及反覆疊代計算法，以分析離散時間系統。但是當系統階次很高，或者聯立差分方程式的敘述很複雜，諸如差分狀態方程式的情形，時域分析

之程序變得非常繁瑣、複雜。

相似於 CT 系統的分析，以拉式變換將之轉變於 s 複數頻域分析；對於 DT 系統，我們要施行 Z-變換，將之轉變於 z 複數頻域，因而可得到方便、快捷的分析。參見圖 1.5，差分方程式或差分狀態方程式經 Z 變換後，可得到離散時間系統的轉移函數。DT-系統處理離散時間信號，或數列，其轉移函數又稱為脈波轉移函數 (pulse transfer function)。

■ **Z-變換之定義** 一個 CT 有因果時間函數 $x(t)$, $t \geq 0$，或有因果 DT 數列 $x[k] := x(kT)$，(k 為整數，T 為抽樣週期)，之 Z-變換定義為

$$X(z) = Z\{x(t)\} = Z\{x(kT)\} := Z\{x[k]\} = \sum_{k=0}^{\infty} x[k]z^{-k} \quad (4.1)$$

上式稱為單邊式 Z-變換 (one-side Z-transform)，表達為

$$x[k] \xrightarrow{Z} X(z) \text{ 或 } x[k] \Leftrightarrow X(z)$$

因此，對於數列 $x[k] := x(kT)$，其 Z-變換為

$$X(z) = x(0) + x(T)z^{-1} + x(2T)z^{-2} + \cdots + x(kT)z^{-k} + \cdots \quad (4.2)$$

或者，

$$X(z) = x[0] + x[1]z^{-1} + x[2]z^{-2} + \cdots + x[k]z^{-k} + \cdots \quad (4.3)$$

【例題 4.1】

試求下列數列的 Z-變換：
(a) $x_1 = \{\cdots, 0, 0;\ 1, 0, 0 \cdots\}$，
(b) $x_2 = \{\cdots, 0, 0;\ 1, 1, 1 \cdots\}$.

解 利用 (4.3)，則數列的 z-變換如下

(a) $X_1(z) = x[0] + x[1]z^{-1} + x[2]z^{-2} + \cdots + x[k]z^{-k} + \cdots$
$= 1 + 0 \cdot z^{-1} + 0 \cdot z^{-2} \cdots = 1.$

(b) $X(z) = 1 + 1 \cdot z^{-1} + 1 \cdot z^{-2} + \cdots + 1 \cdot z^{-k} + \cdots$
$= \dfrac{1}{1-z^{-1}} = \dfrac{z}{z-1}$，(收斂半徑：$|z^{-1}| < 1$，$|z| > 1$)

如果 (4.1) 式 z-變換定義於：數列 $x[k] := x(kT)$，($k = 0, \pm 1, \pm 2, \cdots$)，或時間函數 $x(t), -\infty < t < \infty$，則為雙邊式 z-變換 (two-side z-transform)，即

$$X(z) = \sum_{k=-\infty}^{\infty} x[k]z^{k-1} \tag{4.4}$$

本書只考慮有因果信號及系統，因此只討論單邊式 z-變換。在 (4.3) 式的 z-變換式，如果的無窮級數可於圓：$|z| = R$ (R 稱為收斂半徑) 之外收斂，則 $X(z)$ 才是 $x[k]$，或 $x(t)$，的 z-變換式。

相反地，由 z-變換式 $X(z)$ 求相對應的 DT 數列 $x[k]$ 之程序稱為 z-反變換 (inverse z-transform)，表達為

$$X(z) \xrightarrow{z^{-1}} x[k], \quad \text{或} \quad X(z) \Leftrightarrow x[k]$$

且定義為

$$Z^{-1}\{X(z)\} = x(kT) = x[k] = \dfrac{1}{2\pi j} \oint_C X(z)z^{k-1} dz \tag{4.5}$$

式中，C 為包含 z-平面原點的一封閉圓，且 $X(z)z^{k-1}$ 複變函數之所有極點皆在此圓的範圍內，因此可以利用餘值定理 (residue theorem) 求解。本書中，我們要利用部分分式展開法，將 $X(z)z^{k-1}$ 轉換成數個

簡單的函數，以便於直接查表，求取反變換；其程序與節 3-3「拉式反變換」之原理相似，將在往後節次裏，再詳加介紹與說明。

■ **一些時間函數的 Z-變換** 現在要介紹一些常用時間函數的 Z-變換，並整理於表 3.1，以利於往後解差分方程式，及 Z-反變換。我們使用如 (4.1) 定義的單邊 Z-變換法，因此考慮 CT 信號時，$x(0)$ 即是 $x(0^+)$。

1. **單位脈波數列** 單位脈波數列 $\delta[n]$ 如 (1.30) 所述，亦即

$$\delta[n] = \{\cdots, 0, 0;\ 1, 0, 0 \cdots\} \tag{4.6}$$

參見例題 4.1，則單位脈波數列 $\delta[n]$ 的 Z-變換為：$\delta(z) = 1$，亦即

$$\delta[k] \xrightarrow{Z} \delta(z) = 1 \tag{4.7}$$

2. **單位步級數列** 單位步級數列 $u[n]$ 如 (1.33) 所述，亦即

$$u[n] = \{\cdots, 0, 0;\ 1, 1, 1 \cdots\} \tag{4.8}$$

參見例題 4.1，則單位步級數列 $u[n]$ 的 Z-變換為：

$$U(z) = Z\{u[n]\} = \frac{1}{1-z^{-1}} = \frac{z}{z-1} \tag{4.9}$$

上式的收斂半徑為：$|z^{-1}| < 1$，即 $|z| > 1$。因此

$$u[k] \xrightarrow{Z} U(z) = \frac{1}{1-z^{-1}} = \frac{z}{z-1} \tag{4.10}$$

3. **單位斜坡函數** 單位斜坡函數列 $r(t)$ 如 (1.21) 所述，亦即

$$r(t) = \begin{cases} t & t \geq 0 \\ 0 & t < 0 \end{cases} \tag{4.11}$$

則第 k 個抽樣數值為

表 4.1　一些函數的 Z 變換表

拉式變換式 $X(s)$	時間函數 $x(t), t \geq 0$	抽樣值 $x(kT)$，或，$x[k]$	Z-變換式 $X(z)$
-	-	$\delta[k]$	1
$\dfrac{1}{s}$	$u(t)$	$u[k]$	$\dfrac{1}{1-z^{-1}}$
$\dfrac{1}{s+a}$	e^{-at}	e^{-akT}	$\dfrac{1}{1-e^{-aT}z^{-1}}$
-	-	a^k	$\dfrac{1}{1-az^{-1}}$
$\dfrac{1}{s^2}$	t	kT	$\dfrac{Tz^{-1}}{(1-z^{-1})^2}$
$\dfrac{2}{s^3}$	t^2	$(kT)^2$	$\dfrac{T^2 z^{-1}(1+z^{-1})}{(1-z^{-1})^3}$
$\dfrac{a}{s(s+b)}$	$1-e^{-at}$	$1-e^{-akT}$	$\dfrac{(1-e^{-aT})z^{-1}}{(1-z^{-1})(1-e^{-aT}z^{-1})}$
$\dfrac{b-a}{(s+a)(s+b)}$	$e^{-at}-e^{-bt}$	$e^{-akT}-e^{-bkt}$	$\dfrac{(e^{-aT}-e^{-bT})z^{-1}}{(1-e^{-aT}z^{-1})(1-e^{-bT}z^{-1})}$
$\dfrac{1}{(s+a)^2}$	te^{-at}	$kT\,e^{-akT}$	$\dfrac{Te^{-aT}z^{-1}}{(1-e^{-aT}z^{-1})^2}$
$\dfrac{\omega}{s^2+\omega^2}$	$\sin \omega t$	$\sin k\omega T$	$\dfrac{z^{-1}\sin \omega T_s}{1-2z^{-1}\cos \omega T_s + z^{-2}}$
$\dfrac{s}{s^2+\omega^2}$	$\cos \omega t$	$\cos k\omega T$	$\dfrac{z^{-1}\cos \omega T_s}{1-2z^{-1}\cos \omega T_s + z^{-2}}$
$\dfrac{\omega}{(s+a)^2+\omega^2}$	$e^{-at}\sin \omega t$	$e^{-akT}\sin k\omega T$	$\dfrac{e^{-aT_s}z^{-1}\sin \omega T_s}{1-2e^{-aT_s}z^{-1}\cos \omega T_s + e^{-2aT_s}z^{-2}}$
$\dfrac{s+a}{(s+a)^2+\omega^2}$	$e^{-at}\cos \omega t$	$e^{-akT}\cos k\omega T$	$\dfrac{1-e^{-aT_s}z^{-1}\cos \omega T_s}{1-2e^{-aT_s}z^{-1}\cos \omega T_s + e^{-2aT_s}z^{-2}}$

【註】　T 爲離散系統的抽樣週期 (sampling period)。

$$r[k] = r(kT) = kT, \quad k = 0, 1, 2 \cdots$$

式中，T 為抽樣週期。由 (4.1) 的 Z-變換法定義可得

$$R(z) = Z\{r[n]\} = \sum_{k=0}^{\infty} x(kT)z^{-k} = \sum_{k=0}^{\infty} kTz^{-k}$$

$$= T\sum_{k=0}^{\infty} kz^{-k} = T\left(z^{-1} + 2z^{-2} + 3z^{-3} + \cdots\right) \tag{4.12}$$

$$R(z) = T\frac{z^{-1}}{\left(1-z^{-1}\right)^2} = \frac{Tz}{(z-1)^2}$$

4. 冪方函數 冪方函數定義如下

$$x[k] = \begin{cases} a^k & k = 0, 1, 2 \cdots \\ 0 & k < 0 \end{cases} \tag{4.13}$$

由 (4.1) 的 Z-變換法定義可得

$$X(z) = Z\{a^k\} = \sum_{k=0}^{\infty} a^k z^{-k}$$

$$= 1 + az^{-1} + a^2 z^{-2} + a^3 z^{-3} + \cdots$$

$$= \frac{1}{1-az^{-1}}, \quad (|z| > a)$$

因此，

$$Z\{a^k\} = \frac{1}{1-az^{-1}} = \frac{z}{z-a} \tag{4.14}$$

5. 指數函數 指數函數定義如 (1.7) 所述，如下示

$$x(t) = \begin{cases} e^{-at} & t \geq 0 \\ 0 & t < 0 \end{cases} \tag{4.15}$$

則第 k 個抽樣數值為

$$x[k] = x(kT) = e^{-akT}, \quad k = 0, 1, 2 \cdots$$

由 (4.13) 可知，

$$Z\{e^{-at}\} = Z\{e^{-akT}\} = \frac{1}{1 - e^{-aT}z^{-1}} = \frac{z}{z - e^{-aT}} \qquad (4.16)$$

6. 弦波函數 弦波函數定義如 (1.10) 所述。我們現在分別考慮如下三種情形：

(A) 正弦函數.

$$x(t) = \begin{cases} \sin \omega t & t \geq 0 \\ 0 & t < 0 \end{cases} \qquad (4.17)$$

仿照 (3.8) 的討論，及 (4.16) 的結果

$$Z\{\sin \omega t\} = Z\left[\frac{1}{2j}\left(e^{j\omega t} - e^{-j\omega t}\right)\right]$$

$$= Z\{\sin \omega kT\} = \frac{1}{2j}\left(\frac{1}{1 - e^{j\omega T}z^{-1}} - \frac{1}{1 - e^{-j\omega T}z^{-1}}\right)$$

化簡後可得

$$Z\{\sin \omega t\} = \frac{z^{-1}\sin \omega T}{1 - 2z^{-1}\cos \omega T + z^{-2}} = \frac{z\sin \omega T}{z^2 - 2z\cos \omega T + 1} \qquad (4.18)$$

(B) 餘弦函數.

$$x(t) = \begin{cases} \cos \omega t & t \geq 0 \\ 0 & t < 0 \end{cases} \qquad (4.19)$$

仿照上述的討論

$$Z\{\cos \omega t\} = Z\left[\frac{1}{2}\left(e^{j\omega t} + e^{-j\omega t}\right)\right]$$

$$= Z\{\cos \omega kT\} = \frac{1}{2}\left(\frac{1}{1 - e^{j\omega T}z^{-1}} + \frac{1}{1 - e^{-j\omega T}z^{-1}}\right).$$

化簡後可得

$$Z\{\cos\omega t\} = \frac{z^{-1}\cos\omega T}{1 - 2z^{-1}\cos\omega T + z^{-2}}$$
$$= \frac{z\cos\omega T}{z^2 - 2z\cos\omega T + 1}$$
(4.20)

(C) 阻尼弦波函數. 分別考慮阻尼正弦及餘弦函數如下：

$$x_3(t) = \begin{cases} e^{-at}\sin\omega t & t \geq 0 \\ 0 & t < 0 \end{cases}$$
(4.21)

$$x_4(t) = \begin{cases} e^{-at}\cos\omega t & t \geq 0 \\ 0 & t < 0 \end{cases}$$
(4.22)

利用以上的討論可得

$$Z\{e^{-at}\sin\omega t\} = \frac{e^{-aT}z^{-1}\sin\omega T}{1 - 2e^{-aT}z^{-1}\cos\omega T + e^{-2aT}z^{-2}}$$
$$= \frac{e^{-aT}z\sin\omega T}{z^2 - 2e^{-aT}z\cos\omega T + e^{-2aT}}$$
(4.23)

及，

$$Z\{e^{-at}\cos\omega t\} = \frac{1 - e^{-aT}z^{-1}\cos\omega T}{1 - 2e^{-aT}z^{-1}\cos\omega T + e^{-2aT}z^{-2}}$$
$$= \frac{z^2 - e^{-aT}z\cos\omega T}{z^2 - 2e^{-aT}z\cos\omega T + e^{-2aT}}$$
(4.24)

【例題 4.2】

試分別證明 (4.23) 及 (4.24) 式。

解 (a) $Z\{e^{-at}\sin\omega t\} = Z\left[\frac{1}{2j}\left(e^{-at}e^{j\omega t} - e^{-at}e^{-j\omega t}\right)\right]$

$$= \frac{1}{2j}\left(\frac{1}{1-e^{-(a-j\omega T)}z^{-1}} - \frac{1}{1-e^{-(a+j\omega T)}z^{-1}}\right)$$

$$= \frac{e^{-aT}z^{-1}\sin\omega T}{1-2e^{-aT}z^{-1}\cos\omega T + e^{-2aT}z^{-2}}$$

$$= \frac{e^{-aT}z\sin\omega T}{z^2 - 2e^{-aT}z\cos\omega T + e^{-2aT}}.$$

(b) $Z\{e^{-at}\cos\omega t\} = Z\left[\frac{1}{2}\left(e^{-at}e^{j\omega t} + e^{-at}e^{-j\omega t}\right)\right]$

$$= \frac{1}{2}\left(\frac{1}{1-e^{-(a-j\omega T)}z^{-1}} + \frac{1}{1-e^{-(a+j\omega T)}z^{-1}}\right)$$

$$= \frac{1-e^{-aT}z^{-1}\cos\omega T}{1-2e^{-aT}z^{-1}\cos\omega T + e^{-2aT}z^{-2}}$$

$$= \frac{z^2 - e^{-aT}z\cos\omega T}{z^2 - 2e^{-aT}z\cos\omega T + e^{-2aT}}.$$

4-2 Z-變換之性質

本節要介紹 Z-變換的一些定理或特性，這些將可以幫助我們在做 Z-變換，及求解差分方程式時，獲得正確且快捷的答案。詳細的 Z-變換性質整理於表 4.2，與拉式變換類似，請讀者參考之。

■ **線性操作** 若 a, b 為常數，且 $X(z) = Z[x(t)]$ 則

$$Z[a\,x(t)] = aZ[x(t)] = aX(z) \tag{4.25}$$

若 $X_1(z)$ 及 $X_2(z)$ 分別為 $x_1(t)$ 及 $x_2(t)$ 的 Z-變換式，則

$$Z[x_1(t) + x_2(t)] = X_1(z) + X_2(z) \tag{4.26}$$

表 4.2　Z-變換的性質

性　質	信　號	Z-變換
移　位	$x[n-N]$	$z^{-N}X(z)$
反　摺	$x[-n]$	$X\left(\frac{1}{z}\right)$
縮　比	$\alpha^n x[n]$	$X\left(\frac{z}{\alpha}\right)$
乘以 n	$nx[n]$	$-z\dfrac{dX(z)}{dz}$
乘以 cos	$\cos(n\Omega)x[n]$	$0.5[X(ze^{j\Omega})+X(ze^{-j\Omega})]$
乘以 sin	$\sin(n\Omega)x[n]$	$j0.5[X(ze^{j\Omega})-X(ze^{-j\Omega})]$
摺　積	$x[n]*y[n]$	$X(z)\cdot Y(z)$

因此，

$$Z[ax_1(t)+bx_2(t)] = aX_1(z)+bX_2(z) \tag{4.27a}$$

亦即，Z-變換係屬一種線性運算，上述之性質分別即為節 2.1 所討論的均勻性、加成性與重疊性。對於離散時間系統，我們使用

$$x[k] := x(kT) = x(t)\big|_{t=kT}, \quad (T \text{ 為抽樣週期})$$

且 $X(z) = Z\{x[k]\}$，則線性運算表達為

$$Z\{ax_1[k]+bx_2[k]\} = aX_1(z)+bX_2(z) \tag{4.27b}$$

■ **移位定理**

$$Z\{x(t-nT)\} = z^{-n}X(z)+z^{-n}\left\{\sum_{q=1}^{n}z^q x[-q]\right\} \tag{4.28}$$

若有因果函數 $x(t)=0, (t<0)$ 之 Z-變換為 $z^{-n}X(z)$，亦即，$x[k-n] \xrightarrow{z}$

$z^{-n}X(z)$。(4.28) 式之意義爲：當 $x(t)u(t)$ 往 t-軸右方移位 n 個抽樣週期，則在複變數 z-頻域上，相當於乘上 z^{-n}。另一方面，當 $x(t)u(t)$ 往 t-軸左方移位則

$$Z[x(t+nT)] = z^n \left[X(z) - \sum_{K=0}^{n-1} x(kT)z^{-k} \right] \qquad (4.29)$$

【例題 4.3】

若 $X(z) = Z[x(t)]$，試分別求取以下數列之 Z-變換。

(a) $x[k+1]$,　　(b) $x[k+2]$,
(c) $x[k+n]$,　　(d) $x[k-n]$

解 因爲 $Z\{x[k]\} = X(z)$

(a) $Z\{x[k+1]\} = \sum_{k=0}^{\infty} x[k+1]z^{-k} = \sum_{k=1}^{\infty} x[k]z^{-k+1}$

$$= z\left\{\sum_{k=0}^{\infty} x[k]z^{-k} - x[0]\right\} = zX(z) - zx[0].$$

(b) 因爲 $Z\{x[k+1]\} = zX(z) - zx[0]$，則

$$Z\{x[k+2]\} = z\,Z\{x[k+1]\} - zx[1]$$
$$= z^2 X(z) - z^2 x[0] - zx[1].$$

(c) 同上述原理，可以證得

$$Z\{x[k+n]\} = z^n X(z) - z^n x[0] - z^{n-1}x[1] - \cdots - zx[n-1] \qquad (4.30)$$

(d) $\quad Z[x(k-n)] = z^{-n}X(z) + z^{-n}\left\{\sum_{q=1}^{n} z^q x[-q]\right\}$。 $\qquad (4.31)$

(4.30) 及 (4.31) 式非常重要，在利用 Z-變換法求解差分方程式，及

差分狀態方程式時，一定需要用到，請讀者牢記之。

■ **初值定理** 若有因果函數 $x(t) = 0, (t < 0)$ 之 Z-變換為 $X(z)$，且若 $\lim_{z \to \infty} X(z)$ 存在，則

$$x(0) = \lim_{z \to \infty} X(z) \tag{4.32}$$

■ **終值定理** 若有因果函數 $x(t) = 0, (t < 0)$ 之 Z-變換為 $X(z)$，且所有 $X(z)$ 的極點皆在單位圓內，最多只有一個極點在 $|z| = 1$，因為

$$Z\{x[k-1]\} = z^{-1} X(z) = \sum_{k=0}^{\infty} x[k-1] z^{-k} ,$$

所以

$$\sum_{k=0}^{\infty} x[k] z^{-k} - \sum_{k=0}^{\infty} x[k-1] z^{-k} = X(z) - z^{-1} X(z).$$

再者，

$$\lim_{z \leftarrow 1} \left[\sum_{k=0}^{\infty} x[k] z^{-k} - \sum_{k=0}^{\infty} x[k-1] z^{-k} \right] = \lim_{z \leftarrow 1} \left[(1 - z^{-1}) X(z) \right] .$$

又因為

$$\sum_{k=0}^{\infty} \{x[k] - x[k-1]\}$$
$$= \{x[0] - x[-1]\} + \{x[1] - x[0]\} + \{\ldots x[2] - x[1]\} + \cdots x[\infty]$$
$$= \lim_{k \to \infty} x[k]$$

則得

$$x[\infty] = \lim_{k \to \infty} x[k] = \lim_{z \leftarrow 1} \left[(1 - z^{-1}) X(z) \right] \tag{4.33}$$

【例題 4.4】

若離散時間線性系統為

$$x[k] - ax[k-1] = u[k], \quad |a| < 1.$$

式中，$x[k]$ 為輸出數列，$x[k] = 0, (k < 0)$；$u[k]$ 為單位步級輸入數列。試解出輸出數列 $x[k]$，並求其初值，與終值。

解 若 $X(z) = Z[x(t)]$，且因為 $Z\{u[k]\} = \dfrac{1}{1-z^{-1}}$，則

$$Z\{x[k] - ax[k-1]\} = X(z) - az^{-1}X(z) = \frac{1}{1-z^{-1}}$$

解得

$$X(z) = \frac{1}{(1-z^{-1})(1-az^{-1})} = \frac{1}{1-a}\left(\frac{1}{1-z^{-1}} - \frac{a}{1-az^{-1}}\right).$$

查表 4.1 可得

$$x[k] = \frac{1}{1-a}\left(1 - a^{k+1}\right) = \frac{1-a^{k+1}}{1-a}$$

由 (4.32)，則 $x[k]$ 之初值為

$$x[0] = \lim_{z \to \infty} X(z) = \lim_{z \to \infty} \frac{1}{(1-z^{-1})(1-az^{-1})} = 1.$$

由 (4.33)，則 $x[k]$ 之終值為

$$x[\infty] = \lim_{z \leftarrow 1}\left[(1-z^{-1})X(z)\right] = \lim_{z \leftarrow 1}\left[(1-z^{-1})\frac{1}{(1-z^{-1})(1-az^{-1})}\right]$$

$$= \lim_{z \leftarrow 1}\left[\frac{1}{(1-az^{-1})}\right] = \frac{1}{1-a}$$

【例題 4.5】

已知 $Z\{u[n]\} = \frac{z}{z-1}$,試求以下數列的 Z-變換。

(a) $nu[n]$, (b) $\alpha^n nu[n]$,
(c) $\alpha^n(u[n]-u[n-N])$, (d) $\cos(n\Omega)u[n]$
(e) $\sin(n\Omega)u[n]$, (f) $\alpha^n\cos(n\Omega)u[n]$
(g) $\alpha^n\sin(n\Omega)u[n]$, (h) $\alpha^{-n}u[-n-1]$
(i) $-\alpha^n u[-n-1]$, (j) $\alpha^{|n|}$ $(\alpha < 1)$。

解 (a) $nu[n] \Leftrightarrow -z\frac{d}{dz}\left(\frac{z}{z-1}\right) = \frac{z}{(z-1)^2}$

(b) $\alpha^n nu[n] \Leftrightarrow \frac{z}{(z-1)^2}\bigg|_{z\leftarrow\frac{z}{\alpha}} = \frac{\frac{z}{\alpha}}{\left(\frac{z}{\alpha}-1\right)^2} = \frac{\alpha z}{(z-\alpha)^2}$

(c) 因為 $u[n]-u[n-N] \Leftrightarrow \frac{1-z^{-N}}{1-z^{-1}}$,所以

$$\alpha^n(u[n]-u[n-N]) \Leftrightarrow \frac{1-\left(\frac{z}{\alpha}\right)^{-N}}{1-\left(\frac{z}{\alpha}\right)^{-1}}$$

(d) 因為 $u[n] \Leftrightarrow \frac{z}{z-1}$, 所以

$$\cos(n\Omega)u[n] \Leftrightarrow 0.5\left[\frac{ze^{j\Omega}}{ze^{j\Omega}-1} + \frac{ze^{-j\Omega}}{ze^{-j\Omega}-1}\right] = \frac{z^2-z\cos\Omega}{z^2-2z\cos\Omega+1}$$

(e) 因為 $u[n] \Leftrightarrow \frac{z}{z-1}$, 所以

$$\sin(n\Omega)u[n] = j0.5\left[\frac{ze^{j\Omega}}{ze^{j\Omega}-1} - \frac{ze^{-j\Omega}}{ze^{-j\Omega}-1}\right] = \frac{z\sin\Omega}{z^2-2z\cos\Omega+1}$$

(f) 因為 $\cos(n\Omega)u[n] \Leftrightarrow \frac{z^2-z\cos\Omega}{z^2-2z\cos\Omega+1}$,所以

$$\alpha^n\cos(n\Omega)u[n] \Leftrightarrow \frac{\left(\frac{z}{\alpha}\right)^2-\left(\frac{z}{\alpha}\right)\cos\Omega}{\left(\frac{z}{\alpha}\right)^2-2\left(\frac{z}{\alpha}\right)\cos\Omega+1} = \frac{z^2-\alpha z\cos\Omega}{z^2-2\alpha z\cos\Omega+\alpha^2}$$

(g) 因為 $\sin(n\Omega)u[n] \Leftrightarrow \dfrac{z\sin\Omega}{z^2 - 2z\cos\Omega + 1}$，所以

$$\alpha^n \sin(n\Omega)u[n] \Leftrightarrow \dfrac{\left(\frac{z}{\alpha}\right)\sin\Omega}{\left(\frac{z}{\alpha}\right)^2 - 2\left(\frac{z}{\alpha}\right)\cos\Omega + 1} = \dfrac{\alpha z\sin\Omega}{z^2 - 2\alpha z\cos\Omega + \alpha^2}$$

(h) 因為 $\alpha^n u[n] \Leftrightarrow \dfrac{z}{z-\alpha} \ (|z|>\alpha)$，所以

$$\alpha^{-n} u[-n-1] \Leftrightarrow \dfrac{\frac{1}{z}}{\frac{1}{z-\alpha}} - 1 = \dfrac{\alpha z}{1-\alpha z} \ \left(|z| < \dfrac{1}{\alpha}\right)$$

(i) $-\alpha^n u[-n-1] \Leftrightarrow \dfrac{\alpha z}{1-\alpha z}\Big|_{\alpha \leftarrow \frac{1}{\alpha}} = \dfrac{z}{z-\alpha} \ (|z|<\alpha)$

(j) $\alpha^{|n|} = \alpha^n u[n] + \alpha^{-n} u[-n] - \delta[n] \Leftrightarrow \dfrac{z}{z-\alpha} - \dfrac{z}{z-\frac{1}{\alpha}} \quad |\alpha| < z < \dfrac{1}{|\alpha|}$。

4-3 Z-反變換原理

我們已經在前面的節次裏介紹過 Z-變換的定義、原理及其性質了。對於函數 $x(t)$，或數列 $x[k]$，其 Z-變換為 $X(z)$。符號表達成

$$x(t) \xrightarrow{\mathscr{Z}} X(z), \quad 或 \quad x[k] \xrightarrow{\mathscr{Z}} X(z)。$$

在另一方面，$X(z)$ 的 Z-反變換等於數列 $x[k]$，而不等於 $x(t)$，即

$$X(z) \xrightarrow{\mathscr{Z}^{-1}} x[k] \tag{4.34}$$

亦即，函數 $X(z)$ 的 Z-反變換只能等於 $x(t)$ 在離散時刻：$t = 0, T,$ $2T, \cdots$ (此處 T 為抽樣週期)，等之數值，或數列 $x[k] := \{x(kT), k =$

$0, 1, 2\cdots\}$。反變換後，$x(t)$ 在其他的時間不得而知。如圖 4.1 所示，三個 CT 信號 $x_1(t)$, $x_2(t)$, $x_3(t)$ 在 $t = 0, T, 2T, \cdots$ 之時刻皆有相同的數值，但是一般而言，這三個信號是不同的。由上討論可知，應該有許多 CT 信號具有相同的離散時刻數列。

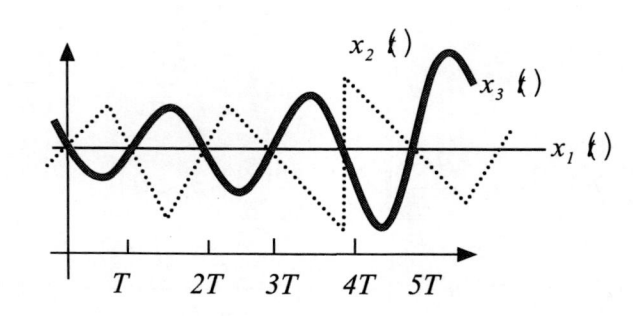

圖 4.1 三個不同的 CT 信號，但具有相等離散數值。

接下來我們要介紹函數 $X(z)$ 的 Z-反變換原理與方法。

■ **長除法** (Direct division method). 施行長除法非常簡單、直接，但只能求出部分項數的 $x[k]$ 數列，而非得到 $x[k]$ 數列的完整表示式。此法之原理如下：我們先將 $X(z)$ 表達成 z^{-1} 的實係數有理分式，再使用長除法，將函數 $X(z)$ 展開成 z^{-1} 的級數

$$\begin{aligned} X(z) &= \sum_{k=0}^{\infty} x(kT) z^{-k} \\ &= x(0) + x(T)z^{-1} + x(2T)z^{-2k} + \cdots + x(kT)z^{-k} + \cdots \end{aligned} \tag{4.35}$$

則數列值 $x[k] := \{x(kT),\ k = 0, 1, 2\cdots\}$ 可以直接地得到，我們用例題說明之。

【例題 4.5】

試求下列函數的 Z-反變換：

$$X(z) = \frac{10z+5}{z^2 - 1.2z + 0.2}$$

解 第一步,先將 $X(z)$ 表達成 z^{-1} 的實係數有理分式,如下

$$X(z) = \frac{10z^{-1} + 5z^{-2}}{1 - 1.2z^{-1} + 0.2z^{-2}}$$

再施行長除程序,將函數 $X(z)$ 展開成 z^{-1} 的級數如下:

$$X(z) = 10z^{-1} + 17z^{-2} + 18.4z^{-3} + 18.68z^{-4} + \cdots$$

亦即:

$$\begin{aligned} x(0) &= 0 \\ x(1) &= 10 \\ x(2) &= 17 \\ x(3) &= 18.4 \\ x(4) &= 18.68 \\ &\cdots \end{aligned}$$

■ **部分分式展開法** 與節 3-3 的「拉式反變換」原理類似,由 Z-變換 $X(z)$ 求其相對應的時間數列 $x[k]$ 之程序,稱為 Z-反變換(inverse Z-transformation)。在求取反變換時,通常我們先針對有理係數函數 $X(z)$ 做部分分式展開,然後再參考表 4.1 的 Z-變換公式,以查表的方式決定時間數列 $x[k]$,或 $x(kT)$。

通常有理係數函數 $X(z)$ 可以分解成為好幾個簡單的部分,如下示:

$$X(z) = X_1(z) + X_2(z) \cdots + X_n(z)$$

根據重疊原理的性質,$X(z)$ 的拉式反變換可以由 $X_1(z)$,$X_2(z)$,

$\cdots X_n(z)$ 各自的 z-反變換組成之。如果反變換表示為 $Z^{-1}[X_i(z)] = x_i[k]$，則

$$Z^{-1}[X(z)] = Z^{-1}[X_1(z)] + Z^{-1}[X_2(z)] + \cdots + Z^{-1}[X_n(z)] = \sum_{i=1}^{n} x_i[k]. \quad (4.36)$$

因此，欲求複雜函數 $X(z)$ 的 z-反變換，則題目轉換成為幾個比較低階、簡單的函數 $X_i(z)$ 之反變換。這些低階、簡單的反變換可以利用查表的方式決定之，非常便捷、簡易。

我們以 $\frac{X(z)}{z}$ 出發，施行部分分式展開，茲以例題說明之。

【例題 4.6】

試求下列函數的 z-反變換：

$$X(z) = \frac{10z}{z^2 - 1.2z + 0.2}$$

解 第一步，先將 $\frac{X(z)}{z}$ 施行部分分式展開如下

$$\frac{X(z)}{z} = \frac{10}{(z-1)(z-0.2)} = \frac{12.5}{z-1} + \frac{-12.5}{z-0.2} ,$$

再將函數 $X(z)$ 整理成 z^{-1} 函數如下：

$$X(z) = 12.5 \left(\frac{1}{1-z^{-1}} - \frac{1}{1-0.2z^{-1}} \right)$$

由表 4.1 可知

$$Z^{-1}\left[\frac{1}{1-z^{-1}}\right] = 1 , \quad Z^{-1}\left[\frac{1}{1-0.2z^{-1}}\right] = (0.2)^k , \quad k = 0, 1, 2\cdots$$

因此，$\quad x[k] = 12.5\left[1 - (0.2)^k\right] \quad k = 0, 1, 2\cdots$

亦即：

$$x(0) = 0$$
$$x(1) = 10$$
$$x(2) = 12$$
$$x(3) = 12.4$$
$$x(4) = 12.48$$
$$\cdots$$

【例題 4.7】

試求下列函數的 z-反變換：

$$X(z) = \frac{2z^2 + z}{(z-2)^2(z-1)}$$

解 第一步，先將 $\frac{X(z)}{z}$ 施行部分分式展開如下

$$\frac{X(z)}{z} = \frac{3}{z-1} + \frac{9}{(z-2)^2} + \frac{-1}{(z-2)}.$$

再將函數 $X(z)$ 整理成 z^{-1} 函數如下：

$$X(z) = \frac{3}{1-z^{-1}} + \frac{9z^{-1}}{(1-2z^{-1})^2} - \frac{1}{1-2z}.$$

由表 4.1 可知

$$Z^{-1}\left[\frac{1}{1-z^{-1}}\right] = 1 \quad, \quad Z^{-1}\left[\frac{1}{1-2z^{-1}}\right] = (2)^k \quad k = 0, 1, 2\cdots$$

$$Z^{-1}\left[\frac{z^{-1}}{(1-2z^{-1})^2}\right] = k(2)^{k-1} \quad k = 0, 1, 2\cdots$$

因此，

$$x[k] = \begin{cases} 2 & k=0 \\ 9k(2^{k-1}) - 2^k + 3 & k = 1, 2, 3 \cdots \end{cases}$$

【例題 4.8】

試求下列函數的 z-反變換：

$$X(z) = \frac{z^2 + 6z}{(z^2 - 2z + 2)(z - 1)}$$

解 第一步，先將 $\frac{X(z)}{z}$ 施行部分分式展開如下

$$\frac{X(z)}{z} = \frac{7}{z-1} - \frac{7z - 8}{z^2 - 2z + 2}.$$

再將函數 $X(z)$ 整理成 z^{-1} 函數如下：

$$X(z) = \frac{7}{1 - z^{-1}} - \frac{7 - 8z^{-1}}{1 - 2z^{-1} + 2z^{-2}}$$
$$:= 7X_1(z) - 7X_2(z).$$

上式右方第二項為二次式，相當於阻尼弦波數列。由表 4.1 可知：

$$Z[e^{-akT}\sin\omega kT] = \frac{e^{-aT}z^{-1}\sin\omega T}{1 - 2e^{-aT}z^{-1}\cos\omega T + e^{-2aT}z^{-2}},$$

$$Z[e^{-akT}\cos\omega kT] = \frac{1 - e^{-aT}z^{-1}\cos\omega T}{1 - 2e^{-aT}z^{-1}\cos\omega T + e^{-2aT}z^{-2}}.$$

又，

$$X_2(z) = -\frac{1}{7}\frac{z^{-1}}{1 - 2z^{-1} + 2z^{-2}} + \frac{1 - z^{-1}}{1 - 2z^{-1} + 2z^{-2}}$$

與上二式對照，確認參數 e^{-aT} 及 ωT 如下：

$$e^{-2aT} = 2, \quad e^{-aT}\cos\omega T = 1$$

因此，

$$e^{-aT} = \sqrt{2}, \quad \omega T = \frac{\pi}{4},$$

且,

$$\sin \omega T = \cos \omega T = \frac{1}{\sqrt{2}}$$

所以,

$$Z^{-1}[X_2(z)] = -\frac{1}{7}\left(\sqrt{2}\right)^k \sin \frac{\pi k}{4} + \left(\sqrt{2}\right)^k \cos \frac{\pi k}{4}$$

亦即:

$$x[k] = 7 + \left(\sqrt{2}\right)^k \sin \frac{\pi k}{4} - 7\left(\sqrt{2}\right)^k \cos \frac{\pi k}{4} \quad k = 0, 1, 2 \cdots$$

或,

$$\begin{aligned} x(0) &= 0 \\ x(1) &= 1 \\ x(2) &= 9 \\ x(3) &= 23 \\ &\cdots \end{aligned},$$

4-4 利用 z-變換解差分方程式

在分析 CT 線性系統時,我們常使用的是微分方程式,利用拉式變換可以很方便地求解其時間響應,如第三章所述。但在**數值分析**

(numerical analysis) 或做計算機之離散時間系統模擬 (system simulation)，甚至於施行直接數位控制 (digital control) 的方法時，需要將系統數位化，信號以離散時間 (DT) 的數列代表。在抽樣瞬刻，微分方程式可以轉變成為差分方程式。亦即，在離散時間上，系統被離散化 (discretized)，以差分方程式描述之。

■ **差分方程式** 以一次系統的 ODE $\dot{y}(t) = ay(t) + bx(t)$ 為例，如果我們選擇很小的抽樣週期 T，則 $\dot{y}(t)$ 可近似為

$$\dot{y}(t) \cong \frac{y(t+T) - y(t)}{T}. \tag{4.37}$$

因此，上述的一次微分方程式可以被 (近似地) 表示為

$$\frac{y(t+T) - y(t)}{T} = ay(t) + bx(t).$$

解得

$$y(t+T) = (1+aT)y(t) + bTx(t)$$

當 $t = kT$ 時，

$$y[(k+1)T] = (1+aT)y(kT) + bTx(kT) \tag{4.38}$$

可以表示為如下所示的差分方程式：

$$y[k+1] = (1+aT)y[k] + bTx[k]. \tag{4.39}$$

■ **解差分方程式** 本節要應用 z-變換的基本定義、重要性質，及 z-反變換的原理與方法，求解線性常係數差分方程式 (DT-DE)。一般而言，具備有初始條件 (初始狀態) 的 DT-DE，可以利用 z-變換及 z-反變換直接求得解答 (數列響應)，施行之程序請參考圖 4.2。

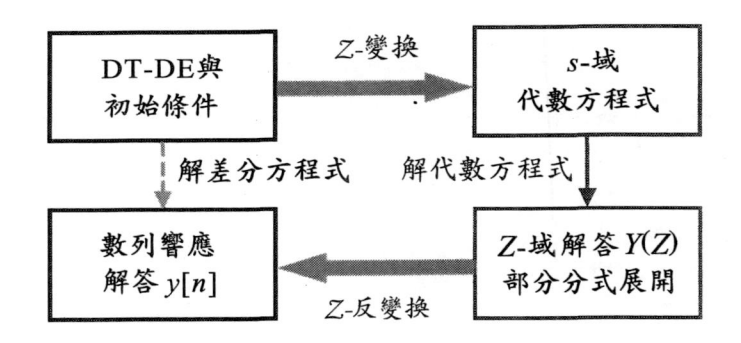

```
┌──────────────┐    Z-變換    ┌──────────────┐
│ DT-DE 與     │─────────────▶│ s-域         │
│ 初始條件     │              │ 代數方程式   │
└──────┬───────┘              └──────┬───────┘
       │ 解差分方程式          解代數方程式
       ▼                              ▼
┌──────────────┐              ┌──────────────┐
│ 數列響應     │◀─────────────│ Z-域解答 Y(Z)│
│ 解答 y[n]    │   Z-反變換    │ 部分分式展開 │
└──────────────┘              └──────────────┘
```

圖 4.2 利用 Z-變換求解 DT-DE 之程序。

利用 Z-變換求解差分方程式，大致上需要下列四個步驟：

1. 利用 (4.28) 或 (4.29) 式，及表 4.1 或 4.2，對差分方程式兩邊同時取 Z-變換，並將初始條件一併代入，得到 z-域代數方程式。
2. 解出響應的 Z-變換式：$Y(z) = Z\{y[k]\}$。
3. 將 $\frac{Y(z)}{z}$ 依其極點是否為單根或重根，施行部分分式展開。
4. 參考 4.1，求取 $Y(z)$ 的拉式反變換，而得到數列響應解答：$y[k]$。

一般 n-階差分方程式為如下式

$$\begin{aligned} & y[k+n] + a_1 y[k+n-1] + \cdots + a_n y[k] \\ & = b_0 x[k+n] + b_1 x[k+n-1] + \cdots + b_n x[k] \end{aligned} \tag{4.40}$$

若欲解上式，則初始條件：$y(0), y(1), \cdots y(n-1)$ 必須給予。

以 Z-變換法解離散時間差分方程式是非常重要的，這就好比我們利用拉式變換解微分方程式一樣，因為在 z 數頻域上，差分方程式被變換成為代數方程式，使得解題變得直接、便捷，且方便。

利用 Z-變換解 DT 方程式必須利用前幾節討論的 Z-變換定義、性質、與部分分式展開法，再以查表 (表 4.1) 的方式，求取數列 $x[k]$。在以下的討論中，我們用 $x[k]$ 代表 $x(kT)$，T 為離散時間系統的抽樣週期。所利用的 Z-變換性質最重要的是移位定理，如 (4.28) 及 (4.29) 式，再整理於表 4.2。以下我們以例題說明之。

表 4.3 函數移位之 Z 變換

	$x[k]$ 或 $x(kT)$	$X(z) = Z\{x[k]\}$
1	$ax_1[k] + bx_2[k]$	$aX_1(z) + bX_2(z)$
2	$x[k+1]$	$zX(z) - zx(0)$
3	$x[k+2]$	$z^2 X(z) - z^2 x(0) - zx(T)$
4	$x[k+n]$	$z^n X(z) - z^n x[0] - z^{n-1} x[1] - \cdots - zx[n-1]$
5	$x[k-1]$ 【註】	$z^{-1} X(z) + x[-1]$
6	$x[k-n]$ 【註】	$z^{-n} X(z) + z^{-n} \{zx[-1] + z^2 x[-2] + \cdots + z^n x[-n]\}$

【註】當我們只考慮有因果數列時，$x[k] = 0$，$k<0$.

【例題 4.9】

試求解下列差分方程式：

$$x[k+2] + 3x[k+1] + 2x[k] = 0 \text{ , } x[0] = 0 \text{ , } x[1] = 1.$$

解 利用表 4.2 可知：

$$Z\{x[k+2]\} = z^2 X(z) - z^2 x[0] - zx[1]$$
$$Z\{x[k+1]\} = zX(z) - zx[0]$$

因此，上述差分方程式兩邊同時取 Z-變換如下，

$$z^2 X(z) - z^2 x[0] - zx[1] + 3zX(z) - 3zx[0] + 2X(z) = 0$$

代入以知初始條件，並解得

$$X(z) = \frac{z}{z^2 + 3z + 2}$$

其次，對 $\frac{Y(z)}{z}$ 做部分分式展開

$$\frac{X(z)}{z} = \frac{1}{z+1} - \frac{1}{z+2}$$

因此，

$$X(z) = \frac{1}{1+z^{-1}} - \frac{1}{1+2z^{-1}}$$

查表 (表 4.1) 可得

$$x[k] = (-1)^k - (-2)^k \quad k = 0, 1, 2\cdots$$

【例題 4.10】 （單位脈波響應）

試求解下列差分方程式：

$$y[k+2] - 3y[k+1] + 2y[k] = \delta[k]，y[0] = y[1] = 0.$$

解 利用表 4.2 可知：$Z\{\delta[k]\} = 1$，差分方程式兩邊同時取 Z-變換如下，

$$(z^2 - 3z + 2)Y(z) = 1$$

解得

$$Y(z) = \frac{1}{(z^2 - 3z + 2)} = \frac{-1}{(z-1)} + \frac{1}{z-2}$$
$$= z^{-1}\left[\frac{-1}{1-z^{-1}} + \frac{1}{1-2z^{-1}}\right]$$

即，

$$zY(z) = \frac{-1}{1-z^{-1}} + \frac{1}{1-2z^{-1}}$$

兩邊取 Z-反變換，

$$y[k+1] - zy[0] = -1 + 2^k \quad k = 0, 1, 2\cdots$$

因此，

$$y[k] = -1 + 2^k \quad k = 1, 2, 3\cdots$$

【例題 4.11】 （單位步級響應）

試求解下列差分方程式：

$$2x[k] - 2x[k-1] + x[k-2] = u[k]$$

式中，為 $u[k]$ 為單位步級數列。

解 利用表 4.2 可知：$Z\{u[k]\} = \dfrac{1}{1-z^{-1}}$，差分方程式兩邊同時取 z-變換如下，

$$(z^2 - 3z + 2)Y(z) = 1$$

解得，

$$X(z) = \frac{z^3}{(z-1)(2z^2 - 2z + 1)} = \frac{z}{z-1} + \frac{-z^2 + z}{2z^2 - 2z + 1}$$

$$= \frac{1}{1-z^{-1}} + \frac{1}{2}\frac{0.5z^{-1}}{1 - z^{-1} + 0.5z^{-2}} - \frac{1}{2}\frac{1 - 0.5z^{-1}}{1 - z^{-1} + 0.5z^{-2}}$$

參見例題 4.8，上式右方為二次式，先確認參數如下：

$$e^{-2aT} = 0.5 , \quad \cos\omega T = \frac{1}{\sqrt{2}} ,$$

$$\omega T = \frac{\pi}{4} , \quad e^{-aT} = \frac{1}{\sqrt{2}} , \quad \sin\omega T = \frac{1}{\sqrt{2}}$$

所以，

$$x[k] = 1 + \frac{1}{2}e^{-akT}\sin\omega T - \frac{1}{2}e^{-akT}\cos\omega T$$

$$= 1 + \frac{1}{2}\left(\frac{1}{\sqrt{2}}\right)^k \sin\frac{k\pi}{4} - \frac{1}{2}\left(\frac{1}{\sqrt{2}}\right)^k \cos\frac{k\pi}{4}, \quad k = 0, 1, 2\cdots.$$

【例題 4.12】 （二次系統的自由響應）

試求解下列差分方程式：

$$x[k+2]+(a+b)x[k+1]+abx[k]=0$$

初始條件為 $x[0]=x(0)$，及 $x[1]=x(T)$；a,b 為常數。

解 利用表 4.2，差分方程式兩邊同時取 z-變換如下，

$$\{z^2X(z)-z^2x[0]-zx[1]\}+(a+b)\{zX(z)-zx[0]\}+abX(z)=0$$

解得

$$X(z)=\frac{[z^2+(a+b)z]x[0]+zx[1]}{z^2+(a+b)z+ab}$$

因為 a,b 為特性根，我們考慮以下二種情形：(a) $a\neq b$，與 (b) $a=b$。

(a) 情形 $a\neq b$： 對 $\frac{Y(z)}{z}$ 做部分分式展開如下

$$\frac{X(z)}{z}=\frac{bx[0]+x[1]}{b-a}\frac{1}{z+a}+\frac{ax[0]+x[1]}{a-b}\frac{1}{z+b} \quad a\neq b$$

因此，

$$X(z)=\frac{bx[0]+x[1]}{b-a}\frac{1}{1+az^{-1}}+\frac{ax[0]+x[1]}{a-b}\frac{1}{1+bz^{-1}} \quad a\neq b$$

取 z-反變換可得

$$x[k]=\frac{bx[0]+x[1]}{b-a}(-a)^k+\frac{ax[0]+x[1]}{a-b}(-b)^k \quad k=0,1,2,\cdots$$

(b) 情形 $a=b$： 對 $X(z)$ 做部分分式展開如下

$$X(z) = \frac{(z^2 + 2az)x[0] + zx[1]}{z^2 + 2az + a^2}$$

$$= \frac{zx[0]}{z+a} + \frac{z\{ax[0]+x[1]\}}{(z+a)^2} = \frac{x[0]}{1+az^{-1}} + \frac{\{ax[0]+x[1]\}z^{-1}}{(1+az^{-1})^2}$$

取 z-反變換可得

$$x[k] = x[0](-a)^k + \{ax[0]+x[1]\}k(-a)^{k-1} \quad k = 0, 1, 2, \cdots$$

【例題 4.13】（Fibonacci 方程式）

試求解下列差分方程式：

$$x[k+2] = x[k+1] + x[k]$$

初始條件為 $x[0] = 0$，及 $x[1] = 1$。

解 由 $x[0] = 0$，及 $x[1] = 1$ 可以依次計算出 $x[2]$，$x[3]$ …等，而得級數：$\{1, 1, 2, 3, 5, 8, \cdots\}$，稱為費朋納西級數 (Fibonacci series)。利用表 4.2，差分方程式兩邊同時取 z-變換如下，

$$\{z^2 X(z) - z^2 x[0] - zx[1]\} = \{zX(z) - zx[0]\} + X(z)$$

解得

$$X(z) = \frac{(z^2 - z)x[0] + zx[1]}{z^2 - z - 1}.$$

將初始條件為 $x[0] = 0$，及 $x[1] = 1$ 代入上式，解得

$$X(z) = \frac{z}{z^2 - z - 1} = \frac{1}{\sqrt{5}} \left(\frac{z}{z - \frac{1+\sqrt{5}}{2}} - \frac{z}{z - \frac{1-\sqrt{5}}{2}} \right)$$

$$= \frac{1}{\sqrt{5}} \left(\frac{1}{1 - \frac{1+\sqrt{5}}{2} z^{-1}} - \frac{1}{1 - \frac{1-\sqrt{5}}{2} z^{-1}} \right)$$

取 Z-反變換可得

$$x[k] = \frac{1}{\sqrt{5}} \left[\left(\frac{1+\sqrt{5}}{2} \right)^k - \left(\frac{1-\sqrt{5}}{2} \right)^k \right] \quad k = 0, 1, 2, \cdots \circ$$

【例題 4.14】

試求解例題 2.18 之差分方程式：

解 例題 2.18 之差分方程式為 $y[n] - 0.6y[n-1] = 0$，$y[-1] = 10$，所以：
$y[0] = 0.6y[-1] = 6$. 原差分方程式可改寫為

$$y[k+1] - 0.6y[k] = 0 \cdot$$

取 Z-變換得： $zY(z) - 6z - 0.6Y(z) = 0$，$Y(z) = \frac{6z}{z - 0.6} = \frac{6}{1 - 0.6z^{-1}}$.

取 Z-反變換可得： $y[k] = 6(0.6)^k \quad k = 0, 1, 2, 3 \cdots \circ$

【例題 4.15】 （完全響應）

試求解差分方程式

$$y[k] - 0.5y[k-1] = 2(0.25)^k u[k], \quad y[-1] = -2$$

解 利用表 4.1 及表 4.2，對差分方程式兩邊取 Z-變換法得

$$Y(z) - 0.5\{z^{-1}Y(z) + y[-1]\} = \frac{2z}{z - 0.25}, \quad Y(z) = \frac{z(z + 0.25)}{(z - 0.25)(z - 0.5)}$$

再施行部分分式展開如下：

$$\frac{Y(z)}{z} = \frac{z+0.25}{(z-0.25)(z-0.5)} = \frac{-2}{z-0.25} + \frac{3}{z-0.5}.$$

因此，$Y(z) = \frac{-2z}{z-0.25} + \frac{3z}{z-0.5}$。參考表 4.1，取 z-反變換法得

$$y[k] = -2(0.25)^k + 3(0.5)^k \quad k = 0, 1, 2, 3\cdots$$

【例題 4.16】（完全響應）

試求解差分方程式

$$y[k+1] - 0.5y[k] = 2(0.25)^{k+1}u[k+1], \quad y[-1] = -2$$

解 我們需要初始條件 $y[0]$，用以解答此種形式的差分方程式。令 $k = -1$，則 $y[0] - 0.5y[-1] = 2$，因此 $y[0] = 2 + 0.5y[-1] = 1$。若令 $x[k] = (0.25)^k u[k]$，則 $x[k+1] \to zX(z) - x[0]$ （$x[0] = 1$）。

$$(0.25)^{k+1}u[k+1] \to z\left[\frac{z}{z-0.25}\right] - z = \frac{0.25z}{z-0.25}$$

利用表 4.1 及表 4.2，對差分方程式兩邊取 z-變換法得

$$zY(z) - 0.5y[0] - 0.5Y(z) = \frac{0.5z}{z-0.25}$$

解得 $Y(z) = \frac{z(z+0.25)}{(z-0.25)(z-0.5)}$。此與例題 4.15 結果一樣，因此

$$y[k] = -2(0.25)^k + 3(0.5)^k \quad k = 0, 1, 2, 3\cdots$$

【例題 4.17】（零狀態與零輸入響應）

如例題 4.15 之差分方程式

$$y[k] - 0.5y[k-1] = 2(0.25)^k u[k], \quad y[-1] = -2$$

試求 (a) 零狀態響應，(b) 零輸入響應，(c) 完全響應。

解 如例題 4.15： $Y(z) - 0.5\{z^{-1}Y(z) + y[-1]\} = \dfrac{2z}{z-0.25}$．

(a) 考慮零狀態響應 Y_{ZS} 時，令初始條件等於零，因此

$$(1 - 0.5Z^{-1})Y_{ZS}(z) = \frac{2z}{z-0.25}, \quad \text{即} \quad Y_{ZS}(z) = \frac{2z^2}{(z-0.25)(z-0.5)}$$

施行部分分式展開如下：

$$\frac{Y_{ZS}(z)}{z} = \frac{2z}{(z-0.25)(z-0.5)} = \frac{-2}{z-0.25} + \frac{4}{z-0.5}$$

所以

$$Y_{ZS}(z) = \frac{-2z}{z-0.25} + \frac{4z}{z-0.5}$$

參考表 4.1，取 Z-反變換法得

$$y_{ZS}[k] = -2(0.25)^k + 4(0.5)^k \quad k = 0, 1, 2 \cdots$$

(b) 考慮零輸入響應 Y_{ZI} 時，令輸入項 (右方) 等於零，因此

$$Y(z) - 0.5\{z^{-1}Y(z) + y[-1]\} = 0. \quad \text{即} \quad Y_{ZI}(z) = \frac{-z}{z-0.5}$$

取 Z-反變換法得

$$y_{ZI}[k] = -(0.5)^k \quad k = 0, 1, 2 \cdots$$

(c) 完全響應為

$$y[k] = y_{ZS}[k] + y_{ZI}[k] = -2(0.25)^k + 3(0.5)^k \quad k = 0, 1, 2 \cdots$$

【例題 4.18】 （完全響應）

試解如下差分方程式

DT-DE: $y[k]+0.3y[k-1]-0.4y[k-2]=0.5[u[k]+u[k-1]]$，
IC: $y[-1]=y[-2]=1$.

解 第一步，參考表 4.2，差分方程式兩邊取 Z-變換法如下：

$$Y(z)+0.3\{z^{-1}Y(z)+y[-1]\}-0.4\{z^{-2}Y(z)+z^{-1}y[-1]+y[-2]\}$$
$$=0.5\{U(z)+z^{-1}U(z)+u[-1]\}.$$

參考表 4.1，$U(z)=\frac{1}{1-z^{-1}}$，解上述代數方程式得

$$Y(z)=\frac{0.4z^{-1}+0.1}{1+0.3z^{-1}-0.4z^{-2}}+\frac{0.5(1+z^{-1})}{1+0.3z^{-1}-0.4z^{-2}}\cdot\frac{1}{1-z^{-1}}$$

整理上式，並將之轉化成 z 的函數

$$Y(z)=\frac{0.6z^3+0.8z^2-0.4z}{(z+0.8)(z-0.5)(z-1)}$$

第三步，對 $\frac{Y(z)}{z}$ 求取部分分式展開如下：

$$\frac{Y(z)}{z}=\frac{0.6z^2+0.8z-0.4}{(z+0.8)(z-0.5)(z-1)}=\frac{C_1}{z+0.8}+\frac{C_2}{z-0.5}+\frac{C_3}{z-1}$$

未定係數計算如下：

$$C_1=\frac{0.6z^2+0.8z-0.4}{(z-0.5)(z-1)}\Big|_{z=-0.8}=-0.28,$$

$$C_2=\frac{0.6z^2+0.8z-0.4}{(z+0.8)(z-1)}\Big|_{z=0.5}=-0.23,$$

$$C_3=\frac{0.6z^2+0.8z-0.4}{(z+0.8)(z-0.5)}\Big|_{z=1}=1.111.$$

因此，z-域之解答為

$$Y(z) = \frac{-0.28z}{z+0.8} + \frac{-0.23z}{z-0.5} + \frac{1.111z}{z-1}$$

查表 4.1，z-反變換法得

$$y[k] = \left[-0.28(-0.8)^k - 0.23(0.5)^k + 1.111\right], \quad k \geq 0 \circ$$

4-5 利用 z-變換解差分狀態方程式

我們已經在節 2-5 介紹差分方程式，以及差分狀態方程式了。離散時間線性系統之狀態方程式通常可以表示為如下形式

$$\mathbf{v}[k+1] = \mathbf{G}\mathbf{v}[k] + \mathbf{H}\mathbf{x}[k] \tag{4.41}$$
$$\mathbf{y}[k] = \mathbf{C}\mathbf{v}[k] + \mathbf{D}\mathbf{x}[k] \tag{4.42}$$

式中，$\mathbf{v}[k] := \mathbf{v}(kT) \in \Re^n$ 為狀態向量，$\mathbf{v}[k] := \mathbf{v}(kT) \in \Re^n$ 為輸入向量，$\mathbf{y}[k] := y(kT) \in \Re^n$ 為輸出向量，皆定義於時刻 $t = kT$，T 為抽樣週期。通常伴隨著 (4.41)，初始狀態為 $\mathbf{v}[0] := \mathbf{v}(0) \in \Re^n$。

■ **差分方程式的狀態方程式代表** 在節 2-5 我們曾經介紹過差分方程式變換成為狀態方程式的程序。考慮如下的 n-階差分方程式：

$$\begin{aligned}y[k+n] + a_{n-1}y[k+n-1] + \cdots a_1 y[k+1] + a_0 y[k] = \\ b_m x[k+m] + b_{m-1}x[k+m-1] + \cdots + b_0 x[k] \quad (m < n)\end{aligned} \tag{4.43}$$

首先考慮上式右方只為單一項 $x[k]$，令狀態向量為

$$\mathbf{v}[k] = \begin{bmatrix} y[k] \\ y[k+1] \\ \vdots \\ y[k+n-1] \end{bmatrix}$$

則可以導出如下遞歸形式的關係:

$$v_1[k+1] = y[k+1] = v_2[k]$$
$$v_2[k+1] = y[k+2] = v_3[k]$$
$$\cdots$$
$$v_n[k+1] = y[k+n] = x[k] - a_0 y[k] - a_1 y[k+1] - \cdots - a_{n-1} y[k+n-1]$$
$$= x[k] - a_0 v_1[k] - a_1 v_2[k] - \cdots - a_{n-1} v_n[k]$$

利用線性重疊原理,則當輸入項為 (4.43) 式右手方之多項形式時,

$$y[k] = b_0 v_1[k] + b_1 v_2[k] + \cdots + b_m v_{m+1}[k] \tag{4.44}$$

因此,對應於 (4.43) 的差分方程式,其狀態方程式可以為

$$\mathbf{v}[k+1] = \begin{bmatrix} 0 & 1 & 0 & \cdots & 0 \\ 0 & 0 & 1 & \cdots & 0 \\ \vdots & \vdots & \vdots & \vdots & \vdots \\ 0 & 0 & 0 & \cdots & 1 \\ -a_0 & -a_1 & -a_2 & \cdots & -a_{n-1} \end{bmatrix} \mathbf{v}[k] + \begin{bmatrix} 0 \\ 0 \\ \vdots \\ 0 \\ 1 \end{bmatrix} x[k] \tag{4.45}$$

輸出方程式為

$$y[k] = \begin{bmatrix} b_0 & b_1 & \cdots b_m & \cdots & 0 \end{bmatrix} \mathbf{v}[k] \tag{4.46}$$

參見例題 2.40。如果 $m=n$,請參見習題 2.29。

■ **數位濾波器**　　一般數位濾波器的輸出入關係以如下的 n-階差分方程式描述:

$$y[k] + a_1 y[k-1] + a_2 y[k-2] + \cdots + a_n y[k-n] = x[k] \tag{4.47}$$

其 n 個狀態變數為：$v_1[k] = y[k-n]$，$v_2[k] = y[k-n+1]$，$\cdots$，$v_n[k] = y[k-1]$。仿照前述原理，應用時移操作，則

$$zv_1[k] = v_1[k+1] = y[k-n+1] = v_2[k]$$
$$zv_2[k] = v_2[k+1] = y[k-n+2] = v_3[k]$$
$$\vdots$$
$$zv_n[k] = v_n[k+1] = y[k] = x[k] - a_n v_1[k] - \cdots - a_2 v_{n-1} - a_1 v_n[k]$$

定義狀態向量為，

$$\mathbf{v}[k] = [v_1[k] \quad v_2[k] \quad \cdots \quad v_{n-1}[k] \quad v_n[k]]^T$$

因此，(4.47) 式對應的矩陣差分方程式為：

$$\mathbf{v}[k+1] = \begin{bmatrix} 0 & 1 & 0 & \cdots & 0 \\ 0 & 0 & 1 & 0 & 0 \\ \vdots & \vdots & \vdots & \vdots & \vdots \\ 0 & 0 & 0 & \cdots & 1 \\ -a_n & -a_{n-1} & \cdots & -a_2 & -a_1 \end{bmatrix} \mathbf{v}[k] + \begin{bmatrix} 0 \\ 0 \\ \vdots \\ 0 \\ 1 \end{bmatrix} x[k] \quad (4.48)$$

輸出方程式為

$$y[k] = [-a_n \quad -a_{n-1} \quad \cdots \quad -a_2 \quad -a_1] \mathbf{v}[k] + x[k] \quad (4.49)$$

參見例題 2.39。

■ **以反覆疊代法解差分狀態方程式**　在第二章「差分方程式模型」一節中，我們曾經介紹過，以反覆疊代法，解出差分方程式的時間數列響應。所以差分狀態方程式也可以用反覆疊代法解題。由差分狀態方程式 $\mathbf{v}[k+1] = \mathbf{A}\mathbf{v}[k] + \mathbf{B}x[k]$ 開始，初始狀態 $\mathbf{v}[0]$ 已知，其數值計算的原理如下：

$$k = 0 \quad \mathbf{v}[1] = \mathbf{A}\mathbf{v}[0] + \mathbf{B}x[0]$$

$$k = 1 \quad \mathbf{v}[2] = \mathbf{A}\mathbf{v}[1] + \mathbf{B}x[1] = \mathbf{A}^2\mathbf{v}[0] + \mathbf{A}\mathbf{B}x[0] + \mathbf{B}x[1]$$

繼續施行此種反覆疊程序，則

$$k = 2 \quad \mathbf{v}[3] = \mathbf{A}^3\mathbf{v}[0] + \mathbf{A}^2\mathbf{B}x[0] + \mathbf{A}\mathbf{B}x[1] + \mathbf{B}x[2]$$
$$\vdots$$
$$\mathbf{v}[k] = \mathbf{A}^k\mathbf{v}[0] + \sum_{m=0}^{k-1}\mathbf{A}^{k-m-1}\mathbf{B}x[m] \tag{4.50}$$
$$= \mathbf{v}_{IC}[k] + \mathbf{v}_F[k]$$

式中，$\mathbf{v}_{IC}$ 為零輸入響應，$\mathbf{v}_F$ 為強迫響應，我們以例題說明之。

【例題 4.19】

有一線性系統以差分狀態方程式描述為

$$\mathbf{v}[k+1] = \begin{bmatrix} 0 & 1 \\ -0.25 & 0 \end{bmatrix}\mathbf{v}[k] + \begin{bmatrix} 0 \\ 1 \end{bmatrix}x[k]$$

初始狀態為 $\mathbf{v}[0] = [2 \quad 3]^T$，輸入數列為 $x[k] = (0.5)^k u[k]$。試利用反覆疊代法計算出 $\mathbf{v}[4]$。

解 輸入數列為 $x[k] = \{\overset{\downarrow}{1}, 0.5, 0.25, 0.125, 0.0625, \cdots\}$

$$k = 0 \quad \mathbf{v}[1] = \begin{bmatrix} 0 & 1 \\ -0.25 & 0 \end{bmatrix}\begin{bmatrix} 2 \\ 3 \end{bmatrix} + \begin{bmatrix} 0 \\ 1 \end{bmatrix}(1) = \begin{bmatrix} 3 \\ 0.5 \end{bmatrix}$$

$$k = 1 \quad \mathbf{v}[2] = \begin{bmatrix} 0 & 1 \\ -0.25 & 0 \end{bmatrix}\begin{bmatrix} 3 \\ 0.5 \end{bmatrix} + \begin{bmatrix} 0 \\ 1 \end{bmatrix}(0.5) = \begin{bmatrix} 0.5 \\ -0.25 \end{bmatrix}$$

$$k = 2 \quad \mathbf{v}[3] = \begin{bmatrix} 0 & 1 \\ -0.25 & 0 \end{bmatrix}\begin{bmatrix} 0.5 \\ -0.25 \end{bmatrix} + \begin{bmatrix} 0 \\ 1 \end{bmatrix}(0.25) = \begin{bmatrix} -0.25 \\ 0.125 \end{bmatrix}$$

$$k = 3 \quad \mathbf{v}[4] = \begin{bmatrix} 0 & 1 \\ -0.25 & 0 \end{bmatrix}\begin{bmatrix} -0.25 \\ 0.125 \end{bmatrix} + \begin{bmatrix} 0 \\ 1 \end{bmatrix}(0.125) = \begin{bmatrix} 0.125 \\ 0.1875 \end{bmatrix}$$

【例題 4.20】

於上例中,試求 $\mathbf{v}_{IC}[k]$ 與 $\mathbf{v}_F[k]$。

解 由 (4.50) 式可知

$$\mathbf{v}_{IC}[k] = \mathbf{A}^4 \mathbf{v}[0] = \begin{bmatrix} 0 & 1 \\ -0.25 & 0 \end{bmatrix}^4 \begin{bmatrix} 2 \\ 3 \end{bmatrix}$$

$$= \begin{bmatrix} 0.0625 & 0 \\ 0 & 0.0625 \end{bmatrix} \begin{bmatrix} 2 \\ 3 \end{bmatrix} = \begin{bmatrix} 0.125 \\ 0.1875 \end{bmatrix}.$$

因為 $\mathbf{v}_F[k] = \sum_{m=0}^{k-1} \mathbf{A}^{k-m-1} \mathbf{B} x[m]$,所以

$$\mathbf{v}_F[4] = \mathbf{A}^3 \mathbf{B} x[0] + \mathbf{A}^2 \mathbf{B} x[1] + \mathbf{A} \mathbf{B} x[2] + \mathbf{A}^0 \mathbf{B} x[3]$$

$$= \begin{bmatrix} 0.0625 & 0 \\ 0 & 0.0625 \end{bmatrix} \begin{bmatrix} 0 \\ 1 \end{bmatrix}(1) + \begin{bmatrix} -0.25 & 0 \\ 0 & -0.25 \end{bmatrix} \begin{bmatrix} 0 \\ 1 \end{bmatrix}(0.5)$$

$$+ \begin{bmatrix} 0 & 1 \\ -0.25 & 0 \end{bmatrix} \begin{bmatrix} 0 \\ 1 \end{bmatrix}(0.25) + \begin{bmatrix} 1 & 0 \\ 0 & 1 \end{bmatrix} \begin{bmatrix} 0 \\ 1 \end{bmatrix}(0.125) = \begin{bmatrix} 0 \\ 0 \end{bmatrix}.$$

■ **穩定度** 如前所述,有因果性 DT-系統之穩定度定義如下:

在任何初始狀態下,當 $k \to \infty$ 時,一個穩定的有因果性 DT-系統,其零輸入響應 $\mathbf{v}_{IC} \to 0$。

由 (4.40) 可知 $\mathbf{v}_{IC}[k] = \mathbf{A}^k \mathbf{v}[0]$,故使得 $\lim_{k \to \infty} \mathbf{v}[k] \to \mathbf{0}$ 之充分條件為

$$\lim_{k \to \infty} \mathbf{A}^k \to \mathbf{0}$$

亦即,當 $k \to \infty$ 時,$\mathbf{A}^k$ 必須為零矩陣。使得此原理成立之條件為:所有 $\mathbf{A}$ 的特性根 λ,須滿足 $|\lambda| < 1$。

【例題 4.21】

線性系統差分狀態方程式之 **A** 矩陣如下列，試判斷系統的穩定度：

(a) $\mathbf{A} = \begin{bmatrix} 0 & 1 \\ 0 & 0 \end{bmatrix}$, (b) $\mathbf{A} = \begin{bmatrix} 1 & 1 \\ 0 & 1 \end{bmatrix}$,

(c) $\mathbf{A} = \begin{bmatrix} 1 & 1 \\ 0 & 0.5 \end{bmatrix}$, (d) $\mathbf{A} = \begin{bmatrix} 0 & 1 \\ 0.5 & 0.5 \end{bmatrix}$

解 矩陣 **A** 的特性方程式為 $\Delta(\lambda) = |\lambda \mathbf{I} - \mathbf{A}| = 0$；

(a) $\Delta(\lambda) = \begin{vmatrix} \lambda & -1 \\ 0 & \lambda \end{vmatrix} = \lambda^2 = 0$，特性根 $|\lambda| < 1$，故為穩定系統。此例中，可以計算出 $\mathbf{A}^2 = \begin{bmatrix} 0 & 0 \\ 0 & 0 \end{bmatrix}$。

(b) $\Delta(\lambda) = \begin{vmatrix} \lambda-1 & -1 \\ 0 & \lambda-1 \end{vmatrix} = (\lambda-1)^2 = 0$，$|\lambda| = 1$，系統不穩定。

(c) $\Delta(\lambda) = \begin{vmatrix} \lambda-1 & -1 \\ 0 & \lambda-0.5 \end{vmatrix} = (\lambda-1)(\lambda-0.5) = 0$，有一特性根 $|\lambda| = 1$，系統不穩定。

(d) $\Delta(\lambda) = \begin{vmatrix} \lambda & -1 \\ -0.5 & \lambda-0.5 \end{vmatrix} = \lambda^2 - 0.5\lambda - 0.5 = 0$，所有的特性根 $|\lambda| < 1$，故為穩定系統。

■ **以 z-變換解差分狀態方程式**　我們考慮如下線性離散時間系統之狀態方程式：

$$\mathbf{v}[k+1] = \mathbf{A}\mathbf{v}[k] + \mathbf{B}\mathbf{x}[k] \tag{4.51}$$

且初始狀態為 $\mathbf{v}[0] := \mathbf{v}(0)$。對上式兩邊取 z-變換得

$$zV(z) - zv(0) = AV(z) + BX(z) \tag{4.52}$$

解上述代數方程式可得

$$V(z) = z(zI - A)^{-1}v(0) + (zI - A)^{-1}BX(z) \tag{4.53}$$

定義轉移矩陣 (transition matrix) 如下：

$$\Phi(z) = z(zI - A)^{-1} \tag{4.54}$$

則 (4.53) 式變成

$$\begin{aligned} V(z) &= \Phi(z)v(0) + \frac{\Phi(z)}{z}BX(z) \\ &:= V_{IC}(z) + V_F(z) \end{aligned} \tag{4.55}$$

對 V(z) 取 Z-反變換得

$$Z^{-1}\{V(z)\} = Z^{-1}\{\Phi(z)v(0)\} + Z^{-1}\left\{\frac{\Phi(z)BX(z)}{z}\right\} \tag{4.56}$$

因此，

$$\begin{aligned} v[k] &= \phi[k]v[0] + \sum_{m=1}^{k} \phi[k-m]Bx[m-1] \\ &= \phi[k]v[0] + \sum_{m=0}^{k-1} \phi[k-m-1]Bx[m-1] \end{aligned} \tag{4.57}$$

式中，

$$\phi[k] = Z^{-1}\{\Phi(z)\} \tag{4.58}$$

為離散時域之狀態轉移矩陣 (STM, state transition matrix)。

【例題 4.22】

一線性系統以差分狀態方程式描述如下：

$$\mathbf{v}[k+1] = \begin{bmatrix} 0 & 1 \\ -0.72 & 1.7 \end{bmatrix} \mathbf{v}[k] + \begin{bmatrix} 0 \\ 1 \end{bmatrix} u[k]$$

試求 (a) 特性根，(b) 狀態轉移矩陣 $\phi[k]$。

解 (a) 矩陣 $\mathbf{A}$ 的特性方程式為 $\Delta(\lambda) = |\lambda \mathbf{I} - \mathbf{A}| = 0$，即

$$\begin{vmatrix} \lambda & -1 \\ 0.72 & \lambda - 1.7 \end{vmatrix} = \lambda^2 - 1.7z + 0.72 = (\lambda - 0.9)(\lambda - 0.8) = 0,$$

因此特性根為：$\lambda_1 = 0.9$，$\lambda_2 = 0.8$ (其值皆小於 1，系統穩定)。

(b) $\mathbf{\Phi}(z) = z(z\mathbf{I} - \mathbf{A})^{-1} = \dfrac{z}{z^2 - 1.7z + 0.72} \begin{bmatrix} z - 1.7 & 1 \\ -0.72 & z \end{bmatrix}$

其次，對 $\dfrac{\mathbf{\Phi}(z)}{z}$ 做部分分式展開後，再在兩邊乘上 z，便得到

$$\mathbf{\Phi}(z) = \frac{1}{z - 0.9} \begin{bmatrix} -8z & 10z \\ -7.2z & 9z \end{bmatrix} + \frac{1}{z - 0.8} \begin{bmatrix} 9z & -10z \\ 7.2z & -8z \end{bmatrix}$$

參見表 4.1，求取 Z-反變換即得狀態轉移矩陣如下：

$$\phi[k] = \begin{bmatrix} -8.0(0.9)^k + 9.0(0.8)^k & 10(0.9)^k - 10(0.8)^k \\ -7.2(0.9)^k + 7.2(0.8)^k & 9.0(0.9)^k - 8.0(0.8)^k \end{bmatrix} \quad (k \geq 0)$$

【例題 4.23】

如前例題之差分狀態方程式，若初始狀態為 $\mathbf{v}[0] = \begin{bmatrix} 1 & 0 \end{bmatrix}^T$，且輸出 $y[k] = \begin{bmatrix} 1 & 0 \end{bmatrix} \mathbf{v}[k]$，試求輸出響應數列 $y[k]$。

解 由 (4.55) 可知

$$\mathbf{v}[k] = Z^{-1}\{\mathbf{V}(z)\} = Z^{-1}\{\mathbf{\Phi}(z)\mathbf{v}(0)\} + Z^{-1}\left\{\frac{\mathbf{\Phi}(z)\mathbf{B}X(z)}{z}\right\}$$

因此，

$$\mathbf{v}_{IC}[k] = Z^{-1}\{\mathbf{\Phi}(z)\mathbf{v}(0)\} = \phi[k]\mathbf{v}(0) = \begin{bmatrix} -8.0(0.9)^k + 9.0(0.8)^k \\ -7.2(0.9)^k + 7.2(0.8)^k \end{bmatrix}$$

$$y_{IC}[k] = \begin{bmatrix} 1 & 0 \end{bmatrix}\mathbf{v}_{IC}[k] = -8.0(0.9)^k + 9.0(0.8)^k.$$

另一方面，$U(z) = z/(z-1)$，因此

$$\mathbf{V}_F(z) = \left\{\frac{\mathbf{\Phi}(z)\mathbf{B}U(z)}{z}\right\} = \begin{bmatrix} \dfrac{z}{(z-1)(z-0.9)(z-0.8)} \\ \dfrac{z^2}{(z-1)(z-0.9)(z-0.8)} \end{bmatrix}$$

所以，$Y_F(z) = \begin{bmatrix} 1 & 0 \end{bmatrix}\mathbf{V}_F(z) = \dfrac{z}{(z-1)(z-0.9)(z-0.8)}$

$$\frac{Y_F(z)}{z} = \frac{50}{z-1} + \frac{-100}{z-0.9} + \frac{50}{z-0.8}$$

可得

$$y_F[k] = 50 - 100(0.9)^k + 50(0.8)^k$$

輸出響應數列為

$$\begin{aligned} y[k] &= y_{IC}[k] + y_F[k] \\ &= 50 - 108(0.9)^k + 59(0.8)^k \quad (k \geq 0) \end{aligned}$$

■ **CT-LTI 系統的離散化 (discretization of CT-LTI)** 我們考慮如下線性連續時間系統之狀態方程式：

$$\dot{\mathbf{v}}(t) = \mathbf{A}\mathbf{v}(t) + \mathbf{B}\mathbf{x}(t) \tag{4.59}$$

若抽樣週期為 T，則上述 CT-LTI 狀態方程式之離散化描述式 (discretized description) 為

$$\mathbf{v}((k+1)T) = \mathbf{G}(T)\mathbf{v}(kT) + \mathbf{H}(T)\mathbf{x}(kT) \tag{4.60}$$

或表達為如下離散時間差分方程式：

$$\mathbf{v}[k+1] = \mathbf{G}\mathbf{v}[k] + \mathbf{H}\mathbf{x}[k] \tag{4.61}$$

式中，$\mathbf{v}[k] := \mathbf{v}(t)|_{t=kT} = \mathbf{v}(kT)$，且

$$\mathbf{G} = e^{\mathbf{A}T} = \phi(t)|_{t=T} = \phi(T) \tag{4.62}$$

其中，

$$\phi(t) = \mathcal{L}^{-1}[\Phi(s)] = \mathcal{L}^{-1}\{[s\mathbf{I} - \mathbf{A}]^{-1}\} := e^{\mathbf{A}t} \tag{4.63}$$

參見 (3.37) 式。且

$$\mathbf{H} = \left(\int_0^T e^{\mathbf{A}t} dt\right)\mathbf{B} \tag{4.64}$$

我們用以下的例題說明之。

【例題 4.24】

試證明 (4.62) 及 (4.64) 式。

證明 對於 (4.59) 的狀態方程式，其狀態轉移矩陣如 (4.63) 之定義，則由 (3.39) 可知，

$$\mathbf{v}(t) = \phi(t)\mathbf{v}(0) + \int_0^t \phi(t-\tau)\mathbf{B}x(\tau)d\tau$$

$$= e^{\mathbf{A}t}\mathbf{v}(0) + e^{\mathbf{A}t}\int_0^t e^{-\mathbf{A}\tau}\mathbf{B}x(\tau)d\tau$$

假設抽樣週期 T 很小，因此當 $kT \leq t < (k+1)T$ 的時間間隔內，輸入 $x(t) \cong x(kT)$ 認為是常數，則在 $t = (k+1)T$ 時刻

$$\mathbf{v}((k+1)T) = e^{\mathbf{A}(k+1)T}\mathbf{v}(0) + e^{\mathbf{A}(k+1)T}\int_0^{(k+1)T} e^{-\mathbf{A}\tau}\mathbf{B}x(\tau)d\tau \tag{4.65}$$

因為

$$\mathbf{v}(kT) = e^{\mathbf{A}kT}\mathbf{v}(0) + e^{\mathbf{A}kT}\int_0^{kT} e^{-\mathbf{A}\tau}\mathbf{B}x(\tau)d\tau \qquad (4.66)$$

將 (4.66) 式兩邊同乘上 $e^{\mathbf{A}T}$，然後減去 (4.65) 式，即得

$$\begin{aligned}
\mathbf{v}((k+1)T) &= e^{\mathbf{A}T}\mathbf{v}(kT) + e^{\mathbf{A}(k+1)T}\int_{kT}^{(k+1)T} e^{-\mathbf{A}\tau}\mathbf{B}x(\tau)d\tau \\
&= e^{\mathbf{A}T}\mathbf{v}(kT) + e^{\mathbf{A}T}\int_0^T e^{-\mathbf{A}T}\mathbf{B}x(kT)dt \\
&= e^{\mathbf{A}T}\mathbf{v}(kT) + \int_0^T e^{-\mathbf{A}\sigma}\mathbf{B}x(kT)d\sigma \quad (\sigma = T - t) \qquad (4.67)
\end{aligned}$$

當 $kT \leq t < (k+1)T$，輸入 $x(t) \cong x(kT)$ 為是常數，故

$$\begin{aligned}
\mathbf{v}((k+1)T) &= \{e^{\mathbf{A}T}\}\mathbf{v}(kT) + \left\{\left(\int_0^T e^{-\mathbf{A}\sigma}d\sigma\right)\mathbf{B}\right\}x(kT) \\
&:= \mathbf{G}(T)\mathbf{v}(kT) + \mathbf{H}(T)x(kT)
\end{aligned}$$

因以得證。

【例題 4.25】

試將下列 CT-LTI 系統轉化成為離散時間狀態方程式，若抽樣週期 $T = 1$ 秒。

$$\begin{bmatrix} \dot{v}_1 \\ \dot{v}_2 \end{bmatrix} = \begin{bmatrix} 0 & 1 \\ 0 & -2 \end{bmatrix}\begin{bmatrix} v_1(t) \\ v_2(t) \end{bmatrix} + \begin{bmatrix} 0 \\ 1 \end{bmatrix}x(t)$$

$$y(t) = \begin{bmatrix} 1 & 0 \end{bmatrix}\mathbf{v}(t)$$

解 由 (4.50) 可知，離散時間狀態方程式如下形式：

$$\mathbf{v}((k+1)T) = \mathbf{G}(T)\mathbf{v}(kT) + \mathbf{H}(T)x(kT)$$

由 (4.51a) 及 (4.52) 可得

$$\mathbf{G}(T) = \phi(T) = e^{\mathbf{A}T} = \begin{bmatrix} 1 & \frac{1}{2}(1-e^{-2T}) \\ 0 & e^{-2T} \end{bmatrix} \approx \begin{bmatrix} 1 & 0.43 \\ 0 & 0.14 \end{bmatrix}$$

$$\mathbf{H}(T) = \left(\int_0^T e^{\mathbf{A}t} dt\right)\mathbf{B} = \left\{\int_0^T \begin{bmatrix} 1 & \frac{1}{2}(1-e^{-2t}) \\ 0 & e^{-2t} \end{bmatrix} dt \right\} \begin{bmatrix} 0 \\ 1 \end{bmatrix}$$

$$= \begin{bmatrix} \frac{1}{2}\left(T + \frac{e^{-2T}-1}{2}\right) \\ \frac{1}{2}(1-e^{-2T}) \end{bmatrix} \approx \begin{bmatrix} .28 \\ .43 \end{bmatrix}$$

因此，離散時間狀態方程式為

$$\begin{bmatrix} v_1[k+1] \\ v_2[k+1] \end{bmatrix} = \begin{bmatrix} 1 & 0.43 \\ 0 & 0.14 \end{bmatrix} \begin{bmatrix} v_1[k] \\ v_2[k] \end{bmatrix} + \begin{bmatrix} 0.28 \\ 0.43 \end{bmatrix} x[k]$$

亦即，

$$\mathbf{v}[k+1] = \begin{bmatrix} 1 & 0.43 \\ 0 & 0.14 \end{bmatrix} \mathbf{v}[k] + \begin{bmatrix} 0.28 \\ 0.43 \end{bmatrix} x[k]$$

$$:= \mathbf{G}\mathbf{v}[k] + \mathbf{H}x[k]$$

4-6 脈波轉移函數

我們曾經在節 3-5 討論拉式變換，以求得連續時間線性非時變 (CT-LTI) 系統的轉移函數，或轉移函數矩陣 (MIMO)。在討論離散時間線性非時變 (DT-LTI) 系統時，使用的數學模型 (數學描述式) 為離散時間差分方程式，如 (4.33) 式，或狀態方程式，如 (4.31) 式。本章介紹了 z-變換法，以及 z-反變換法，以做為 DT-系統的時域分析。

利用 Z-變換亦可求得系統輸出入之間的轉移函數關係,在 DT 情形稱為脈波轉移函數 (pulse transfer function),或轉移函數矩陣 (MIMO)。轉移函數之數學模型有助於做頻域分析,及做系統模擬。

■ **由差分方程式求脈波轉移函數** 在討論系統的轉移函數時,假設初始條件 (初始狀態) 為零,對系統的差分方程式取 Z-變換,做代數式處理,及可得出轉移函數,或轉移函數矩陣。考慮 (4.33) 所述差分方程式

$$y[k+n]+a_{n-1}y[k+n-1]+\cdots a_1 y[k+1]+a_0 y[k]= \\ b_m x[k+m]+b_{m-1}x[k+m-1]+\cdots +b_0 x[k] \quad (m<n) \tag{4.68}$$

令所有初始條件為零,即

$$y[0]=y[1]=y[2]=\cdots y[n-1]=0, 且 \ x[0]=x[1]=x[2]=\cdots x[m-1]=0$$

參見表 4.2,對 (4.56) 式兩邊取 Z-變換可得

$$z^n Y(z)+a_{n-1}z^{n-1}Y(z)+\cdots a_1 z Y(z)+a_0 Y(z) \\ =b_m z^m X(z)+b_{m-1}z^{m-1}X(z)+\cdots a_1 z X(z)+b_0 X(z)$$

亦即

$$(z^n+a_{n-1}z^{n-1}+\cdots a_1 z+a_0)Y(z)=(b_m z^m+b_{m-1}z^{m-1}+\cdots a_1 z+b_0)X(z)$$

則 z-域轉移函數為

$$H(z)=\frac{Y(z)}{X(z)}\Big|_{IC=0}=\frac{b_m z^m+b_{m-1}z^{m-1}+\cdots +b_1 z+b_0}{z^n+a_{n-1}z^{n-1}+\cdots +a_1 z+a_0} \quad (m<n) \tag{4.69}$$

因此,(4.56) 所述系統的零狀態響應 (zero-state response),$Y_{ZS}(z)$,為

$$Y_{ZS}(z)=H(z)X(z)$$

對於一般情形的數位濾波器，其差分方程式為如下形式：

$$y[k] + a_{n-1}y[k-1] + \cdots a_1 y[k-n+1] + a_0 y[k-n]$$
$$= b_n x[k] + b_{n-1} x[k-1] + \cdots + b_0 x[k-n] \quad (4.70)$$

令所有初始條件為零，即

$$y[-1] = y[-2] = \cdots y[-n] = 0 \text{，且 } x[-1] = x[-2] = \cdots x[-n] = 0$$

參見表 4.2，對 (4.58) 式兩邊取 z-變換可得

$$Y(z) + a_{n-1}z^{-1}Y(z) + \cdots a_1 z^{-n+1}Y(z) + a_0 z^{-n}Y(z)$$
$$= b_m X(z) + b_{m-1} z^{-1} X(z) + \cdots a_1 z^{-n+1} X(z) + b_0 z^{-n} X(z)$$

亦即

$$\left(1 + a_{n-1}z^{-1} + \cdots a_1 z^{-n+1} + a_0 z^{-n}\right) Y(z)$$
$$= \left(1 + b_{n-1}z^{-1} + \cdots b_1 z^{-n+1} + b_0 z^{-n}\right) X(z)$$

則 z-域轉移函數為

$$H(z) = \frac{Y(z)}{X(z)} = \frac{1 + b_{n-1}z^{-1} + \cdots b_1 z^{-n+1} + b_0 z^{-n}}{1 + a_{n-1}z^{-1} + \cdots a_1 z^{-n+1} + a_0 z^{-n}} \quad (4.71)$$

(4.57) 式可以轉化成為 (4.59) 的形式，只需要將 (4.57) 式之分子及分母多項式同時除以 z^n 即得。同理，(4.59) 分子及分母同時乘 z^n 即得 (4.57) 式。

【例題 4.26】

試求例題 4.10 系統的單位脈波響應。

解 例題 4.10 系統的差分方程式為，

$$y[k+2] - 3y[k+1] + 2y[k] = x[k]$$

由 (4.57) 可知，轉移函數為

$$H(z) = \frac{Y(z)}{X(z)} = \frac{1}{z^2 - 3z + 2}$$

$$= \frac{-1}{z-1} + \frac{1}{z-2} = z^{-1}\left(\frac{-z}{z-1} + \frac{z}{z-2}\right)$$

單位脈波數列之 Z-變換為：$X(z) = Z\{\delta[k]\} = 1$。因此單位脈波響應為

$$y[k] = Z^{-1}\{H(z)\} = -1 + 2^k \quad (k \geq 1)$$

【例題 4.27】

試求例題 4.11 系統的單位步級響應。

解 例題 4.11 系統的差分方程式為，

$$2y[k] - 2y[k-1] + y[k-2] = x[k]$$

由 (4.59) 可知，轉移函數為

$$H(z) = \frac{Y(z)}{X(z)} = \frac{1}{2 - 2z^{-1} + z^{-2}}$$

單位步級數列之 Z-變換為：$X(z) = Z\{u[k]\} = \frac{1}{1-z^{-1}}$。因此單位步級響應為

$$Y(z) = H(z)X(z) = \frac{1}{2 - 2z^{-1} + z^{-2}} \cdot \frac{1}{1 - z^{-1}}$$

$$= \frac{z^3}{(2z^2 - 2z + 1)(z - 1)}$$

此式與例題 4.11 結果完全一樣，因此單位步級響應數列為，

$$y[k] = Z^{-1}\{Y(z)\} = 1 + \frac{1}{2}\left(\frac{1}{\sqrt{2}}\right)^k \sin\frac{k\pi}{4} - \frac{1}{2}\left(\frac{1}{\sqrt{2}}\right)^k \cos\frac{k\pi}{4} \quad (k \geq 0)$$

■ **由狀態方程式求脈波轉移函數**　假設初始狀態為零，對系統的狀態方程式取 z-變換，做代數式處理，及可得出 (脈波) 轉移函數，或轉移函數矩陣。我們考慮如下線性離散時間系統 (MIMO) 之狀態方程式：

$$\mathbf{v}[k+1] = \mathbf{A}\mathbf{v}[k] + \mathbf{B}\mathbf{x}[k] \tag{4.72}$$

欲求轉移函數，令初始狀態為 $\mathbf{v}[0] = \mathbf{0}$，對上式兩邊取 z-變換得

$$z\mathbf{V}(z) = \mathbf{A}\mathbf{V}(z) + \mathbf{B}\mathbf{X}(z)$$

因此，

$$\mathbf{V}(z) = (z\mathbf{I} - \mathbf{A})^{-1}\mathbf{B}\mathbf{X}(z) = \frac{\Phi(z)}{z}\mathbf{B}\mathbf{X}(z) \tag{4.73}$$

式中轉移矩陣 $\Phi(z)$ 如 (4.54) 定義，亦即

$$\Phi(z) = z(z\mathbf{I} - \mathbf{A})^{-1} \tag{4.74}$$

若輸出方程式為 $\mathbf{y}[k] = \mathbf{C}\mathbf{v}[k] + \mathbf{D}\mathbf{x}[k]$，則經 z-變換後可得

$$\mathbf{Y}(z) = \mathbf{C}\frac{\Phi(z)}{z}\mathbf{B}\mathbf{X}(z) + \mathbf{D}\mathbf{X}(z)$$

$$= \left[\mathbf{C}\frac{\Phi(z)}{z}\mathbf{B} + \mathbf{D}\right]\mathbf{X}(z) := \mathbf{H}(z)\mathbf{X}(z)$$

因此，(脈波) 轉移函數矩陣為

$$\mathbf{H}(z) = \mathbf{C}\frac{\Phi(z)}{z}\mathbf{B} + \mathbf{D} = \mathbf{C}(z\mathbf{I} - \mathbf{A})^{-1}\mathbf{B} + \mathbf{D} \tag{4.75}$$

由例題 4.26 可知，若 $\mathbf{H}(z)$ 為脈波轉移函數矩陣，則系統的單位脈波響應 (unit pulse response) 數列 (向量) 為

$$\mathbf{h}[k] = \mathcal{Z}^{-1}\{\mathbf{H}(z)\} = \mathcal{Z}^{-1}\left\{\mathbf{C}\frac{\Phi(z)}{z}\mathbf{B} + \mathbf{D}\right\} = \mathcal{Z}^{-1}\left\{\mathbf{C}[s\mathbf{I} - \mathbf{A}]^{-1}\mathbf{B} + \mathbf{D}\right\} \tag{4.76}$$

【例題 4.28】

若系統之差分狀態方程式為

$$\mathbf{v}[k+1] = \begin{bmatrix} 0 & 1 \\ -1 & 1 \end{bmatrix} \mathbf{v}[k] + \begin{bmatrix} 0 \\ 1 \end{bmatrix} x[k], \quad y[k] = v_2[k].$$

(a) 試求脈波轉移函數 $H(z) = \frac{Y(z)}{X(z)}$。

(b) 試求單位脈波響應。

(c) 試求特性方程式與特性根。

(d) 此系統是否為穩定？

解 $(z\mathbf{I} - \mathbf{A})^{-1} = \begin{bmatrix} z & -1 \\ 1 & z-1 \end{bmatrix}^{-1} = \frac{1}{z^2 - z + 1} \begin{bmatrix} z-1 & 1 \\ -1 & z \end{bmatrix}$

(a) 輸出 $y[k] = \begin{bmatrix} 0 & 1 \end{bmatrix} \mathbf{v}[k]$，$\mathbf{D} = 0$，由 (4.64) 可得脈波轉移函數

$$H(z) = \mathbf{C}(z\mathbf{I} - \mathbf{A})^{-1} \mathbf{B} + \mathbf{D}$$

$$= \frac{\begin{bmatrix} 0 & 1 \end{bmatrix} \begin{bmatrix} z-1 & 1 \\ -1 & z \end{bmatrix} \begin{bmatrix} 0 \\ 1 \end{bmatrix}}{z^2 - z + 1} = \frac{z}{z^2 - z + 1}$$

(b) 查表 4.1，單位脈波響應數列為

$$h[k] = \mathcal{Z}^{-1}\{H(z)\} = \mathcal{Z}^{-1}\left\{ \frac{z}{z^2 - z + 1} \right\} = 1.15 \sin\left(\frac{k\pi}{3} \right) \quad k \geq 0.$$

(c) 特性方程式為 $\Delta(z) = z^2 - z + 1 = 0$，特性根為

$$z_{1,2} = 0.5 \pm j0.866 = 1e^{\pm j\frac{\pi}{3}}.$$

(d) 因為 $|z_i| = 1$，特性根在 z-平面的單位圓上，系統不穩定。

習 題

P4.1. (**基本定義**) 下列名詞請簡單地定義，或做說明：
(a) 單邊式 Z-變換，
(b) 脈波轉移函數，
(c) 狀態轉移矩陣，
(d) 轉移函數矩陣。

P4.2. (**基本定義**) 「時間領域」與「頻率領域」有何不同？

P4.3. (Z-**變換**) 試求下列數列的雙邊式 Z-變換：
(a) $x[k] = \{-7, -3; 1, 4, -8, 5\}$,
(b) $x[k] = \{-1, -2; 0, -2, -1, 0\}$,
(c) $x[k] = \{0; 1, 1, 1, 1\}$,
(d) $x[k] = \{1, 1, -1, -1; 0\}$.

P4.4. (Z-**變換**) 試求下述數列的 Z-變換（單邊式）：
(a) $x[k] = (2)^{k+2} u[k]$,
(b) $x[k] = k(2)^{0.2k} u[k]$,
(c) $x[k] = (2)^{k+2} u[k-1]$,
(d) $x[k] = k(2)^{k+2} u[k-1]$,
(e) $x[k] = (k+1)(2)^k u[k]$,
(f) $x[k] = (k-1)(2)^{k+2} u[k]$

P4.5. (Z-**變換**) 試求下述數列的 Z-變換：
(a) $x[n] = \cos\left(\dfrac{n\pi}{4} - \dfrac{\pi}{4}\right)$,
(b) $x[n] = (0.5)^n \cos\left(\dfrac{n\pi}{4}\right) u(n)$,
(c) $x[n] = (0.5)^n \cos\left(\dfrac{n\pi}{4} - \dfrac{\pi}{4}\right) u(n)$,
(d) $x[k] = \left(\tfrac{1}{3}\right)^k (u[k] - u[k-4])$,

P4.6. (Z-**變換之性質**) 若 $x[n] \Leftrightarrow X(z) = \dfrac{4z}{(z+0.5)^2}$ $(|z| > 0.5)$，試求以下數列的 Z-變換。
(a) $x[n-2]$,
(b) $2^n x[n]$,
(c) $nx[n]$,
(d) $2^n nx[n]$,
(e) $n^2 x[n]$,
(f) $(n-2)x[n]$,
(g) $x[-n]$,
(h) $x[n] - x[n-1]$,
(i) $x[n] * x[n]$。

P4.7. (Z-**變換之性質**) 若 $x[n] = 2^n u[n] \Leftrightarrow X(z)$，試求以下 Z-變換所對應的數列。
(a) $A(z) = X(2z)$,
(b) $B(z) = X\left(\tfrac{1}{z}\right)$,
(c) $C(z) = z \tfrac{d}{dz} X(z)$,
(d) $D(z) = \dfrac{zX(z)}{z-1}$,
(e) $E(z) = \dfrac{zX(2z)}{z-1}$,
(f) $F(z) = z^{-1} X(z)$,

(g) $G(z) = z^{-2} X(2z)$， (h) $H(z) = X(z)^2$， (i) $Y(z) = X(-z)$。

P4.8. (Z-反變換) 若 $x[n]$ 為單邊數列 $(n \geq 0)$，試求以下 Z-變換所對應的數列。

(a) $A(z) = \dfrac{(z+1)^2}{z^2+1}$， (b) $B(z) = \dfrac{z+1}{z^2+2}$， (c) $C(z) = \dfrac{1-z^{-2}}{2+z^{-1}}$

P4.9. (Z-反變換) 試求下列函數的 Z-反變換：

(a) $X(z) = \dfrac{z}{(z+1)(z+2)}$， (b) $X(z) = \dfrac{16}{(z-2)(z+2)}$，

(c) $X(z) = \dfrac{3z^2}{(z^2-1.5z+0.5)(z-0.25)}$， (d) $X(z) = \dfrac{3z^3}{(z^2-1.5z+0.5)(z-0.25)}$。

P4.10. (Z-反變換) 試求下列函數的 Z-反變換：

(a) $X(z) = \dfrac{z}{(z+1)(z^2+z+0.25)}$， (b) $X(z) = \dfrac{z}{(z+0.5)(z^2+z+0.25)}$，

(c) $X(z) = \dfrac{z}{(z+1)(z^2+z+0.5)}$， (d) $X(z) = \dfrac{z}{(z^2+0.5)^2}$

P4.11. (解差分方程式) 試解下列差分方程式：

$$y[k+2] - 3y[k+1] + 2y[k] = u[k]; \quad y[0] = y[1] = 0.$$

P4.12. (解差分方程式) 試解下列差分方程式：

(a) $y[n] + 0.1y[n-1] - 0.3y[n-2] = 2u[k]$ $y[-1] = y[-2] = 0$
(b) $y[n] - 0.9y[n-1] + 0.2y[n-2] = (0.5)^n$ $y[-1] = 1, y[-2] = -4$
(c) $y[n] - 0.7y[n-1] + 0.1y[n-2] = (0.5)^n$ $y[-1] = 0, y[-2] = 3$
(d) $y[n] - 0.25y[n-2] = (0.5)^n$ $y[-1] = 0, y[-2] = 0$

P4.13. (系統響應) 有一線性系統之轉移函數為 $H(z) = \dfrac{2z(z-1)}{z^2+4z+4}$，試求下列輸入產生的輸出 $y[n]$：

(a) $x[n] = \delta[n]$， (b) $x[n] = 2\delta[n] + \delta[n+1]$，
(c) $x[n] = u[n]$， (d) $x[n] = 2^n u[n]$，
(e) $x[n] = nu[n]$， (f) $x[n] = \cos\left(\dfrac{n\pi}{2}\right)u[n]$。

P4.14. (CT 系統的離散化) 有一線性系統以狀態方程式描述如下：

$$\dot{\mathbf{v}}(t) = \begin{bmatrix} 0 & 1 \\ 0 & 0 \end{bmatrix} \mathbf{v}(t) + \begin{bmatrix} 0 \\ 10 \end{bmatrix} x(t) \; ; \quad y(t) = \begin{bmatrix} 1 & 0 \end{bmatrix} \mathbf{v}(t).$$

(a) 試將此 CT 微分狀態方程式轉化成為 DT 差分狀態方程式，且抽樣周期為 1 秒。

(b) 若抽樣周期為 0.1 秒，則差分狀態方程式為何？

P4.15. (差分狀態方程式響應) 同上系統，$\mathbf{v}(t) = \begin{bmatrix} 1 & 0 \end{bmatrix}^T$, $x(t) = 5tu(t)$，抽樣周期為 0.1 秒，試求 $y(0.5)$。

P4.16. 同上系統，試求出脈波轉移函數 $H(z)$。

第五章 方塊圖及信號流程圖

在本章我們要介紹下列主題：
1. 方塊圖敘述與化簡
2. 信號流程圖與應用
3. 系統模型的轉換
4. 狀態方程式的實現

5-1 方塊圖敘述與化簡

　　一個系統是由許多組件構成，所以複雜動態系統的分析須以較為簡便、有效的方式表達之，一則可代役勞力，再者可利用電腦軟體作模擬分析。此為本章要介紹**方塊圖** (block diagram) 與信號流程圖 (SFG，signal flow graph) 之目的。

■ **基本觀念**　圖 5-1(a) 所示的方塊圖中，$x(t)$ 與 $y(t)$ 分別代表系統

的輸入與輸出信號，$X(s)$ 與 $Y(s)$ 分別為其拉式變換，$T(s)$ 為輸出與輸入之間的轉移函數，參見第三章。對於離散時間系統，則輸入與輸出信號分別表示為 $x[k]$ 與 $y[k]$，$X(z)$ 與 $Y(z)$ 分別為其 Z-變換，$T(z)$ 為輸出與輸入之間的脈波轉移函數，參見第四章。圖 5-1(b) 所示為信號流程圖，輸入及輸出變數 (X 及 Y) 以節點代表之，其間的轉移函數關係以帶有箭頭的弧線代表，註記 T 為其間數學描述，或轉移關係。本節先介紹方塊圖之觀念與其運算原理，有關信號流程圖，將在往後討論之。

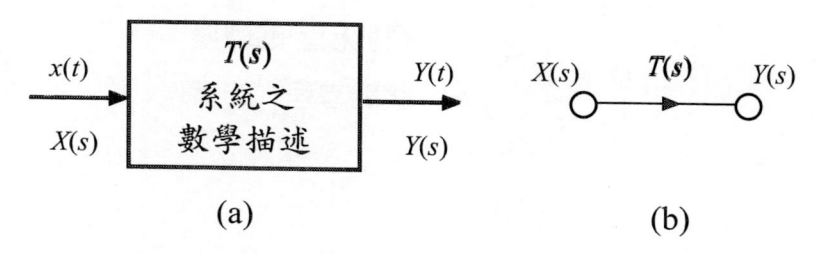

圖 5.1 (a) 方塊圖；(b) 信號流程圖

在圖 (a) 中，拉式變換輸入與輸出變數之關係表達為

$$Y(s) = T(s)X(s) \tag{5.1}$$

式中，$T(s)$ 為線性系統的轉移函數，亦即

$$\text{轉移函數 } T(s) = \frac{\text{輸出變數的拉式變換}}{\text{輸入變數的拉式變換}} = \frac{Y(s)}{X(s)}\bigg|_{IC=0}$$

【例題 5-1】 （一次延遲系統）

一次系統 (first-order system) 之輸出 $y(t)$ 與輸入 $x(t)$ 關係為：

$$\tau \frac{d}{dt}y(t) + y(t) = Kx(t) \tag{5-2}$$

式中 τ 稱為時間常數。現在用 s 取代 d/dt，而 $x(t)$ 及 $y(t)$ 分別

用拉式變換式 $X(s)$ 及 $Y(s)$ 代替，則

$$(\tau s + 1)Y(s) = KX(s)$$

因此轉移函數為

$$T_1(s) = \frac{Y(s)}{X(s)} = \frac{K}{\tau s + 1} \tag{5-3}$$

方塊圖及信號流程圖分別如圖 5-2(a) 及 (b) 所示。

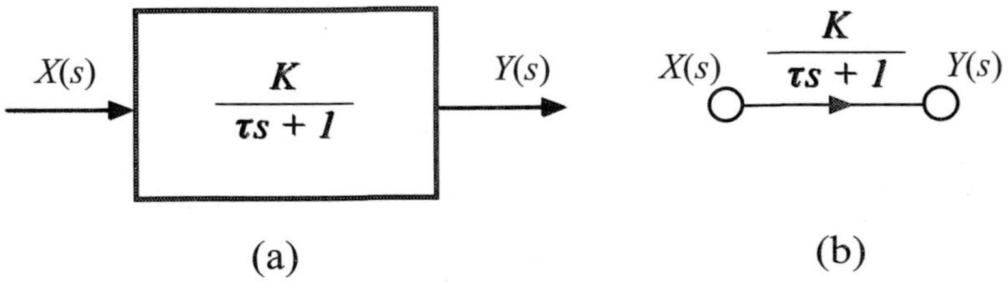

圖 5.2 例題 5-1：一次系統之 (a)方塊圖，(b)信號流程圖。

【例題 5-2】（二次系統）

二次系統 (second-order system) 之輸出 $y(t)$ 與輸入 $x(t)$ 關係為：

$$\frac{d^2}{dt^2}y(t) + 2\zeta\omega_n\frac{dy(t)}{dt} + \omega_n^2 y(t) = K\omega_n^2 x(t) \tag{5-4}$$

式中，ζ 為阻尼比 (damping ratio)，ω_n 稱為無阻尼自然頻率 (undamped natural frequency)。由前述之拉式變換可得轉移函數如下：

$$T_2(s) = \frac{Y(s)}{X(s)} = \frac{K\omega_n^2}{s^2 + 2\zeta\omega_n s + \omega_n^2} = \frac{K}{1 + 2\cdot\dfrac{\zeta}{\omega_n}s + \left(\dfrac{s}{\omega_n}\right)^2} \tag{5-5}$$

當 $\zeta \geq 1$ 時，上式可再分解因式，成為

$$T_2(s) = \frac{K}{(1+\tau_1 s)(1+\tau_2 s)} \tag{5-6}$$

因此 τ_1 及 τ_2 便成為此二次系統的兩個時間常數 (實數) 了。請讀者自行推導出 τ_1、τ_2 與 ζ、ω_n 的代數關係。方塊圖及信號流程圖分別如圖 5-3(a) 及 (b) 所示。

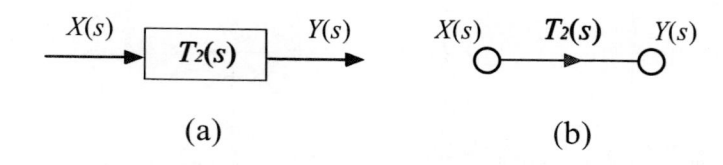

$$X(s) \longrightarrow \boxed{T_2(s)} \longrightarrow Y(s) \qquad X(s) \circ \xrightarrow{T_2(s)} \circ Y(s)$$

(a)   (b)

圖 5.3 例題 5-2 二次系統之 (a)方塊圖，(b)信號流程圖。

■ **方塊圖與化簡**   方塊圖是一種非常簡便且有效的系統描述圖示工具。一系統的方塊圖係由四個部分所構成的：匯點 (summing point)、分點 (take-off point)、描述方塊 (block)、及代表信號傳送方向的箭頭線 (arrow)。我們以圖 5-4 來解說方塊圖的構成，圖中各變數如 x, y, z 係代表時間變數，即 $x(t), y(t), z(t)$ 等 (離散時間系統為 $x[k], y[k], z[k]$)，此時方塊圖之敘述通常為微分方程式 (離散時間系統為差分方程式)。如圖示，因為是使用負回饋 (negative feedback)，所以誤差信號 (error signal) 是 $e = x - y$。若是正回饋 (positive feedback)，則 $e = x + y$。在實用上我們通常用各變數的拉式變換 (離散時間系統用 Z-變換)，如大寫字母 X、Y、Z 等代表之，因此信號間的轉換關係可以轉移函數敘述之，例如：$Y(s) = P(s)X(s)$ (離散時間系統：$Y(z) = P(z)X(z)$)，

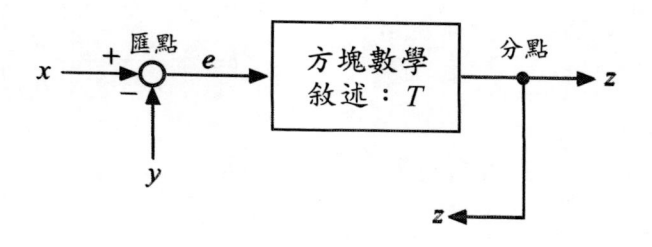

圖 5.4 方塊圖之組成解說。

或簡寫為 $Y = PX$ 比較方便。

■ **控制系統** 通常一個控制系統有許多輸入，或許多輸出。如圖 5-5 代表一個二輸入、單輸出伺服控制系統 (servo-control system) 的方塊圖，其中：R 為參考輸入 (reference input)，或命令 (command)、U 為外界的干擾 (disturbance) 輸入；C 代表受控輸出 (controlled output)；E 為誤差 (error)，M 為驅動訊號 (manipulated signal)，H、K_C、G_P 分別代表回饋轉換器 (feedback transducer)、控制放大器 (control amplifier)、以及受控體 (controlled plant) 的轉移函數。

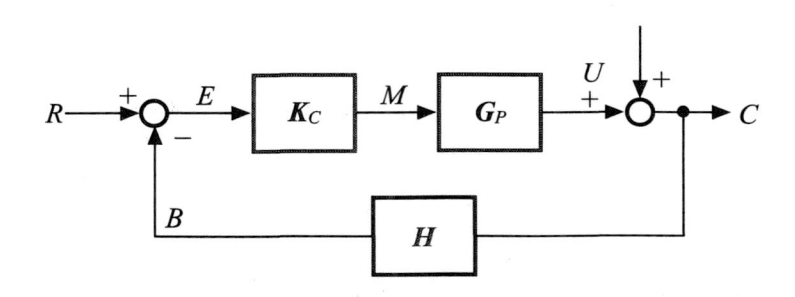

圖 5.5 含有多數個輸入之方塊圖。

當我們只考慮某一對輸出入的關係時，則其方塊圖常如圖 5-6(a) 的標準形式，其中 R 與 C 分別代表輸入與受控輸出變數，B 及 E 分別代表回饋及誤差變數。回饋信號 B 在進入匯點之處有註記符號 "＋" 或 "－"，係分別代表正回饋或是負回饋。任何兩個變數之間的關係可以用轉移函數敘述敘述之。於圖 (a) 中，

$$E = R - B \quad （負回饋） \tag{5.7}$$
$$C = GE \tag{5.8}$$
$$B = HC \tag{5.9}$$

將 (5.7) 式及 (5.9) 式依次代入 (5.8) 中，

$$C = G(R - B) = G(R - HC) = GR - GHC$$

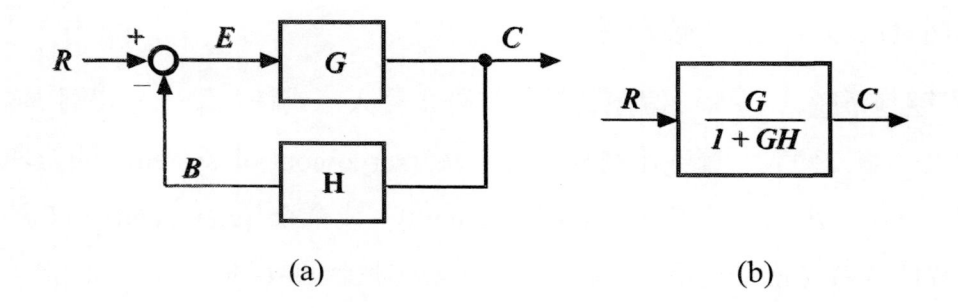

圖 5.6 單輸出入系統之方塊圖：(a)標準型；(b)等效圖。

即，

$$(1+GH)C = GR$$

可得如下閉路轉移函數 (closed-loop transfer function)。

$$\frac{C}{R} = \frac{G}{1+GH} \tag{5.10}$$

因此 C 與 R 之間的關係以等效方塊圖代表如圖 (b)。如果使用正回饋，則上式變成為：$\frac{C}{R} = \frac{G}{1-GH}$，請讀者自行證明之。

同理，將 E 及 B 當做輸出，也可以得到以下這些關係式：

$$\frac{E}{R} = \frac{1}{1+GH} \tag{5.11}$$

$$\frac{B}{R} = \frac{GH}{1+GH} \tag{5.12}$$

在上述諸式中，

- G　　稱為是順向轉移函數 (forward transfer function)
- H　　稱為是回饋轉移函數 (feedback transfer function)
- GH　　稱為是開環轉移函數 (open-loop transfer function)
- C/R　　稱為是控制比 (control ratio)
- E/R　　稱為是誤差比 (error ratio)
- B/R　　稱為是回饋比 (feedback ratio)

因此某一輸入至某一輸出之間的轉換關係可以很簡便地用轉移函數描述之：例如，控制比 C/R 代表輸入變數 R 與輸出變數 C 之間的轉換關係，其轉移函數如式 (5.10) 敘述之。複雜系統的方塊圖，可用簡單的等效方塊取代之。各種常用基本方塊圖之化簡與等效敘述如後 (表 5.1)。

表 5.1　基本方塊圖化簡與等效

方塊圖	等效方塊及轉移函數	數學敘述
$x \to P_1 \to P_2 \to y$	$x \to P_1 P_2 \to y$	串聯 $Y = (P_1 P_2)X$
$x \to P_1, P_2 \to \pm \to y$	$x \to P_1 \pm P_2 \to y$	並聯 $Y = (P_1 \pm P_2)X$
$x \to \pm \to P_1 \to y$, 回授 P_2	$x \to \dfrac{P_1}{1 \mp P_1 P_2} \to y$	回饋 $Y = \dfrac{P_1}{1 \mp P_1 P_2} X$
$x \to P \to \pm \to z$, y 入匯點	$x \to \pm \to P \to z$，$1/P \leftarrow y$	匯點前移 $Z = PX \pm Y$
$x \to \pm \to P \to z$, y 入匯點	$x \to P \to \pm \to z$, $y \to P$	匯點後移 $Z = P(X \pm Y)$
$x \to P \to y$，z 由 x 分出	$x \to P \to y$，$z \leftarrow 1/P$	分點後移 $Y = PX$，$Z = X$
$x \to P \to y$，z 由輸出分出	$x \to P \to y$，$x \to P \to z$	分點前移 $Y = PX$，$Z = PX$

【例題 5.3】

試化簡圖 5.7 的方塊圖成為如圖 5.6 的標準型,然後再求出轉移函數 C/R。

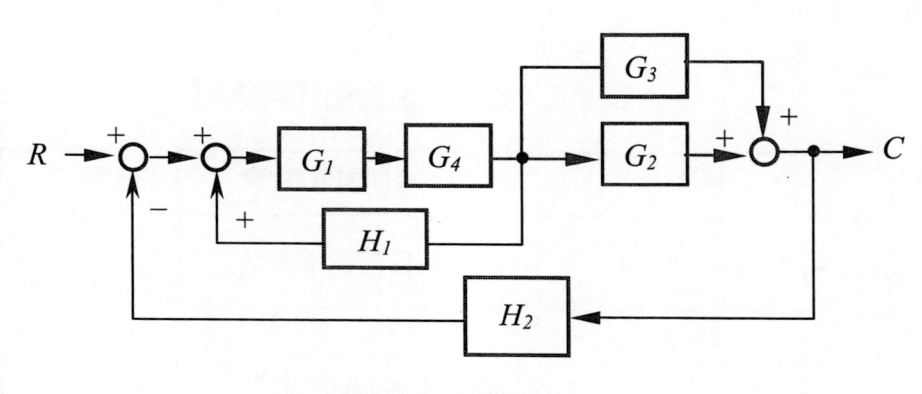

圖 5.7 例題 5.3。

解 首先將 G_1 及 G_4 之串聯合併成為 (G_1G_4);且將 G_2 及 G_3 之並聯合併成為 $(G_2 + G_3)$。再依前述之化簡方法 (參見表 5.1) 可得到如圖 5.8 之等效方塊圖。

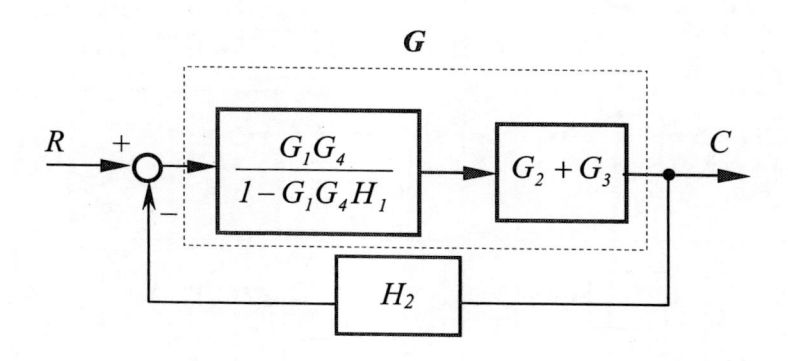

圖 5.8 等效方塊圖。

於上圖中,再將兩個串聯方塊合併,即得如圖 5.6 的標準型,此時順向路徑的轉移函數為

$$G = \frac{G_1 G_4}{1 - G_1 G_4 H_1}(G_2 + G_3)$$

最後，C/R 轉移函數等於：

$$\frac{C}{R} = \frac{G_1 G_4 (G_2 + G_3)}{1 - G_1 G_4 H_1 + G_1 G_4 H_2 (G_2 + G_3)}.$$

【例題 5.4】

於圖 5.9 的方塊圖中，求出總響應 C 與 R，U，及 V 的關係。

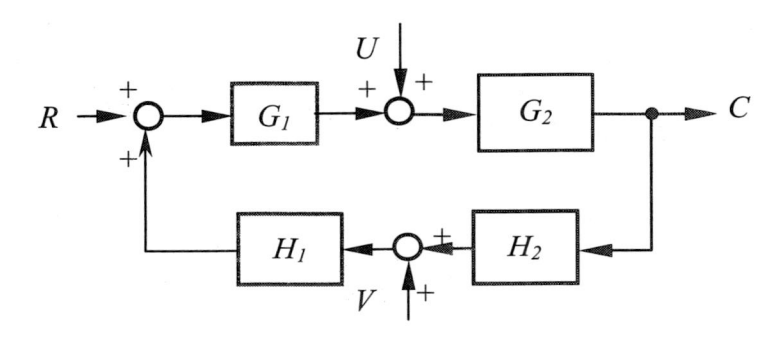

圖 5.9 例題 5.4。

解 我們首先考慮由個別輸入造成的輸出，處理如下：

(a) 當 $U = V = 0$，只考慮輸入 R，此時輸出假設為 C_R，方塊圖變成了圖 5.10 的形式，因此轉移函數為

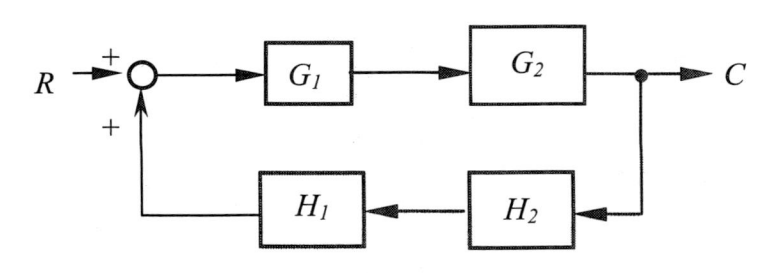

圖 5.10 例題 5.4，只考慮 R 輸入。

$$\frac{C_R}{R} = \frac{G_1 G_2}{1 - G_1 G_2 H_1 H_2}$$

(b) 當 $R = V = 0$，只考慮輸入 U，此時輸出假設為 C_U，方塊圖變成了圖 5.11(a) 的形式，可繪成圖 (b)，因此轉移函數為

$$\frac{C_U}{U} = \frac{G_2}{1 - G_1 G_2 H_1 H_2}$$

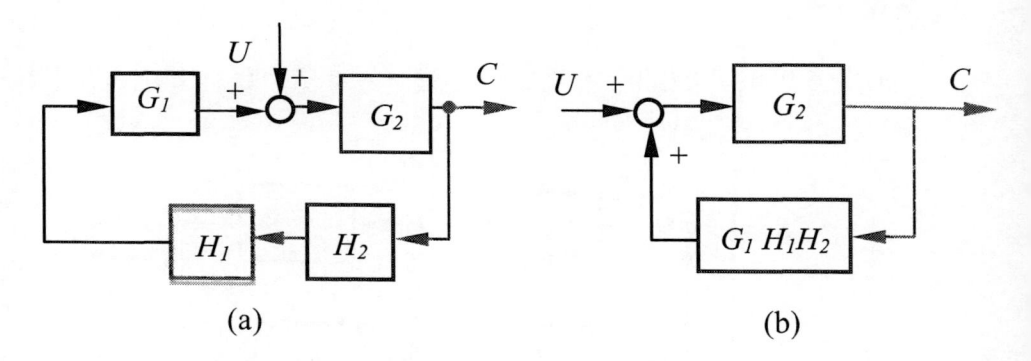

圖 5.11 例題 5.4：(a)只考慮 U 輸入，(b)等效方塊圖。

(c) 當 $R = U = 0$，只考慮輸入 V，此時輸出假設為 C_V，方塊圖變成了圖 5.12(a) 的形式，可再繪成圖 (b)，因此轉移函數為

$$\frac{C_V}{V} = \frac{G_1 G_2 H_1}{1 - G_1 G_2 H_1 H_2}$$

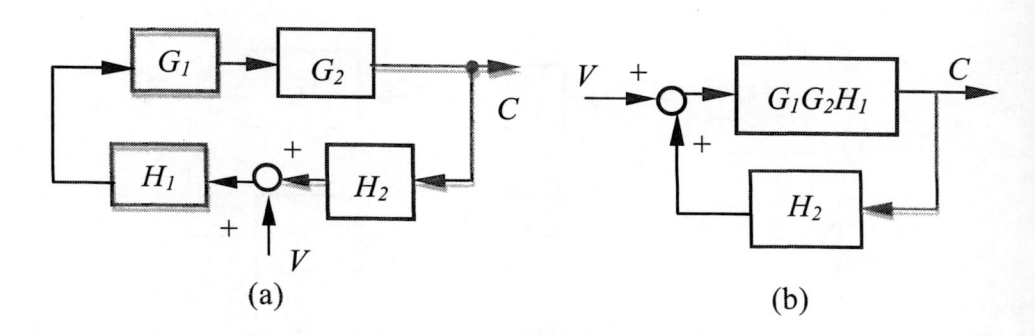

圖 5.12 例題 5.4：(a)只考慮 V 輸入，(b)等效方塊圖。

線性系統總輸出係由各輸入造成個別響應之重疊相加，因此

$$C = C_R + C_U + C_V = \frac{G_1G_2R + G_2U + G_1G_2H_1V}{1 - G_1G_2H_1H_2}$$

【例題 5.5】

試分別求圖 5.14 方塊圖系統的轉移函數 C/R。

(a)

(b)

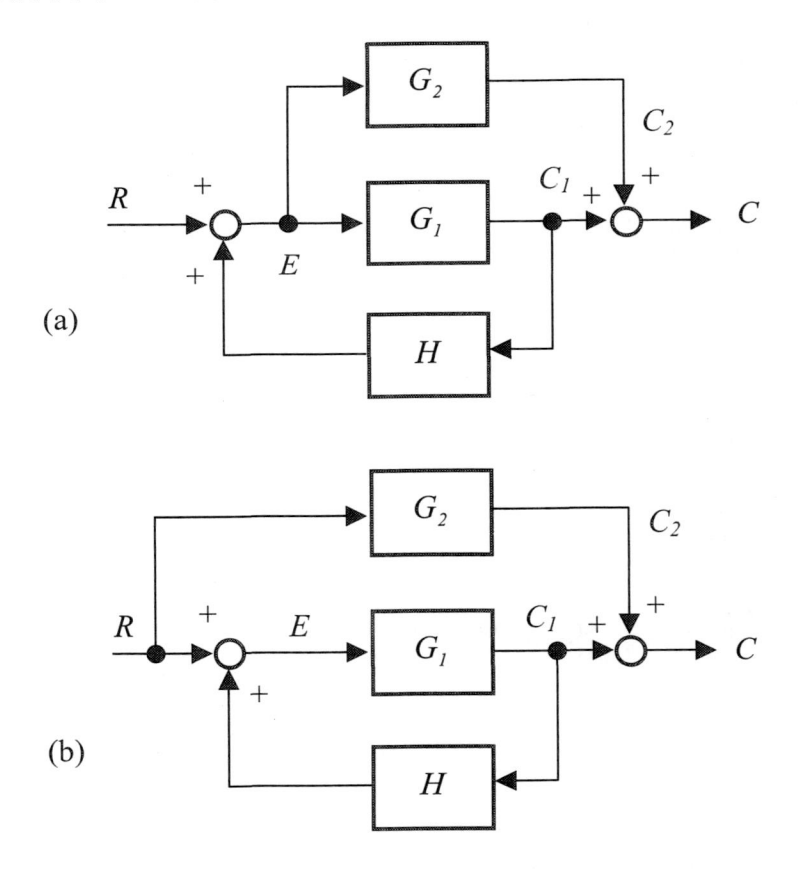

圖 5.14 例題 5.5 之方塊圖系統。

解 (a) 先考慮 R 至 C_1 及 E 之轉移函數，

$$\frac{C_1}{R} = \frac{G_1}{1 - G_1H} \quad , \quad \text{因此} \quad C_1 = \frac{G_1}{1 - G_1H}R$$

$$\frac{E}{R} = \frac{1}{1-G_1H} \text{，因此} \quad C_2 = G_2E = \frac{G_2}{1-G_1H}R$$

所以，$C = C_1 + C_2 = \left(\dfrac{G_1 + G_2}{1-G_1H}\right)R$，

轉移函數為

$$\frac{C}{R} = \frac{(G_1 + G_2)}{1-G_1H}$$

(b) 同上情形，$\dfrac{C_1}{R} = \dfrac{G_1}{1-G_1H}$，因此 $C_1 = \dfrac{G_1}{1-G_1H}R$．

因為 $C_2 = G_2R$，所以 $C = C_1 + C_2 = \left(\dfrac{G_1}{1-G_1H} + G_2\right)R$。

轉移函數為

$$\frac{C}{R} = \frac{G_1}{1-G_1H} + G_2$$

【例題 5.6】

試分別求圖 5.15 方塊圖系統的轉移函數 C/R。

解 先將並聯方塊 G_1 與 G_{21} 合併為 $G = G_1 + G_2$，因此

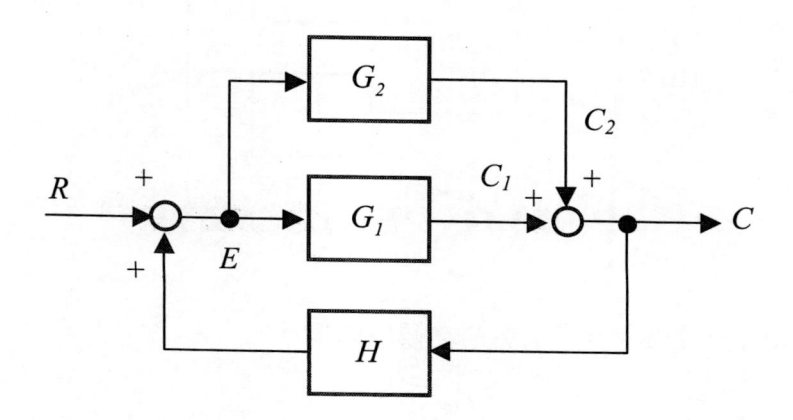

圖 5.15 例題 5.6 的方塊圖系統。

$$\frac{C}{R} = \frac{G}{1-GH} = \frac{G_1+G_2}{1-(G_1+G_2)H}$$

5-2 信號流程圖與應用

■ **基本觀念** 信號流程圖亦如方塊圖一樣，可以描述一個線性系統之結構，與其信號傳送的情形。一個系統的信號流程圖係由節點 (node) 與箭頭弧線 (arrow arc) 組成：節點用來代表變數 (可以是 CT 時間變數，或 DT 數列；抑或頻域函數，拉式變換或 z-變換)，而箭頭弧線之旁加註用來代表變數之間的數學關係，請參見圖 5.1(b)。為便於解說，我們用圖 5.16 的信號流程圖說明之。

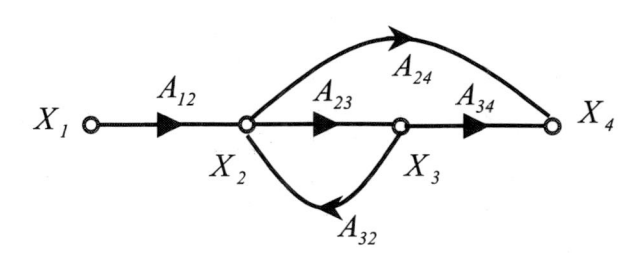

圖 5.16 信號流程圖之結構。

如圖 5.16，X_1 及 X_4 分別為輸入及輸出節點，代表輸入及輸出變數，而 X_2 及 X_3 為二個過程 (中間) 變數，亦以節點代表之。輸入節點之弧線箭頭只進不出，又稱源節點 (souce node)，輸出節點之弧線箭頭只出不進，又稱沈節點 (sink node)；其他節點的信號則有進也有出。每一箭頭弧線之旁所加註的數學描述用來代表輸入及輸出變數的

關係，例如：增益 (gain) A_{12}, $A_{21} \cdots A_{34}$ 等。

由圖 5.16 信號流程圖的結構，發現各變數之間的關係如下：

$$X_2 = A_{12}X_1 + A_{32}X_3$$
$$X_3 = A_{23}X_2$$
$$X_4 = A_{24}X_2 + A_{34}X_3$$

在此組 3 個聯立方程式中有 4 個變數，可將中間變數 X_2 及 X_3 消去，即得 X_1 及 X_4 之間的轉移函數了。

■ **信號流程圖的化簡** 表 5.2 列出一些簡單信號流程圖的合併化簡規則。在第一種情形，Y 為匯點 (summing node)，因此 $Y = A_1X_1 + A_2X_2 + A_3X_3$。第二種情形，$Y$ 為分點 (take-off node)。第三種情形為串接 (series) 組合，其等效增益等於串聯路徑增益之乘積。第四種情形為並接 (parallel) 組合，其等效增益等於個別並聯路徑增益之代數和。第五種情形為回饋 (feedback) 組合，討論如下：$Y = A_1X + A_2Y$，即 $(1-A_2)Y = A_1X$，所以

$$Y = \frac{A_1}{1-A_2}X \tag{5.13}$$

圖 5.17(a) 的負回饋方塊圖系統中，因為

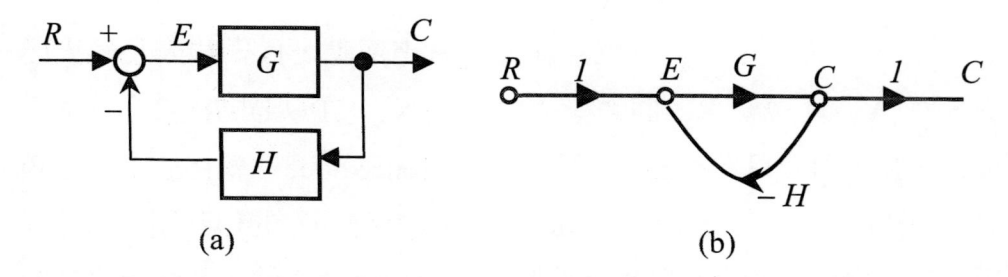

$$E = R - HC，且\ C = GE$$

圖 5.17 回饋系統的 (a) 方塊圖，(b) 信號流程圖。

表 5.2 信號流程圖化簡

流程圖	等效關係
(匯點圖示)	匯點： $Y = A_1 X_1 + A_2 X_2 + A_3 X_3$
(分離點圖示)	分離點： $X_1 = A_1 Y$ $X_2 = A_2 Y$ $X_3 = A_3 Y$
(串接圖示)	串接 (series) $X_1 \xrightarrow{A_{12}A_{24}} X_4$
(並接圖示)	並接 (parallel) $X_1 \xrightarrow{A_1 + A_2} X_4$
(回饋圖示)	回饋 (feedback) $X \xrightarrow{\frac{A_1}{1-A_2}} Y$

以節點代表變數，則上述變數之關係可代表成為圖 5.17(b) 的信號流程圖。亦即，輸出入之轉移函數為

$$\frac{C}{R} = \frac{G}{1+GH} \tag{5.14}$$

【例題 5.7】

試將例題 5.3 的方塊圖系統代表成為信號流程圖,再化簡以求出轉移函數。

解 解答之步驟分述如下:

(a) 先將例題 5.3 的系統代表成為如圖 5.18(a) 的信號流程圖,其中因為 G_1 與 G_2 為串聯,已經代表成為 G_1G_2,如圖 (a) 所示。

(b) 因為 G_3 與 G_4 為並聯,將之取代成為 $(G_2 + G_3)$,如圖 (b) 所示。 參見 (5.14),正回饋次系統取代成為 $\dfrac{G_1G_4}{1-G_1G_4H}$。

(c) 最後,參考表 5.2,轉移函數為

$$\frac{C}{R} = \frac{G_1G_4(G_2+G_3)}{1-G_1G_4H_1+G_1G_2G_4H_2+G_1G_3G_4H_2}$$

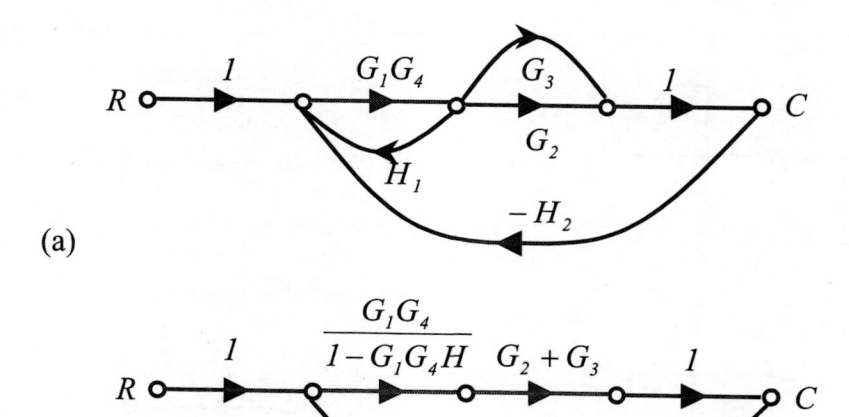

圖 5.18 例題 5.7 之信號流程圖。

■ **梅生增益規則** (MGR)　一個複雜的信號流程圖中，任何兩個變數之間的轉移增益 T 可用梅生 (S. J. Mason) 氏所發展出來的規則求得。此規則稱為梅生增益規則 (MGR, Mason's Gain Rule)，或梅生公式，陳述如下：

$$T = \frac{\sum T_n \Delta_n}{\Delta} \tag{5.15}$$

式中，T_n 為輸入節點至輸出節點之間的第 n 個順向路徑 (forward path) 增益，而分母 Δ 為

$$\Delta = 1 - \sum L_1 + \sum L_2 - \sum L_3 + \cdots \tag{5.16}$$

上式中，L_k $(k = 1, 2, \cdots)$稱為第 k-階環路增益，亦即：

L_1 = 任何封閉路徑之環路增益 (loop gain)

L_2 = 任何二個不相接觸 (non-touch) 封閉路徑之環路增益乘積 (product of loop gains)

L_3 = 任何三個不相接觸的封閉路徑之環路增益乘積。

　　⋯ (依次類推)

Δ_n = T_n 在 Δ 中的配式 (cofactor)，在原信號流程圖中，除去 T_n 上所有的路徑，剩下來的流程圖之 Δ 就是 Δ_n。

亦即，Δ_n 不得包含任何與 T_n 相接觸的路徑。如果所有的封閉路徑皆與順向路徑相接觸，則 $\Delta_n = 1$。

使用梅生公式 (5.15) 時，須先觀察出所有封閉迴路，及各階封閉迴路 $(L_1, L_2 \cdots)$ 等，以決定 (5.16)。為了解釋 (5.15) 式 MGR 的應用，以及 (5.16) 式的形成，我們使用以下的例題說明之。

【例題 5.8】

試求出圖 5.19 信號流程圖的轉移函數 C/R。

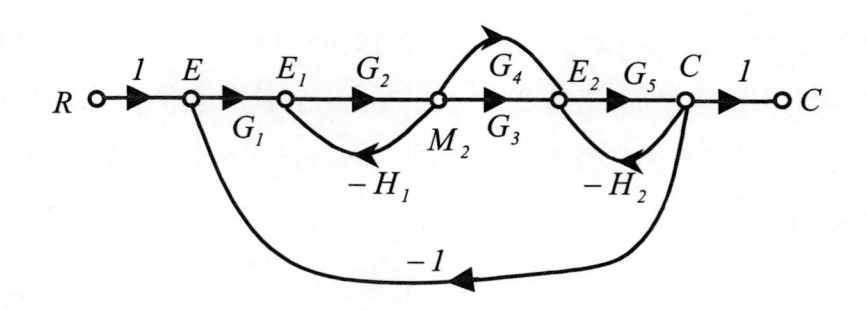

圖 5.19　例題 5.8 的信號流程圖。

解　先考慮各階封閉路徑如下：

(a) L_1 有 4 個：$-G_2H_1$，$-G_5H_2$，$-G_1G_2G_3G_5$，$-G_1G_2G_4G_5$，因此

$$\sum L_1 = -G_2H_1 - G_5H_2 - G_1G_2G_3G_5 - G_1G_2G_4G_5 \text{。}$$

(b) 考慮 L_2，我們發現 $-G_2H_1$ 及 $-G_5H_2$ 這二個封閉迴路不相接觸，

$$\sum L_2 = (-G_2H_1)(-G_5H_2) = G_2G_5H_1H_2.$$

(c) 再也找不到任何三個以上不相接觸的封閉迴路了，所以

$$\sum L_3 = \sum L_4 = \cdots = 0 \text{。}$$

(d) 因為 R 至 C 之間有二個順向路徑，皆與各封閉迴路相接觸，因此 T_n 及 Δ_n 分別為

$$T_1 = G_1G_2G_3G_5 \text{ , } \Delta_1 = 1 \text{ ,}$$
$$T_2 = G_1G_2G_4G_5 \text{ , } \Delta_2 = 1 \text{ 。}$$

由 (5.15) 及 (5.16) MGR 公式可得出轉移函數如下：

$$\frac{C}{R} = \frac{G_1G_2G_3G_5 + G_1G_2G_4G_5}{1 + G_2H_1 + G_5H_2 + G_1G_2G_3G_5 + G_1G_2G_4G_5 + G_2G_5H_1H_2}$$

由上可知，利用信號流程圖及 MGR 可以很方便、很快捷地求出系統的轉移函數。

【例題 5.9】

試求出圖 5.20 信號流程圖的轉移函數 C/R。

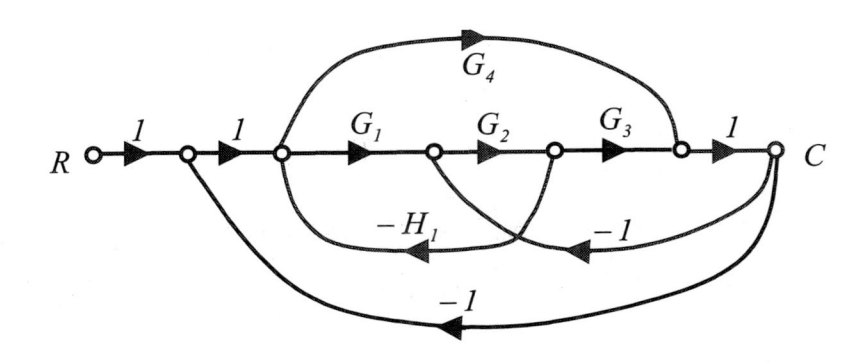

圖 5.20 例題 5.9 之信號流程圖。

解 此信號流程圖只有 L_1 一階封閉路徑如下：

$$-G_1G_2H_1 \text{ , } -G_2G_3 \text{ , } -G_1G_2G_3 \text{ , } -G_4 \text{ , } G_4G_2H_1$$

有二個順向路徑，皆與各封閉迴路相接觸，因此 T_n 及 Δ_n 分別為

$$T_1 = G_1G_2G_3 \text{ , } \Delta_1 = 1 \text{ , }$$
$$T_2 = G_4 \text{ , } \Delta_2 = 1 \text{ 。}$$

由 (5.15) 及 (5.16) MGR 公式可得出轉移函數如下：

$$\frac{C}{R} = \frac{G_1G_2G_3 + G_4}{1 + G_1G_2H_1 + G_2G_3 + G_1G_2G_3 + G_4 + G_2G_4H_1} \text{ 。}$$

【註】：此題中，閉迴路 $G_4G_2H_1$ 易於被忽略，請特別小心。

【例題 5.9】

試分別繪出例題 5.5，圖 5.14 系統的信號流程圖，且求轉移函數 C/R。

解 (a) 圖 5.14(a) 方塊圖系統之信號流程圖如圖 5.21(a) 所示，因為順向路徑 G_2 與迴路 G_1H 接觸，由 (5.15) 及 (5.16) MGR 公式得

$$\frac{C}{R} = \frac{G_1 + G_2}{1 - G_1H}$$

(b) 圖 5.14(b) 方塊圖系統之信號流程圖如圖 5.21(b) 所示，因為迴路 G_1H 不與順向路徑 G_2 接觸，由 (5.15) 及 (5.16) MGR 公式得

$$\frac{C}{R} = \frac{G_1 + G_2(1 - G_1H)}{1 - G_1H} = \frac{G_1}{1 - G_1H} + G_2.$$

(a)

(b)

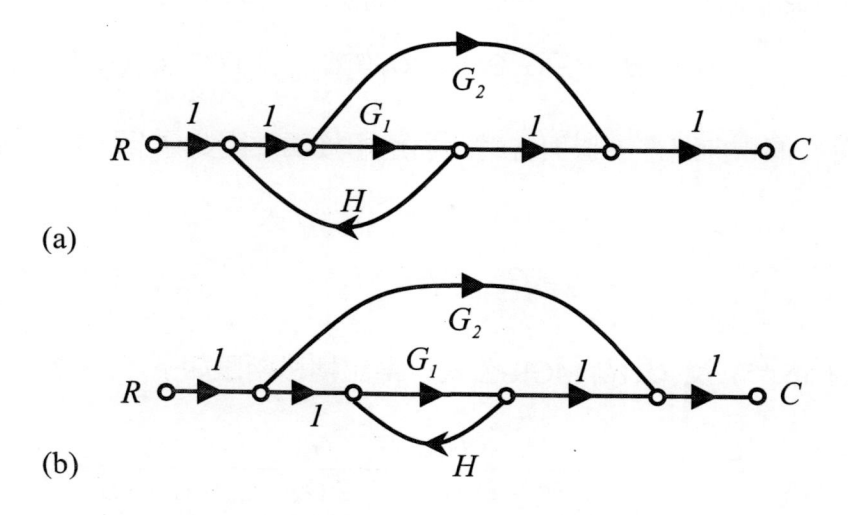

圖 5.21 例題 5.9 的信號流程圖。

【例題 5.10】 （MIMO 系統）

繪出例題 5.4 系統的信號流程圖，然後求出響應 C。

解 例題 5.4 系統的方塊圖可以轉換成為信號流程圖，如圖 5.22(a)。

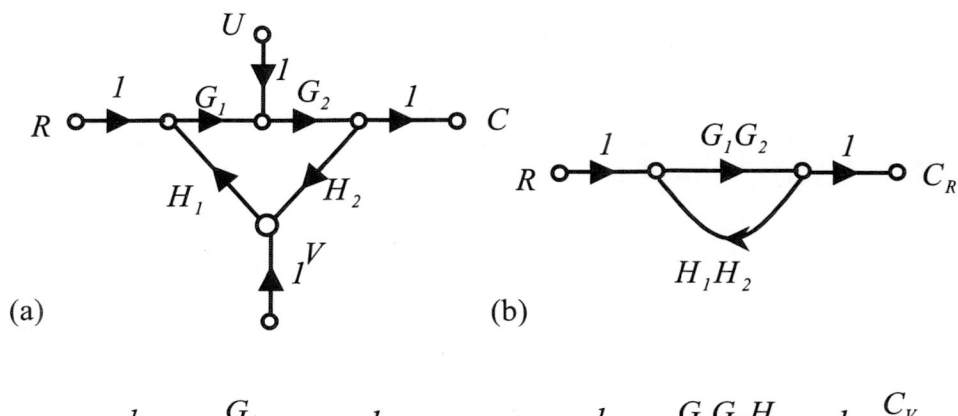

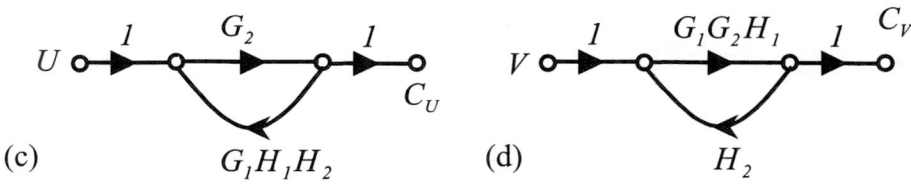

圖 5.22 例題 5.10 的信號流程圖。

當 $U = V = 0$，參見圖 (b) 之信號流程圖，因此只由 R 產生的響應為

$$C_R = \frac{G_1 G_2}{1 - G_1 G_2 H_1 H_2} R$$

當 $R = V = 0$，參見圖 (c) 之信號流程圖，因此只由 U 產生的響應為

$$C_U = \frac{G_2}{1 - G_1 G_2 H_1 H_2} U$$

當 $R = U = 0$，參見圖 (d) 之信號流程圖，因此只由 V 產生的響

應為

$$C_V = \frac{G_1 G_2 H_1}{1 - G_1 G_2 H_1 H_2} V$$

則總輸出為

$$C = C_R + C_U + C_V = \frac{G_1 G_2 R + G_2 U + G_1 G_2 H_1 V}{1 - G_1 G_2 H_1 H_2}$$

【例題 5.10】 （聯立方程式）

利用 SFG 解二元一次聯立方程式

$$a_1 x + b_1 y = c_1$$
$$a_2 x + b_2 y = c_2$$

解 重寫聯立方程式為

$$x = \frac{1}{a_1} c_1 - \frac{b_1}{a_1} y \, , \quad y = \frac{1}{b_2} c_2 - \frac{a_2}{b_2} x$$

其次，以信號流程圖代表如圖 5.23，利用 (5.15) 及 (5.16) 之 MGR 可得

$$x = \frac{\dfrac{1}{a_1} c_1 - \dfrac{1}{b_2} \dfrac{b_1}{a_1} c_2}{1 - \dfrac{b_1}{a_1} \dfrac{a_2}{b_2}} = \frac{b_2 c_1 - b_1 c_2}{a_1 b_2 - b_1 a_2}$$

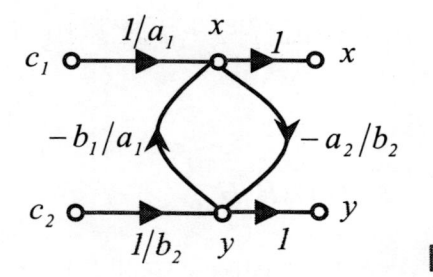

圖 5.23 例題 5.10。

$$y = \frac{-\frac{1}{a_1}\frac{a_2}{b_2}c_1 + \frac{1}{b_2}c_2}{1 - \frac{b_1}{a_1}\frac{a_2}{b_2}} = \frac{-a_2 c_1 + a_1 c_2}{a_1 b_2 - b_1 a_2}$$

【例題 5.11】 （網路分析）

圖 5.24 所示為三段 RC 相移電網路 (RC phase-shift network)，$V_i(t)$ 及 $V_o(t)$ 各為輸入及輸出電壓變數，每一電容器為 C 法拉，每一電阻器為 R 歐姆。試求此電網路的轉移函數 $H(s) = V_o(s)/V_i(s)$。

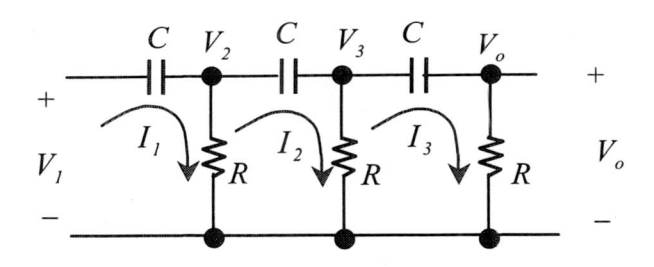

圖 5.24 例題 5.11 之電網路。

解 圖中，V_i $(i = 1, 2, 3)$ 為三個節據電壓 (nodal voltage)，I_i $(i = 1, 2, 3)$ 為三個網目電流 (mesh current)。因為 C 法拉電容器的阻抗 (impedance) 為 $Z(s) = 1/sC$，由歐姆定律可知

$$I_1 = sC(V_1 - V_2) = sCV_1 - sCV_2 \tag{5.17}$$
$$V_2 = R(I_1 - I_2) = RI_1 - RI_2 \tag{5.18}$$
$$I_2 = sC(V_2 - V_3) = sCV_2 - sCV_3 \tag{5.19}$$
$$V_3 = R(I_2 - I_3) = RI_2 - RI_3 \tag{5.20}$$
$$I_3 = sC(V_3 - V_o) = sCV_3 - sCV_o \tag{5.21}$$
$$V_o = RI_3 \tag{5.22}$$

以節點代表這些變數,依照上述數學關係可繪得如圖 5.25 之信號流程圖。首先由 (5.17) 式:$I_1 = sCV_1 - sCV_2$,(5.18) 式:$V_2 = RI_1 - RI_2$,代表成如圖 5.25(a)。同理,以 (5.19) 式及 (5.20) 式建構流程圖,代表成如圖 5.25(b);以 (5.21) 式及 (5.22) 式建構流程圖,代表成如圖 5.25(c)。最後將上述 (a), (b), 及 (c) 結合成為如圖 (d) 之流程圖。

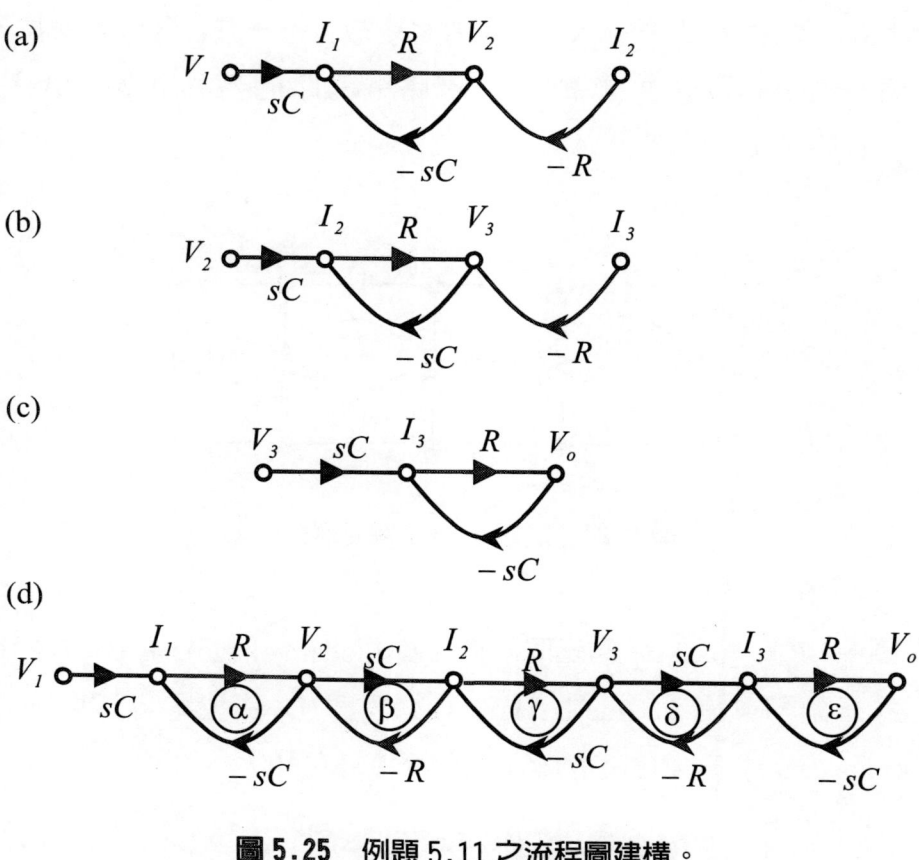

圖 5.25 例題 5.11 之流程圖建構。

圖 (d) 的流程圖中有五個迴路,註明為 α,$\beta \cdots \varepsilon$。各階迴路如下:

L_1: 共有五個迴路,其環路增益皆為 $-sRC$,因此

$$\sum L_1 = -5sRC \text{。}$$

L_2：兩個不相接觸迴路的可能集合有 $\{\alpha,\gamma\}$，$\{\alpha,\delta\}$，$\{\alpha,\varepsilon\}$，$\{\beta,\delta\}$，$\{\beta,\varepsilon\}$，$\{\gamma,\varepsilon\}$ 等六組，因此

$$\sum L_2 = 6s^2R^2C^2 \text{。}$$

L_3：三個不相接觸迴路的可能集合只有 $\{\alpha,\gamma,\varepsilon\}$ 這一組，因此

$$\sum L_2 = -s^3R^3C^3 \text{。}$$

L_4：在也沒有 4 階以上的不相接觸迴路了。

由 (5.16) 式可知

$$\Delta = 1 - \sum L_1 + \sum L_2 - \sum L_3 + \cdots$$
$$= 1 + 5sRC + 6s^2R^2C^2 + s^3R^3C^3$$

V_1 至 V_o 之間的順向路徑只有一組，皆與迴路相接觸，故

$$T_1 = s^3R^3C^3 \text{，} \Delta_1 = 1$$

因此，由 (5.15) 得出轉移函數為

$$H(s) = \frac{V_o(s)}{V_1(s)} = \frac{s^3R^3C^3}{s^3R^3C^3 + 6s^2R^2C^2 + 5sRC + 1} \text{。}$$

【例題 5.12】 （三階轉移函數）

圖 5.26 所示的信號流程圖中，s^{-1} 代表積分器 (integrator)，X 及 Y 分別為輸入及輸出變數，v_1, v_2, v_3 為狀態變數，試求 (a) 轉移函數 $H(s) = Y(s)/X(s)$，(b) 狀態方程式。

解 (a) 圖中有 3 個迴路，各階迴路如下：

L_1：共有 3 個迴路，其環路增益為 $-a_2s^{-1}$, $-a_1s^{-2}$, $-a_0s^{-3}$，再

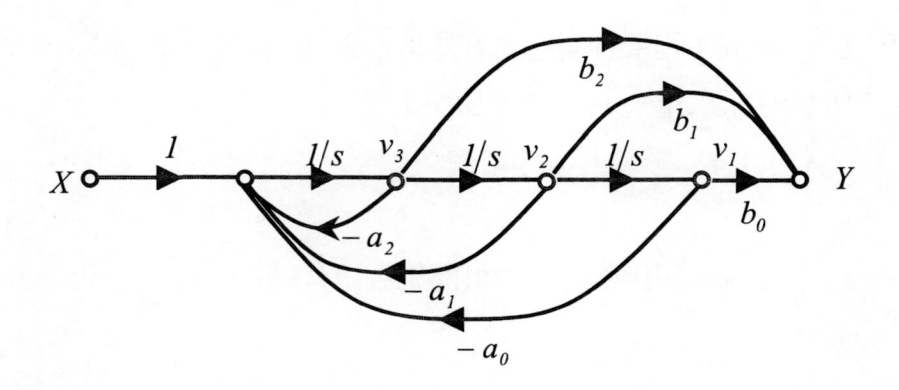

圖 5.26 例題 5.12

沒有 L_2 以上的迴路了。因此

$$\Delta = 1 - \sum L_1 = 1 + a_2 s^{-1} + a_1 s^{-2} + a_0 s^{-3}.$$

其次，3 條順向路徑皆與迴路相接觸，故

$$T_1 = b_2 s^{-1}, \quad \Delta_1 = 1,$$
$$T_2 = b_1 s^{-2}, \quad \Delta_2 = 1,$$
$$T_3 = b_0 s^{-3}, \quad \Delta_3 = 1.$$

因此，

$$\begin{aligned} H(s) &= \frac{Y(s)}{X(s)} = \frac{b_2 s^{-1} + b_1 s^{-2} + b_0 s^{-3}}{1 + a_2 s^{-1} + a_1 s^{-2} + a_0 s^{-3}} \\ &= \frac{b_2 s^2 + b_1 s + b_0}{s^3 + a_2 s^2 + a_1 s + a_0} \end{aligned}$$

(5.23)

(b) 由圖可得

$$\dot{v}_1 = v_2, \quad \dot{v}_2 = v_3, \quad \dot{v}_3 = -a_0 v_1 - a_1 v_2 - a_2 v_3 + x(t)$$
$$y(t) = b_0 v_1 + b_1 v_2 + b_2 v_3.$$

令 $\mathbf{v}(t) = [v_1 \quad v_2 \quad v_3]^T$ 為狀態向量，則狀態方程式為

$$\dot{\mathbf{v}}(t) = \begin{bmatrix} 0 & 1 & 0 \\ 0 & 0 & 1 \\ -a_0 & -a_1 & -a_2 \end{bmatrix} \mathbf{v}(t) + \begin{bmatrix} 0 \\ 0 \\ 1 \end{bmatrix} x(t)$$

$$y(t) = \begin{bmatrix} b_0 & b_1 & b_2 \end{bmatrix} \mathbf{v}(t)$$

5-3 系統模型的轉換

我們曾在第二章介紹過線性系統的時域模型，在第三及第四章介紹拉式及 z-變換的頻域轉移函數模型。連續時間 (CT) 系統的時域數學模型為微分方程式，或微分式狀態方程式；而 DT 系統則為差分方程式，或差分狀態方程式。CT 時域數學模型可經拉式變換得出轉移函數模型，而 DT 時域數學模型可經 z-變換得出脈波轉移函數模型，參見圖 5.27 所示。本節要分別討論這些系統模型的轉換。

■ **微分方程式至狀態方程式**　一個 n 階 CT-LTI 系統的微分方程式如 (2.83) 式所述，再一次表達如下：

$$\frac{d^n y}{dt^n} + a_{n-1} \frac{d^{n-1} y}{dt^{n-1}} + \cdots + a_1 \frac{dy}{dt} + a_0 y(t) \qquad (5.24)$$
$$= b_m \frac{d^m x}{dt^m} + \cdots + b_1 \frac{dx}{dt} + b_0 x(t)$$

上式中，$n > m$，$x(t)$ 及 $y(t)$ 分別為輸入及輸出變數。在節 2-5 中，我們導出對應於上式的矩陣微分式狀態方程式如下：

$$\frac{d}{dt} \mathbf{v}(t) = \begin{bmatrix} 0 & 1 & 0 & \cdots & 0 \\ 0 & 0 & 1 & \cdots & 0 \\ \vdots & \vdots & \vdots & \vdots & \vdots \\ 0 & 0 & 0 & \cdots & 1 \\ -a_0 & -a_1 & -a_2 & \cdots & -a_{n-1} \end{bmatrix} \mathbf{v}(t) + \begin{bmatrix} 0 \\ 0 \\ \vdots \\ 0 \\ 1 \end{bmatrix} x(t) \qquad (5.25a)$$

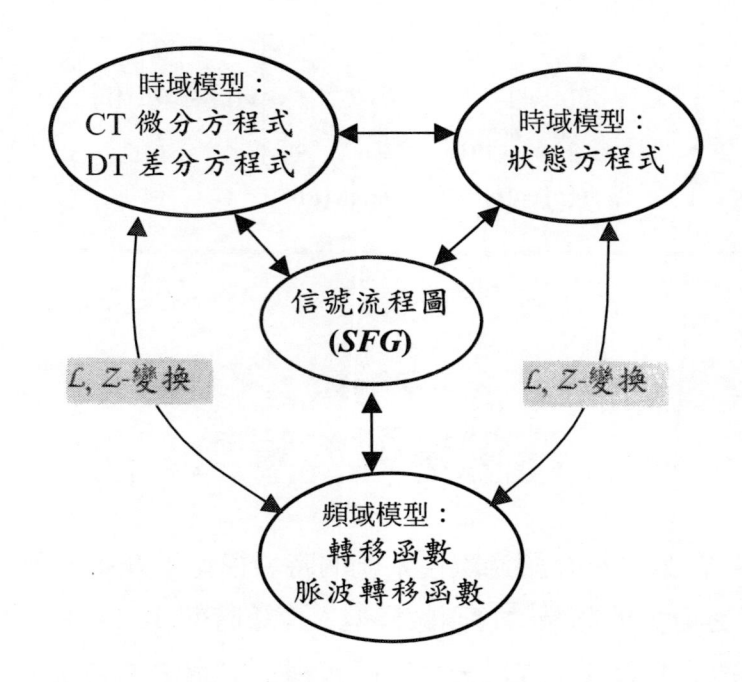

圖 5.27 時域與頻域各種數學模型之變換原理。

$$y(t) = [b_0 \quad b_1 \quad \cdots \quad b_m \quad \cdots 0]\mathbf{v}(t) + [0]x(t) \tag{5.25b}$$

此時，所定義的 n 個狀態變數分別為 n 個相變數，亦即

$$v_1(t) = y(t), \ v_2(t) = Dy(t), \ \cdots, v_n(t) = D^{n-1}y(t) \tag{5.26}$$

式中，$\left\{ D^k y = \dfrac{d^k y}{dt^k}, \ (k = 0..n-1) \right\}$ 為 n 個相變數。

現在我們要換一個角度，由轉移函數利用 SFG 及梅生公式，可以將 (5.24) 式所示的微分方程式轉換成為矩陣微分式狀態方程式。以三階 CT-LTI 系統為例做討論 (如例題 5.12)，

$$\frac{d^3 y}{dt^n} + a_2 \frac{d^2 y}{dt^2} + a_1 \frac{dy}{dt} + a_0 y(t) = b_2 \frac{d^2 x}{dt^2} + b_1 \frac{dx}{dt} + b_0 x(t) \tag{5.27}$$

步驟請參考圖 5.28 所示的程序，施行如下：

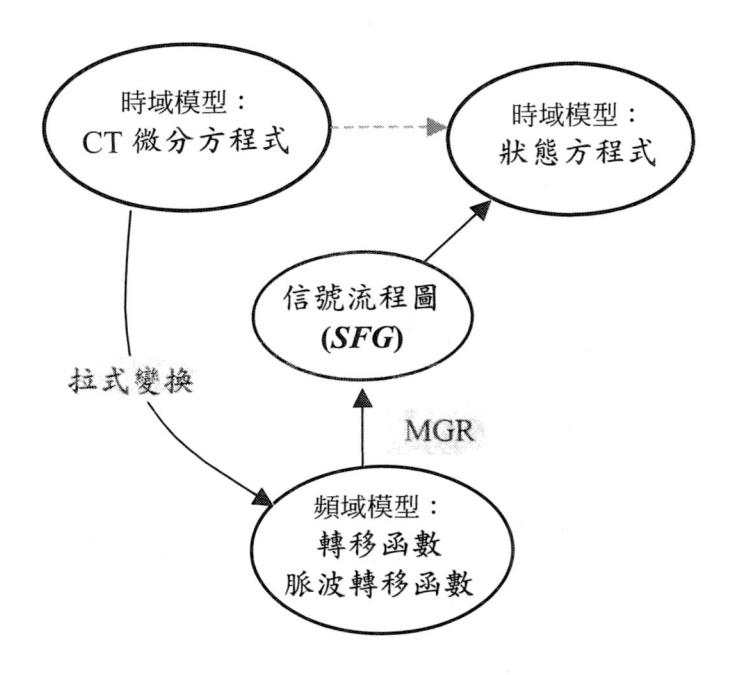

```
          時域模型:              時域模型:
        CT 微分方程式  - - - →   狀態方程式

                    信號流程圖
                      (SFG)
      拉式變換
                       ↑ MGR
                    頻域模型:
                    轉移函數
                   脈波轉移函數
```

圖 5.28 微分方程式至狀態方程式之變換原理。

1. 令所有初始條件為零，取拉式變換得

$$(s^3 + a_2 s^2 + a_1 s + a_0) Y(s) = (b_2 s^2 + b_1 s + b_0) X(s) \qquad (5.28)$$

因此得到轉移函數 (TF) 如下

$$H(s) = \frac{Y}{X} = \frac{b_2 s^2 + b_1 s + b_0}{s^3 + a_2 s^2 + a_1 s + a_0}$$

$$= \frac{b_2 s^{-1} + b_1 s^{-2} + b_0 s^{-3}}{1 + a_2 s^{-1} + a_1 s^{-2} + a_0 s^{-3}} \qquad (5.29)$$

2. 利用 (5.15) 及 (5.16) 梅生公式 (MGR)，繪一信號流程圖實現 (5.28)。先繪出 3 個積分器串聯，令積分器輸出為狀態變數：v_1, v_2, v_3。並使其具有三個迴路以及三條順向路徑，且每一順向路徑皆與迴路相接觸，如此所有的 $\Delta_n = 1$，因而產生如圖 5.29 之流程圖。

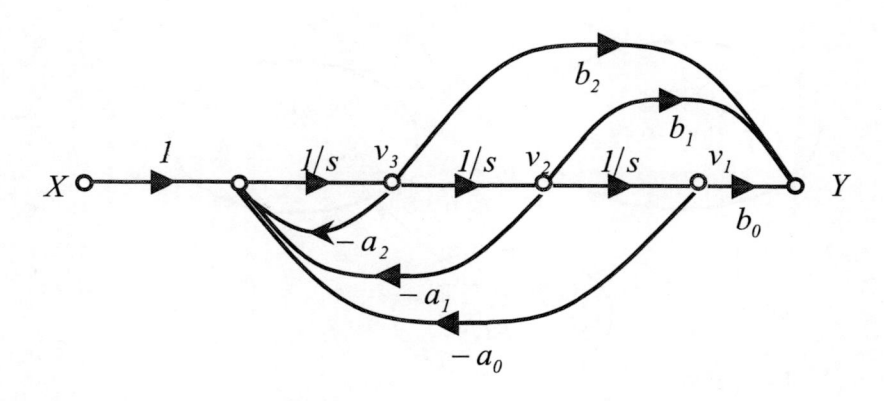

圖 5.29 三階系統。

3. 由信號流程圖寫出變數之關係如下：

$$\dot{v}_1 = v_2 \,,\quad \dot{v}_2 = v_3 \,,\quad \dot{v}_3 = -a_0 v_1 - a_1 v_2 - a_2 v_3 + x(t)$$
$$y(t) = b_0 v_1 + b_1 v_2 + b_2 v_3.$$

令 $\mathbf{v}(t) = [v_1 \; v_2 \; v_3]^T$ 為狀態向量，則狀態方程式為

$$\dot{\mathbf{v}}(t) = \begin{bmatrix} 0 & 1 & 0 \\ 0 & 0 & 1 \\ -a_0 & -a_1 & -a_2 \end{bmatrix} \mathbf{v}(t) + \begin{bmatrix} 0 \\ 0 \\ 1 \end{bmatrix} x(t) \quad\quad (5.30)$$
$$y(t) = [b_0 \; b_1 \; b_2] \mathbf{v}(t)$$

■ **差分方程式至狀態方程式**　對於離散時間系統，由差分方程式轉換成狀態方程式的程序是一樣的，但是使用時間延遲 z^{-1} 為信號流程圖的骨幹。我們以下面的例題說明之。

【例題 5.13】

試將下列差分方程式轉換成為狀態方程式。

$$y[k] - 0.25 y[k-1] - 0.125 y[k-2] + 0.5 y[k-3] = 3x[k]$$

解 參考圖 5.30 所示的程序，施行步驟如下：

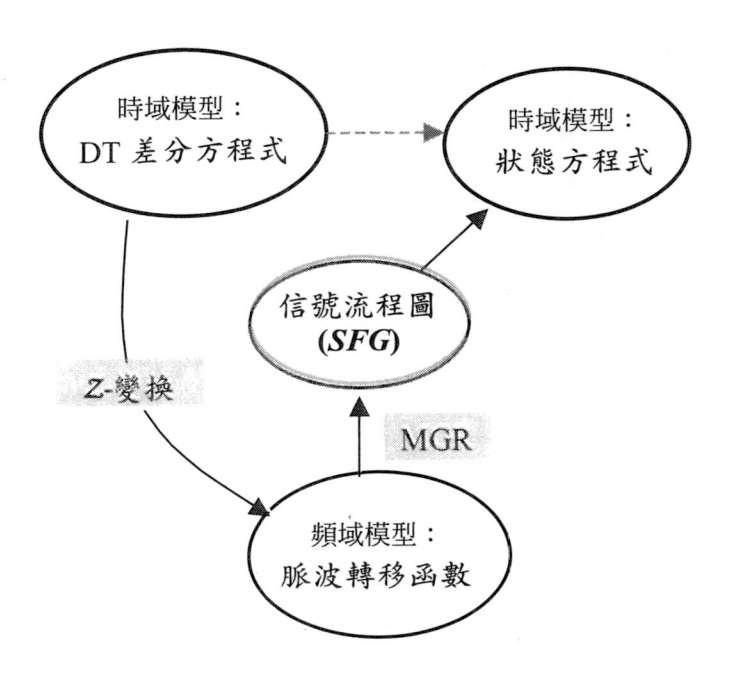

圖 5.30 差分方程式至狀態方程式之變換原理。

(a) 令所有初始條件為零，取 Z-變換得

$$(1 - 0.25z^{-1} - 0.125z^{-2} + 0.5z^{-3})Y(z) = 3X(z)$$

因此得出脈波轉移函數如下：

$$H(z) = \frac{Y(z)}{X(z)} = \frac{3}{1 - 0.25z^{-1} - 0.125z^{-2} + 0.5z^{-3}} \tag{5.31}$$

(b) 利用 (5.15) 及 (5.16) 梅生公式 (MGR)，繪一信號流程圖以實現上述轉移函數。先繪出 3 個時間延遲器 $1/z$ 串聯，令延遲器輸出為狀態變數：v_1, v_2, v_3。並使其具有三個迴路以及三條順向路徑，且每一順向路徑皆與迴路相接觸，如此所有的 $\Delta_n = 1$，因而產生如圖 5.31 之流程圖。

(c) 由信號流程圖寫出變數之關係如下：

$$zv_1[k] = v_1[k+1] = y[k-2] = v_2[k],$$
$$zv_2[k] = v_2[k+1] = y[k-1] = v_3[k],$$
$$zv_3[k] = v_3[k+1] = y[k]$$
$$y[k] = -0.5v_1[k] + 0.125v_2[k] + 0.25v_3[k] + 3x[k]$$

因此，矩陣式差分狀態方程式為

$$\mathbf{v}[k+1] = \begin{bmatrix} 0 & 1 & 0 \\ 0 & 0 & 1 \\ -0.5 & 0.125 & 0.25 \end{bmatrix} \mathbf{v}[k] + \begin{bmatrix} 0 \\ 0 \\ 3 \end{bmatrix} x[k]$$

$$y[k] = \begin{bmatrix} -0.5 & 0.125 & 0.25 \end{bmatrix} \mathbf{v}[k] + 3x[k]$$

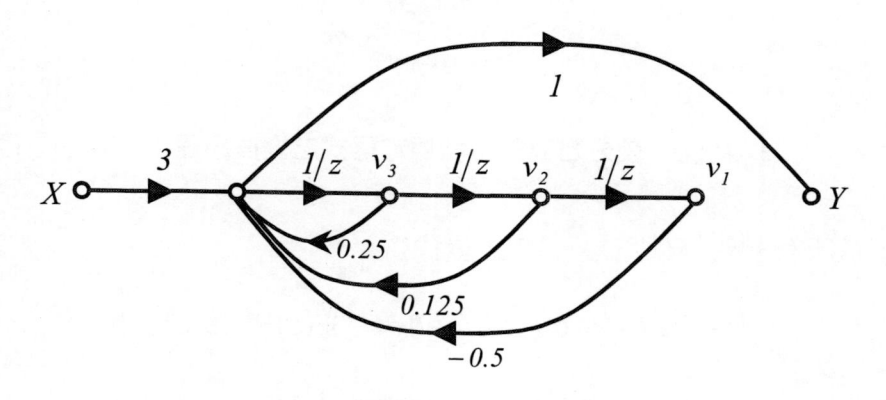

圖 5.31 例題 5.13。

【例題 5.14】

將下述 DT-DE 轉換成為矩陣狀態方程式。

$$y[k+2] + y[k+1] + 0.16y[k] = x[k+1] + 2x[k].$$

解 (a) 脈波轉移函數為

$$\frac{Y(z)}{X(z)} = \frac{z+2}{z^2+z+0.16} = \frac{z^{-1}+2z^{-2}}{1+z^{-1}+0.16z^{-2}}$$

(b) 利用梅生公式 (MGR)，繪一信號流程圖實現上式。繪出 2 個時間延遲器 $1/z$ 串聯，令延遲器輸出為狀態變數：v_1, v_2，二個狀態變數為：$v_1[k] = y[k]$，$v_2[k] = y[k+1]$，如圖 5.32。

(c) 因此，矩陣式差分狀態方程式為

$$\mathbf{v}[k+1] = \begin{bmatrix} 0 & 1 \\ -0.16 & -1 \end{bmatrix} \mathbf{v}[k] + \begin{bmatrix} 0 \\ 1 \end{bmatrix} x[k]$$

$$y[k] = \begin{bmatrix} 2 & 1 \end{bmatrix} \mathbf{v}[k]$$

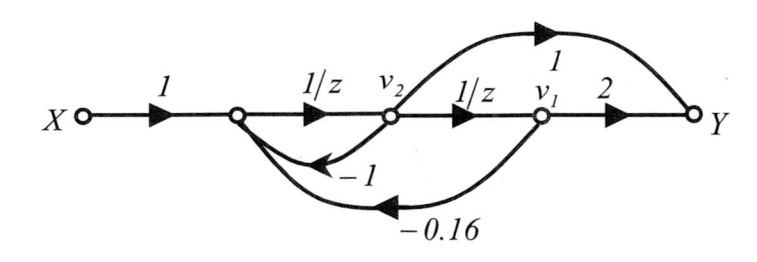

圖 5.32 例題 5.14。

■ **轉移函數至狀態方程式** 對於 CT-線性系統，若將轉移函數 $H(s)$ 寫成 s^{-1} (積分器) 的函數，如 (5.29) 式，則利用梅生公式 (MGR)，可以繪出信號流程圖實現此轉移函數。令每一積分器的輸出為狀態變數，則由信號流程圖即可直接地求出狀態方程式了。請參考圖 5.26 之施行步驟。

對於 DT 系統，將脈波轉移函數 $H(z)$ 寫成 z^{-1} (延遲器) 的函數，如 (5.31) 式，再利用梅生公式 (MGR)，可以繪出信號流程圖實現此轉移函數。令每一延遲器的輸出為狀態變數，即可由信號流程圖直接求出狀態方程式。請參考例題 5.13 及 5.14 之步驟。

■ **轉移函數至微分方程式** 轉移函數至微分方程式的轉換原理是很直接的。參見圖 5.33 所示，若線性系統的轉移函數為

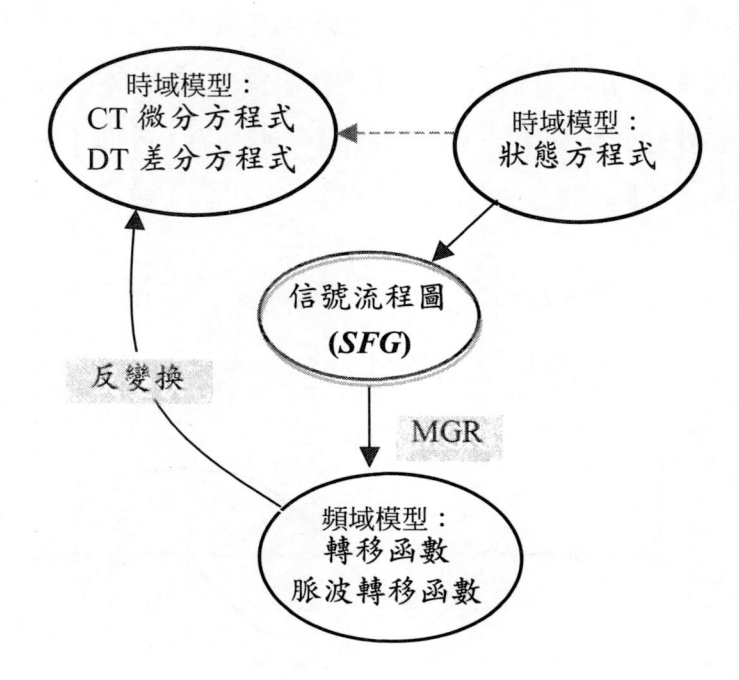

圖 5.33 狀態方程式至微分方程式之變換原理。

$$H(s) = \frac{Y(s)}{X(s)} = \frac{b_m s^m + b_{m-1} s^{m-1} + \cdots b_1 s + b_0}{s^n + a_{n-1} s^{n-1} + \cdots a_1 s + a_0} \tag{5.32}$$

將上式分子分母交叉相乘得

$$\left(s^n + a_{n-1}s^{n-1} + \cdots a_1 s + a_0\right)Y(s) = \left(b_m s^m + b_{m-1}s^{m-1} + \cdots b_1 s + b_0\right)X(s)$$

即

$$s^n Y + a_{n-1}s^{n-1}Y + \cdots a_1 sY + a_0 Y(s) = b_m s^m X + b_{m-1} s^{m-1} X + \cdots b_1 sX + b_0 X$$

上式兩邊取拉式反變換即得輸出入的微分方程式：

$$\frac{d^n y}{dt^n} + a_{n-1}\frac{d^{n-1} y}{dt^{n-1}} + \cdots + a_1\frac{dy}{dt} + a_0 y(t)$$
$$= b_m \frac{d^m x}{dt^m} + \cdots + b_1 \frac{dx}{dt} + b_0 x(t) \tag{5.33}$$

■ **脈波轉移函數至差分方程式**　對於 DT-系統，由脈波轉移函數至差分方程式的轉換原理與上述 CT-系統是相似的，參見圖 5.33 所示，此時要取 *z*-反變換法得出差分方程式模型。我們用下面的例題說明之。

【例題 5.15】

有一 DT-線性系統之脈波轉移函數為

$$H(z) = \frac{Y(z)}{X(z)} = \frac{1}{z^2 - 3z + 2}$$

試求其差分方程式。

解 仿照前面的方法，將轉移函數的分子分母交叉相乘得

$$(z^2 - 3z + 2)Y(z) = X(z)$$

上式兩邊取 *z*-反變換法得出如下差分方程式：

$$y[k+2] - 3y[k+1] + 2y[k] = x[k]$$

【例題 5.16】

有一 DT-線性系統之脈波轉移函數為

$$H(z) = \frac{Y(z)}{X(z)} = \frac{1}{2 - 2z^{-1} + z^{-2}}$$

試求其差分方程式。

解 仿照前面的方法,將轉移函數的分子分母交叉相乘得

$$(2 - 2z^{-1} + z^{-2})Y(z) = X(z)$$

上式兩邊取 $\mathscr{Z}$-反變換法得出

$$2y[k] - 2y[k-1] + y[k-2] = x[k]$$

即為所求的差分方程式。

■ **狀態方程式至轉移函數** 我們曾經在節 3-5 討論過,對於多輸入多輸出 (MIMO) CT-LTI 系統的狀態方程式

$$\dot{\mathbf{v}}(t) = \mathbf{A}\mathbf{v}(t) + \mathbf{B}\mathbf{x}(t) , \tag{5.34a}$$

$$\mathbf{y}(t) = \mathbf{C}\mathbf{v}(t) + \mathbf{D}\mathbf{x}(t) \tag{5.34b}$$

其轉移函數矩陣為

$$\mathbf{H}(s) = \mathbf{C}(s\mathbf{I} - \mathbf{A})^{-1}\mathbf{B} + \mathbf{D} \tag{5.35}$$

此時,輸出入之關係描述為 $\mathbf{Y}(s) = \mathbf{H}(s)\mathbf{X}(s)$。對於 DT-LTI 系統,則

$$\mathbf{v}[k+1] = \mathbf{A}\mathbf{v}[k] + \mathbf{B}\mathbf{x}[k] , \quad \mathbf{y}[k] = \mathbf{C}\mathbf{v}[k] + \mathbf{D}\mathbf{x}[k] \tag{5.36}$$

其脈波轉移函數矩陣為

$$\mathbf{H}(z) = \mathbf{C}(z\mathbf{I} - \mathbf{A})^{-1}\mathbf{B} + \mathbf{D} \tag{5.37}$$

此時,輸出入之關係描述為 $\mathbf{Y}(z) = \mathbf{H}(z)\mathbf{X}(z)$。以上 (5.35) 式及 (5.37) 式涉及帶有文字符號 s (或 z) 的矩陣運算,相當繁雜。我們可以應用信號流程圖代表狀態方程式,然後嘗試利用梅生公式很方便地求出轉移函數,或脈波轉移函數。施行之程序請參見圖 5.33。為便於解釋,我們以下列的例題說明之。

【例題 5.17】 （A 矩陣為伴式）

若系統之差分狀態方程式為

$$\mathbf{v}[k+1] = \begin{bmatrix} 0 & 1 \\ -1 & 1 \end{bmatrix} \mathbf{v}[k] + \begin{bmatrix} 0 \\ 1 \end{bmatrix} x[k], \quad y[k] = v_2[k].$$

試求脈波轉移函數 $H(z) = Y(z)/X(z)$。

解 由狀態方程式可知，二個狀態變數與輸入變數之關係為

$$v_1[k+1] = v_2[k],$$
$$v_2[k+1] = -v_1[k] + v_2[k] + x_1[k].$$

因為 **A** 矩陣為伴式 (companion form)，首先，我們建構 2 個串聯的時間延遲器 ($1/z$) 為骨幹，並接上輸入變數。延遲器 ($1/z$) 輸出為狀態變數：$v_1[k], v_2[k]$，參見圖 5.34(a)。

再來將如上所示的狀態變數與輸入變數之關係，以及輸出與狀態變數之關係，建構於 (a) 圖的骨幹上，如圖 5.34(b)。

第三步，由所建構的信號流程圖，利用梅生公式可得出轉移

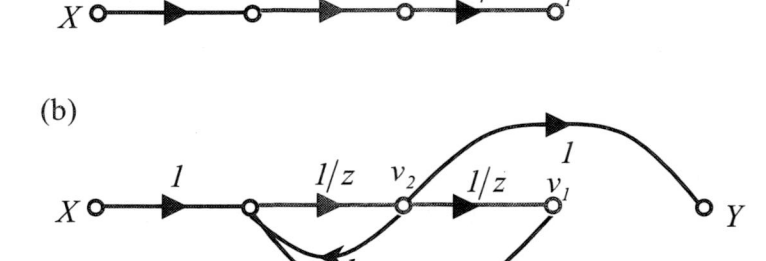

圖 5.34 例題 5.17 (a) 狀態變數及延遲器，(b) 由狀態方程式導出信號流程圖。

函數

$$\frac{Y(z)}{X(z)} = \frac{z^{-1}}{1-z^{-1}+z^{-2}} = \frac{z}{z^2-z+1}$$
$$= \frac{z}{z^2-z+1}$$

【例題 5.18】 （A 矩陣為伴式）

若系統之狀態方程式為

$$\dot{\mathbf{v}} = \begin{bmatrix} 0 & 1 \\ -2 & -3 \end{bmatrix}\mathbf{v}(t) + \begin{bmatrix} 0 \\ 2 \end{bmatrix}x(t)$$
$$y(t) = \begin{bmatrix} 0 & 1 \end{bmatrix}\mathbf{v}(t)$$

試求轉移函數 $H(s) = Y(s)/X(s)$。

解 由狀態方程式可知，二個狀態變數與輸入變數之關係為

$$\dot{v}_1(t) = v_2(t) ,$$
$$\dot{v}_2(t) = -2v_1(t) - 3v_2(t) + 2x(t)$$

輸出變數與二個狀態變數之關係為：$y(t) = v_2(t)$。

因為 **A** 矩陣為伴式 (companion form)，首先，我們建構 2 個串聯的積分器 ($1/s$) 為骨幹，並接上輸入變數。積分器 ($1/s$) 輸出為狀態變數：$v_1(t), v_2(t)$，參見圖 5.35(a)。

再來將如上所示的狀態變數與輸入變數之關係，以及輸出與狀態變數之關係，建構於 (a) 圖的骨幹上，如圖 5.35(b)。

第三步，由所建構的信號流程圖，利用梅生公式可得出轉移函數

$$\frac{Y(s)}{X(s)} = \frac{2s^{-1}}{1+3s^{-1}+2s^{-2}} = \frac{2s}{s^2+3s+2}$$
$$= \frac{2s}{s^2+3s+2}。$$

(a)

$X \circ \xrightarrow{1} \circ \xrightarrow{1/s} \circ_{v_2} \xrightarrow{1/s} \circ_{v_1}$

(b)

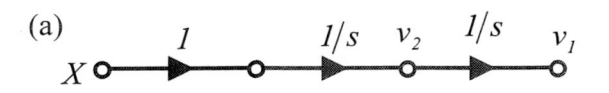

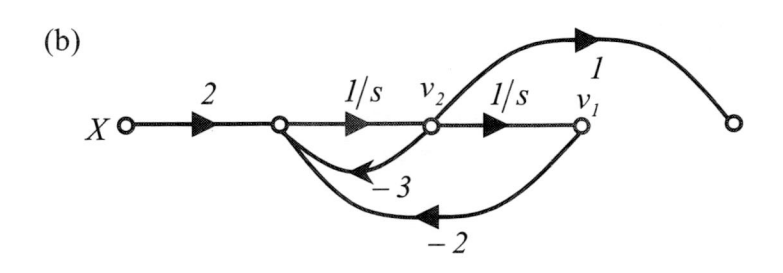

[信號流程圖，含 2, 1/s, 1/s, 1, −3, −2 等增益]

圖 5.35 例題 5.18 (a) 狀態變數及延遲器，(b) 由狀態方程式導出信號流程圖。

【例題 5.19】 （A 矩陣不是伴式）

若系統之狀態方程式為

$$\dot{\mathbf{v}} = \begin{bmatrix} -1 & -1 \\ 1 & -3 \end{bmatrix} \mathbf{v}(t) + \begin{bmatrix} 0 \\ -1 \end{bmatrix} x(t)$$

$$y(t) = \begin{bmatrix} 2 & -1 \end{bmatrix} \mathbf{v}(t)$$

試以下述之方法求轉移函數 $H(s) = Y(s)/X(s)$：

(a) 如 (5.35) 式之拉式變換法，

(b) 信號流程圖及梅生公式方法。

解 (a) 由 (5.35) 式，

$$H(s) = \begin{bmatrix} 2 & -1 \end{bmatrix} \begin{bmatrix} s+1 & 1 \\ -1 & s+3 \end{bmatrix}^{-1} \begin{bmatrix} 0 \\ -1 \end{bmatrix}$$

$$= \frac{\begin{bmatrix} 2 & -1 \end{bmatrix} \begin{bmatrix} s+3 & -1 \\ 1 & s+1 \end{bmatrix} \begin{bmatrix} 0 \\ -1 \end{bmatrix}}{s^2 + 4s + 4} = \frac{s+3}{s^2 + 4s + 4}$$

(b) 由狀態方程式可知，三個狀態變數與輸入變數之關係為

$$\dot{v}_1(t) = -v_1(t) - v_2(t)$$
$$\dot{v}_2(t) = v_1(t) - 3v_2(t) - x(t).$$

而輸出變數與三個狀態變數及輸入變數之關係為

$$y(t) = 2v_1(t) - v_2(t).$$

A 矩陣不是伴式，我們建構 2 個積分器 ($1/s$) 為骨幹，積分器 ($1/s$) 輸出為狀態變數：$v_1(t), v_2(t)$。再來將如上所示的狀態變數與輸入變數之關係，以及輸出與狀態變數之關係，建構於積分器骨幹上，形成如圖 5.36 所示的信號流程圖。因為 **A** 矩陣不是伴式，所以所建構出來的信號流程圖比較複雜。

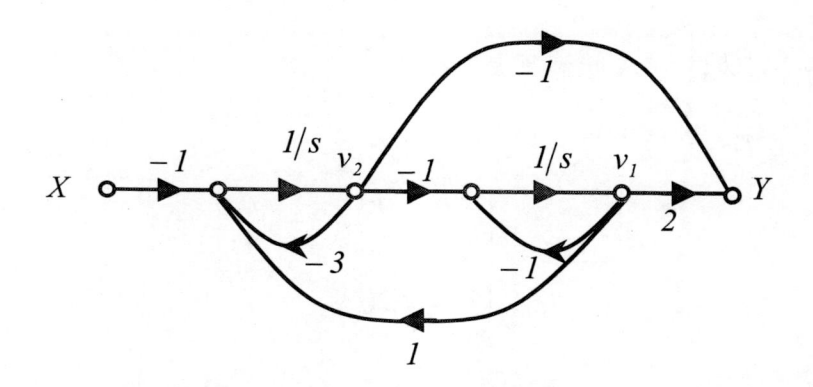

圖 5.36 例題 5.19：狀態方程式導出信號流程圖。

由信號流程圖 (圖 5.36) 可知

$$\Delta = 1 - \left(-3s^{-1} - s^{-1} - s^{-2}\right) + \left(-3s^{-1}\right)\left(-s^{-1}\right) = 1 + 4s^{-1} + 4s^{-2}.$$
$$T_1 = 2s^{-2} \quad \Delta_1 = 1 \text{，}$$
$$T_2 = s^{-1} \quad \Delta_2 = 1 + s^{-1}$$

因此，由梅生公式得轉移函數為

$$H(s) = \frac{Y(s)}{X(s)} = \frac{2s^{-2} + s^{-1}\left(1 + s^{-1}\right)}{1 + 4s^{-1} + 4s^{-2}} = \frac{s+3}{s^2 + 4s + 4} \text{。}$$

■ 狀態方程式至轉移函數（數值計算法）

由以上的例題發現，當狀態方程式的 $\mathbf{A}$ 矩陣不是伴式的形式時，所建構出來的信號流程圖比較複雜。當系統階次增高時，此情形尤是，使得梅生公式之應用變得很困難。解決之道在於數值方法的應用，其原理如下：

如果一個 $n \times n$ 矩陣 $\mathbf{A}$ 的特性方程式為

$$\Delta(s) = |s\mathbf{I} - \mathbf{A}| = s^n + a_{n-1}s^{n-1} + \cdots + a_1 s + a_0 = 0 \tag{5.38}$$

則由凱莉-漢彌爾敦 (Caley-Hamilton) 定理可知，

$$\Delta(\mathbf{A}) = \mathbf{A}^n + a_{n-1}\mathbf{A}^{n-1} + \cdots + a_1 \mathbf{A} + a_0 \mathbf{I} = 0 \tag{5.39}$$

此定理在一般「線性代數」或「工程數學」的教科書上皆有討論，請讀者自行查照。考慮單輸入單輸出 (SISO) CT-LTI 系統的狀態方程式

$$\dot{\mathbf{v}}(t) = \mathbf{A}\mathbf{v}(t) + \mathbf{b}x(t) , \quad y(t) = \mathbf{C}\mathbf{v}(t) \tag{5.40}$$

由輸出變數 $y(t)$，依次求取時間微分，並消去 $\dot{\mathbf{v}}(t)$ 可得

$$\begin{aligned}
y(t) &= \mathbf{C}\mathbf{v}(t) \\
Dy(t) &= \mathbf{C}\dot{\mathbf{v}}(t) = \mathbf{C}\mathbf{A}\mathbf{v}(t) + \mathbf{C}\mathbf{b}x(t) \\
D^2 y(t) &= \mathbf{C}\mathbf{A}\dot{\mathbf{v}}(t) + \mathbf{C}\mathbf{b}Dx(t) = \mathbf{C}\mathbf{A}^2 \mathbf{v}(t) + \mathbf{C}\mathbf{A}\mathbf{b}x(t) + \mathbf{C}\mathbf{b}Dx(t) \\
&\vdots \\
D^n y(t) &= \mathbf{C}\mathbf{A}^n \mathbf{v}(t) + \mathbf{C}\mathbf{A}^{n-1}\mathbf{b}x(t) + \mathbf{C}\mathbf{A}^{n-2}\mathbf{b}Dx(t) + \cdots + \mathbf{C}\mathbf{b}D^{n-1}x(t)
\end{aligned}$$

因此

$$\begin{aligned}
&\left(D^n + a_{n-1}D^{n-1} + \cdots + a_1 D + a_0\right) y(t) \\
&= \mathbf{C}\left(\mathbf{A}^n + a_{n-1}\mathbf{A}^{n-1} + \cdots + a_1 \mathbf{A} + a_0 \mathbf{I}\right)\mathbf{v}(t) + N(D)_x
\end{aligned}$$

式中 $N(D)x$ 係由 $\{x, Dx, \cdots D^{n-1}x(t)\}$ 組成的實係數多項式。由 (5.39) 可得

$$\left(D^n + a_{n-1}D^{n-1} + \cdots + a_1 D + a_0\right)y(t) = N(D)_x \tag{5.42}$$

再取拉式變換即得輸出入之轉移函數，我們以例題說明之。

【例題 5.20】　（**A** 矩陣不是伴式）

如例題 5.19 的線性系統，其狀態方程式為

$$\dot{\mathbf{v}} = \begin{bmatrix} -1 & -1 \\ 1 & -3 \end{bmatrix} \mathbf{v}(t) + \begin{bmatrix} 0 \\ -1 \end{bmatrix} x(t)$$

$$y(t) = \begin{bmatrix} 2 & -1 \end{bmatrix} \mathbf{v}(t)$$

試以數值法求轉移函數 $H(s) = Y(s)/X(s)$。

解　由輸出 $y(t)$，依次求微分，並消去 $\dot{\mathbf{v}}(t)$ 可得

$$\begin{aligned} y(t) &= \begin{bmatrix} 2 & -1 \end{bmatrix} \mathbf{v}(t) \\ Dy(t) &= \begin{bmatrix} -3 & 1 \end{bmatrix} \mathbf{v}(t) + x(t) \\ D^2 y(t) &= \begin{bmatrix} 4 & 0 \end{bmatrix} \mathbf{v}(t) - x(t) + Dx(t) \end{aligned}$$

因為矩陣 **A** 的特性方程式為

$$\Delta(s) = |s\mathbf{I} - \mathbf{A}| = \begin{vmatrix} s+1 & 1 \\ -1 & s+3 \end{vmatrix} = s^2 + 4s + 4 = 0$$

由 (5.42) 得

$$\left(D^2 + 4D + 4\right)y(t) = (D+3)x(t)$$

轉移函數為

$$H(s) = \frac{Y(s)}{X(s)} = \frac{s+3}{s^2 + 4s + 4} \text{ 。}$$

【例題 5.21】 （脈波轉移函數）

如例題 4.28 的 DT-系統，其狀態方程式為

$$\mathbf{v}[k+1] = \begin{bmatrix} 0 & 1 \\ -1 & 1 \end{bmatrix} \mathbf{v}[k] + \begin{bmatrix} 0 \\ 1 \end{bmatrix} x[k]$$

$$y[k] = \begin{bmatrix} 0 & 1 \end{bmatrix} \mathbf{v}[k]$$

試以數值法求脈波轉移函數 $H(z) = Y(z)/X(z)$。

解 由輸出 $y[k]$，依次做時間移位，可得

$$\begin{aligned} y[k] &= \begin{bmatrix} 0 & 1 \end{bmatrix} \mathbf{v}[k] \\ y[k+1] &= \begin{bmatrix} 0 & 1 \end{bmatrix} \mathbf{v}[k+1] = \begin{bmatrix} -1 & 1 \end{bmatrix} \mathbf{v}[k] + x[k] \\ y[k+2] &= \begin{bmatrix} 0 & 1 \end{bmatrix} \mathbf{v}[k+1] = \begin{bmatrix} -1 & 1 \end{bmatrix} \mathbf{v}[k] + x[k] + x[k+1] \end{aligned}$$

因為矩陣 **A** 的特性方程式為

$$\Delta(s) = |s\mathbf{I} - \mathbf{A}| = \begin{vmatrix} s & -1 \\ 1 & s-1 \end{vmatrix} = s^2 - s + 1 = 0$$

由 (5.42) 得 $y[k+2] - y[k+1] + y[k] = x[k+1]$，因此脈波轉移函數為

$$H(z) = \frac{Y(z)}{X(z)} = \frac{z}{z^2 - z + 1}$$

【例題 5.22】 （轉移函數矩陣）

試求如下系統的轉移函數矩陣：

$$\dot{\mathbf{v}}(t) = \begin{bmatrix} 0 & 1 \\ -2 & -3 \end{bmatrix} \mathbf{v}(t) + \begin{bmatrix} 1 & 1 \\ 0 & -2 \end{bmatrix} \mathbf{x}(t) , \quad \mathbf{y}(t) = \begin{bmatrix} 0 & -2 \\ 1 & 0 \end{bmatrix} \mathbf{v}(t)$$

解 對各輸出依次微分得，

$$y_1(t) = [0 \quad -2]\mathbf{v}(t) ,$$
$$y_2(t) = [1 \quad 0]\mathbf{v}(t)$$
$$Dy_1(t) = [4 \quad 6]\mathbf{v}(t) + [0 \quad 4]\mathbf{x}(t)$$
$$Dy_2(t) = [0 \quad 1]\mathbf{v}(t) + [1 \quad 1]\mathbf{x}(t)$$

將最高階微分項 $Dy_1(t)$ 及 $Dy_2(t)$ 分別以低階微分項組合成，

$$Dy_1(t) + 3y_1(t) - 4y_2(t) = [0 \quad 4]\mathbf{x}(t)$$
$$Dy_2(t) + \tfrac{1}{2}y_1(t) = [1 \quad 1]\mathbf{x}(t)$$

取拉式變換，再整理得

$$\begin{bmatrix} s+3 & -4 \\ \tfrac{1}{2} & s \end{bmatrix} \mathbf{Y}(s) = \begin{bmatrix} 0 & 4 \\ 1 & 1 \end{bmatrix} \mathbf{x}(s)$$

轉移函數矩陣為

$$\mathbf{H}(s) = \begin{bmatrix} s+3 & -4 \\ \tfrac{1}{2} & s \end{bmatrix}^{-1} \begin{bmatrix} 0 & 4 \\ 1 & 1 \end{bmatrix}.$$

5-4 狀態方程式的實現

我們討論過系統數學模型的轉換，特別重要的是由轉移函數 (或脈波轉移函數) 至狀態方程式。由狀態方程式轉換成轉移函數，則此轉移函數只有一個解答；但是對應於某一個轉移函數的狀態方程式可以有許多組。這些狀態方程式皆是此轉移函數的**實現** (realization)。亦

即，此系統可以依照這些建構原理，以電子電路設計製作合成 (synthesis)，或做電腦軟體之動態模擬 (computer simulation)。

■ **控制型與觀察型典式實現**　以 (5.30) 所述的三階系統狀態方程式為例，再表達如下：

$$\dot{\mathbf{v}}(t) = \begin{bmatrix} 0 & 1 & 0 \\ 0 & 0 & 1 \\ -a_0 & -a_1 & -a_2 \end{bmatrix} \mathbf{v}(t) + \begin{bmatrix} 0 \\ 0 \\ 1 \end{bmatrix} x(t) \tag{5.43}$$

$$y(t) = \begin{bmatrix} b_0 & b_1 & b_2 \end{bmatrix} \mathbf{v}(t)$$

其轉移函數為

$$H(s) = \frac{Y}{X} = \frac{b_2 s^2 + b_1 s + b_0}{s^3 + a_2 s^2 + a_1 s + a_0} = \frac{b_2 s^{-1} + b_1 s^{-2} + b_0 s^{-3}}{1 + a_2 s^{-1} + a_1 s^{-2} + a_0 s^{-3}} \tag{5.44}$$

則 (5.43) 所述的狀態方程式稱為是 (5.44) 轉移函數的實現，可用如圖 5.29 的信號流程圖結構描述，再一次出現於此，如圖 5.37，以利於參考比對。

但是，對應於 (5.44) 轉移函數的狀態方程式之解答並非唯一；依照梅生公式亦可建構如圖 5.38 的信號流程圖，其狀態方程式如下：

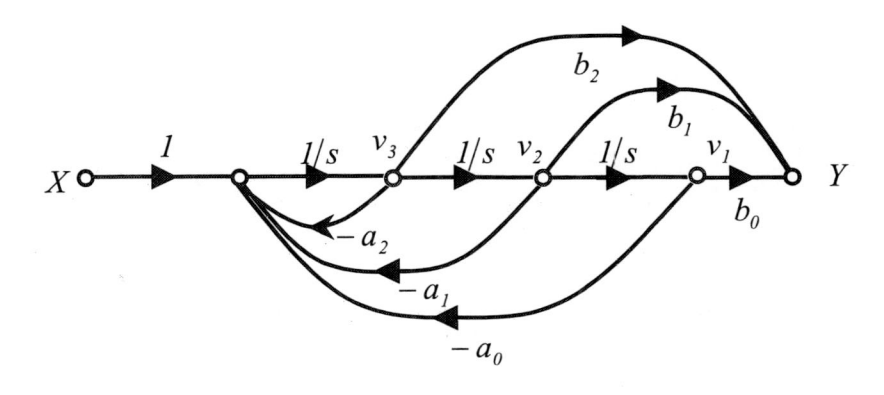

圖 5.37　三階系統控制型典式。

$$\dot{\boldsymbol{\theta}}(t) = \begin{bmatrix} 0 & 0 & -a_0 \\ 1 & 0 & -a_1 \\ 0 & 1 & -a_2 \end{bmatrix} \boldsymbol{\theta}(t) + \begin{bmatrix} b_0 \\ b_1 \\ b_2 \end{bmatrix} x(t)$$

$$y(t) = \begin{bmatrix} 0 & 0 & 1 \end{bmatrix} \boldsymbol{\theta}(t)$$

(5.45)

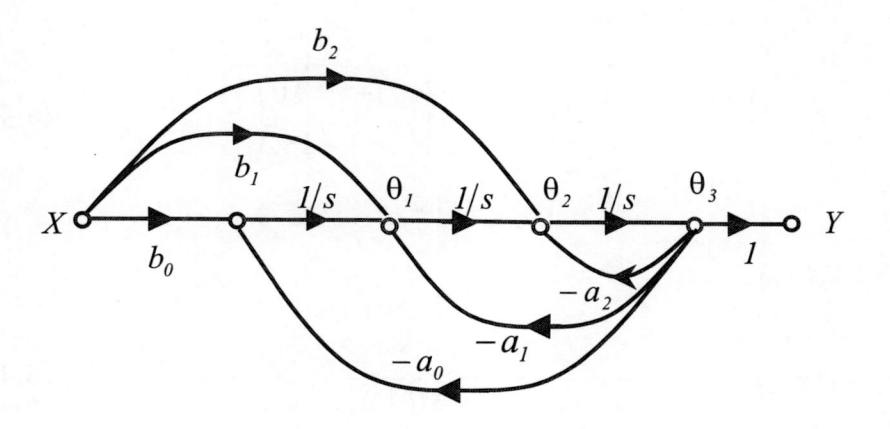

圖 5.38 三階系統的觀察型典式。

亦即，狀態方程式 (5.43) 及 (5.45) 具有共同的轉移函數 (5.44)。若將 (5.43) 代表為

$$\dot{\mathbf{v}}(t) = \mathbf{A}_C \mathbf{v}(t) + \mathbf{B}_C x(t)$$
$$y(t) = \mathbf{C}_C \mathbf{v}(t)$$

(5.46)

將 (5.45) 代表為

$$\dot{\boldsymbol{\theta}}(t) = \mathbf{A}_o \boldsymbol{\theta}(t) + \mathbf{B}_o x(t)$$
$$y(t) = C_o \boldsymbol{\theta}(t)$$

(5.47)

我們發現，

$$\mathbf{A}_o = \mathbf{A}_C^T, \quad \mathbf{B}_o = \mathbf{C}_C^T, \quad \mathbf{C}_o = \mathbf{B}_C^T$$

事實上我們也可發現，圖 5.37 與圖 5.38 互為轉置 (transposition)，

即輸入及輸出左右對調位置。(5.43) 之狀態方程式稱為控制型典式 (controllable canonical form)，而 (5.45) 之狀態方程式稱為觀察型典式 (observable canonical form)。

■ **觀察性典式實現**　　如果我們嘗試以圖 5.39 的信號流程圖模擬 (5.44) 式，三階系統之轉移函數，則由梅生公式可得：

$$\frac{Y}{X} = \frac{\beta_2 s^{-1}\left(1 + a_2 s^{-1} + a_1 s^{-2}\right) + \beta_1 s^{-2}\left(1 + a_2 s^{-1}\right) + \beta_0 s^{-3}}{1 + a_2 s^{-1} + a_1 s^{-2} + a_0 s^{-3}}$$

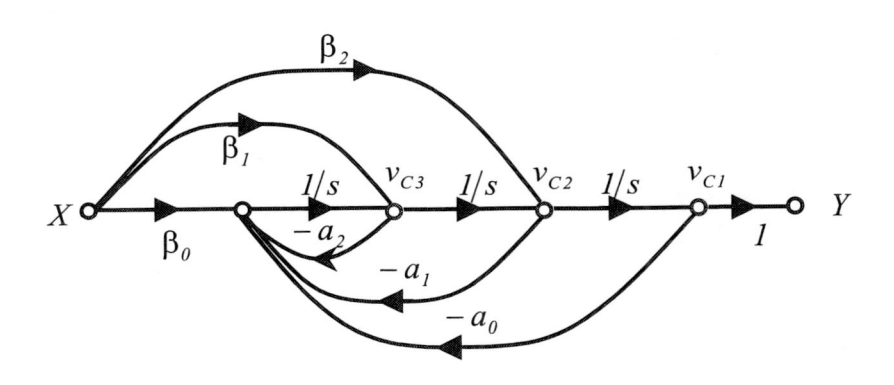

圖 5.39 三階系統觀察性典式。

再整理成為

$$\frac{Y}{X} = \frac{\beta_2 s^2 + (\beta_1 + a_2 \beta_2)s + (\beta_0 + a_2 \beta_1 + a_1 \beta_2)}{s^3 + a_2 s^2 + a_1 s + a_0} \tag{5.48}$$

上式與 (5.44) 比較可得如下係數關係：

$$\begin{bmatrix} 1 & 0 & 0 \\ a_2 & 1 & 0 \\ a_1 & a_2 & 1 \end{bmatrix} \begin{bmatrix} \beta_2 \\ \beta_1 \\ \beta_0 \end{bmatrix} = \begin{bmatrix} b_2 \\ b_1 \\ b_0 \end{bmatrix} \tag{5.49}$$

參見圖 5.39，令積分器之輸出為狀態變數：v_{C1}, v_{C2}, v_{C3}，由此模擬圖可得如下狀態方程式：

$$\frac{d}{dt}\begin{bmatrix} v_{C1} \\ v_{C2} \\ v_{C3} \end{bmatrix} = \begin{bmatrix} 0 & 1 & 0 \\ 0 & 0 & 1 \\ -a_0 & -a_1 & -a_2 \end{bmatrix}\begin{bmatrix} v_{C1} \\ v_{C2} \\ v_{C3} \end{bmatrix} + \begin{bmatrix} \beta_2 \\ \beta_1 \\ \beta_0 \end{bmatrix} x(t) \quad (5.50)$$

$$y(t) = \begin{bmatrix} 1 & 0 & 0 \end{bmatrix} \mathbf{v}_C(t)$$

(5.50) 之狀態方程式稱為觀察性典式 (observability canonical form)，因為狀態變數：v_{C1}, v_{C2}, v_{C3} 可以直接地由輸出及其時間導數：$y(t), Dy(t), \cdots$ 觀察之。

■ **控制性典式實現** 　如果我們嘗試以圖 5.40 的信號流程圖模擬 (5.44)，三階系統之轉移函數，則由梅生公式可得：

$$\frac{Y}{X} = \frac{\alpha_2 s^{-1}(1 + a_2 s^{-1} + a_1 s^{-2}) + \alpha_1 s^{-2}(1 + a_2 s^{-1}) + \alpha_0 s^{-3}}{1 + a_2 s^{-1} + a_1 s^{-2} + a_0 s^{-3}}$$

再整理成為

$$\frac{Y}{X} = \frac{\alpha_2 s^2 + (\alpha_1 + a_2\alpha_2)s + (\alpha_0 + a_2\alpha_1 + a_1\alpha_2)}{s^3 + a_2 s^2 + a_1 s + a_0} \quad (5.51)$$

上式與 (5.44) 比較可得如下係數關係：

$$\begin{bmatrix} 1 & 0 & 0 \\ a_2 & 1 & 0 \\ a_1 & a_2 & 1 \end{bmatrix}\begin{bmatrix} \alpha_2 \\ \alpha_1 \\ \alpha_0 \end{bmatrix} = \begin{bmatrix} b_2 \\ b_1 \\ b_0 \end{bmatrix} \quad (5.52)$$

由模擬圖 (圖 5.38) 可得如下狀態方程式：

$$\frac{d}{dt}\begin{bmatrix} \theta_{C1} \\ \theta_{C2} \\ \theta_{C3} \end{bmatrix} = \begin{bmatrix} 0 & 0 & -a_0 \\ 1 & 0 & -a_1 \\ 0 & 1 & -a_2 \end{bmatrix}\begin{bmatrix} \theta_{C1} \\ \theta_{C2} \\ \theta_{C3} \end{bmatrix} + \begin{bmatrix} 1 \\ 0 \\ 0 \end{bmatrix} x(t) \quad (5.53)$$

$$y(t) = \begin{bmatrix} \alpha_2 & \alpha_1 & \alpha_0 \end{bmatrix}\boldsymbol{\theta}_C(t)$$

(5.53) 之狀態方程式稱為控制性典式 (controllability canonical form)。

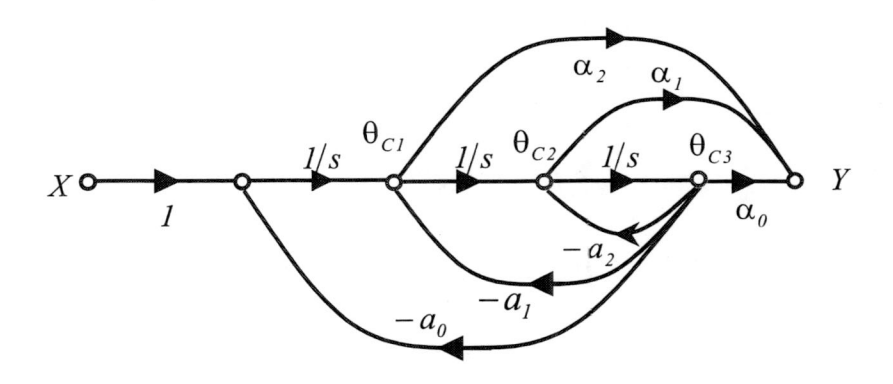

圖 5.40 三階系統的控制性典式。

以上四種狀態方程式之實現，其轉移函數皆等於 (5.44) 式，且狀態方程式中的 **A** 矩陣之結構皆為伴式 (companion form) 型；亦即，矩陣 **A** 的特性方程式可以很簡易地由 **A** 矩陣之係數直接地讀出。

■ **並聯實現** 如果 (5.44) 式可以分解因式成為

$$H(s) = \frac{b_1}{s+a_1} + \frac{b_2}{s+a_2} + \frac{b_3}{s+a_3} \tag{5.54}$$

則此系統可以用三個簡單的一階系統並聯實現之。參見圖 5.41 之信號流程圖，其狀態方程式如下 (**A** 矩陣為對角線型)：

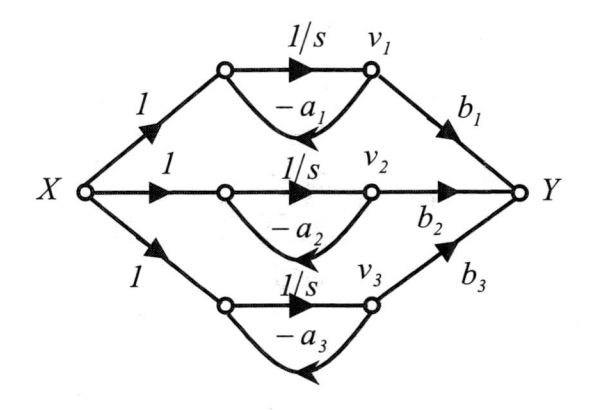

圖 5.41 三階系統並聯實現。

$$\dot{\mathbf{v}} = \begin{bmatrix} -a_1 & 0 & 0 \\ 0 & -a_2 & 0 \\ 0 & 0 & -a_3 \end{bmatrix} \mathbf{v}(t) + \begin{bmatrix} 1 \\ 1 \\ 1 \end{bmatrix} x(t) \tag{5.55}$$

$$y(t) = \begin{bmatrix} b_1 & b_2 & b_3 \end{bmatrix} \mathbf{v}(t)$$

■ **串聯實現** 如果 (5.44) 式分解因式成為如下：

$$H(s) = H_1(s) \cdot H_2(s) \cdot H_3(s) \tag{5.56}$$

則此系統可以用三個簡單的一階系統串聯實現之。我們用例題解釋以上的各種實現。

【例題 5.23】

有一線性系統之轉移函數為

$$H(s) = \frac{Y}{X} = \frac{2s^2 - s + 11}{s^3 + 6s^2 + 11s + 6}$$

試分別以下列形式實現之：

(a) 控制型典式，(b) 觀察型典式，(c) 觀察性典式，(d) 控制性典式，(e) 對角型並聯式，(f) 串聯型。分別繪出信號流程圖，並列出相對應的狀態方程式。

解 轉移函數

$$\frac{Y}{X} = \frac{2s^2 - s + 11}{s^3 + 6s^2 + 11s + 6} = \frac{2s^2 - s + 11}{(s+1)(s+2)(s+3)}$$

$$= \frac{2s^{-1} - s^{-2} + 11s^{-3}}{1 + 6s^{-1} + 11s^{-2} + 6s^{-3}}$$

(a) 控制型典式：信號流程圖如圖 5.42，狀態方程式為

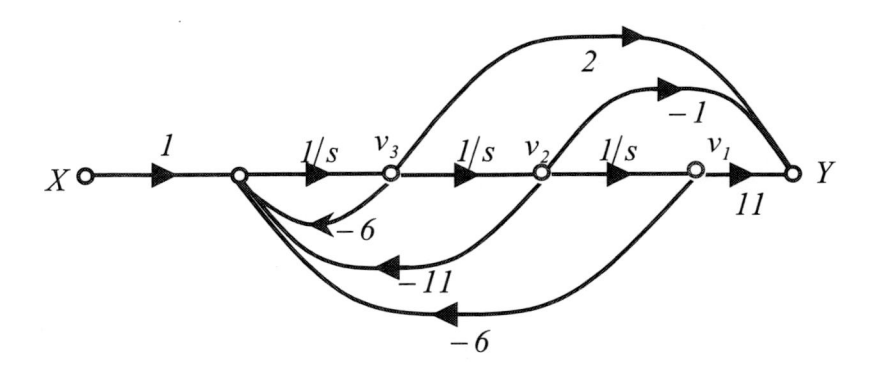

圖 5.42 例題 5.23(a)：控制型典式。

$$\dot{\mathbf{v}}(t) = \begin{bmatrix} 0 & 1 & 0 \\ 0 & 0 & 1 \\ -6 & -11 & -6 \end{bmatrix} \mathbf{v}(t) + \begin{bmatrix} 0 \\ 0 \\ 1 \end{bmatrix} x(t)$$

$$y(t) = \begin{bmatrix} 11 & -1 & 2 \end{bmatrix} \mathbf{v}(t)$$

(b) 觀察型典式：信號流程圖如圖 5.43，狀態方程式為

$$\dot{\boldsymbol{\theta}}(t) = \begin{bmatrix} 0 & 0 & -6 \\ 1 & 0 & -11 \\ 0 & 1 & -6 \end{bmatrix} \boldsymbol{\theta}(t) + \begin{bmatrix} 11 \\ -1 \\ 2 \end{bmatrix} x(t)$$

$$y(t) = \begin{bmatrix} 0 & 0 & 1 \end{bmatrix} \boldsymbol{\theta}(t)$$

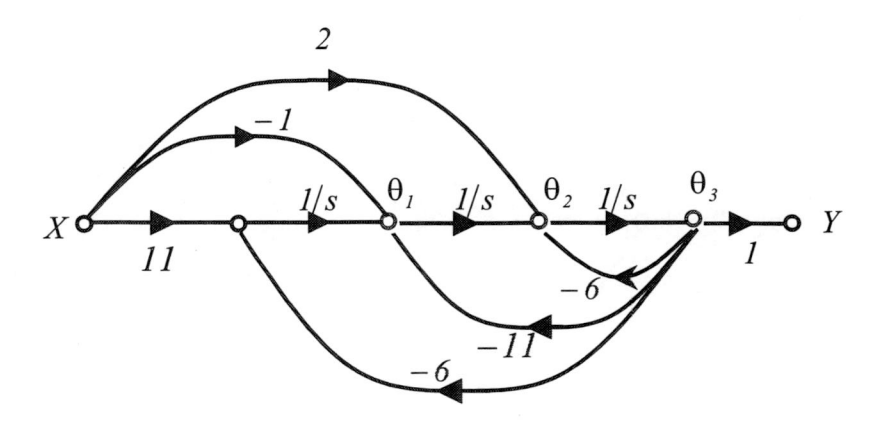

圖 5.43 例題 5.23(b)：觀察型典式。

(c) 觀察性典式：信號流程圖如圖 5.44，狀態方程式為

$$\frac{d}{dt}\begin{bmatrix} v_{C1} \\ v_{C2} \\ v_{C3} \end{bmatrix} = \begin{bmatrix} 0 & 1 & 0 \\ 0 & 0 & 1 \\ -6 & -11 & -6 \end{bmatrix} \begin{bmatrix} v_{C1} \\ v_{C2} \\ v_{C3} \end{bmatrix} + \begin{bmatrix} 2 \\ -13 \\ 67 \end{bmatrix} x(t)$$

$$y(t) = \begin{bmatrix} 1 & 0 & 0 \end{bmatrix} \mathbf{v}_C(t)$$

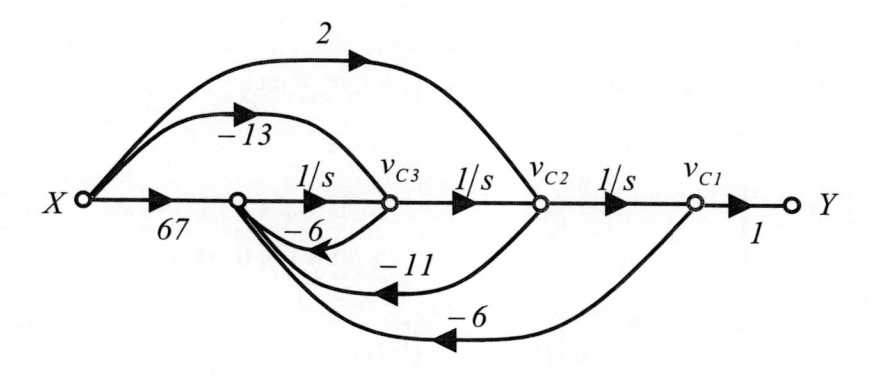

圖 5.44 例題 5.23(c)：觀察性典式。

(d) 控制性典式：信號流程圖如圖 5.45，狀態方程式為

$$\frac{d}{dt}\begin{bmatrix} \theta_{C1} \\ \theta_{C2} \\ \theta_{C3} \end{bmatrix} = \begin{bmatrix} 0 & 0 & -6 \\ 1 & 0 & -11 \\ 0 & 1 & -6 \end{bmatrix} \begin{bmatrix} \theta_{C1} \\ \theta_{C2} \\ \theta_{C3} \end{bmatrix} + \begin{bmatrix} 1 \\ 0 \\ 0 \end{bmatrix} x(t)$$

$$y(t) = \begin{bmatrix} 2 & -13 & 67 \end{bmatrix} \mathbf{\theta}_C(t)$$

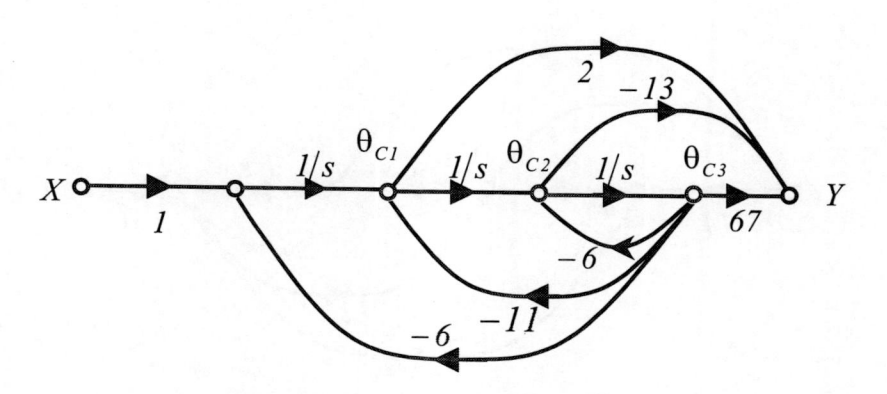

圖 5.45 例題 5.23 (d)：控制性典式。

(e) 對角型並聯式:轉移函數為

$$\frac{Y}{X} = \frac{2s^2 - s + 11}{s^3 + 6s^2 + 11s + 6} = \frac{7}{s+1} + \frac{-21}{s+2} + \frac{16}{s+3}$$

$$= \frac{7s^{-1}}{1+s^{-1}} + \frac{-21s^{-1}}{1+2s^{-1}} + \frac{16s^{-1}}{1+3s^{-1}}$$

信號流程圖如圖 5.46,狀態方程式為

$$\dot{\mathbf{v}} = \begin{bmatrix} -1 & 0 & 0 \\ 0 & -2 & 0 \\ 0 & 0 & -3 \end{bmatrix} \mathbf{v}(t) + \begin{bmatrix} 1 \\ 1 \\ 1 \end{bmatrix} x(t)$$

$$y(t) = \begin{bmatrix} 7 & -21 & 16 \end{bmatrix} \mathbf{v}(t)$$

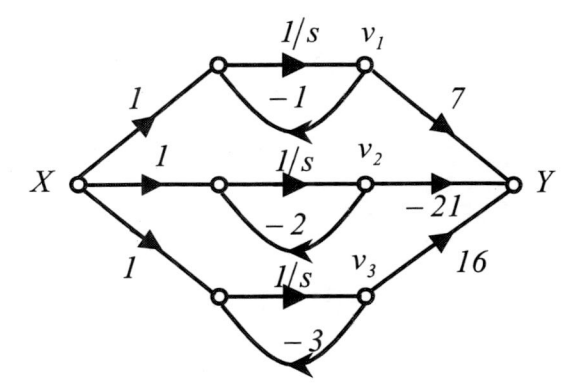

圖 5.46 例題 5.23(e):並聯式。

(f) 串聯式:將轉移函數轉化為分式連乘之型式如下:

$$\frac{Y}{X} = \frac{1}{s+1}\left[2 + \frac{1}{s+2}\left(-11 + \frac{32}{s+3}\right)\right],$$

方塊模擬圖如圖 5.47,狀態方程式為

$$\dot{\mathbf{v}}(t) = \begin{bmatrix} -1 & 1 & 0 \\ 0 & -2 & 1 \\ 0 & 0 & -3 \end{bmatrix} \mathbf{v}(t) + \begin{bmatrix} 2 \\ -11 \\ 32 \end{bmatrix} x(t)$$

$$y(t) = \begin{bmatrix} 1 & 0 & 0 \end{bmatrix} \mathbf{v}(t)$$

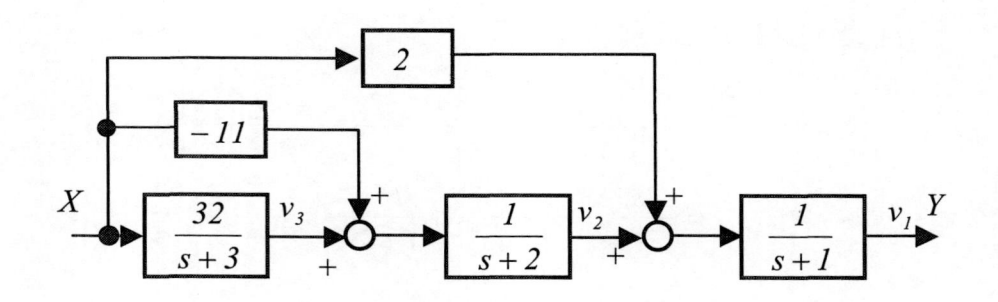

圖 5.47　例題 5.23(f)：串聯式實現。

【例題 5.24】　（重根約旦型式）

有一線性系統之轉移函數為

$$H(s)=\frac{Y}{X}=\frac{-6}{(s+1)(s+3)^3}$$

試以串聯型實現之。

解　此轉移函數之極點有重根，先做部分分式展開如下：

$$\frac{Y}{X}=\frac{-3/4}{s+1}+\frac{3/4}{s+3}+\frac{3/2}{(s+3)^2}+\frac{3}{(s+3)^3}$$

有關重根的方塊，如 $1/(s+3)^3$，係以串聯實現，其他以並聯方式實現，令狀態變數 (拉式變換) 如下：

$$V_{21}(s)=\frac{1}{s+3}V_{22}(s),$$

$$V_{22}(s)=\frac{1}{s+3}V_{23}(s),$$

$$V_{23}(s)=\frac{1}{s+3}X(s),$$

$$V_{1}(s)=\frac{1}{s+1}X(s)$$

方塊模擬圖如圖 5.48，狀態方程式[1]為

$$\dot{\mathbf{v}}(t) = \begin{bmatrix} -1 & 0 & 0 & 0 \\ \hline 0 & -3 & 1 & 0 \\ 0 & 0 & -3 & 1 \\ 0 & 0 & 0 & -3 \end{bmatrix} \mathbf{v}(t) + \begin{bmatrix} 1 \\ \hline 0 \\ 0 \\ 1 \end{bmatrix} x(t)$$

$$y(t) = \begin{bmatrix} -3/4 & 3 & 3/2 & 3/4 \end{bmatrix} \mathbf{v}(t)$$

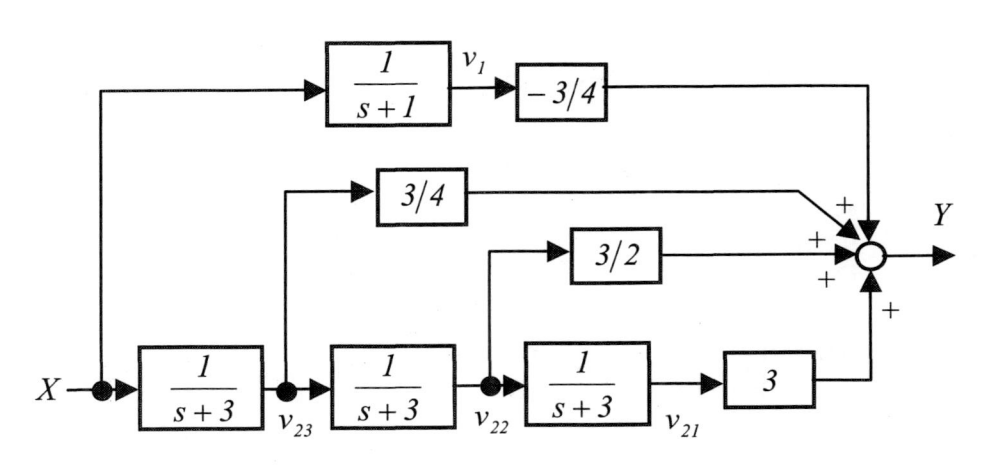

圖 5.48 例題 5.24 之串聯式實現。

【例題 5.25】（多輸入多輸出系統）

試實現下述 MIMO 線性系統 $(\mathbf{Y}(s) = \mathbf{H}(s)\mathbf{X}(s))$ 之轉移函數矩陣：

$$\mathbf{H}(s) = \begin{bmatrix} \dfrac{1}{(s+2)^3(s+5)} & \dfrac{1}{s+5} \\ \dfrac{1}{s+2} & 0 \end{bmatrix}$$

解 將轉移函數矩陣做部分分式展開可得

---

[1] 此種型式的狀態方程式稱為約旦型式 (Jordan form)，此例中 **A** 矩陣有二個約旦方塊 (Jordan block)：第一個方塊（一維）對應於極點 $s = -1$，第二個方塊（三維）對應於極點 $s = -3$。

$$\mathbf{H}(s) = \frac{1}{(s+2)^3}\begin{bmatrix} \frac{1}{3} & 0 \\ 0 & 0 \end{bmatrix} + \frac{1}{(s+2)^2}\begin{bmatrix} -\frac{1}{9} & 0 \\ 0 & 0 \end{bmatrix} + \frac{1}{(s+2)}\begin{bmatrix} \frac{1}{27} & 0 \\ 1 & 0 \end{bmatrix} + \frac{1}{s+5}\begin{bmatrix} \frac{-1}{27} & 1 \\ 0 & 0 \end{bmatrix}$$

$$= \frac{1}{(s+2)^3}\begin{bmatrix} \frac{1}{3} \\ 0 \end{bmatrix}[1 \ 0] + \frac{1}{(s+2)^2}\begin{bmatrix} -\frac{1}{9} \\ 0 \end{bmatrix}[1 \ 0] + \frac{1}{(s+2)}\begin{bmatrix} \frac{1}{27} \\ 0 \end{bmatrix}[1 \ 0]$$

$$+ \frac{1}{(s+5)}\begin{bmatrix} 1 \\ 0 \end{bmatrix}[-\frac{1}{27} \ 1]$$

令狀態變數 (拉式變換) 如下：

$$V_3(s) = \frac{1}{s+2}[1 \ 0]\mathbf{x}(s) \ , \quad V_2(s) = \frac{1}{s+2}V_3(s) \ ,$$

$$V_1(s) = \frac{1}{s+2}V_2(s) \ , \qquad V_4(s) = \frac{1}{s+5}[-\frac{1}{27} \ 1]\mathbf{x}(s)$$

則

$$\mathbf{Y}(s) = \begin{bmatrix} \frac{1}{3} \\ 0 \end{bmatrix}X_1(s) + \begin{bmatrix} -\frac{1}{9} \\ 0 \end{bmatrix}X_2(s) + \begin{bmatrix} \frac{1}{27} \\ 1 \end{bmatrix}X_3(s) + \begin{bmatrix} 1 \\ 0 \end{bmatrix}X_4(s)$$

約旦型狀態方程式如下：

$$\dot{\mathbf{v}}(t) = \begin{bmatrix} -2 & 1 & 0 & \vdots & 0 \\ 0 & -2 & 1 & \vdots & 0 \\ 0 & 0 & -2 & \vdots & 0 \\ \hdashline 0 & 0 & 0 & \vdots & -5 \end{bmatrix}\mathbf{v}(t) + \begin{bmatrix} 0 & 0 \\ 0 & 0 \\ 1 & 0 \\ \hdashline -\frac{1}{27} & 1 \end{bmatrix}\mathbf{x}(t)$$

$$\mathbf{y}(t) = \begin{bmatrix} \frac{1}{3} & -\frac{1}{9} & \frac{1}{27} & \vdots & 1 \\ 0 & 0 & 1 & \vdots & 0 \end{bmatrix}\mathbf{v}(t)$$

習 題

P5.1. (**基本定義**) 下列名詞請簡單地定義，或做說明：
(a) 開環轉移函數， (b) 閉路轉移函數，

(c) 源節點 (source node)，   (d) 沈節點 (sink node)，
(e) MGR，   (f) 相變數 (phase variable)，
(g) 伴式 (companion form)，   (h) 轉移函數的實現 (realization)，
(i) 典式型 (canonical form)，   (j) 約旦型 (Jordan form)。

P5.2. 何謂凱莉-漢彌爾頓定理，並以下列的矩陣驗證之。

$$A = \begin{bmatrix} 5 & 4 & 3 \\ -1 & 0 & 3 \\ 1 & -2 & 1 \end{bmatrix}$$

P5.3. (方塊圖化簡) 試化簡圖 P5.3 方塊圖系統，並求出轉移函數 C/R。

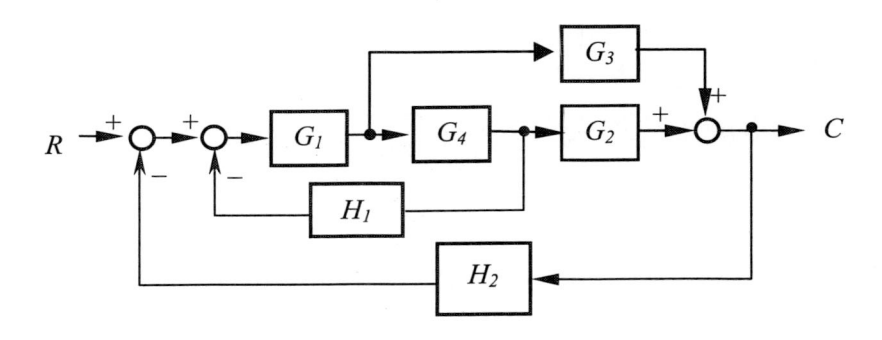

圖 P5.3 習題 5.3。

P5.4. (方塊圖化簡) 試化簡圖 P5.4 方塊圖系統，並求出轉移函數 C/R。

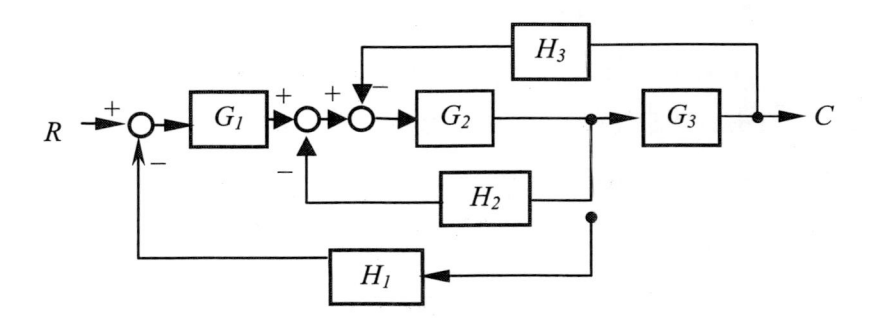

圖 P5.4 習題 5.4。

P5.5. (方塊圖化簡) 試化簡圖 P5.5 方塊圖系統，並求出轉移函數 C/R。

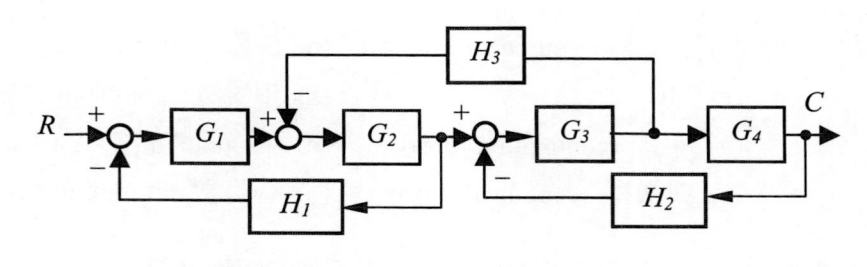

圖 P5.5　習題 5.5。

P5.6. （方塊圖化簡）如圖 P5.6 方塊圖系統，試求出響應 C。

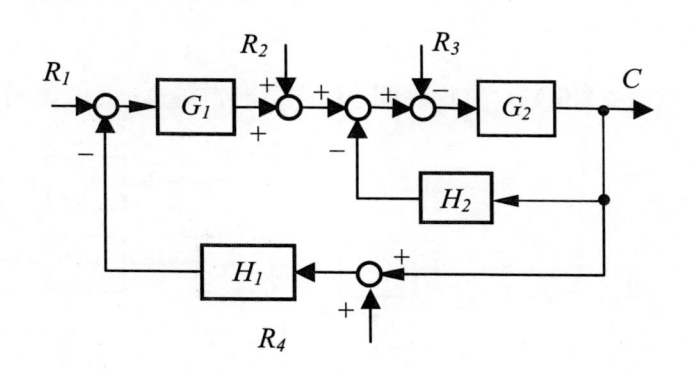

圖 P5.6　習題 5.6。

P5.7. （信號流程圖）試將習題 5.3 之方塊圖轉換為信號流程圖，然後利用梅生公式求出轉移函數 C/R。

P5.8. （信號流程圖）試將習題 5.4 之方塊圖轉換為信號流程圖，然後利用梅生公式求出轉移函數 C/R。

P5.9. （信號流程圖）試將習題 5.5 之方塊圖轉換為信號流程圖，然後利用梅生公式求出轉移函數 C/R。

P5.10. （信號流程圖）試將習題 5.6 之方塊圖轉換為信號流程圖，然後利用梅生公式求出響應 C。

P5.11. （信號流程圖）試仿照例題 5.11，將圖 P5.11 的 RC 網路以信號流程圖代表之，然後利用梅生公式求出網路轉移函數 V_3/V_1。

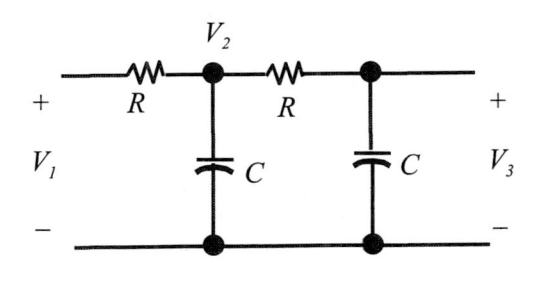

圖 P5.11 習題 5.11。

P5.12. （信號流程圖）試仿照例題 5.11，將圖 P5.12 的電阻網路以信號流程圖代表之，然後利用梅生公式求出網路轉移函數 V_5/V_1。

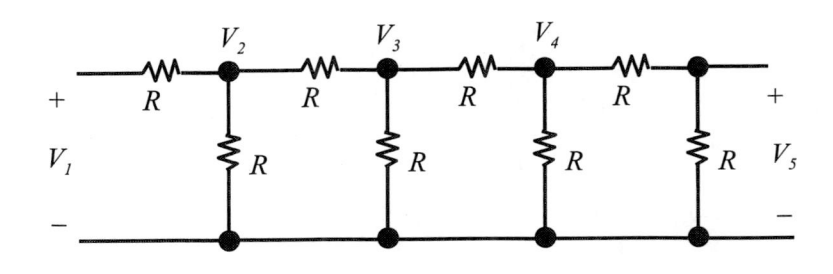

圖 P5.12 習題 5.12。

P5.13. （模式轉換）試將下列微分方程式轉換成為狀態方程式：
(a) $D^3y(t)+3D^2y(t)+4Dy(t)+2y(t)=10x(t)$
(b) $(D^2+2D+2)(D+5)y(t)=(D+3)x(t)$
(c) $D^3y(t)-11D^2y(t)+38Dy(t)-40y(t)=2D^2x(t)+6Dx(t)+x(t)$

P5.14. （模式轉換）試將下列微分方程式轉換成為信號流程圖：
$$D^3y(t)+a_2D^2y(t)+a_1Dy(t)+a_0y(t)$$
$$=b_3D^3x(t)+b_2D^2x(t)+b_1Dx(t)+b_0x(t)$$

P5.15. 試將下列差分方程式轉換成為信號流程圖：
$$y[k]+a_2y[k-1]+a_1y[k-2]+a_0y[k-3]$$
$$=b_3x[k]+b_2x[k-1]+b_1x[k-2]+b_0x[k-3]$$

P5.16. （模式轉換）試將習題 5.14 的微分方程式轉換成為狀態方程式。

P5.17. （模式轉換）試將習題 5.15 的差分方程式轉換成為狀態方程式。

P5.18. (模式轉換) 試將下列轉移函數轉換成為狀態方程式：

(a) $H(s) = \dfrac{4}{s^3 + 6s^2 + 16s + 16}$

(b) $H(s) = \dfrac{10(s+10)}{(s+1)^2(s^2+4s+5)}$

(c) $H(s) = \dfrac{4s+12}{s^3+9s^2+29s+28}$

(d) $H(s) = \dfrac{4s^3+4s^2+12s+20}{(s+1)(s+2)(s+5)}$

P5.19. (模式轉換) 試將下列脈波轉移函數轉換成為狀態方程式：

(a) $H(z) = \dfrac{3-z^{-1}}{1-0.5z^{-1}+0.25z^{-2}-0.125z^{-3}}$

(b) $H(z) = \dfrac{z}{z^3+0.65z^2-0.35z-0.11}$

(c) $H(z) = \dfrac{z^3-0.5z+0.25}{z^3-0.5z^2+0.25z-0.125}$

P5.20. (轉移函數) 試將下列狀態方程式轉換成為轉移函數：

(a) $\dot{\mathbf{v}} = \begin{bmatrix} 0 & 1 & 0 \\ 0 & 0 & 1 \\ -6 & -11 & -6 \end{bmatrix}\mathbf{v}(t) + \begin{bmatrix} 0 \\ 0 \\ 1 \end{bmatrix}x(t)$, $y(t) = \begin{bmatrix} -1 & 2 & 1 \end{bmatrix}\mathbf{v}(t)$

(b) $\dot{\mathbf{v}} = \begin{bmatrix} 0 & 1 & 0 \\ 0 & 0 & 1 \\ -6 & -11 & -6 \end{bmatrix}\mathbf{v}(t) + \begin{bmatrix} 0 \\ 0 \\ 1 \end{bmatrix}x(t)$, $y(t) = \begin{bmatrix} -1 & 2 & 1 \end{bmatrix}\mathbf{v}(t) + 6x(t)$

(c) $\dot{\mathbf{v}} = \begin{bmatrix} -4 & 1 & 0 \\ 0 & -3 & 1 \\ 0 & 0 & -1 \end{bmatrix}\mathbf{v}(t) + \begin{bmatrix} 0 \\ 2 \\ 2 \end{bmatrix}x(t)$, $y(t) = \begin{bmatrix} 1 & 2 & 0 \end{bmatrix}\mathbf{v}(t)$

(d) $\dot{\mathbf{v}} = \begin{bmatrix} 0 & 1 & 0 \\ -3 & -3 & 0 \\ 0 & -3 & -1 \end{bmatrix}\mathbf{v}(t) + \begin{bmatrix} 0 \\ 1 \\ 2 \end{bmatrix}x(t)$, $y(t) = \begin{bmatrix} 1 & 0 & 0 \end{bmatrix}\mathbf{v}(t)$

P5.21. (轉移函數) 試將下列狀態方程式轉換成為轉移函數：

(a) $\mathbf{v}[k+1] = \begin{bmatrix} 0 & 1 & 0 \\ 0 & 0 & 1 \\ -0.5 & 0.125 & 0.25 \end{bmatrix}\mathbf{v}[k] + \begin{bmatrix} 0 \\ 0 \\ 3 \end{bmatrix}x[k]$

$y[k] = \begin{bmatrix} -0.5 & 0.125 & 0.25 \end{bmatrix}\mathbf{v}[k] + 3x[k]$

(b) $\mathbf{v}[k+1] = \begin{bmatrix} 0 & 1 \\ -0.16 & -1 \end{bmatrix} \mathbf{v}[k] + \begin{bmatrix} 0 \\ 1 \end{bmatrix} x[k]$,

$y[k] = \begin{bmatrix} 2 & 1 \end{bmatrix} \mathbf{v}[k]$

(c) $\mathbf{v}[k+1] = \begin{bmatrix} 0 & -1 & 0 \\ 0.25 & 0.5 & 1 \\ 0 & 0 & 0.25 \end{bmatrix} \mathbf{v}[k] + \begin{bmatrix} 0 \\ 1 \\ 1 \end{bmatrix} x[k]$

$y[k] = \begin{bmatrix} -0.5 & 0.25 & 0.5 \end{bmatrix} \mathbf{v}[k] + x[k]$

P5.22. (**轉移函數之實現**) 有一線性系統之轉移函數為

$$H(s) = \frac{Y}{X} = \frac{2s^2 - s + 10}{s^3 + 8s^2 + 17s + 10}$$

試分別以下列形式實現之：

(a) 控制型典式， (b) 觀察型典式，
(c) 觀察性典式， (d) 控制性典式，
(e) 對角型並聯式， (f) 串聯型。

並分別列出相對應的狀態方程式。

P5.23. (**最簡階次實現**) 有一線性系統之轉移函數為

$$H(s) = \frac{Y}{X} = \frac{2s^2 - s - 10}{s^3 + 8s^2 + 17s + 10}$$

(a) 此系統最簡階次 (irredicible order) 為何？
(b) 試以狀態方程式實現之。
(c) 需用幾個積分器合成此系統？

P5.24. (**轉移函數之實現**) 試以串聯型實現，線性系統之轉移函數為

$$H(s) = \frac{Y}{X} = \frac{36}{(s+1)^2(s+2)(s+3)^2}.$$

(a) 建構出模擬方塊圖，
(b) 寫出狀態方程式實現之。

P5.25. (**轉移函數之實現**) 試以狀態方程式實現下述 MIMO 線性系統 ($\mathbf{Y}(s) = \mathbf{H}(s)\mathbf{X}(s)$)，其轉移函數矩陣為：

$$\mathbf{H}(s) = \begin{bmatrix} \dfrac{2}{(s+1)^2(s+2)} & \dfrac{-1}{s+2} \\ \dfrac{1}{s+2} & \dfrac{4}{(s+2)^2} \end{bmatrix}$$

(a) 建構出模擬方塊圖,

(b) 寫出狀態方程式實現之。

第六章
線性系統的頻率響應

> 在本章我們要介紹下列主題：
> 1. 頻率轉移函數
> 2. 頻率響應特性
> 3. 波德頻率響應曲線
> 4. 濾波器之頻率響應

6-1 頻率轉移函數

■ **基本概念** 我們曾在第一章討論過各種信號，及其數學描述式。不管是類比式連續時間信號，或者是數位式離散時間信號，這些信號用來做為一個線性系統的輸入測試信號，然後由其輸出響應便可以了解此系統的性能，或工作特性。在另一方面，如果我們知道線性系統的輸入輸出數學模型，如第二章所討論，則根據數學運算與分析，也可

以得到由輸入所造成的輸出響應，此種程序稱之為分析 (analysis)。

建立在時間領域分析 (time-domain analysis) 的數學模型，如第二章所討論，計有：(1) 微分方程式、(2) 狀態方程式，及 (3) 單位脈衝響應；離散時間系統則為差分方程式、差分狀態方程式，及單位脈衝響應數列。藉由拉式變換 (第三章)、z-變換 (第四章)、以及信號流程圖 (第五章) 提供模型轉換的原理，則線性系統的分析可以使用頻域分析 (frequency-domain analysis)，藉著轉移函數 (或 DT 系統的脈波轉移函數) 完成之。

本章要討論的是線性系統在弦波輸入下：$x(t) = A\sin\omega t$，所造成的強迫穩態響應：$y(t) = B\sin(\omega t + \phi)$，之表現及其特性。這種分析原理稱之為頻率響應分析 (frequency response analysis)，在動態系統或電網路系統中，稱為弦波穩態分析 (sinusoidal steasy-state analysis)。基本上，頻率響應分析是屬於頻域分析之特例，此時系統的數學模型稱之為頻率轉移函數 (frequency transfer function)，可以由線性系統的轉移函數，或脈波轉移函數，轉換而來，因此頻率轉移函數亦屬於是一種數學模型，稍後再討論之。

■ **頻率轉移函數**　如圖 6.1 的線性系統，輸入為 $r(t) = R\sin\omega t$，則在穩態響應時，其輸出響應為 $c(t) = C\sin(\omega t + \phi)$ 之形式。輸出與輸入信號的幅度 (magnitude)，及相角 (phase)，與信號頻率 ω 的關係便是頻率響應 (frequency response)。在線性系統中，頻率響應與輸入信號的振幅及相位是無關的 (非線性系統則不然)，且輸出信號的頻率亦等於 ω，不會發生頻率失真。

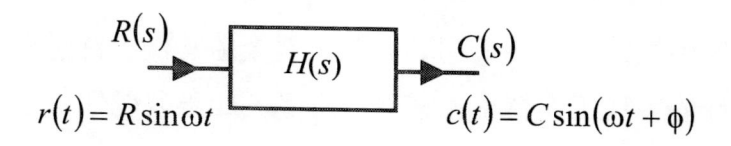

圖 6.1　線性系統之弦波穩態響應。

如果 $H(s)$ 為穩定線性系統的轉移函數，如下式

$$H(s) = \frac{K(s+z_1)(s+z_2)\cdots(s+z_m)}{(s+s_1)(s+s_2)\cdots(s+s_n)}$$

式中，極點（$s = -s_i$，$i = 1, 2 \cdots n$）假設皆為相異負根，因此輸出為

$$C(s) = H(s)R(s) = H(s)\frac{R\omega}{s^2+\omega^2}$$
$$= \frac{a}{s+j\omega} + \frac{\bar{a}}{s-j\omega} + \frac{b_1}{s+s_1} + \frac{b_2}{s+s_2} + \cdots \frac{b_n}{s+s_n} \quad (6.1)$$

(6.1) 式中，a 及 b_i，（$i = 1, 2 \cdots n$）皆為常數，且 $\bar{a}$ 為 a 的共軛值。取 (6.1) 式的拉式反變換可得

$$c(t) = ae^{-j\omega t} + \bar{a}e^{j\omega t} + b_1 e^{-s_1 t} + b_2 e^{-s_2 t} + \cdots b_n e^{-s_n t}$$

因為線性系統為穩定，極點（$s = -s_i$，$i = 1, 2 \cdots n$）皆為負，則當 $t \to \infty$ 時，上式中 $b_i e^{-s_i t} \to 0$，因此穩態響應等於

$$c(t) = ae^{-j\omega t} + \bar{a}e^{j\omega t} \quad (6.2)$$

由 (6.1) 式可知

$$a = H(s)\frac{R\omega}{s^2+\omega^2}(s+j\omega)\Big|_{s=-j\omega} = -\frac{R}{2j}H(-j\omega)$$

$$\bar{a} = H(s)\frac{R\omega}{s^2+\omega^2}(s-j\omega)\Big|_{s=j\omega} = \frac{R}{2j}H(j\omega)$$

另一方面，令

$$H(j\omega) = H(s)\Big|_{s=j\omega} = M(\omega)e^{j\phi(\omega)} \quad (6.3)$$

為頻率轉移函數 (frequency transfer function)，式中，

$$M(\omega) = |H(j\omega)| \;:=\; \text{幅度頻率響應 (magnitude response)}$$

$$\phi(\omega) = \arg\{H(j\omega)\} := 相角頻率響應 \text{ (phase response)}$$

因此,

$$a = -\frac{R}{2j}M(\omega)e^{-j\phi}$$

$$\bar{a} = \frac{R}{2j}M(\omega)e^{j\phi}$$

則由 (6.2) 式可知

$$c(t) = M(\omega)R\frac{e^{j(\omega t+\phi)} - e^{-j(\omega t+\phi)}}{2j} \tag{6.4}$$
$$= M(\omega)R\sin(\omega t + \phi) := C\sin(\omega t + \phi)$$

亦即,當信號頻率為 ω 的弦波輸入振幅為 R,則穩態輸出之振幅為 C,相角邊移 (phase shift) 為 ϕ,且

$$M(\omega) = |H(j\omega)| = \frac{C}{R} \tag{6.5}$$

$$\phi(\omega) = \arg\{H(j\omega)\} = \angle H(j\omega) \tag{6.6}$$

因為 $H(j\omega)$ 為複變函數,令 $H^*(j\omega)$ 為其共軛,則

$$M(\omega) = |H(j\omega)| = (HH^*)^{1/2} \tag{6.7}$$

【例題 6.1】(弦波穩態響應)

有一線性系統之輸入為 $x(t) = \sin\omega t$,轉移函數如下

$$H(s) = \frac{C}{X} = \frac{1}{Ts+1}$$

(a) 試求頻率轉移函數 $H(j\omega)$,
(b) 試求幅度頻率響應 $M(\omega)$,

(c) 試求相角頻率響應 $\phi(\omega)$，

(d) 當 $\omega = 0, \frac{1}{T}, \frac{10}{T}, \infty$ 時，試分別求其穩態響應。

(e) 當 $\omega = 2, T = 1$ 時，求其穩態響應。

解 (a) 頻率轉移函數 $H(j\omega) = H(s)\big|_{s=j\omega} = \dfrac{1}{j\omega T + 1}$。

(b) 幅度頻率響應 $M(\omega) = |H(j\omega)| = (HH^*)^{1/2} = \dfrac{1}{\sqrt{\omega^2 T^2 + 1}}$。

(c) 相角頻率響應 $\phi(\omega) = \angle H(j\omega) = -\tan^{-1}(\omega T)$。

(d) 當輸入為 $x(t) = \sin\omega t$，穩態響應為 $c(t) = C\sin(\omega t + \phi)$，且

$$\omega = 0, \quad C = M(0) = 1, \quad \phi = 0°;$$
$$\omega = \tfrac{1}{T}, \quad C = M\left(\tfrac{1}{T}\right) = \tfrac{1}{\sqrt{2}}, \quad \phi = -45°;$$
$$\omega = \tfrac{10}{T}, \quad C = M\left(\tfrac{10}{T}\right) = \tfrac{1}{\sqrt{101}} \approx 0.1, \quad \phi = -\tan^{-1}(10) \cong -84°;$$
$$\omega \to \infty, \quad C = M(\infty) = 0, \quad \phi = -\tan^{-1}(\infty) \cong -90°.$$

(e) $C = M(2) = \dfrac{1}{\sqrt{2^2 \times 1 + 1}} = \dfrac{1}{\sqrt{5}}$，$\phi = -\tan^{-1}(2) \cong -63°$

穩態響應為 $c(t) = \dfrac{1}{\sqrt{5}}\sin(2t - 63°)$。

■ **離散時間系統的頻率響應**　對於離散時間系統，如果脈波轉移函數為 $H(z)$，則其頻率轉移函數為

$$H(e^{j\theta}) = H(z)\big|_{z=e^{j\theta}} \tag{6.8}$$

因此，幅度頻率響應及相角頻率響應分別為

$$M(e^{j\theta}) = |H(e^{j\theta})| \tag{6.9}$$

$$\phi = \angle H(e^{j\theta}) \tag{6.10}$$

式中，數位頻率 (digital frequency) θ 為 $0 \leq \theta \leq \pi$。由於對稱特性 (以後再介紹)，$-\pi \leq \theta \leq \pi$ 或 $0 \leq \theta \leq 2\pi$ 範圍的頻率響應也可以推論之。若輸入數列 $x[k] = A\cos(k\theta + \alpha)$ 所產生的穩態響應為

$$y_{ss}[k] = AM(e^{j\theta})\cos(k\theta + \alpha + \phi) \tag{6.11}$$

如果系統的單位脈衝響應數列 (unit sample sequence) 為 $h[k]$，則頻率轉移函數為

$$H(e^{j\theta}) = \sum_{m=-\infty}^{\infty} h(m)e^{-jm\theta} \tag{6.12}$$

【例題 6.2】（頻率響應）

求下列離散時間系統之頻率轉移函數。

(a) 離散時間系統之單位脈衝響應數列為

$$h[k] = 2\delta[k] - 3\delta[k-1] + 4\delta[k-2]$$

(b) 一帶通濾波器 (band-pass filter)，其描述之差分方程式為

$$y[k] + 0.81y[k-2] = x[k] - x[k-2]$$

解 (a) 由 (6.12) 可知，頻率轉移函數為

$$H(e^{j\theta}) = \sum_{m=-\infty}^{\infty} h(m)e^{-jm\theta} = 2 - 3e^{-j\theta} + 4e^{-j2\theta}$$

(b) 脈波轉移函數為 $H(z) = \dfrac{1 - z^{-2}}{1 + 0.81z^{-2}}$，其特性根之幅度小於 1，亦即：$|z_i| < 1$。此為穩定、有因果性之離散時間系統，因此頻率轉移函數為

$$H(e^{j\theta}) = \frac{1 - e^{-j2\theta}}{1 + 0.81e^{-j2\theta}}$$

【例題 6.3】 （弦波穩態響應）

一帶通濾波器之差分方程式為

$$y[k]+0.81y[k-2]=x[k]-x[k-2]$$

當輸入為 $x[k]=10+10\cos(k\pi/2)+10\cos(k\pi)$ 時，求其穩態響應。

解 由例題 6.2 (b) 可知，頻率轉移函數為

$$H(e^{j\theta})=\frac{1-e^{-j2\theta}}{1+0.81e^{-j2\theta}}.$$

當 $\theta=0$ 時，$H(e^{j0})=\dfrac{1-e^{j0}}{1+0.81e^{-j0}}=0$，故由 $x_1[k]=10$ 產生的穩態響應為

$$y_1[k]=0\cdot(10)=0\ ;$$

當 $\theta=\dfrac{\pi}{2}$ 時，$H\left(e^{j\frac{\pi}{2}}\right)=\dfrac{1-e^{-j\pi}}{1+0.81e^{-j\pi}}=10.53$，故由 $x_2[k]=10\cos\left(\dfrac{k\pi}{2}\right)$ 產生的穩態響應為

$$y_1[k]=10\cdot(10.53)\cos(k\pi/2)\ ;$$

當 $\theta=\pi$ 時，$H(e^{j\pi})=\dfrac{1-e^{-j2\pi}}{1+0.81e^{-j2\pi}}=0$，故由 $x_3[k]=10\cos(n\pi)$ 產生的穩態響應為

$$y_1[k]=0\cdot(10)=0\ 。$$

因此由 $x[k]=x_1[k]+x_2[k]+x_3[k]$ 產生的穩態響應為 $y_{ss}[k]=105.3\cos\left(\dfrac{k\pi}{2}\right)$。

6-2 頻率響應特性

在上一節我們已經討論到，線性系統的頻率轉移函數 $H(j\omega)$，或離散時間系統的 $H(e^{j\Omega})$，可以決定弦波穩態響應 (sinusoidal steady-state response)。在動態系統的設計及分析中，幅度響應及相角是為分析及設計的重點。因此頻率轉移函數 $H(j\omega)$，或可以稱為頻率響應，之重要特性要在本節討論。

■ **頻率響應曲線** 頻率響應有兩方面，一為幅度頻率響應，另一為相角頻率響應，皆與頻率有關。因此頻率響應對頻率的作圖稱為是頻率響應曲線 (frequency response curve)：一為幅度頻率響應曲線，另一為相角頻率響應曲線。

【例題 6.4】

試繪出例題 6.1 系統的頻率響應曲線，($T = 1$)。

解 頻率轉移函數為 $H(j\omega) = \dfrac{1}{j\omega + 1}$，

幅度頻率響應為 $M(\omega) = |H(j\omega)| = \dfrac{1}{\sqrt{\omega^2 + 1}}$，

相角頻率響應為 $\phi(\omega) = \angle H(j\omega) = -\tan^{-1}(\omega)$，

以不同的頻率，列表計算如下：

ω	0	1	2	10	∞
$M(\omega)$	1	$\dfrac{1}{\sqrt{2}} \cong 0.71$	$\dfrac{1}{\sqrt{5}} \cong 0.45$	$\dfrac{1}{\sqrt{101}} \approx 0.1$	0
$\phi(\omega)$	0°	−45°	−63°	−84°	−90°

幅度頻率響應曲線請見圖 6.2(a)，相角頻率響應曲線請見圖 6.2(b)。

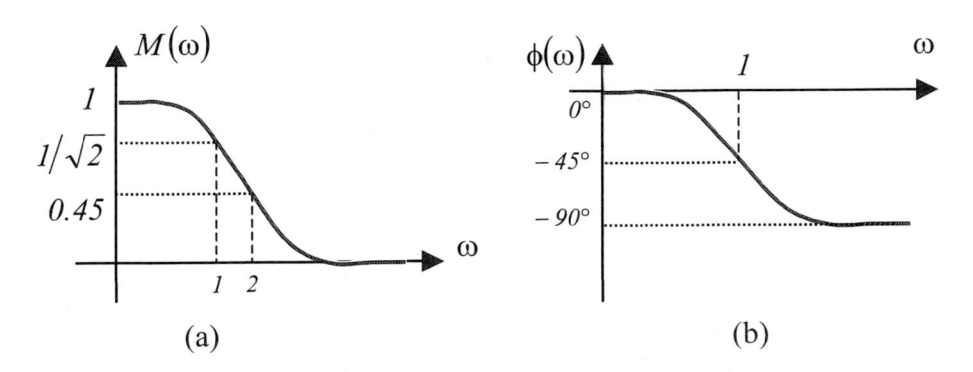

圖 6.2 例題 6.4 之頻率響應曲線：(a) 幅度頻率響應，(b) 相角頻率響應。

- **對稱性** 幅度頻率響應 $M(\omega) = |H(j\omega)|$ 為頻率的偶函數，參見圖 6.3(a)；相角頻率響應 $\phi(\omega) = \arg\{H(j\omega)\}$ 為頻率的奇函數，參見圖 6.3(b)。上述原理證明如下：令系統的單位脈衝響應為 $h(t)$，則

$$H(j\omega) = \int_{-\infty}^{\infty} h(\tau)e^{-j\omega\tau}d\tau = \int_{-\infty}^{\infty} h(\tau)[\cos\omega\tau - j\sin\omega\tau]d\tau := a + jb$$

$$H(-j\omega) = \int_{-\infty}^{\infty} h(\tau)e^{j\omega\tau}d\tau = \int_{-\infty}^{\infty} h(\tau)[\cos\omega\tau + j\sin\omega\tau]d\tau := a - jb$$

因此，

$$M(\omega) = |H(j\omega)| = |H(-j\omega)| = \sqrt{a^2 + b^2}$$

且，$\angle H(j\omega) = \tan^{-1}(b/a)$，$\angle H(-j\omega) = \tan^{-1}(-b/a)$，故

$$\angle H(j\omega) = -\angle H(-j\omega)$$

因此，$M(\omega) = |H(j\omega)|$ 為頻率的偶函數，$\phi(\omega) = \angle H(j\omega)$ 為頻率的奇函數。

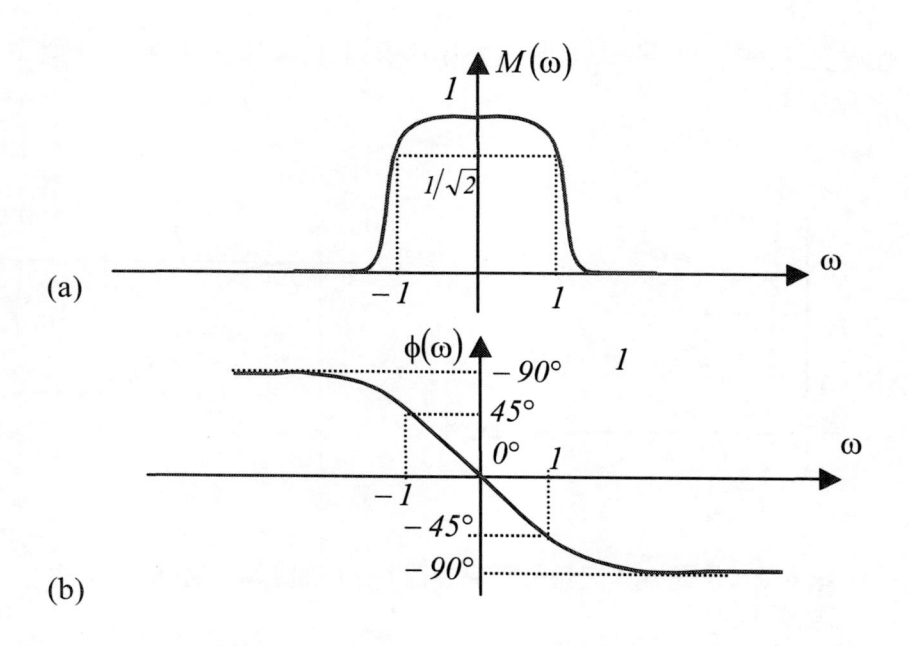

圖 6.3 頻率響應曲線：(a) 幅度頻率響應為偶函數，(b) 相角頻率響應為奇函數。

■ **頻寬與截止頻率** 一般帶通濾波器 (bandpass filter) 頻率響應之頻帶寬度 (BW, bandwidth)，簡稱頻寬，係仿照電子放大器之頻寬定義之。參考圖 6.4 所示，幅度頻率響應曲線一般在中間頻率區比較平坦，當其增益值下降到中頻帶 (mid-band) 的 $\frac{1}{\sqrt{2}} \approx 0.707$ 時，發生的頻率即為截止頻率 (cut-off frequency)，如圖中的 ω_{C1} 及 ω_{C2}。發生在低頻處，即 ω_{C1}，為低頻截止頻率；發生在高頻處，即 ω_{C2}，為高頻截止頻率，則頻寬 (BW) 定義為

$$BW = \omega_{C2} - \omega_{C1} \tag{6.13}$$

如果沒有低頻截止頻率，如例題 6.4 的低頻通濾波器，則其頻寬 (BW) 定義為

$$BW = \omega_{C2} \quad (低頻通) \tag{6.13b}$$

而中心頻率 (center frequency) 為

$$\omega_0 = \sqrt{\omega_{C1} \cdot \omega_{C2}} \qquad (6.14)$$

品質因素 (*QF*, quality factor) 定義為

$$Q = \frac{\omega_0}{BW} \qquad (6.15)$$

相對的，阻尼因素 (*DF*, damping factor) 為

$$DF = \frac{1}{Q} = \frac{BW}{\omega_0} \qquad (6.16)$$

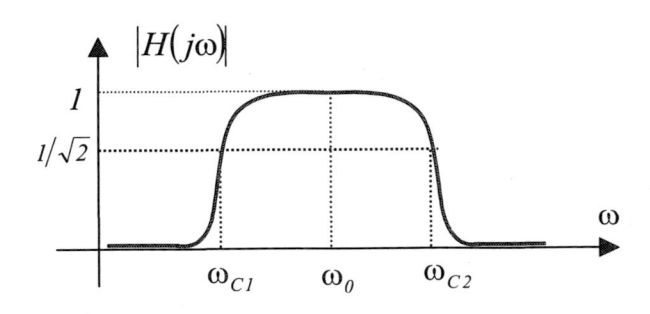

圖 6.4　頻寬及截止頻率之定義。

品質因素 Q 用來表示一個帶通濾波器 (或調諧放大器) 之頻率選擇特性，良好的調諧頻率選擇一般以 $Q > 10$ 敘述之，意味其頻寬 (相對於其中心頻率) 甚窄，因此該調諧放大器對於頻率的選擇甚為靈敏。相對的，寬頻帶放大器 (wide-band amplifier) 以 $Q < 10$ 敘述之，意味其頻寬 (相對於其中心頻率) 甚寬，在一般頻域的弦波信號下，幅度增益幾乎為一定常數。阻尼因素用於設計多級 (高階數) 的濾波器，方便參照，將在往後討論之。

【例題 6.5】

一帶通濾波器之品質因素 $Q = 20$，其中心頻率為 $f_0 = 15\,\text{kHz}$，(a)

試求其頻寬，(b) 求其截止頻率。

解 (a) 由 (6.15) 可知頻寬為

$$BW = \frac{f_0}{Q} = \frac{15\,\text{kHz}}{15} = 1\,\text{kHz} \text{。}$$

(b) 由 (6.14) 可知 $f_1 f_2 = f_0^2 = 225 \times 10^6$，因為 $f_2 - f_1 = BW = 10^3$

解上面聯立方程式得：

高頻截止頻率 $f_2 = 15.5$ kHz，
低頻截止頻率 $f_1 = 14.5$ kHz。

■ **共振峰與峰頻率** 轉移函數的最高幅度值 M_p 定義為共振峰 (resonance peak)，亦即

$$M_p = \max_{\omega} M(\omega) \tag{6.17}$$

發生共振峰時之頻率 ω_p 稱為峰頻率 (peaking frequency)，參見圖 6.5。

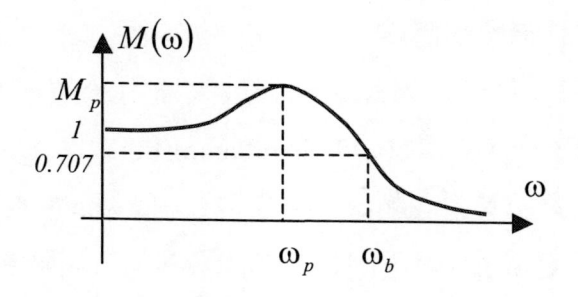

圖 6.5 共振峰及峰頻率之定義。

【例題 6.6】

一帶通濾波器之轉移函數為

$$H(s) = \frac{5}{s^2 + 2s + 5}$$

試求共振峰,及峰頻率。

解

$$M(\omega) = |H(j\omega)| = \frac{5}{|-\omega^2 + 2j\omega + 5|}$$

$$= \frac{5}{\sqrt{\omega^4 - 6\omega^2 + 25}}$$

上式對 ω 微分後,令之為零,可得峰頻率:

$$\omega = \omega_p = \pm\sqrt{3} \quad \text{(取正值)}$$

因此,共振峰為

$$M_p = \max_{\omega} M(\omega) = M(\sqrt{3}) = \frac{5}{\sqrt{16}} = \frac{5}{4}$$

此系統之幅度頻率響應圖請參見圖 6.6。

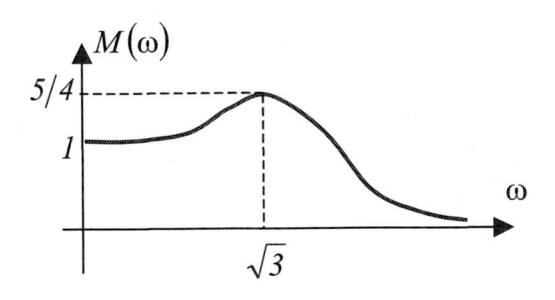

圖 6.6 例題 6.6 之共振峰及峰頻率。

■ **二次系統的頻率響應** 標準二次系統的轉移函數為

$$H(s) = \frac{\omega_n^2}{s^2 + 2\zeta\omega_n s + \omega_n^2} \tag{6.18}$$

我們考慮欠阻尼 (under-damping) 之情況，此時頻率轉移函數為

$$H(j\omega) = \frac{1}{\left(j\frac{\omega}{\omega_n}\right)^2 + 2\zeta\left(j\frac{\omega}{\omega_n}\right) + 1}$$

$$= \frac{1}{1 - \left(\frac{\omega}{\omega_n}\right)^2 + j2\zeta\left(\frac{\omega}{\omega_n}\right)} \tag{6.19}$$

幅度頻率響應式為

$$M(\omega) = \frac{1}{\sqrt{\left(1 - \left(\frac{\omega}{\omega_n}\right)^2\right)^2 + \left(2\zeta\left(\frac{\omega}{\omega_n}\right)\right)^2}} \tag{6.20}$$

由 (6.17) 的定義，令 $\frac{dM}{d\omega} = 0$，可以得到峰頻率 ω_p，與共振峰值 M_p，其與阻尼比 ζ 之關係如下：

$$\frac{\omega_p}{\omega_n} = \sqrt{1 - 2\zeta^2} \tag{6.21}$$

$$M_p = \frac{1}{2\zeta\sqrt{1-\zeta^2}} \quad (\zeta \leq 0.707) \tag{6.22}$$

(6.19) 之頻率響應圖如圖 6.5 所示，其極點 (pole) 為

$$\begin{matrix} s_1 \\ s_2 \end{matrix} = -\zeta\omega_n \pm j\omega_n\sqrt{1-\zeta^2} \tag{6.23}$$

由圖 6.5，$M(0) = 1$，當 M 下降到 $0.707M(0)$ 時，發生的頻率即是此二次系統的頻寬 $BW(:=\omega_b)$。易言之，$M(\omega_b) = 0.707M(0)$。由 (6.20) 可以解出

$$\frac{\omega_b}{\omega_n} = \left[1 - 2\zeta^2 + \sqrt{2 - 4\zeta^2(1-\zeta^2)}\right]^{\frac{1}{2}} \tag{6.24}$$

【例題 6.7】

試求例題 6.6 所述系統的 (a) 峰頻率, (b) 共振峰值, (c) 極點, (d) 頻寬。

解 此帶通濾波器之轉移函數為

$$H(s) = \frac{5}{s^2 + 2s + 5}$$

與 (6.18) 比較可知:

$$\omega_n^2 = 5 \,,\, 2\zeta\omega_n = 2,$$

解得

$$\omega_n = \sqrt{5},$$
$$\zeta = \frac{1}{\sqrt{5}} \cong 0.45$$

(a) 由 (6.21) 可得峰頻率為

$$\omega_p = \left(\sqrt{1-2\zeta^2}\right)\omega_n = \left(\sqrt{1-\frac{2}{5}}\right)\sqrt{5} = \sqrt{3} \cong 1.73 \text{ rad/s.}$$

(b) 由 (6.22) 可得共振峰值為

$$M_p = \frac{1}{2\zeta\sqrt{1-\zeta^2}} = \frac{5}{4}.$$

(c) 由 (6.23) 可得極點為

$$\begin{matrix} s_1 \\ s_2 \end{matrix} = -\zeta\omega_n \pm j\omega_n\sqrt{1-\zeta^2} = -1 \pm j2.$$

(d) 由 (6.24) 可得頻寬為

$$BW = \omega_b = \left[1-2\zeta^2 + \sqrt{2-4\zeta^2(1-\zeta^2)}\right]^{\frac{1}{2}}\omega_n \approx 3 \text{ rad/s.}$$

6-3 波德頻率響應曲線

在網路分析或線性系統的討論中,頻率響應是非常重要的。當一系統的轉移函數 $H(s)$ 知道後,再下來我們要知道在各種頻率的弦波輸入, $x(t) = A\sin\omega t$,所產生穩態輸出 $y(t) = AM(\omega)\sin(\omega t + \phi)$。由前面的討論可知:幅度響應為 $M(\omega) = |H(j\omega)|$,而相角響應為 $\phi(\omega) = \angle H(j\omega)$,因此當 ω 為信號頻率時,$H(j\omega)$ 即為此系統的頻率響應。將 $M(\omega)$ 與 ω 的關係繪成曲線是為幅度響應曲線 (magnitude response curve),而 $\phi(\omega)$ 與 ω 的關係繪成曲線是為相角響應曲線 (phase response curve),請參見節 6-2「頻率響應特性」。

■ **半對數紙** 在一般的分析討論中,因為信號頻率 $f = \omega/2\pi$ 之分布甚廣,可由幾個赫茲 (Hz) 至幾千赫茲 (kHz),乃至於百萬赫茲(MHz),為了有效地將幅度響應以及相角響應中,所屬範圍敘述出來,則頻率軸 (ω 軸) 須取對數刻度 ($\log\omega$),將廣泛的信號頻率所屬範圍壓縮於有限的橫軸空間。所使用的工具稱為半對數紙 (semi-log paper)。試想在一直線上,每一公分平均分布 10 點,則要代表一百萬點頻率須使用十萬公分長度直線,甚不經濟。在對數刻度上,頻率通常只取離散氏抽樣點,如 $\omega = 1, 2, 5, 10, 20, 50\cdots$。因為頻率軸為 10 底之對數刻度,因此

$$\log 1 = 0,\ \log 2 \approx 0.3,\ \log 5 \approx 0.48,\ \log 10 \approx 1,$$

故當頻率由 *1* 變化到 *10* 時,其橫軸被壓縮於 1 單位 (1 公分) 的長度中,有效地節省了橫軸直線之長度。又因為

$$\log 10^k = k\ \ (k = 0, 1, 2\cdots)$$

因此欲代表一百萬點 (10^6) 頻率只需要使用 6 公分長度直線為橫軸，較為經濟。這就是為什麼在繪製頻率響應曲線時，頻率軸 (ω 軸) 須取對數刻度 ($\log\omega$) 的優點。在往後的討論中，波德圖 (Bode diagrram) 即是依照此原理發展的。

■ **分貝** (dB)　一般的分析討論中，因為幅度增益 M 之分布甚廣，例如 $0.01, 0.1, 10, 100, \cdots$，同上述原理為了有效地涵蓋所屬範圍，我們將幅度增益值轉換為對數刻度如下：

$$M|_{dB} = 20\log M \tag{6.25}$$

式中，M 為無單位的數 (增益值)，而 $M|_{dB}$ 之單位為分貝 (dB, decibel)，參見圖 6.7 所示。因此當增益大於 (小於) 1，其分貝值為正 (負)。

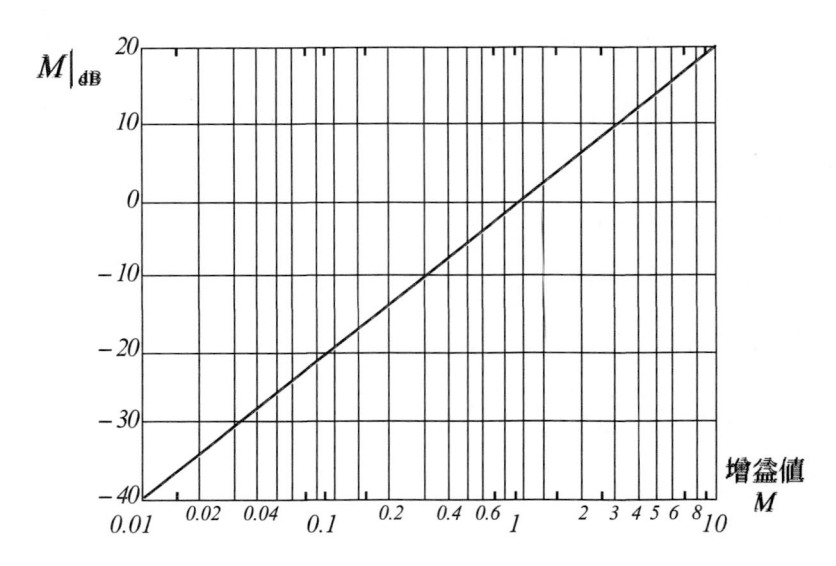

圖 6.7　增益至分貝值轉換曲線。

【例題 6.8】（分貝計算）

分別將下列的增益值轉換為分貝。

(a) $M = 0.2$,(b) $M = 12$,(c) $M = 55$,(d) $M = 240$.

解 由 (6.25) 可得

(a) $M|_{dB} = 20\log 0.2 = 20\log(2/10) = 20\log 2 - 20\log 10 \approx -14$ dB.

(b) $M|_{dB} = 20\log 12 = 20\log(10 \times 1.2) = 20 + 20\log 1.2 \approx 21.6$ dB.

(c) $M|_{dB} = 20\log 55 = 20\log(10 \times 5.5) = 20 + 20\log 5.5 \approx 34.8$ dB.

(d) $M|_{dB} = 20\log 240 = 20\log(10^2 \times 2.4) = 40 + 20\log 2.4 \approx 47.6$ dB.

■ **波德圖** (Bode diagram)　一般頻率轉移函數形式如下

$$H(j\omega) = \frac{K(1+j\omega T_a)\cdots}{(j\omega)^r (1+j\omega T_1)^{m_1} \left[1 + \frac{j\omega}{2\zeta\omega_n} + (j\omega)^2 \left(\frac{1}{\omega_n^2}\right)\right]} \quad (6.26)$$

上式稱為波德形 (Bode form) 頻率轉移函數，K 稱為波德增益 (Bode-gain)。由 (6.26) 式，我們可以歸納出下列諸基本項 (不含重複情況)：

1. 常數 K，
2. 積分器 $\frac{1}{j\omega}$，或微分項 $j\omega$，
3. 一階極點或零點 $\frac{1}{1+j\omega T}$，或 $1+j\omega T$，
4. 二階極點或零點 $\left[1 + j2\zeta\left(\frac{\omega}{\omega_n}\right) + \left(j\frac{\omega}{\omega_n}\right)^2\right]^{\pm 1}$。

接著下來，我們要分別討論他們的波德頻率響應圖。

一、常數項：K

常數與頻率 ω 無關，由 (6.25)

$$K|_{dB} = 20\log K \quad (6.27)$$

上式對於橫軸 $\log\omega$ 而言為一直線。若 $K > 0$ 則 $\angle K = 0°$，否則

$K < 0$ 則 $\angle K = -180°$。

二、$(j\omega)^r$ 項

現在我們先考慮 $M = (j\omega)^r$ 的情形，$r = 0, \pm 1, \pm 2, \cdots$。因為

$$M|_{dB} = 20\log M = r20\log|j\omega| = r20\log\omega$$

因此對於 $\log\omega$ 軸而言，上式可用斜率為 $r20$ dB/decade (橫軸頻率 ω 每增加十倍時，縱軸增加 $r20$ 分貝)。例如 $M = 1/j\omega$ $(r = -1)$，則在 $\omega = 0$ 時 $M|_{dB} = 0$，而在 $\omega = 10$ 時 $M|_{dB} = r20 = -20$ dB，亦即頻率 ω 每增加十倍，縱軸減少了 20 分貝，參見圖 6.8(a)。另一方面 $\angle M = \angle(j\omega)^{-1} = -90°$，參見圖 6.8(c)。而當 $M = j\omega$ $(r = +1)$，則在 $\omega = 0$ 時 $M|_{dB} = 0$，$\omega = 10$ 時 $M|_{dB} = r20 = +20$ dB，亦即頻率 ω 每增加十倍，縱軸增加了 20 分貝，參見圖 6.8(b)。另一方面 $\angle M = \angle(j\omega) =$

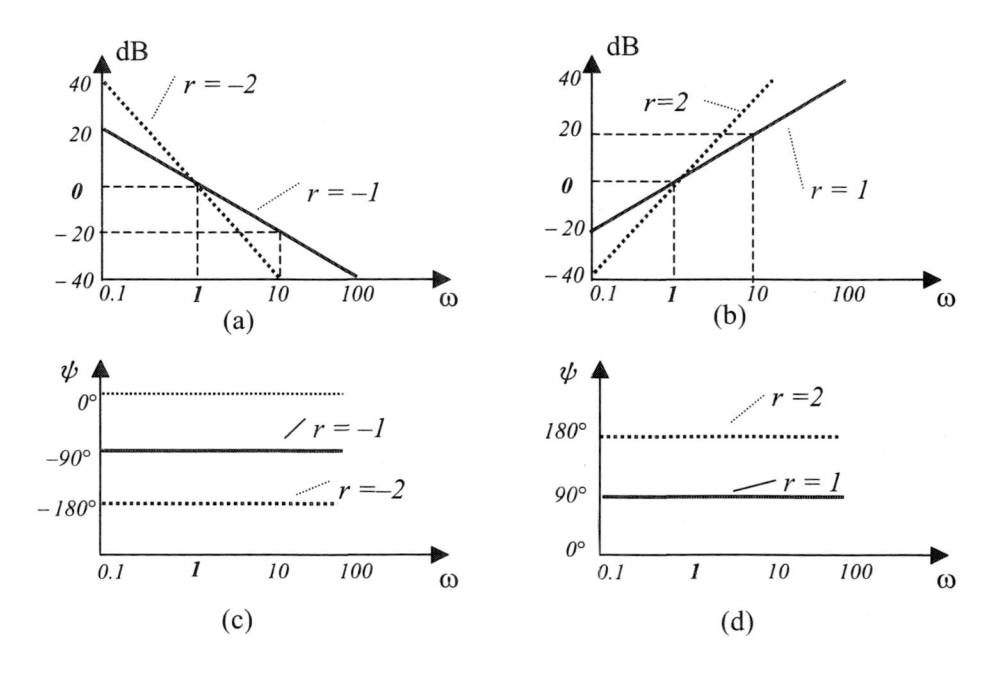

圖 6.8 $(j\omega)^r$ 波德頻率響應曲線：(a) M_{dB}, $r<0$，(b) M_{dB}, $r>0$，(c) ϕ, $r<0$，(d) ϕ, $r>0$。

+90°，參見圖 6.8 (d)。

對於上述的討論，在 $M = 1/(j\omega)^2$ ($r = -2$) 的情形，幅度響應之斜率為 -40 dB/decade (橫軸頻率 ω 每增加十倍時，縱軸減少 40 分貝)，參見圖 6.8(a)；$\angle M = \angle(j\omega)^{-2} = -180°$，參見圖 6.8(c)。而當 $M = (j\omega)^2$ ($r = +2$) 的情形，幅度響應之斜率為 $= +40$ dB/decade (橫軸頻率 ω 每增加十倍時，縱軸增加了 40 分貝)，參見圖 6.8 (b)；$\angle M = \angle(j\omega)^2 = +180°$，參見圖 6.8 (d)。

對於 $M = (j\omega)^r$ ($r = \pm 3, \cdots$) 的情形，幅度響應之斜率為 $r\,20$ dB/decade，$\angle M = r90°$，圖形可以由以上的討論得知。

三、$(1+j\omega T)^r$ 項

現在考慮 $M = (1+j\omega T)^r$ 的情形，$r = 0, \pm 1, \pm 2, \cdots$。因為

$$M|_{dB} = 20\log\left|(1+j\omega T)^r\right| = r\,20\log\left|(1+j\omega T)\right|$$
$$= r\,20\log\sqrt{1+(\omega T)^2} \quad (6.28)$$
$$\approx \begin{cases} 0\,\text{dB} & \omega \ll 1/T \\ 3r\,\text{dB} & \omega = 1/T \\ r\,20\log\omega & \omega \gg 1/T \end{cases}$$

令折角頻率 (corner frequency) 為

$$\omega_{Cf} = \frac{1}{T} \quad (6.29)$$

根據 (6.28) 之近似原理，則 $M_{dB} = r\,20\log\left|1+(\omega T)^2\right|$ 之作圖可以先繪出漸近線，再予修正，其建構步驟介紹如下：

1. 在低頻 ($\omega \ll \omega_{Cf}$) 時，用 0 dB 橫線漸近之。
2. 在高頻 ($\omega \gg \omega_{Cf}$) 時，用經過 (0 dB, $\omega_{Cf} = \frac{1}{T}$) 且斜率為 $r\,20$ dB/decade 的直線漸近之。

3. 在折角頻率 ω_{Cf} 時，漸近線轉折，並修正 $3r$ dB 而得波德曲線。

參見圖 6.9 之一階系統 $(r = -1)$ 波德圖，折角頻率為 $\omega = \frac{1}{T}$，由此轉折之漸近線斜率為 -20 dB/decade。

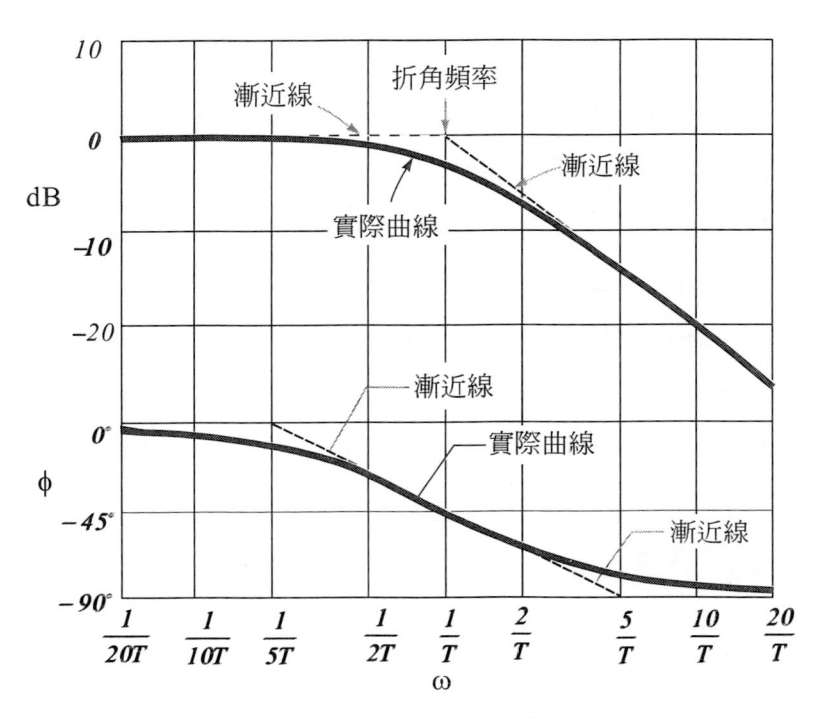

圖 6.9 一階系統 $(1+j\omega T)^{-1}$ 波德圖。

再來考慮 $M = (1 + j\omega T)^r$，$(r = \pm 1, \pm 2, \cdots)$ 的相角，

$$\phi = r\tan^{-1}(\omega T) \approx \begin{cases} 0° & \omega \ll \frac{1}{T} \\ -r45° & \omega = \frac{1}{T} \\ -r90° & \omega \gg \frac{1}{T} \end{cases} \quad (6.30)$$

根據 (6.30) 之近似原理，則 $\phi = \angle(1+j\omega T)^{\pm r}$ 之作圖可以先繪出漸近線，再予修正，其建構步驟介紹如下：

1. 在低頻 ($\omega \ll \omega_{Cf}$) 時，用 $\phi = 0°$ 橫線漸近之，折角頻率為 $\omega = \frac{1}{5T}$。
2. 在高頻 ($\omega \gg \omega_{Cf}$) 時，用 $\phi = r90°$ 橫線漸近之，折角頻率為 $\omega = \frac{5T}{2}$。
3. 在 $\omega = \omega_{Cf}$ 時，$\phi = -r45°$；且在折角頻率處修正 $\pm r27°$。

參見圖 6.9 之一階系統 ($r = -1$) 波德圖，折角頻率分別為 $\omega = \frac{1}{5T}$ 及 $\omega = \frac{5}{T}$，且在 $\omega = \frac{1}{T}$ 時 $\phi = -45°$。

綜上討論可知，當 $r > 0$，則波德幅度曲線之漸近線由 (低頻) 0dB 出發，在折角頻率 $\omega_{Cf} = \frac{1}{T}$ 處轉折，然後以斜率為 $r\,20$ dB/decade 的直線漸近之。波德相角曲線之漸近線由 (低頻) $\phi = 0°$ 出發，在折角頻率 $\omega = \frac{1}{5T}$ 處轉折，經過 ($\omega = \frac{1}{T}$，$\phi = -r45°$)，然後在高頻折角頻率 $\omega = \frac{5}{T}$ 處再一次轉折至 $\phi = -r90°$，直到 $\omega \to \infty$。實際的波德幅度曲線在折角頻率 $\omega_{Cf} = \frac{1}{T}$ 處須修正 $r3$dB；相角曲線在折角頻率 $\omega = \frac{1}{5T}$ 及 $\omega = \frac{5}{T}$ 處皆各修正約 $\pm r11.3°$，請參見圖 6.10。

【例題 6.9】

有一線性系統之轉移函數如下

$$H(s) = \frac{K(s + z_1)}{s(s + p_1)}, \quad K = 50\sqrt{10},\ z_1 = 0.1,\ p_1 = 5$$

試繪製 $H(j\omega)$ 的波德幅度頻率響應圖。

解 系統的頻率轉移函數為

$$H(j\omega) = \frac{K_0\left(1 + \dfrac{j\omega}{z_1}\right)}{j\omega\left(1 + \dfrac{j\omega}{p_1}\right)}, \quad K_0 = \frac{Kz_1}{p_1} = \sqrt{10}$$

我們分別說明各項之繪製原理如下：

(a) $20\log K_0 = 20\log\sqrt{10} = 10\,\text{dB}$，請參見圖 6.10(a) 之虛線所示。

(b) $-20\log\omega$ 為一當 $\omega = 1$ 時經過 $0\,\text{dB}$ 且斜率為 $-20\,\text{dB/decade}$ 的直線，參見圖 6.10(b) 之虛線所示。

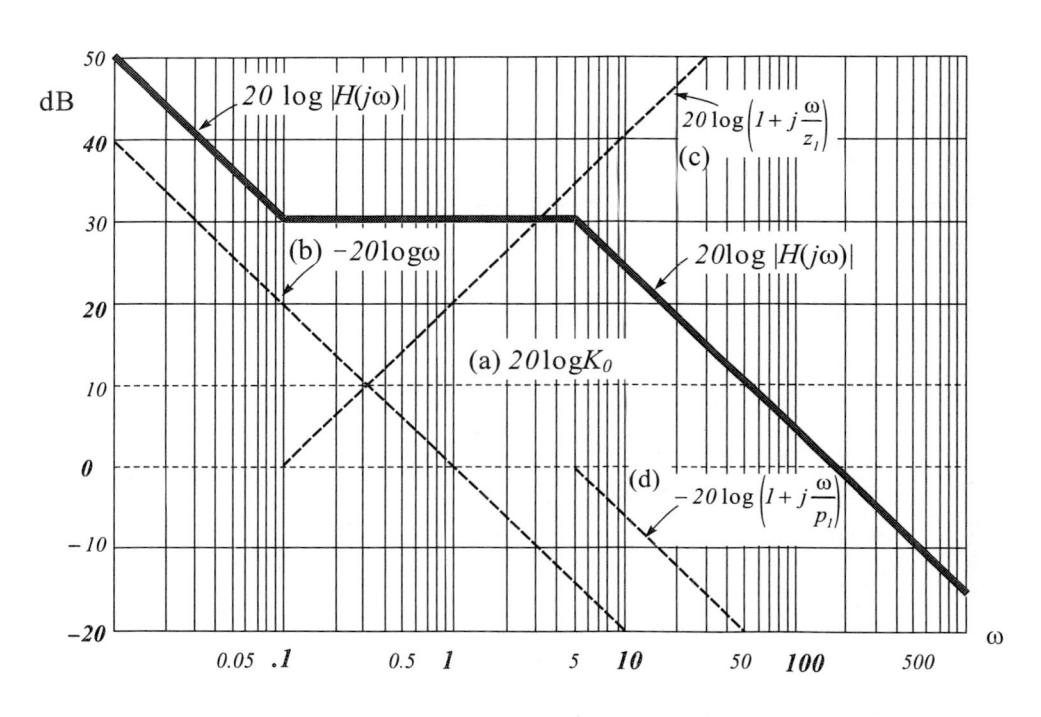

圖 6.10 例題 6.8 波德頻率響應圖的建構說明。

(c) $20\log\left|1 + \dfrac{j\omega}{z_1}\right|$ 為低頻 $0\,\text{dB}$，在 $\omega = z_1 = 0.1$ rad/s 處向上轉折為斜率是 $+20\,\text{dB/decade}$ 的直線，參見圖 6.10(c) 之虛線所示。

(d) $-20\log\left|1 + \dfrac{j\omega}{p_1}\right|$ 為低頻 $0\,\text{dB}$，在 $\omega = p_1 = 5$ rad/s 處向下轉折為斜率 $-20\,\text{dB/decade}$ 的直線，參見圖 6.10(d) 之虛線所示。

將上述四條漸近線加總，即可以得到幅度波德圖之漸近線，參見圖 6.10 之藍色粗體線所示。圖 6.11 所示為使用 MATLAB 軟體模擬此系統的波德頻率響應圖，其程式如下：

```
% example 6.8: H (s) =n (s) /d (s)
n=[50*sqrt (10) 5*sqrt (10) ];      % numerator coefficients
d=[1 5 0];                          % denominator coefficients
w=logspace (-2, 2, 400) ;
bode (n,d,w) ,grid                  % call bode diagram plot
```

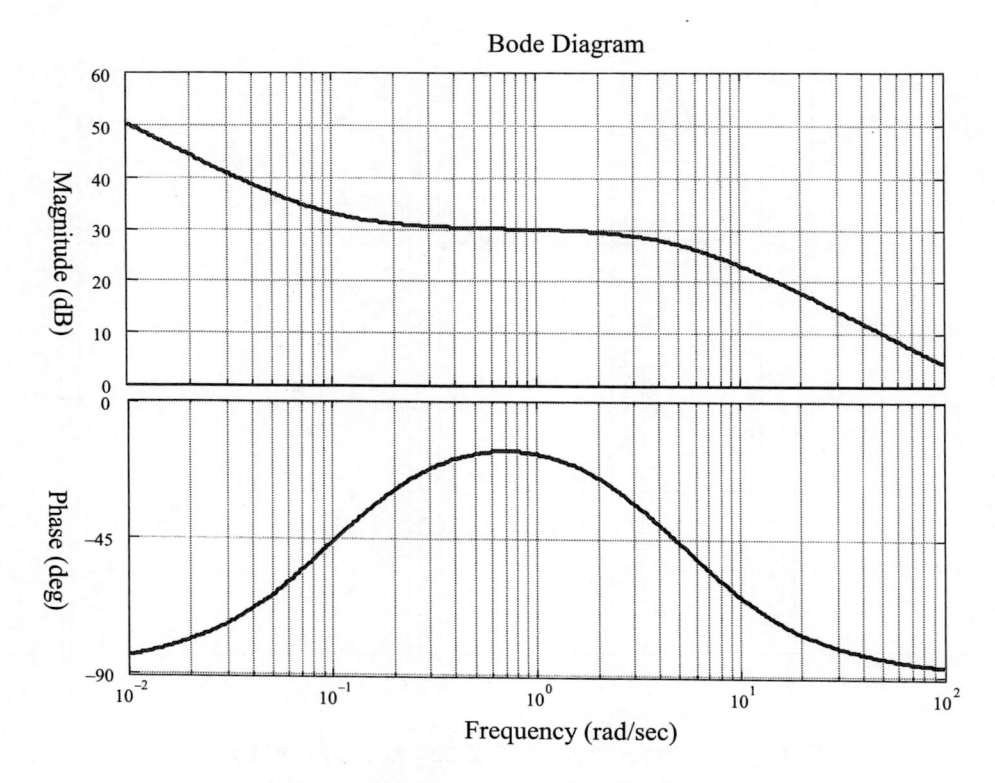

圖 6.11　MATLAB 軟體模擬的波德圖。

再來討論相角的作圖。在半對數紙上，波德相角的作圖與幅度類似，使用 (6.30) 之原理，分別繪製各項極點或零點之折線式漸近線，每一漸近線分別有低頻及高頻折角 (參見圖 6.10)，仿照圖 6.11 之方法建構之。

四、二次系統

最後我們考慮二階系統，其波德式為

$$A(j\omega) = \left[1 + j2\zeta\left(\frac{\omega}{\omega_n}\right) + \left(\frac{j\omega}{\omega_n}\right)^2\right]^{\pm 1} \tag{6.31}$$

如果 $\zeta = 1$，則上式變成

$$A = \left[1 + j\left(\frac{\omega}{\omega_n}\right)\right]^{\pm 2} \tag{6.32}$$

因此可以用二重根：$\left(1 + j\dfrac{\omega}{\omega_n}\right)^{\pm 2}$ 之圖形繪製。如圖 6.12 爲二次極點之漸近線，折角頻率在 $\omega = \omega_n$，然後以 -40 dB/decade 斜率直線向下拐彎，這就是 (6.31) 所述二次系統 (二階極點) 的漸近線幅度響應了。

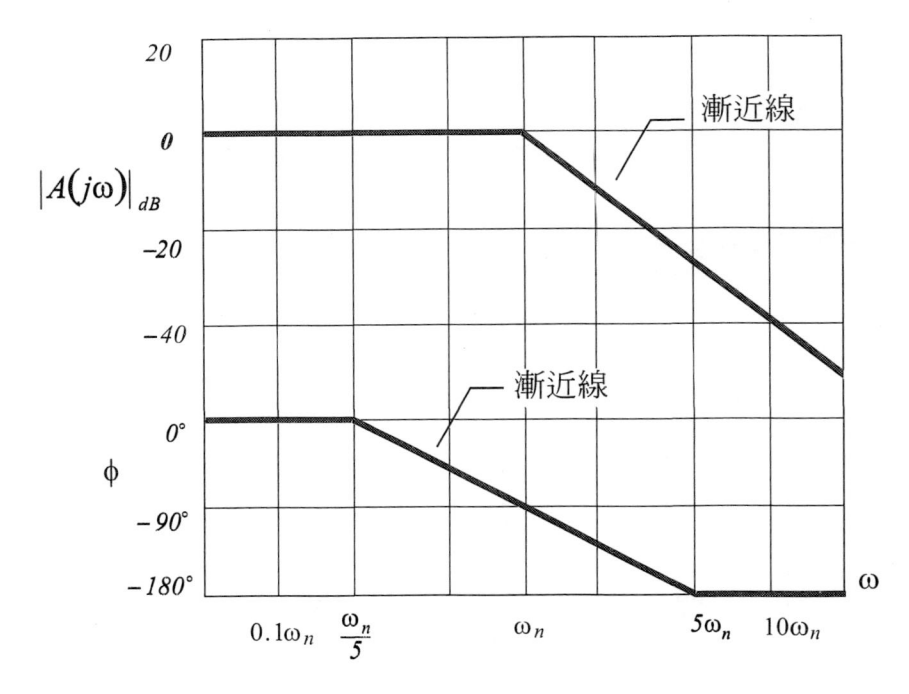

圖 6.12　二次系統的波德圖漸近線。

對於相角響應的漸近線，則在中心頻率 $\omega = \omega_n$ 處，相角 $\phi = -90°$，而在低頻折角頻率 $\left(\omega = \dfrac{\omega_n}{5}\right)$ 及高頻折角頻率 $(\omega = 5\omega_n)$ 處，相

角分別用 $\phi = 0°$ 及 $\phi = -180°$ 描述之，參見圖 6.12。考慮一般欠阻尼情形 $(0 < \xi < 1)$，則實際的波德曲線只需要在上述的漸近線上做修正，參見圖 6.13。

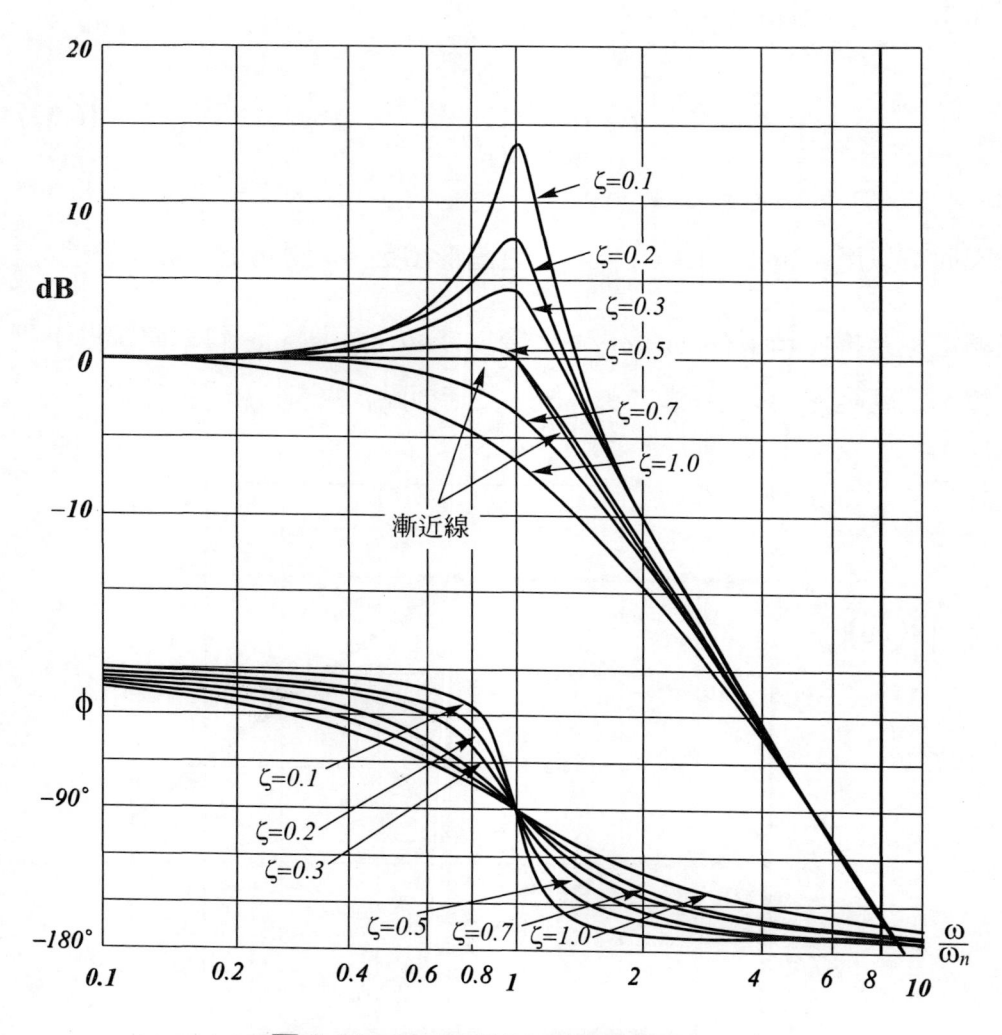

圖 6.13 二階系統之波德響應圖。

由圖 6.13 可以看出，於實際的二階系統 (欠阻尼情形)，波德幅度響應曲線在 $\omega = \omega_n$ 附近發生共振峰，這種情形當 ζ 愈小 (阻尼比愈低)，其共振峰就愈陡峭，共振峰值也就愈高。我們用圖 6.14 說明曲線在 $\omega = \omega_n$ 附近的情形，幅度響應為

$$A\big|_{dB} = -20\log\left|1 + j2\zeta\frac{\omega}{\omega_n} + \left(\frac{j\omega}{\omega_n}\right)^2\right| \tag{6.33}$$

分別說明如下：

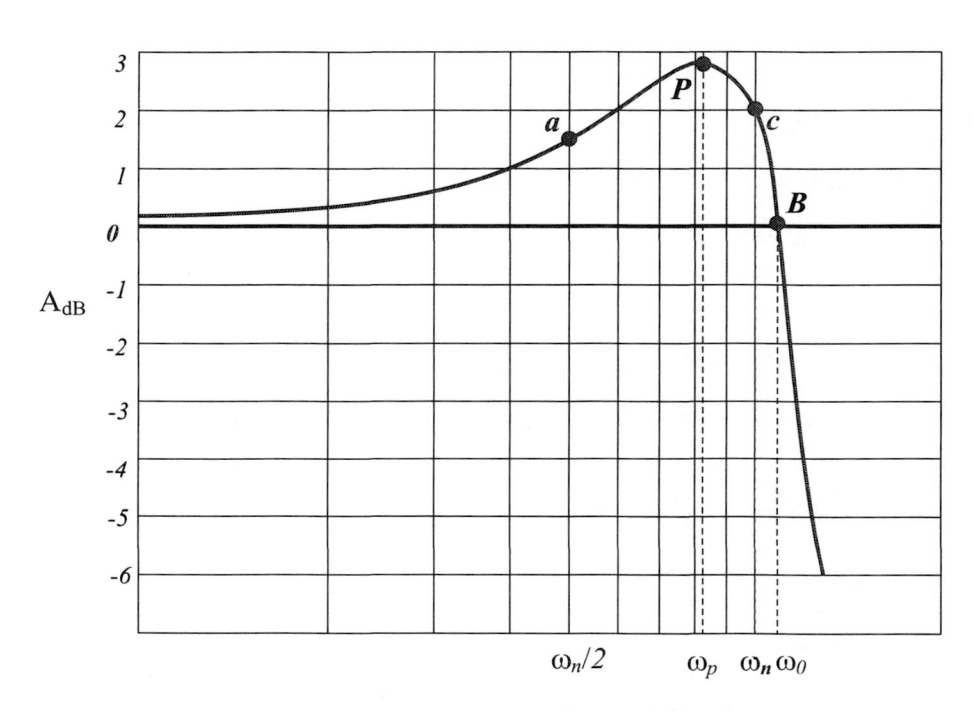

圖 6.14 二次系統在 ω_n 附近之共振峰響應。

1. 當 $\omega = \frac{\omega_n}{2}$ （圖中 **a** 點）

$$A\big|_{dB} = -10\log\left(\xi^2 + 0.5625\right) \tag{6.34}$$

2. 當 $\omega = \omega_P$ （圖中 **P** 點，共振峰頻：$\omega_P = \omega_n\sqrt{1-2\xi^2}$ ）

$$A\big|_{dB} = -10\log\left[4\xi^2\left(1-\xi^2\right)\right] \tag{6.35}$$

3. 當 $\omega = \omega_n$ （圖中 **c** 點，折角頻率）

$$A\big|_{dB} = -20\log(2\xi) \tag{6.36}$$

4. 當 $\omega = \omega_0$ (圖中 **B** 點)，實際曲線與 $0\,\text{dB}$ 軸交越，ω_0 稱為單位增益頻寬 (unit-gain bandwidth)，且

$$\omega_0 = \omega_n\sqrt{2(1-2\xi^2)} = \sqrt{2}\,\omega_P \tag{6.37}$$

【例題 6.10】

如例題 6.7 之線性系統，其轉移函數如下

$$H(s) = \frac{5}{s^2 + 2s + 5},$$

試求：(a) 無阻自然頻率 ω_n，(b) 阻尼比 ξ，(c) 共振峰頻 ω_P，(d) 共振峰值，(e) 單位增益頻寬 ω_0。

解 令轉移函數為 $H(s) = \dfrac{5}{s^2+2s+5} = \dfrac{\omega_n^2}{s^2+2\zeta\omega_n+\omega_n^2}$，則

(a) $\omega_n^2 = 5$，故知 $\omega_n = \sqrt{5}$ rad/s.

(b) $2\zeta\omega_n = 2$，則 $\zeta = \dfrac{1}{\sqrt{5}} \approx 0.45$.

(c) 由 (6.21)，共振峰頻為 $\omega_P = \omega_n\sqrt{1-2\xi^2} = \sqrt{3} \approx 1.73$ rad/s.

(d) 由 (6.35)，共振峰值為 $A|_{\text{dB}} = -10\log\left[4\xi^2(1-\xi^2)\right] \approx 2$ dB.

(e) 由 (6.37)，單位增益頻寬 $\omega_0 = \sqrt{2}\,\omega_P \approx 2.45$ rad/s.

(註：3db 頻寬 $\omega_b \approx 3$ rad/s. 參見例題 6.7)

6-4 濾波器之頻率響應

濾波器 (filter) 又稱為是頻率選擇裝置，用於調整所需要的幅度或相角頻率響應之分布。在一般的數位信號處理 (DSP) 裝置前級，為防

止混疊失真 (詳見第一章)，類比信號要先經過濾波器移除不必要的高頻帶信號，才能施行往後的 A/D 變換與數位信號處理工作。在音響電路中，聲音的響度 (soundness) 控制，或調節音域響度分布所使用的等化器 (equilizer) 即是利用帶通或者低頻通濾波器達成的。影像處理裝置中，為除去某些信號 (過濾某些色信號)，須使用頻帶拒斥濾波器達成篩選工作。本節主要介紹類比式濾波器之頻率響應及其特性。

■ **濾波器的形式**　　濾波器依其頻率選擇性能可分類為以下四種：

1. 低頻通濾波器 (LP, low-pass filter)：只通過低頻信號，將不需要的高頻信號衰減、去除之。
2. 高頻通濾波器 (HP, high-pass filter)：只通過高頻信號，將不需要的低頻信號衰減、去除之。
3. 帶頻通濾波器 (BP, band-pass filter)：只通過某些頻帶範圍的信號，將不需要頻帶範圍的信號衰減、去除之。
4. 帶拒斥濾波器 (BS, band-stop filter)：將不需要頻帶範圍的信號衰減、去除之，又稱凹口 (notch) 濾波器。

在敘述濾波器的性能時，有幾項參數甚為重要，且與濾波器的形式有關，我們將分別介紹於後。參見圖 6.15，(a) 圖為低頻通濾波器，當幅度頻率響應由最大 (假設為 1) 降至 $\frac{1}{\sqrt{2}} \approx 0.707$ 時，發生的頻率 ω_C 稱為截止頻率。若輸入信號為 $x(t) = \cos \omega t$，穩態輸出為 $y(t) = B\cos(\omega t + \phi)$，則當 $\omega < \omega_C$ 時，輸出之幅度 $B \approx 1$；而當 $\omega >> \omega_C$ 時，輸出之幅度 $B \approx 0$，高頻信號衰減殆盡。圖 (b) 為高頻通濾波器，其頻率選擇 (頻率響應) 原理與上述低頻通情況相反，高於截止頻率的信號通過 (不衰減)，而低於截止頻率的信號則衰減殆盡。

圖 (c) 為帶通濾波器，當幅度頻率響應由最大值 (假設為 1) 降至 $\frac{1}{\sqrt{2}} \approx 0.707$ 時，在高頻處發生的頻率 ω_H 稱為高頻截止頻率，在低頻處發生的頻率 ω_L 稱為低頻截止頻率，頻帶寬度定義為 $BW = \omega_H$

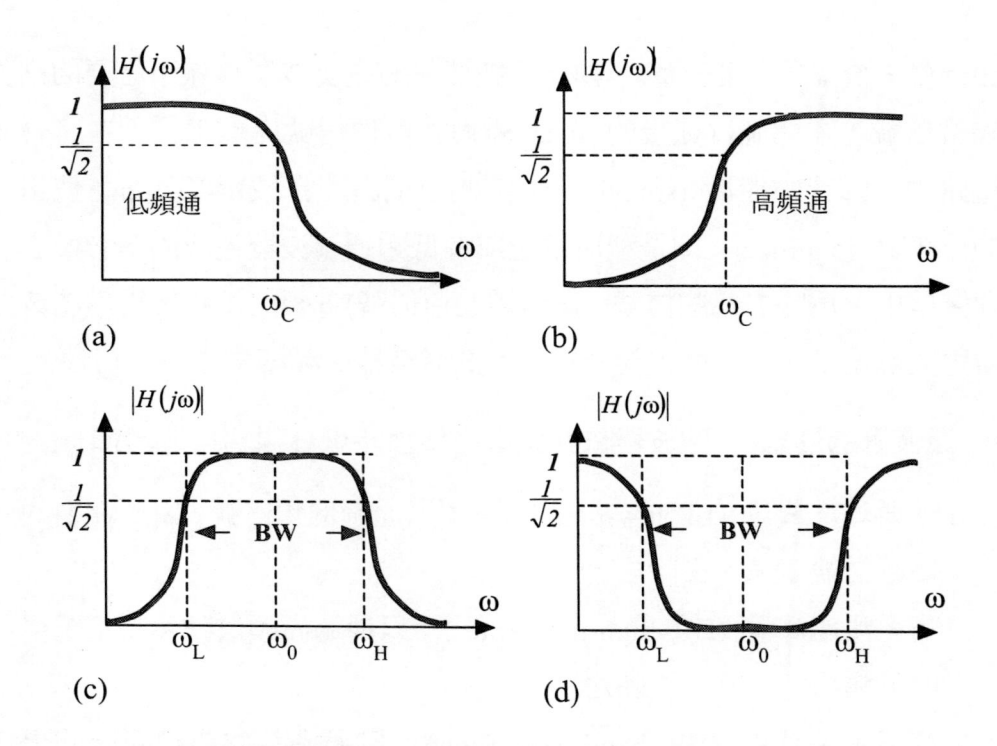

圖 6.15 各類濾波器的幅度響應：(a) 低通，(b) 高通，(c) 帶通，(d) 帶拒斥濾波器。

$-\omega_L$。圖 (d) 為帶拒斥濾波器，在頻帶寬度範圍內的信號將被衰減殆盡，只讓其他頻率的信號通過。對於帶通或者帶拒斥濾波器，中心頻率 (central frequency) 定義為

$$\omega_0 = \sqrt{\omega_H \cdot \omega_L} \quad \text{rad/s.} \tag{6.38}$$

當頻率為 ω rad/s 時，增益 (gain) 為 $M = H(j\omega)$，則衰減 (attenuation) 定義為

$$A = \frac{1}{M} = \frac{1}{|H(j\omega)|} \tag{6.39}$$

因此若增益為 $M|_{dB} = 20\log|H(j\omega)|$ dB，則衰減的分貝值為

$$A|_{dB} = -M|_{dB} = -20\log|H(j\omega)| \quad \text{dB} \tag{6.40}$$

■ **低頻通濾波器**　我們以圖 6.16 解釋實際低頻通濾波器的幅度頻率響應特性。在圖 (a) 中，ω_P 及 ω_S 分別為頻通帶 (passband) 及頻止帶 (stopband) 的邊際頻率，而 $\omega_S - \omega_P$ 等於轉移帶 (transition band) 頻域。因此，頻率低於 ω_P 的信號可以通過，而沒有衰減；頻率高於 ω_S 的信號則被衰減殆盡。

在一些實際的低頻通濾波器中，例如薛巴契夫 (Chebyshev) 式濾波器，表現於低頻通帶的幅度頻率響應會有通帶漣波 (passband ripple)，即距離最大增益之幅度偏離量；而表現於高頻拒斥帶的幅度頻率響應會有止帶漣波 (stopband ripple)，即距離零增益之幅度偏離量，參見圖 6.16 (a)。

在圖 6.16(b) 中，幅度以 dB 為單位，因此 $-A_P$ 為通帶衰減量 (passband attenuation)，$-A_S$ 為止帶衰減量 (stopband attenuation)。理想低頻通濾波器的 $A_P \approx 0$ dB 而 A_S 愈大愈好。

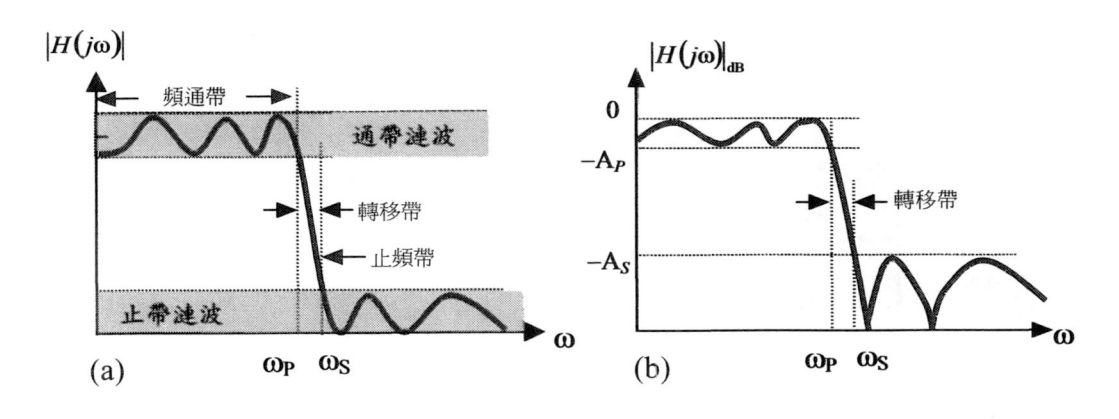

圖 6.16　低頻通濾波器幅度響應特性。

■ **原型低頻通濾波器及其變換**　原型 (prototype) 低頻通濾波器 $H_P(s)$ 的截止頻率定為 $\omega_C = 1$ rad/s，若所須設計低頻通濾波器的截止頻率為 ω_x rad/s，則只須做 $s \to \frac{s}{\omega_x}$ 線性變換，即可由原型低頻通濾波器求出所需的轉移函數 $H(s)$，參見圖 6.17，稱為 LP 至 LP 變換，亦即

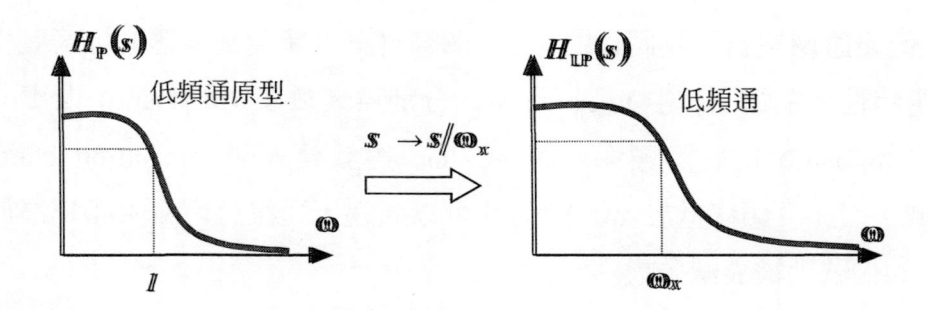

圖 6.17 LP 原型至 LP 變換。

LP2LP: $$H(s) = H_P\left(\frac{s}{\omega_x}\right) \tag{6.41}$$

若所須設計高頻通濾波器的截止頻率為 ω_x rad/s，則只須做 $s \to \frac{\omega_x}{s}$ 線性變換，參見圖 6.18，即可由原型低頻通濾波器求出所需的高頻通轉移函數 $H(s)$，稱為 LP 至 HP 變換，亦即

LP2HP: $$H_{HP}(s) = H_P\left(\frac{\omega_x}{s}\right) \tag{6.42}$$

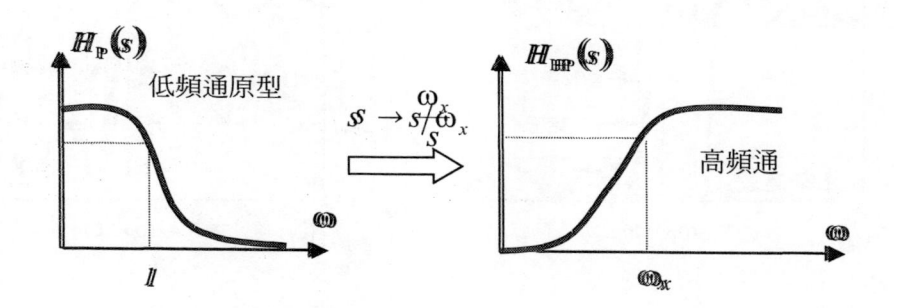

圖 6.18 LP 原型至 HP 變換。

若所須設計帶通濾波器的中心頻率為 ω_0 rad/s，且頻帶寬度為 B，則只須做 $s \to \frac{s^2+\omega_0^2}{sB}$ 的線性變換，參見圖 6.19，即可由原型低頻通濾波器求出所需的帶通轉移函數 $H_{BP}(s)$，稱為 LP 至 BP 變換，亦即

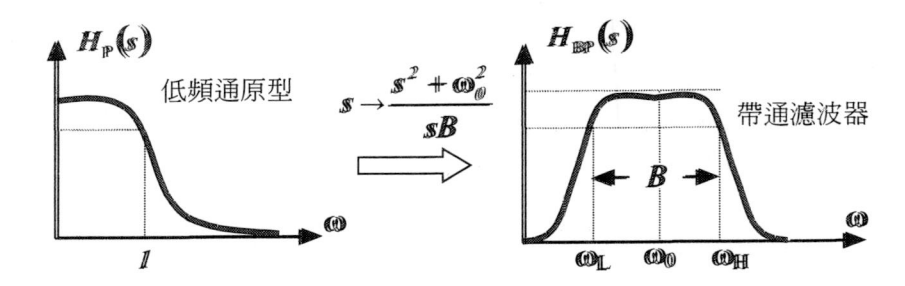

圖 6.19 LP 原型至 BP 變換。

LP2BP: $$H_{BP}(s) = H_P\left(\frac{s^2 + \omega_0^2}{sB}\right) \quad (6.43)$$

如前所述，ω_L 及 ω_H 分別為低頻及高頻截止頻率，且頻寬為 $B = \omega_H - \omega_L$，中心頻率為 $\omega_0 = \sqrt{\omega_H \cdot \omega_L}$。

若所須設計帶拒斥濾波器的中心頻率為 ω_0 rad/s，且頻帶寬度為 B，則只須做 $s \to \frac{s^2 + \omega_0^2}{sB}$ 的線性變換，參見圖 6.20，即可由原型低頻通濾波器求出所需的帶拒斥轉移函數 $H_{BS}(s)$，稱為 LP 至 BS 變換，亦即

LP2BS: $$H_{BS}(s) = H_P\left(\frac{sB}{s^2 + \omega_0^2}\right) \quad (6.44)$$

同前所述，ω_L 及 ω_H 分別為低頻及高頻截止頻率，且頻寬為 $B = \omega_H - \omega_L$，中心頻率為 $\omega_0 = \sqrt{\omega_H \cdot \omega_L}$。

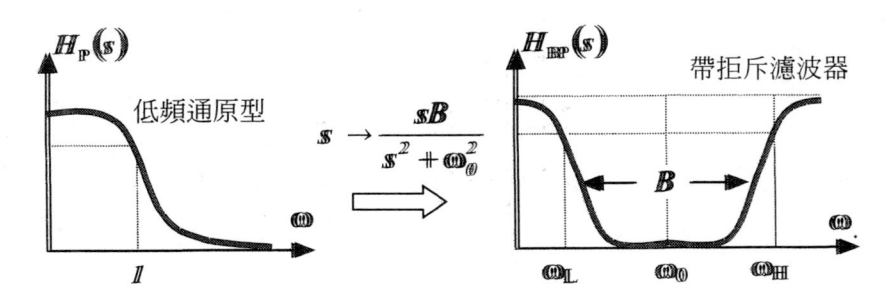

圖 6.20 LP 原型至 BS 變換。

【例題 6.11】

有一巴特沃 (Butterworth) 低頻通濾波器，其原型轉移函數為

$$H_P(s) = \frac{1.3076}{s^2 + 1.6171s + 1.3076}$$

欲設計一中心頻率為 $f_0 = 1\text{kHz}$，3 dB 通帶為 200 Hz 之帶通濾波器，試求其轉移函數。

解 中心頻率為 $\omega_0 = 2\pi f_0 = 2000\pi$ rad/s，頻寬為 $B = 2\pi(200)$ rad/s，因此由 (6.43) 可知所求帶通濾波器之轉移函數為

$$H_{BP}(s) = H_P(s)\bigg|_{s \leftarrow \frac{s^2 + \omega_0^2}{sB}}$$

$$= \frac{2.0648(10^6)s^2}{s^4 + 2.0321(10^3)s^3 + 8.1022(10^7)s^2 + 8.0226(10^{10})s + 1.5585(10^{15})}$$

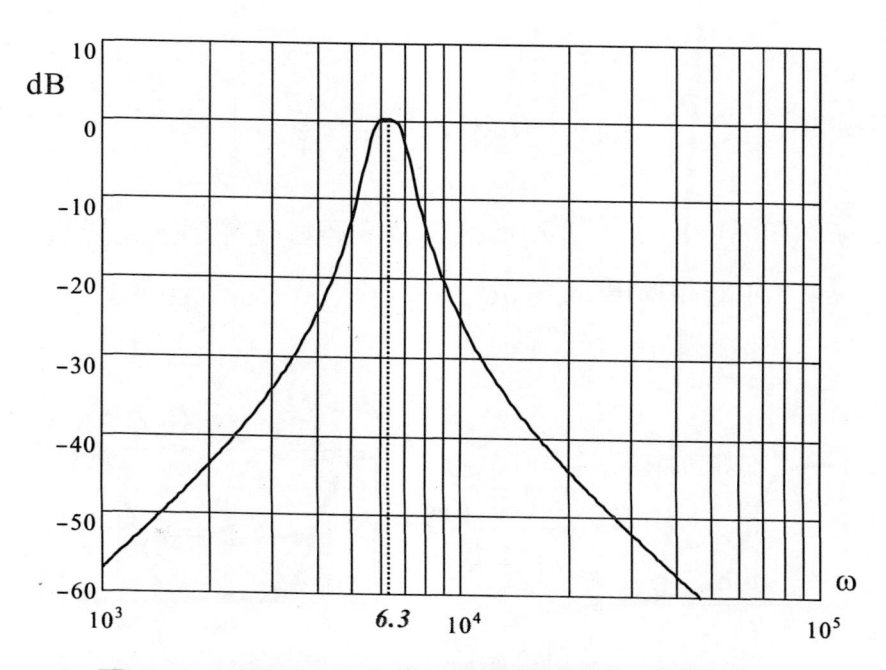

圖 6.21 例題 6.11 帶通濾波器幅度響應之波德圖。

上式之波德圖幅度響應以 MATLAB 軟體模擬，參見圖 6.21 所示。圖中，橫軸為角頻率 ω（單位：rad/s），中心頻率 $\omega_0 \approx 6.3$ k rad/s 相當於 $f_0 \approx 1$k Hz。

習 題

P6.1. (**基本定義**) 下列名詞請簡單地定義，或做說明：
(a) 頻率響應，
(b) 弦波穩態分析，
(c) 頻率轉移函數，
(d) 幅度頻率響應，
(e) 相角頻率響應，
(f) 頻寬 (BW)，
(g) 截止頻率，
(h) 中心頻率，
(i) 品質因素 (Q)，
(j) 共振峰與峰頻率，

P6.2. (**基本定義**) 下列名詞請簡單地定義，或做說明：
(a) 分貝，
(b) 半對數紙，
(c) 波德圖，
(d) -20 dB/decade，
(e) 折角頻率，
(f) 原型轉移函數。

P6.3. (**頻率響應**) 有一線性系統之輸入為 $x(t) = \sin \omega t$，轉移函數如下

$$H(s) = \frac{Y}{X} = \frac{Ts}{Ts+1}$$

(a) 試求頻率轉移函數 $H(j\omega)$，
(b) 試求幅度頻率響應 $M(\omega)$，
(c) 試求相角頻率響應 $\phi(\omega)$，
(d) 當 $\omega = 0, \frac{1}{T}, \frac{10}{T}, \infty$ 時，試分別求其穩態響應。
(e) 當 $\omega = 2, T = 1$ 時，求其穩態響應。

P6.4. (**弦波穩態響應**) 如習題 3 之系統，若 $T = 1$ 且輸入為

$$x(t) = 10\sin t - 10\cos 2t$$

試求其弦波穩響應。

P6.5. (**頻率響應**) 有一線性系統以下列差分方程式描述：
$$y[k] - 0.5y[k-1] = x[k] + 0.5x[k-1].$$

(a) 試求其頻率響應 $H(e^{j\theta})$，

(b) 若輸入為 $x[k] = \cos\left(\frac{k\pi}{2} + \frac{\pi}{4}\right)$，試求穩態響應。

P6.6. (**二次系統的頻率響應**) 若二次系統的轉移函數為
$$H(s) = \frac{\omega_n^2}{s^2 + 2\zeta\omega_n s + \omega_n^2} \qquad (\zeta \leq \frac{1}{\sqrt{2}})$$

試證明

(a) 峰頻率為
$$\omega_p = \omega_n\sqrt{1 - 2\zeta^2}$$

(b) 共振峰值為
$$M_p = \frac{1}{2\zeta\sqrt{1 - \zeta^2}}$$

(c) 頻寬 (BW) 為
$$\omega_b = \omega_n\sqrt{1 - 2\zeta^2 + \sqrt{2 - 4\zeta^2(1 - \zeta^2)}}$$

P6.7. (**頻率響應**) 試求下列系統的頻率響應 $H(j\omega)$，並大約繪出幅度頻率響應曲線。

(a) $H(s) = \dfrac{s+1}{s+5}$， (b) $H(s) = \dfrac{s-1}{s+5}$，

(c) $H(s) = \dfrac{10s}{s^2 + 2s + 100}$， (d) $H(s) = \dfrac{s^2 + 100}{s^2 + 2s + 100}$，

(e) $H(s) = \dfrac{0.5s^2 + 2.5}{s^3 + 2s^2 + 1.25s + 0.25}$.

P6.8. (**弦波穩態響應**) 試求下列微分方程式描述系統的頻率響應：

(a) $\dfrac{dv(t)}{dt} + 2v(t) = \cos t$

(b) $d^2\dfrac{v(t)}{dt^2} + 2\dfrac{dv(t)}{dt} + 2v(t) = \cos\left(t + \dfrac{\pi}{6}\right)$.

(c) $\dfrac{d(t)}{dt} + 2v(t) = \sin 2t + \cos t$.

P6.9. (濾波器響應) 有一濾波器之轉移函數為

$$H(s) = \dfrac{0.2s}{s^2 + 0.2s + 16}$$

(a) 判斷此濾波器的類別。
(b) 當輸入為 $x(t) = \cos(0.2t) + \sin(4t) + \cos(50t)$，試求其輸出響應。

P6.10. (原型及變換) 若一低通濾波器的原型轉移函數為

$$H_p(s) = \dfrac{1}{s^2 + s + 1}$$

試求下列濾波器的轉移函數。

(a) 通帶寬度為 10 rad/s 的低頻通濾波器。
(b) 截止頻率為 1 rad/s 的高頻通濾波器。
(c) 截止頻率為 10 rad/s 的高頻通濾波器。
(d) 通帶寬度為 1 rad/s，中心頻率 1 rad/s 的帶通濾波器。
(e) 通帶寬度為 10 rad/s，中心頻率 100 rad/s 的帶通濾波器。
(f) 止帶寬度為 1 rad/s，中心頻率 1 rad/s 的帶拒斥濾波器。
(g) 止帶寬度為 2 rad/s，中心頻率 10 rad/s 的帶拒斥濾波器。

第七章 傅立葉級數與變換

在本章我們要介紹下列主題：
1. 傅立葉級數
2. 傅立葉級數之性質
3. 傅立葉變數
4. 傅立葉變數之性質

7-1 傅立葉級數

■ **週期信號**　當連續時間信號 $x(t)$ 具有如下特性

$$x(t) = x(t \pm T_0)$$

則其為週期信號 (periodic signal)。滿足上式之最小有理數 T_0 稱為週期 (period)，而其倒數為基頻 (fundamental frequency)：$f_0 = \frac{1}{T_0}$。例如

$$y(t) = \cos(128t + 0.45) - 2.5\sin(256t - 0.76) + 1.02\cos(1024t + 1.23)$$

係屬於週期函數，因為 (128, 256, 1024) 的最大公約數為 128，其基本頻率 $\omega_0 = 128$ rad/s (角頻率)，或 $f_0 = \frac{\omega_0}{2\pi} = \frac{128}{2\pi} \approx 20.4$ Hz，週期為

$$T_0 = \frac{1}{f_0} = \frac{2\pi}{\omega_0} \approx 50 \text{ 毫秒}$$

又信號 $i(t) = 2\sin(\sqrt{2}t + 1.0) + 3\cos(2.02t - 1.3)$ 不是週期函數，因為 $\frac{2.02}{\sqrt{2}}$ 不是有理數，無基本頻率存在。

■ **複數週期指數** 週期為 T_0 的函數 $f(t)$ 可以用如下形式的複數指數之無窮級數敘述之：

$$f(t) = \sum_{k=-\infty}^{\infty} F_k e^{jk\omega_0 t} = \sum_{k=-\infty}^{\infty} |F_k| e^{j(k\omega_0 t + \angle F_k)} \tag{7.1}$$

此即為傅立葉級數 (Fourier series)。式中，F_k 稱為第 k 次諧波 (k^{th} harmonic) 項的傅立葉係數，係為複數，表達成 $F_k = |F_k| \angle F_k$ 之極座標型式。因為頻率與週期之關係為

$$\omega_0 = 2\pi f_0 = 2\pi/T_0$$

所以 (7.1) 式又可表達成為如下形式：

$$f(t) = \sum_{k=-\infty}^{\infty} F_k e^{jk2\pi f_0 t} = \sum_{k=-\infty}^{\infty} F_k e^{j(k2\pi/T_0)t} \tag{7.2}$$

當 $k = 0$ 時，F_0 為一常數項，稱為直流分量 (DC component)；當 $k = \pm 1$ 時，代表基本分量 (第一次諧波)，依次類推之。

【例題 7.1】

有一週期函數如下

$$f(t) = \sum_{k=-\infty}^{\infty} F_k e^{jkt}$$

且 $F_0 = 0.25$, $F_1 = F_{-1} = 0.225$, $F_2 = F_{-2} = 0.159$, $F_3 = F_{-3} = 0.075$.

(a) 試求週期及基頻。
(b) 將函數表達成複數指數型傅立葉級數。
(c) 將函數表達成餘弦型傅立葉級數

解 (a) 比較 (7.1) 可知基頻為 $\omega_0 = 1$ rad/s, $f_0 = \frac{1}{2}\pi$ Hz, 週期為 $T_0 = 2\pi$ 秒。

(b) $f(t) = 0.075e^{-j3t} + 0.159e^{-j2t} + 0.225e^{-jt} + 0.25$
$\qquad + 0.225e^{jt} + 0.159e^{j2t} + 0.075e^{j3t}$

(c) 利用尤拉公式，上式可以化成

$$f(t) = 0.25 + 0.45\cos(t) + 0.318\cos(2t) + 0.15\cos(3t)$$

■ **傅立葉級數及傅立葉係數** 週期為 T_0 的函數 $f(t)$，其傅立葉級數如 (7.1)，即

$$f(t) = \sum_{k=-\infty}^{\infty} F_k e^{jk\omega_0 t} \tag{7.3}$$

而傅立葉係數可用下式計算之：

$$F_k = \frac{1}{T_0} \int_t^{t+T_0} f(t) e^{-jk\omega_0 t} dt \tag{7.4}$$

上述兩式合稱傅立葉級數對 (Fourier series pair)，即

$$f(t) = \sum_{k=-\infty}^{\infty} F_k e^{jk\omega_0 t} \Leftrightarrow F_k = \frac{1}{T_0} \int_t^{t+T_0} f(t) e^{-jk\omega_0 t} dt \tag{7.5}$$

傅立葉係數有如下的對稱性質：

$$|F_{-k}| = |F_k|, \quad \angle F_{-k} = -\angle F_k$$

因此，傅立葉級數又可表達成為如下餘弦級數 (cosine series)：

$$f(t) = F_0 + 2\sum_{k=1}^{\infty} |F_k| \cos(k\omega_0 t + \angle F_k) \tag{7.6}$$

或如下正弦級數 (sine series)：

$$f(t) = F_0 + 2\sum_{k=1}^{\infty} |F_k| \sin(k\omega_0 t + \angle F_k + \pi/2) \tag{7.7}$$

甚至於如下三角函數級數：

$$f(t) = F_0 + \sum_{k=1}^{\infty} A_k \cos(k\omega_0 t) + \sum_{k=1}^{\infty} B_k \sin(k\omega_0 t) \tag{7.8}$$

其間的係數關係為

$$A_k = 2\text{Re}[F_k], \quad B_k = -2\text{Im}[F_k] \tag{7.9}$$

在以上的各種三角函數級數中，F_0 為一實常數，係為信號 $f(t)$ 的平均值。

【例題 7.2】

有一週期函數 $v(t)$ 如圖 7.1 (a) 所示，
(a) 試求複數指數型傅立葉級數。
(b) 試求平均值。
(c) 將函數表達成餘弦型傅立葉級數。

解 (a) 首先在 t 軸上選一時刻 t_0，盡量落在波形的對稱處，如圖 (b)

(a) 週期函數 $v(t)$

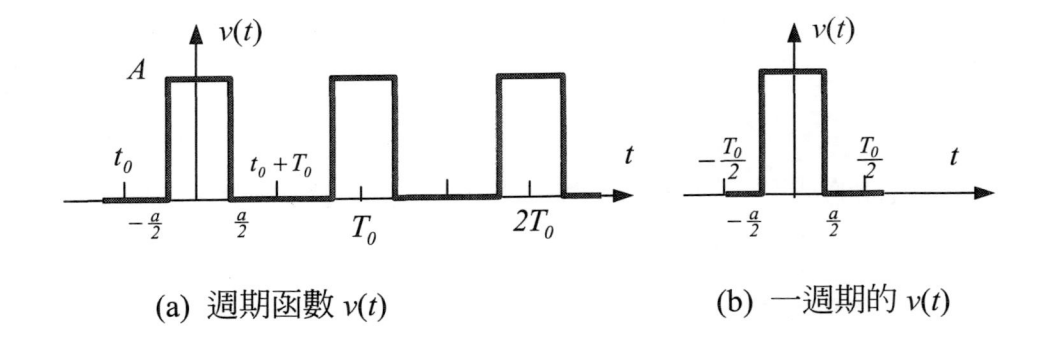

(b) 一週期的 $v(t)$

圖 7.1 例題 7.1 的波形。

之情形。由 (7.4) 計算出傅立葉係數如下

$$V_k = \frac{1}{T_0}\int_{-\frac{a}{2}}^{\frac{a}{2}} Ae^{-jk\omega_0 t}dt = \frac{A}{T_0}\left[\frac{e^{-jk\omega_0\left(\frac{a}{2}\right)} - e^{-jk\omega_0\left(-\frac{a}{2}\right)}}{-jk\omega_0}\right]$$

$$= \frac{A}{k\pi}\sin\frac{k\omega_0 a}{2} := A\left(\frac{a}{T_0}\right)\text{sinc}\left(k\frac{a}{T_0}\right), -\infty \leq k \leq \infty.$$

因此,複數指數型傅立葉級數為

$$v(t) = \sum_{k=-\infty}^{\infty}\left[\frac{A}{k\pi}\sin\frac{k\pi a}{T_0}\right]e^{jk\omega_0 t}.$$

(b) $v(t)$ 的平均值為

$$V_0 = \lim_{k=0}V_k = \lim_{k=0}\left(\frac{A}{k\pi}\sin\frac{k\omega_0 a}{2}\right)$$

$$= \frac{A}{\pi}\frac{\omega_0 a}{2}\cos\left(\frac{k\omega_0 a}{2}\right)\bigg|_{k=0} = \frac{Aa}{T_0}$$

亦即,平均值 V_0 等於信號 $v(t)$ 在一週期內涵蓋的面積 $(=Aa)$ 除以週期 T_0,因此平均值 $V_0 = \frac{Aa}{T_0}$。

(c) 由 (7.6) 式,餘弦型傅立葉級數為

$$v(t) = \frac{Aa}{T_0} + \sum_{k=1}^{\infty}\left[\frac{2A}{k\pi}\sin\frac{k\omega_0 a}{T_0}\right]\cos(k\omega_0 t).$$

圖 7.2 所示為 $A = a = \omega_0 = 1$ 之情形，以 21 項 $(-10 \le k \le 10)$ 合成的波形，用以模擬命題之信號 $v(t)$。當項數增高時，則合成的波形愈接近原來的脈波序列，此即為吉布現象 (Gibbs' phenomenon)。

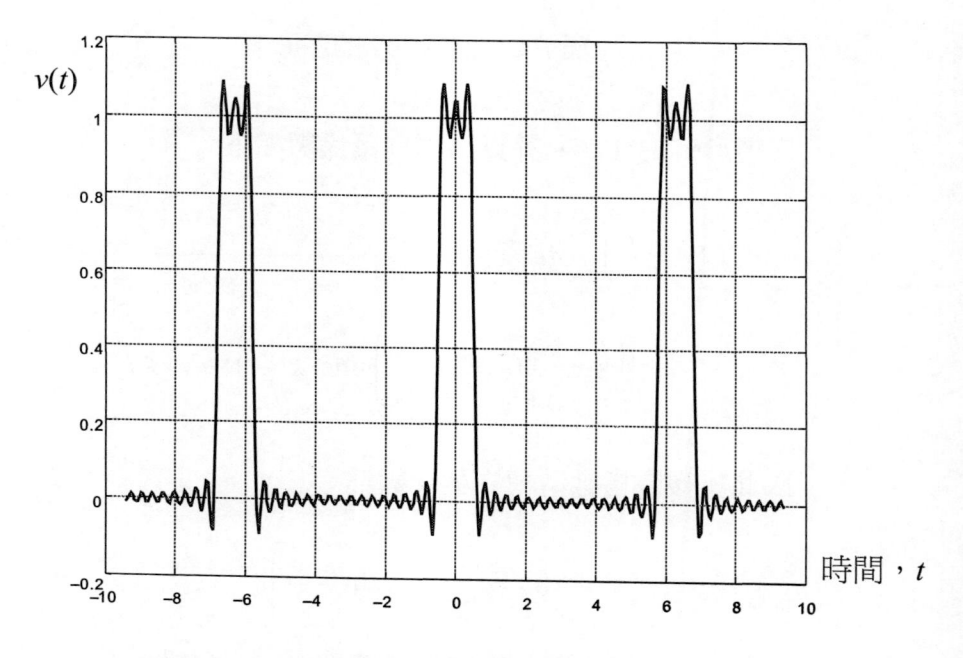

圖 7.2 以 21 項合成例題 7.2 的波形。

- **傅立葉係數之對稱性**　週期為 T_0 的函數 $f(t)$ 若具有對稱性，則其傅立葉係數之計算可以簡化為之，分別討論如下。

  1. $f(t)$ 為偶對稱 (even symmetry)，參見圖 7.3 (a)：$f(t)$ 為偶函數，其傅立葉級數只可以由偶函數，諸如直流常數項及 cosine 項組成，無 sine 項，因此 (7.8) 式中 $B_k = 0$。此時 F_k 為實數，即

$\phi_k = \angle F_k = 0$。

2. $f(t)$ 為奇對稱 (odd symmetry)，參見圖 7.3 (b)：$f(t)$ 為奇函數，其傅立葉級數只可以由奇函數，諸如 sine 項組成，無直流常數項及 cosine 項，因此 (7.8) 式中 $A_k = 0$，$F_0 = 0$。此時 F_k 為虛數，即 $\phi_k = \angle F_k = \pm \pi/2$。

3. $f(t)$ 為半波對稱 (half-wave symmetry)，參見圖 7.3 (c)：則當 k 為偶數 ($k = 0, \pm 2, \pm 4, \ldots$) 時，$F_k = 0$；亦即傅立葉級數中只有奇數 k 數標的 A_k 及 B_k 項。以上情形相關連的傅立葉係數性質請參見表 7.1。

有些週期信號之對稱性在除去直流平均值後，才可以輕易地看出來，稱為隱藏式對稱性 (hidden symmetry)，我們用下列的例題解釋之。

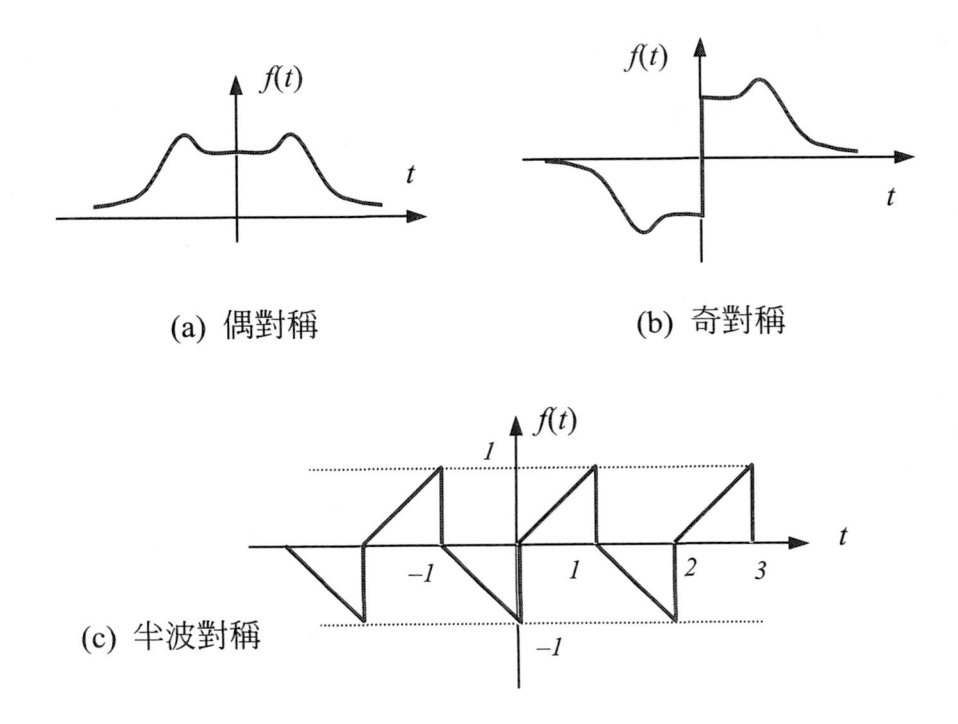

(a) 偶對稱　　　　　(b) 奇對稱

(c) 半波對稱

圖 7.3　週期函數的對稱性。

表 7.1 f(t) 對稱性及相關傅立葉係數性質

係數	偶對稱	奇對稱	半波對稱
F_k	實數	虛數	$F_k = 0$，k 偶數
$\phi = \angle F_k$	$\phi = 0, \pi$	$\phi = \pm\frac{\pi}{2}$	—
A_k	$\frac{4}{T}\int_0^{\frac{T}{2}} f(t)\cos(k\omega_0 t)dt$	0	$\frac{4}{T}\int_0^{\frac{T}{2}} f(t)\cos(k\omega_0 t)dt$ $k = 1, 3, 5 \ldots$
B_k	0	$\frac{4}{T}\int_0^{\frac{T}{2}} f(t)\sin(k\omega_0 t)dt$	$\frac{4}{T}\int_0^{\frac{T}{2}} f(t)\sin(k\omega_0 t)dt$ $k = 1, 3, 5 \ldots$

【例題 7.3】

試求圖 7.4 所示週期函數之傅立葉係數。

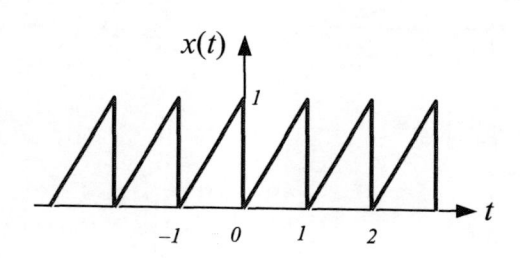

圖 7.4 例題 7.3 的鋸齒波信號。

解 此信號的直流平均值為 $X_0 = 0.5$，且為隱藏式奇對稱，亦即函數 $f(t) = x(t) - 0.5$ 為奇對稱函數。參見表 7.1，係數 $A_k = 0\ (k \neq 0)$，而 sine 項的係數為

$$B_k = 2\int_0^1 t\sin(k2\pi t)dt$$
$$= \frac{2}{(2\pi k)^2}\left[\sin(2\pi kt) - 2\pi kt\cos(2\pi kt)\right]\Big|_0^1 = \frac{-1}{k\pi}$$

若表達為複數指數,則傅立葉係數為:

$$X_0 = 0.5, \quad X_k = \frac{j}{2\pi k} \quad (k \neq 0)。$$

【例題 7.4】

試求圖 7.5 所示週期函數之傅立葉係數。

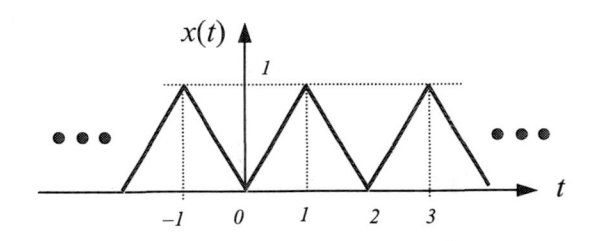

圖 7.5　例題 7.4 的三角波信號。

解 此信號的直流平均值為 $X_0 = 0.5$,且為偶對稱,參見表 7.1,係數 $B_k = 0 \ (k \neq 0)$,而 cosine 項的係數為

$$A_k = \frac{4}{T}\int_0^{\frac{T}{2}} x(t)\cos(k\omega_0 t)dt = 2\int_0^1 t\cos(k2\pi)dt$$
$$= \frac{2}{(\pi k)^2}\left[\cos(\pi kt) + \pi kt\sin(\pi kt)\right]_0^1 = \frac{2[\cos(k\pi) - 1]}{(\pi k)^2}$$
$$= \frac{-4}{(k\pi)^2} \quad (k = 1, 3, 5\cdots)$$

若表達為複數指數,則傅立葉係數為:

$$X_0 = 0.5, \quad X_k = \frac{-2}{(\pi k)^2} \quad (k = 1, 3, 5 \cdots)。$$

【例題 7.5】

試求圖 7.6 所示週期函數之傅立葉係數。

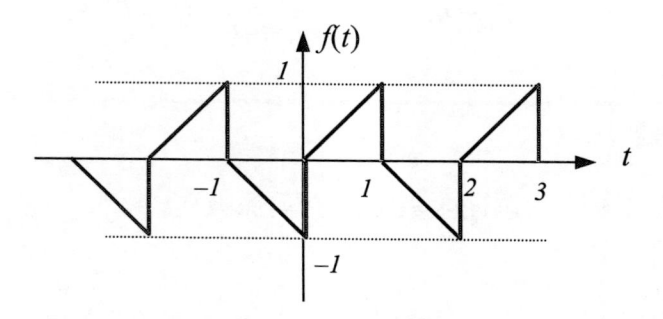

圖 7.6 例題 7.5 的半波對稱鋸齒波。

解 此信號的直流平均值為 $F_0 = 0$，且為半波對稱，因此傅立葉係數只有奇數標之三角函數項存在，參見表 7.1，

$$A_k = \frac{4}{T}\int_0^{\frac{T}{2}} x(t)\cos(k\omega_0 t)dt = 2\int_0^1 t\cos(k2\pi)dt$$

$$= \frac{2}{(\pi k)^2}[\cos(\pi kt) + \pi kt\sin(\pi kt)]_0^1 = \frac{2[\cos(k\pi) - 1]}{(\pi k)^2}$$

$$= \frac{-4}{(k\pi)^2} \quad (k = 1, 3, 5 \cdots)$$

$$B_k = \frac{4}{T}\int_0^{\frac{T}{2}} f(t)\sin(k\omega_0 t)dt = 2\int_0^1 t\sin(k2\pi)dt$$

$$= \frac{2}{(\pi k)^2}[\sin(\pi kt) + \pi kt\cos(\pi kt)]_0^1 = -2\frac{\cos(k\pi)}{\pi k}$$

$$= \frac{2}{\pi k} \quad (k = 1, 3, 5 \cdots)$$

若表達為複數指數，則傅立葉係數為：

$$F_0 = 0 , \quad F_k = -\frac{2}{(\pi k)^2} - j\frac{1}{\pi k} \quad (k = 1, 3, 5 \cdots) 。$$

■ **頻譜與頻率響應** 　傅立葉係數 F_k 稱為週期函數 $f(t)$ 的頻率分量，或頻譜分量 (spectral component)，不同的諧波頻率 (不同的 k) 具有不同的 F_k。幅度 $M_k = |F_k|$ 因不同的諧波頻率之分布情形，通常以曲線表現之，稱之為幅度頻譜 (magnitude spectrum)；而相角 $\phi_k = \angle F_k$ 因不同的諧波頻率之分布情形稱之為相角頻譜 (phase spectrum)。這種原理猶如第六章所討論的頻率響應。事實上，頻譜就是頻率響應圖，而 $M_k = |F_k|$ 就是幅度響應式，$\phi_k = \angle F_k$ 相角響應式，頻率為離散式，只定義於 $\omega = k\omega_0$。如是，傅立葉係數之頻譜為離散式，如圖 7.7 所示。

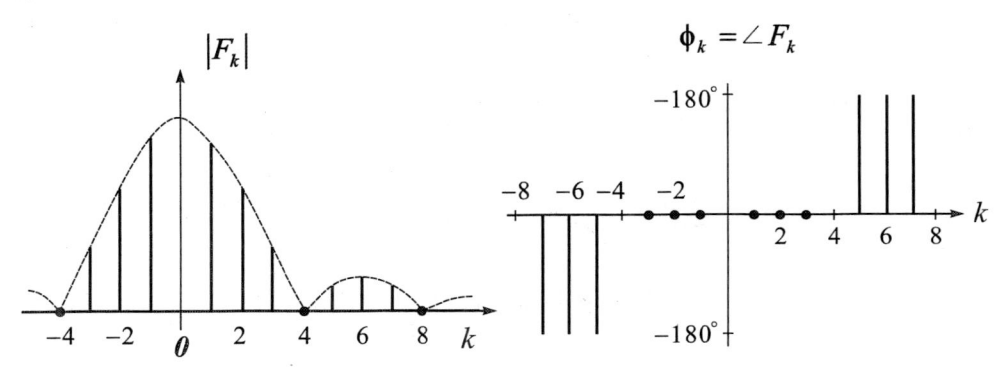

圖 7.7　離散式頻譜示意圖。

對於單位脈衝響應為，轉移函數為 $H(s) = \mathcal{L}\{h(t)\}$ 的線性系統，其頻率轉移函數 (頻率響應) 為

$$H(j\omega) = M(\omega)\angle\phi(\omega) \tag{7.10}$$

幅度響應 $M(\omega) = |H(j\omega)|$ 與相角響應 $\phi(\omega) = \arg H(j\omega)$ 對頻率 ω 作圖所得之曲線即為幅度與相角頻率響應曲線，皆為連續曲線。

如果輸入信號為 $x(t) = A\cos(\omega t + \alpha)$，$\omega$ 為信號角頻率，則穩態響應為

$$y_{ss}(t) = AM(\omega)\cos(\omega t + \alpha + \phi(\omega)) := B\cos(\omega t + \beta) \tag{7.11}$$

當輸入信號為週期函數，其基頻 $\omega_0 = \frac{2\pi}{T}$，表達成如下傅立葉級數：

$$x(t) = \sum_{k=-\infty}^{\infty} X_k e^{jk\omega_0 t} \tag{7.12}$$

由重疊原理可知，穩態響應應為下形式：

$$y_{ss}(t) = \sum_{k=-\infty}^{\infty} Y_k e^{jk\omega_0 t} \tag{7.13}$$

式中，輸出係數

$$Y_k = H(jk\omega_0) X_k \tag{7.14}$$

由 (7.11) 得知，穩態響應的傅立葉級數為

$$\begin{aligned} y_{ss}(t) &= \sum_{k=-\infty}^{\infty} X_k e^{jk\omega_0 t} H(jk\omega_0) \\ &= \sum_{k=-\infty}^{\infty} |X_k| \cdot |H(jk\omega_0)| e^{j(k\omega_0 t + \angle X_k + \angle H(jk\omega_0))} \end{aligned} \tag{7.15}$$

以三角函數之傅立葉級數表示為

$$y_{ss}(t) = X_0 H(0) + \sum_{k=1}^{\infty} 2|X_k| \cdot |H(jk\omega_0)| \cdot \cos(k\omega_0 t + \angle X_k + \angle H(jk\omega_0)) \tag{7.16}$$

■ **帕沙佛定理** 現在我們考慮一個 R 歐姆的電阻器，其上電壓為週期信號 $v(t) = A\cos(\omega_0 t + \alpha)$ 伏特，因此瞬間功率函數為 $p(t) = \frac{v^2(t)}{R}$ 瓦，所含的平均功率 (average power) 為

$$P_{avg} = \frac{1}{T}\int_{t_0}^{t_0+T} p(t)dt = \frac{1}{T}\int_{t_0}^{t_0+T} \frac{[A\cos(\omega_0 t + \alpha)]^2}{R}dt$$

$$= \frac{A^2}{RT}\int_0^T \frac{1}{2}[1+\cos 2(\omega_0 t + \alpha)]dt$$

$$= \frac{A^2}{RT}\int_0^T \frac{1}{2}(1)dt = \frac{A^2}{RT}$$

因此在 $R = 1\Omega$ 上消耗的常態化功率 (normalized power) 為

$$P_{avgN} = \frac{A^2}{2} \tag{7.17}$$

將信號代表成傅立葉級數如下：

$$v(t) = V_0 + 2\sum_{k=1}^{\infty} |V_k|\cos(k\omega_0 t + \angle V_k)$$

則常態化功率為

$$P_{avgN} = \sum_{k=0}^{\infty} P_k = V_0^2 + \frac{4|V_1|^2}{2} + \cdots \frac{4|V_k|^2}{2} + \cdots = V_0^2 + 2\sum_{k=0}^{\infty}|V_k|^2 \tag{7.18}$$

上式可寫成

$$P_{avgN} = \sum_{k=-\infty}^{\infty} |V_k|^2 = \frac{1}{T}\int_0^T p(t)dt \tag{7.19}$$

稱為帕沙佛定理 (Parseval's theorem)。因此，時域中常態化功率之計算可由各諧波頻譜幅度所含功率累加之。

【例題 7.6】

有一線性系統之單位脈衝響應為

$$h(t) = (e^{-t} - e^{-2t})u(t)$$

若輸入信號為 $x(t) = 10 + 5\cos(t) + 2\cos(10t)$，基頻為 $\omega_0 = 1$ rad/s，
(a) 試求輸出穩態響應。
(b) 試求輸入與輸出信號的常態化功率。

解 此線性系統之轉移函數為

$$H(s) = \mathcal{L}\{h(t)\} = \frac{1}{s+1} - \frac{1}{s+2} = \frac{1}{s^2 + 3s + 2}$$

頻率響應為

$$H(j\omega) = \frac{1}{(-\omega^2 + 2) + j(3\omega)}$$

(a) 輸入信號為 $x(t) = 10 + 5\cos(t) + 2\cos(10t)$，故信號頻率為 $\omega = 0, 1, 10$。且

$$X_0 = 10，\quad X_1 = 2.5，\quad X_{10} = 1$$

計算頻率響應如下：

$$\omega = 0 \quad H(j0) = 0.5\angle 0$$

$$\omega = 1 \quad H(j1) = \frac{1}{1+j3} \approx 0.316\angle 1.25$$

$$\omega = 10 \quad H(j10) = \frac{1}{-98 + j30} \approx 0$$

由 (7.13) 式可得輸出穩態響應為

$$y_{ss}(t) = 10(0.5) + 5(0.316)\cos((t-1.25))$$
$$= 5 + 1.58\cos((t-1.25))$$

(b) 輸入信號的常態化功率為

$$P_{\text{in}} = (10)^2 + \frac{5^2}{2} + \frac{2^2}{2} = 114.5 \text{ 瓦特}，$$

輸入信號的常態化功率為

$$P_{\text{out}} = (5)^2 + \frac{(1.5)^2}{2} = 26.125 \text{ 瓦特 。}$$

7-2 傅立葉級數之性質

傅立葉級數提供了週期函數在時域及頻域分析之間的橋樑。本節討論週期信號 $x(t)$ 在時間領域的運算，對其頻率領域傅立葉係數 (頻譜) X_k 之影響。由前面的討論可知，連續時間的週期信號 $x(t)$，其頻譜為離散式 (對於頻率 ω)。

■ **時移性質** 週期為 T_0 (基頻為 $\omega_0 = 2\pi f_0 = \frac{2\pi}{T_0}$) 的信號 $f(t)$，與其傅立葉級數之間的成對關係為

$$f(t) = \sum_{k=-\infty}^{\infty} F_k e^{jk\omega_0 t} \Leftrightarrow F_k = \frac{1}{T_0} \int_{t}^{t+T_0} f(t) e^{-jk\omega_0 t} dt \qquad (7.20)$$

如果現在有另一個信號，由 $f(t)$ 做 α 單位的時移 (time shift)：

$$y(t) = f(t \pm \alpha)$$

則其傅立葉級數為

$$y(t) = \sum_{k=-\infty}^{\infty} F_k e^{jk\omega_0(t \pm \alpha)} = \sum_{k=-\infty}^{\infty} F_k e^{\pm jk\omega_0 \alpha} e^{jk\omega_0 t} := \sum_{k=-\infty}^{\infty} Y_k e^{jk\omega_0 t}$$

由上可知，週期信號 $y(t)$ 的傅立葉係數等於 $Y_k = X_k e^{\pm j\omega_0 \alpha}$，亦即

$$y(t) = f(t \pm \alpha) \Leftrightarrow Y_k = F_k e^{\pm j\omega_0 \alpha} \tag{7.21}$$

因此，幅度頻譜 Y_k 等於 F_k，並無發生變化；但是每一次諧波相角變化了 $\pm k\omega_0$，與 k 成正比。此驗證了：時移（延遲）對應於相位遷移（滯相）。

■ **時間縮比性質**　考慮 $f(t)$ 做 α 單位的時間縮比 (time scaling)：

$$y(t) = f(\alpha t) = \sum_{k=-\infty}^{\infty} Y_k e^{jk\alpha\omega_0 t}$$

亦即，幅度頻譜 Y_k 等於 F_k，並無發生變化：

$$y(t) = f(\alpha t) \Leftrightarrow Y_k = F_k \quad \text{（基頻成為 } \alpha\omega_0\text{）} \tag{7.22}$$

但是當 $y(t)$ 的時間軸被壓縮 α 單位，則其基頻成為 $\alpha\omega_0$，現在第 k 次諧波頻率變成了 $\alpha k\omega_0$。我們發現，如果壓縮單位為整數 $\alpha = N$，在時間軸 $f(t)$ 被壓縮 N 單位成為 $y(t) = f(Nt)$，則在頻率軸上 $Y_k = F[k/2]$，頻譜被擴張了 N 倍，參見圖 7.8 所示。此驗證了：時間軸壓縮對應於頻譜被擴張。

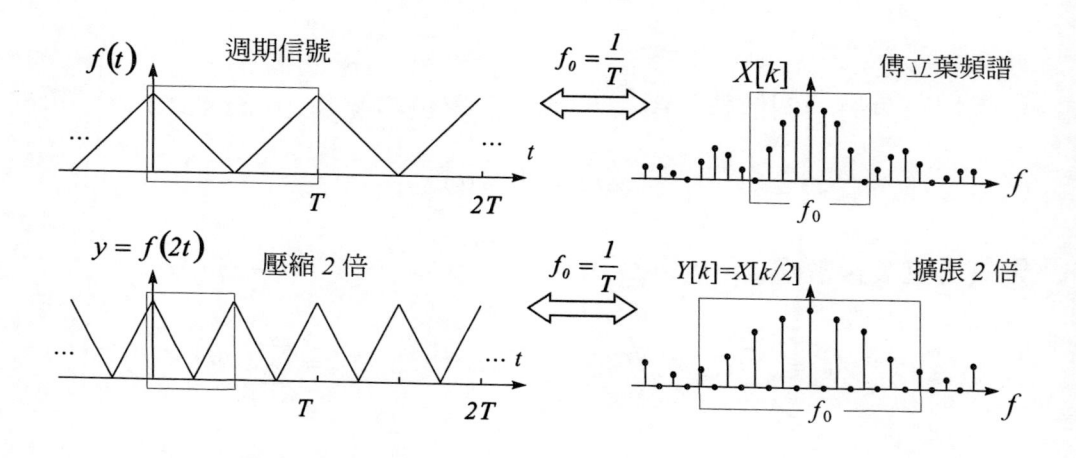

圖 7.8　時間軸壓縮 2 倍，對應於頻譜在頻率軸上被擴張了 2 倍。

■ **時間反摺性質** 考慮 $f(t)$ 做時間反摺 (folding)，成為 $f(-t)$，則

$$f(-t) \Leftrightarrow F[-k] = F_k^* \tag{7.23}$$

式中，F_k^* 為 F_k 的共軛複數。因此，當週期信號做時間反摺時，其相對應的幅度頻譜是不變的，但相角則要變號；易言之，傅立葉係數 A_k 維持不變，但是 B_k 則要變號。又因為

$$f(t) + f(-t) \Leftrightarrow F_k^* + F_k = 2\text{Re}\{F_k\}$$

可以推論得知：$f(t)$ 的偶對稱部份之傅立葉係數為 $\text{Re}\{F_k\}$，而 $f(t)$ 的奇對稱部份之傅立葉係數為 $\text{Im}\{F_k\}$。

■ **微分性質** 考慮 $f(t)$ 做微分運算成為 $y = \frac{d}{dt}f(t)$，則

$$\frac{d}{dt}f(t) = \sum_{k=-\infty}^{\infty} \frac{d}{dt}\left(F_k e^{jk\omega_0 t}\right) = \sum_{k=-\infty}^{\infty} jk\omega_0 F_k e^{jk\omega_0 t}$$

因此推論得知

$$\frac{d}{dt}f(t) \Leftrightarrow jk\omega_0 F_k \tag{7.24}$$

直流項 F_0 消失了，但其他係數 F_k 須乘上 $jk\omega_0$，或 $j2\pi k f_0$。

■ **積分性質** 考慮 $f(t)$ 做積分運算，但不計及直流平均 F_0，則

$$\int_0^t f(t)dt \Leftrightarrow \frac{F_k}{jk\omega_0} + C \quad [k \neq 0] \tag{7.25}$$

式中 C 為一常數。因此，微分與積分運算之性質類似於拉式變換，亦即：若 $\mathcal{L}[f(t)] = F(s)$，則

$$\mathcal{L}[\frac{d}{dt}f(t)] = sF(s), \quad 且 \quad \mathcal{L}[\int_0^t f(t)dt] = \frac{F(s)}{s}.$$

現在,求取傅立葉級數有如將 s 以 $jk\omega_0$ 取代之,即

$$\frac{d}{dt}f(t) \Leftrightarrow jk\omega_0 F_k \text{,且} \int_0^t f(t)dt \Leftrightarrow \frac{F_k}{jk\omega_0} \text{。}$$

【例題 7.7】

若圖 7.9 信號 $x(t)$ 之傅立葉係數分別為

$$X_0 = \frac{1}{\pi} \text{,} \quad X_1 = -j0.25 \text{,} \quad X_k = \frac{1}{\pi(1-k^2)} \quad [k = 2, 4, 6 \cdots]$$

試分別求信號 $y(t)$,$f(t)$,及 $g(t)$ 之傅立葉係數。

解 (a) 因為 $y(t) = x(t - 0.5T)$,所以 $Y_k = X_k e^{-jk\omega_0 T} = (-1)^k X_k$,故
$Y_0 = X_0 = \frac{1}{\pi}$,$Y_1 = -X_1 = j0.25$,$X_k = \frac{1}{\pi(1-k^2)} \quad [k = 2, 4, 6 \cdots]$

(b) 由圖 (a), (b) 可知:$f(t) = x(t) - y(t)$,所以傅立葉係數為 $F_k = X_k - Y_k$,$F_0 = 0$,$F_1 = -j0.25 - j0.25 = -j0.5$,$F_k = 0 \quad (k \neq 1)$。

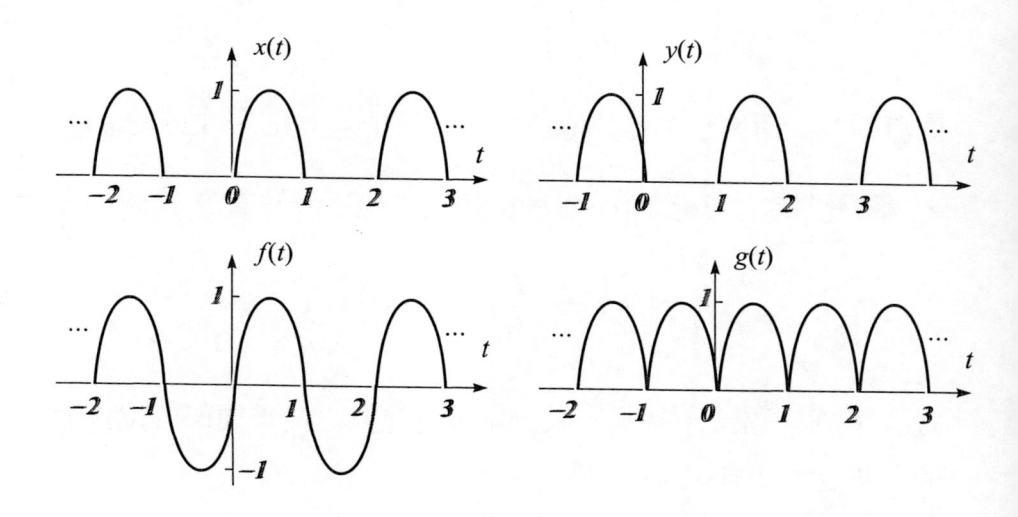

圖 7.9 例題 7.6 之波形。

(c) 由圖 (a), (b) 可知：$g(t) = x(t) + y(t)$，所以傅立葉係數為 $G_k = X_k + Y_k$，$G_0 = \dfrac{2}{\pi}$，$G_1 = 0$，$G_k = \dfrac{1}{\pi(1-k^2)}$ $[k = 2, 4, 6 \cdots]$。

【例題 7.8】

試求圖 7.10 信號 $x(t)$ 之傅立葉係數 X_k。

解 (a) 因為 $y = \dfrac{d}{dt} x(t)$，所以 $x(t) = \int_0^t y \, dt$（不計及 $y(0)$）。由微分的性質可知：$X_k = \dfrac{Y_k}{j\omega_0 k} = \dfrac{Y_k}{j 2\pi f_0 k}$。$y(t)$ 係由單位強度的脈衝函數串

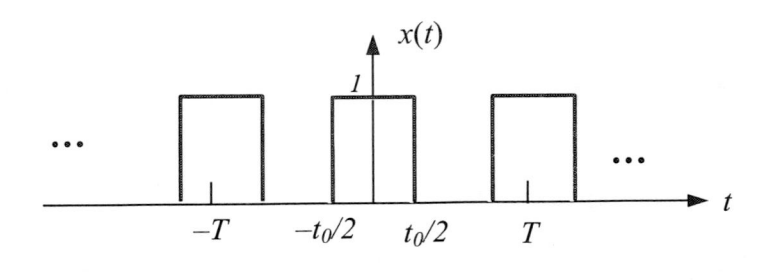

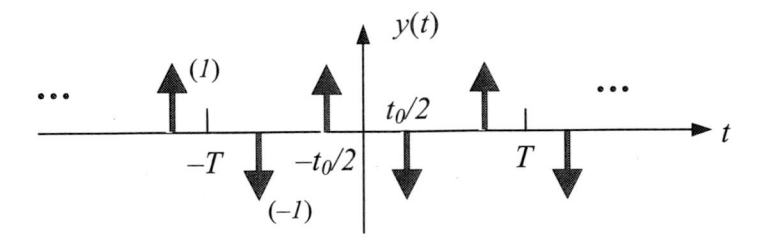

圖 7.10 例題 7.7 之波形。

列組成，故

$$Y_k = \dfrac{1}{T} \int_{-\frac{1}{T}}^{\frac{1}{T}} [\delta(t - 0.5 t_0) - \delta(t + 0.5 t_0)] e^{-jk 2\pi f_0 t} dt$$

$$= \dfrac{1}{T} [e^{jk\pi f_0 t_0} - e^{-jk\pi f_0 t_0}] = \dfrac{2j \sin(\pi k f_0 t_0)}{T}$$

可得，

$$X_k = \frac{Y_k}{j2\pi f_0 k} = \frac{\sin(\pi k f_0 t_0)}{\pi k f_0 T} := \frac{t_0}{T}\text{sinc}(k f_0 t_0).$$

7-3 傅立葉變換

我們在前二節次裏已經討論過傅立葉級數及其一些重要的性質了。對於連續時間週期信號，其頻域性質可利用傅立葉級數敘述之，其頻譜為離散式。如果不是週期信號，則其頻域性質可利用傅立葉變換（**FT**, Fourier transform）討論之，將在本節次裏介紹。

■ **傅立葉變換對** 連續時間週期信號 $x(t)$ 之傅立葉變換定義為

$$\Im[x(t)] = X(\omega) = \int_{-\infty}^{\infty} x(t)e^{-j\omega t}dt \tag{7.26}$$

式中，$X(\omega)$ 為頻率 ω 的複數函數。傅立葉反變換 (**IFT**, inverse Fourier transform) 則定義為

$$\Im^{-1}[X(\omega)] = x(t) = \frac{1}{2\pi}\int_{-\infty}^{\infty} X(\omega)e^{j\omega t}d\omega \tag{7.27}$$

因為角頻率 ω 與線頻率 f 之關係為 $\omega = 2\pi f$，上式可改寫為

$$\Im^{-1}[X(f)] = x(t) = \int_{-\infty}^{\infty} X(f)e^{j2\pi ft}df \tag{7.28}$$

所以傅立葉變換對 (Fourier transform pair) 為

$$x(t) = \frac{1}{2\pi}\int_{-\infty}^{\infty} X(\omega)e^{j\omega t}d\omega \Leftrightarrow X(\omega) = \int_{-\infty}^{\infty} x(t)e^{-j\omega t}dt \qquad (7.29)$$

或 (當頻率表示為 f)，

$$x(t) = \int_{-\infty}^{\infty} X(f)e^{j2\pi ft}df \Leftrightarrow X(f) = \int_{-\infty}^{\infty} x(t)e^{-j2\pi ft}dt \qquad (7.30)$$

(7.27) 式，或 (7.28) 式稱為合成方程式 (synthesis equation)，敘述時間函數可以由頻率函數組成之；而 (7.26) 式稱為分析方程式 (analysis equation)，敘述時間函數以頻率函數敘述，或其頻譜分布之情形。因此，時間函數之性質亦可經由其頻域性質分析之，又稱為頻譜分析 (spectrum analysis)。

傅立葉變換類似於拉式變換，試想 $s \leftarrow j\omega$，則 (7.26) 成為雙邊式拉式變換 (bilateral Laplace transform)，亦即

$$\mathcal{L}[x(t)] = X(s) = \int_{-\infty}^{\infty} x(t)e^{-st}dt \qquad (7.31)$$

這些積分的結果存在，則變換式才能定義之。連續時間週期信號 $x(t)$ 之傅立葉變換 $X(\omega)$ 存在的充分條件稱為狄里奇雷特條件 (Dirichlet condition)，交代如下：

1. 在有限的時域內，$x(t)$ 的極值 (極大值，或極小值) 個數必須為有限。
2. 在有限的時域內，$x(t)$ 的不連續個數必須為有限，且每一不連續之情形須為有限式跳躍 (finite jump)。
3. $x(t)$ 必須為絕對可積分 (absolutely integrable)，亦即

對於連續時間非週期信號，其頻譜 $X(\omega)$ 為頻率 ω 的連續函數，而若 $x(t)$ 是週期信號，則其頻譜 (傅立葉係數) 為頻率 ω 的離散函數。

【例題 7.9】

分別求出下列信號 (如圖 7.11) 的傅立葉變換。

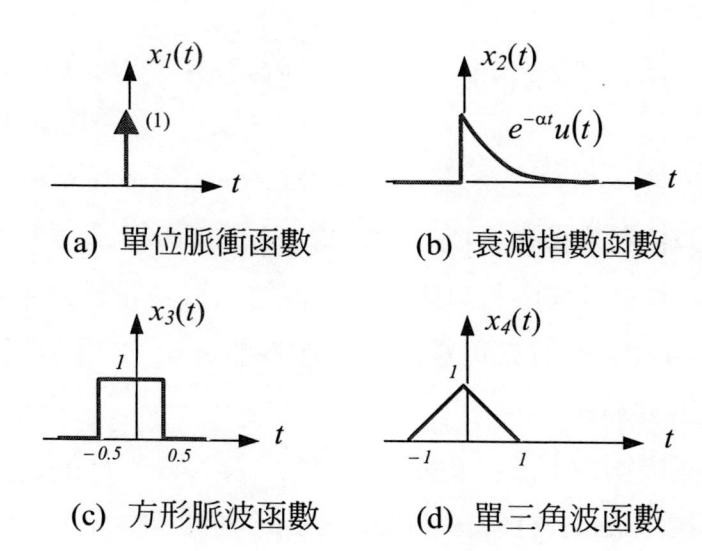

(a) 單位脈衝函數
(b) 衰減指數函數
(c) 方形脈波函數
(d) 單三角波函數

圖 7.11 例題 7.9 的波形。

(a) 單位脈衝函數 $x_1(t) = \delta(t)$，
(b) 衰減指數 $x_2(t) = e^{-\alpha t}u(t)$，
(c) 方形脈波函數 $x_3(t) = \text{rect}(t)$，
(d) 三角波函數 $x_4(t) = \text{tri}(t)$

解 由 (7.26)，傅立葉變換為

$$\Im[x(t)] = X(\omega) = \int_{-\infty}^{\infty} x(t)e^{-j\omega t} dt$$

(a) $X(\omega) = \int_{-\infty}^{\infty} \delta(t)e^{-j\omega t} dt = 1$，$X(f) = 1$。

(b) $X(\omega) = \int_{-\infty}^{\infty} e^{-\alpha t} e^{-j\omega t} dt = \int_{-\infty}^{\infty} e^{-(\alpha+j\omega)t} dt = \dfrac{1}{\alpha + j\omega}$.

$$X(f) = \dfrac{1}{\alpha + j2\pi f}$$

(c) 因為方形脈波函數為

$$x_3(t) = \text{rect}(t) = \begin{cases} 1 & |t| < 0.5 \\ 0 & \text{其他} \end{cases}$$

$$X(f) = \int_{-\frac{1}{2}}^{\frac{1}{2}} e^{-j\omega t} dt = -\frac{e^{-j\omega t}}{j\omega}\Big|_{-\frac{1}{2}}^{\frac{1}{2}} = \frac{\sin\left(\frac{\omega}{2}\right)}{\left(\frac{\omega}{2}\right)} := \text{sinc}(f)$$

(d) 三角波函數 $x_4(t) = \text{tri}(t) = \begin{cases} 1 - |t| & |t| < 1 \\ 0 & \text{其他} \end{cases}$

$$X(f) = \int_{-\infty}^{\infty} x(t)e^{-j\omega t} dt = \int_{-1}^{0}(1+t)e^{-j\omega t} dt + \int_{0}^{1}(1-t)e^{-j\omega t} dt$$

$$X(f) = \text{sinc}^2(f)$$

由上述例題可得四個重要的傅立葉變換對如下：

$$x(t) = \delta(t) \quad \Leftrightarrow \quad X(f) = 1.$$

$$x(t) = e^{-\alpha t}u(t) \quad \Leftrightarrow \quad X(f) = \frac{1}{\alpha + j2\pi f}.$$

$$x(t) = \text{rect}(t) \quad \Leftrightarrow \quad X(f) = \text{sinc}(f). \text{ (圖 7.12)}$$

$$x_4(t) = \text{tri}(t) \quad \Leftrightarrow \quad X(f) = \text{sinc}^2(f)$$

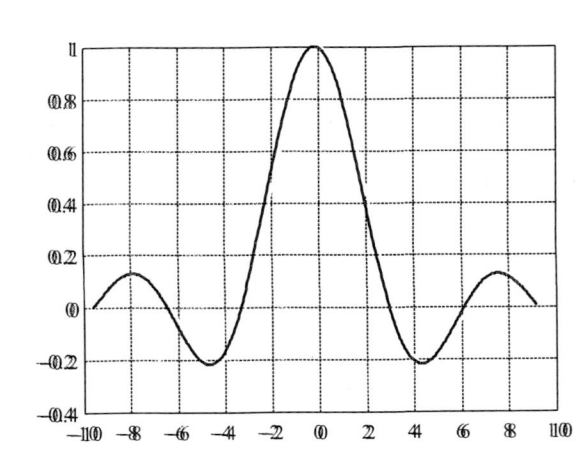

圖 7.12 sinc(*f*) 的波形。

■ **傅立葉變換與傅立葉級數之關連**　如果連續時間週期信號 $x_P(t)$ 之週期為 $T = \frac{1}{f_0}$ ($f_0 = \frac{2\pi}{\omega_0}$ 為基頻)，其相關連的週期信號 $x(t)$ 定義為

$$x(t) = \begin{cases} x_p(t) & -\frac{T}{2} \le t \le \frac{T}{2} \\ 0 & 其他 \end{cases}$$

則 $x(t)$ 的頻譜函數 $X(f)$ 與 $x_P(t)$ 的傅立葉係數之間的關係為

$$X(f) = TX_k \big|_{kf_0 \to f} \Leftrightarrow X_k = \tfrac{1}{T} X(f) \big|_{f \to kf_0} \tag{7.32}$$

茲以例題說明之。

【例題 7.10】

如圖 7.13(a) 的週期脈波信號 $x_P(t)$，其傅立葉係數 (參見例題 7.8) 為

$$X_k = A \frac{\sin(\pi k f_0 t_0)}{\pi k f_0 T} := A \frac{t_0}{T} \operatorname{sinc}(k f_0 t_0)$$

試求圖 7.13(b) 單一脈波信號 $x(t)$ 的傅立葉變換 $X(f)$。

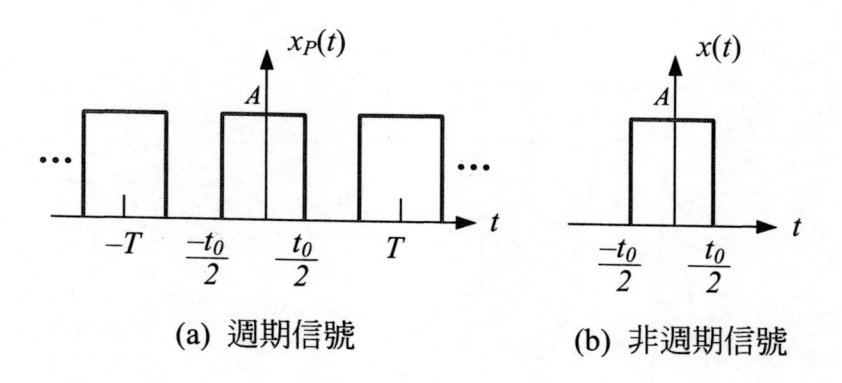

(a) 週期信號　　　　(b) 非週期信號

圖 7.13　例題 7.10 之波形。

解 由 (7.32) 式得知，$x(t)$ 的傅立葉變換式為

$$X(f) = TX_k \big|_{kf_0 \to f} = At_0 \text{sinc}(ft_0)$$

【例題 7.11】

如圖 7.14 (a) 的單一三角波信號 $x(t) := \text{tri}(t)$，其傅立葉變換為 $X(f) = \text{sinc}^2(f)$，試求圖 7.14 (b) 週期三角波信號 $x_P(t)$ 的傅立葉係數 X_k。

解 由 (7.32) 式得知，$x_P(t)$ 的傅立葉係數為

$$X_k = \frac{1}{T} X(kf_0) = \frac{\text{sinc}^2(kf_0)}{T}$$

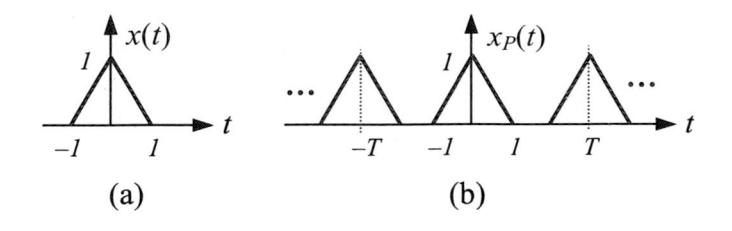

圖 7.14 例題 7.11 之波形。

【例題 7.12】

試分別求圖 7.15 各週期信號的傅立葉係數。

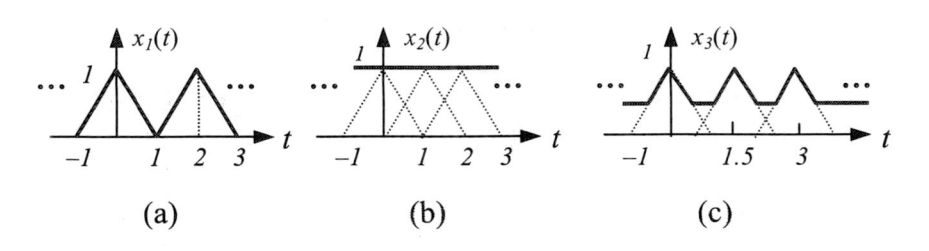

圖 7.15 例題 7.12 之波形。

解 由例題 7.11 已知，單一三角波信號 $x(t) = \text{tri}(t)$ 之傅立葉變換為 $X(f) = \text{sinc}^2(f)$，因此相關連週期為 T 的週期信號，其傅立葉係數為 $X_k = \frac{1}{T} X(kf_0) = \left(\frac{1}{T}\right)\text{sinc}^2(kf_0)$。

(a) 週期信號 $x_1(t)$ 之週期 $T = 2$，因此 $X_k = \frac{1}{2}\text{sinc}^2\left(\frac{k}{2}\right)$。

(b) 週期信號 $x_2(t)$ 之週期 $T = 1$，因此 $X_k = \text{sinc}^2(k)$。亦即 $X_0 = 1$，且 $X_k = 0 \quad (k \neq 0)$。

(c) 週期信號 $x_3(t)$ 之週期 $T = 1.5$，因此 $X_k = \frac{2}{3}\text{sinc}^2\left(\frac{2}{3}k\right)$。

■ **傅立葉變換及對偶性** 現在介紹幾個常用信號之傅立葉變換，並說明時間函數與其頻域變換函數的對稱性。

1. $A\delta(t) \Leftrightarrow A$，且 $A \Leftrightarrow 2\pi A\delta(\omega)$ (參見圖 7.16)

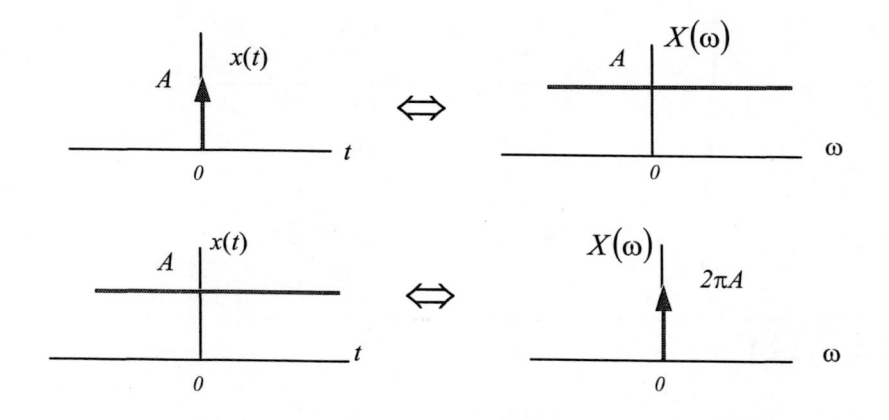

圖 7.16 時域與頻域變換的對偶性。

2. $\text{rect}(t) \Leftrightarrow \text{sinc}\left(\frac{\omega}{2\pi}\right)$，且 $\text{sinc}(t) \Leftrightarrow 2\pi\text{rect}\left(\frac{\omega}{2\pi}\right)$ (參見圖 7.17)

在時間函數，我們以高度為 A，寬度為 a 的脈波為例說明之。對於時間信號 $x(t)$，若其傅立葉變換為 $X(\omega)$，則當時間信號為 $X(t)$，其傅立葉變換為 $2\pi x(-\omega)$，亦即

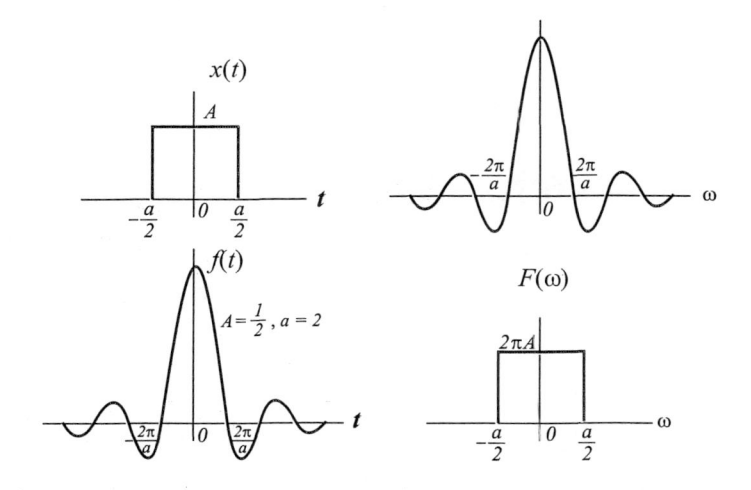

圖 7.17 時域與頻域變換的對稱性。

$$x(t) \Leftrightarrow X(\omega), \quad 則 \quad X(t) \Leftrightarrow 2\pi x(-\omega) \tag{7.33}$$

此原理稱為對偶性 (duality)，茲以下列例題說明之。

【例題 7.13】

如圖 7.17 所示，高度為 A，寬度為 a 的脈波 $x(t)$ 之傅立葉變換為 $X(\omega) = \dfrac{Aa}{\left(\frac{\omega a}{2}\right)} \sin\left(\frac{\omega a}{2}\right)$，試求當時間函數為

$$f(t) = \frac{Aa}{\left(\frac{ta}{2}\right)} \sin\left(\frac{ta}{2}\right)$$

的傅立葉變換式。

解 因 $f(t) = X(t)$，由 (7.33) 的對偶性質可知，其傅立葉變換應為

$$F(\omega) = 2\pi x(-\omega),$$

在頻域上其為高度 $2\pi A$，寬度為 a 的脈波，如圖。

■ **傅立葉變換表** 一些重要且常用信號之傅立葉變換整理於表 7.1，請參見之；我們並以下列例題說明之。

表 7.2 常用信號之傅立葉變換

時間信號 $x(t)$	傅立葉變換 $X(\omega)$
$A\delta(t)$	A
A	$2\pi A\delta(\omega)$
$A\left[u\left(t+\frac{a}{2}\right)-u\left(t-\frac{a}{2}\right)\right]$	$\dfrac{Aa}{\left(\frac{\omega a}{2}\right)}\sin\left(\frac{\omega a}{2}\right)$
$\dfrac{Aa}{\left(\frac{ta}{2}\right)}\sin\left(\frac{ta}{2}\right)$	$2\pi A\left[u\left(\omega+\frac{a}{2}\right)-u\left(\omega-\frac{a}{2}\right)\right]$
$Ae^{j\omega_0 t}$	$2\pi A\delta(\omega-\omega_0)$
$A\cos(\omega_0 t)$	$A\pi[\delta(\omega+\omega_0)+\delta(\omega-\omega_0)]$
$A\sin(\omega_0 t)$	$-jA\pi[\delta(\omega-\omega_0)+\delta(\omega+\omega_0)]$
$A\,\mathrm{sgn}(t)$	$\dfrac{2A}{j\omega}$
$Au(t)$	$\pi A\delta(\omega)+\dfrac{A}{j\omega}$
$Ae^{-at}u(t),\ a>0$	$\dfrac{A}{j\omega+a}$
$Ae^{at}u(-t),\ a>0$	$\dfrac{A}{-j\omega+a}$
$Ae^{-a|t|}$	$\dfrac{2aA}{\omega^2+a^2}$
$\displaystyle\sum_{k=-\infty}^{\infty} F_k e^{jk\omega_0 t}$	$2\pi\displaystyle\sum_{k=-\infty}^{\infty} F_k\delta(\omega-k\omega_0)$
$\displaystyle\sum_{k=-\infty}^{\infty} \delta(t-kT)$	$\dfrac{2\pi}{T}\displaystyle\sum_{k=-\infty}^{\infty}\delta\left(\omega-\dfrac{2\pi k}{T}\right)$
$Ae^{-\alpha t}\cos(\omega_0 t)u(t),\ \alpha>0$	$A\dfrac{\alpha+j\omega}{\alpha^2+(\omega_0^2-\omega^2)+j2\alpha\omega}$
$Ae^{-\alpha t}\sin(\omega_0 t)u(t),\ \alpha>0$	$A\dfrac{\omega_0}{\alpha^2+(\omega_0^2-\omega^2)+j2\alpha\omega}$

註：

1. $x(t)=\dfrac{1}{2\pi}\displaystyle\int_{-\infty}^{\infty}X(\omega)e^{j\omega t}d\omega \Leftrightarrow X(\omega)=\displaystyle\int_{-\infty}^{\infty}x(t)e^{-j\omega t}dt$

2. $A\,\mathrm{sgn}(t)=\begin{cases}1, & t>0 \\ 0, & t=0 \\ -1, & t<0\end{cases}$ (參見圖 7.18)

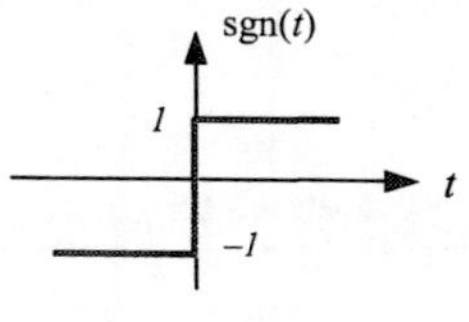

圖 7.18

【例題 7.14】

試求 $Au(t)$ 的傅立葉變換。

解 因為 $A \Leftrightarrow 2\pi A\delta(\omega)$，且 $A\,\text{sgn}(t) \Leftrightarrow \frac{2A}{j\omega}$，所以

$$Au(t) = \frac{1}{2}A[1+\text{sgn}(t)] \Leftrightarrow \frac{1}{2}A\left[2\pi\delta(\omega) + \frac{2}{j\omega}\right]$$

$$= A\pi\delta(\omega) + \frac{A}{j\omega}$$

【例題 7.15】

試求下列信號的傅立葉變換。

(a) $x(t) = Ae^{-\alpha t}\cos(\omega_0 t)u(t),\ \alpha > 0$

(b) $y(t) = Ae^{-\alpha t}\sin(\omega_0 t)u(t),\ \alpha > 0$

解 (a) 信號 $Ae^{-\alpha t}\cos(\omega_0 t)u(t),\ \alpha > 0$ 為絕對可積分，且滿足狄里奇雷特條件，傅立葉變換可以利用雙邊拉式變換：

$$X(s) = \mathcal{L}\{x(t)\} = A\frac{s+\alpha}{(s+\alpha)^2 + \omega_0^2}$$

求出。所以，$x(t)$ 的傅立葉變換為

$$X(j\omega) = X(s)\big|_{s \leftarrow j\omega} = A\frac{j\omega + \alpha}{(j\omega+\alpha)^2 + \omega_0^2}$$

$$= A\frac{j\omega + \alpha}{(j\omega+\alpha)^2 + \omega_0^2}$$

$$= A\frac{\alpha + j\omega}{\alpha^2 + (\omega_0^2 - \omega^2) + j2\alpha\omega}$$

(b) 同理，$y(t) = Ae^{-\alpha t}\sin(\omega_0 t)u(t),\ \alpha > 0$ 滿足狄里奇雷特條件，傅

立葉變換可以利用雙邊拉式變換求出。所以，$y(t)$ 的傅立葉變換為

$$Y(j\omega) = Y(s)\Big|_{s \leftarrow j\omega} = A\frac{\omega_0}{(j\omega+\alpha)^2 + \omega_0^2}$$

$$= A\frac{\omega_0}{(j\omega+\alpha)^2 + \omega_0^2}$$

$$= A\frac{\omega_0}{\alpha^2 + (\omega_0^2 - \omega^2) + j2\alpha\omega}$$

7-4 傅立葉變換之性質

現在我們要討論傅立葉變換的性質，以及相關的運算特性，利用之做為時域及頻域的分析。如此，使得信號與線性系統的分析變得方便、簡潔，免除使用積分之繁瑣程序。詳細的傅立葉變換將整理於表 7.2，請讀者再予參考之。以下討論一些傅立葉變換的基本、且重要的性質。

■ **線性運算性質**　傅立葉變換及其反變換，參見 (7.29)，是一種線性運算，因此若 $x(t) \Leftrightarrow X(\omega)$，且 $y(t) \Leftrightarrow Y(\omega)$，則

$$ax(t) + by(t) \Leftrightarrow aX(\omega) + bY(\omega) \tag{7.34}$$

■ **時移性質**　若 $x(t) \Leftrightarrow X(\omega)$，現在考慮 $x(t-\tau)$ 的傅立葉變換：

$$\Im\{x(t-\tau)\} = \int_{-\infty}^{\infty} x(t-\tau)e^{-j\omega t}dt .$$

令 $\sigma = t - \tau$ 則 $d\sigma = dt$，上式變成

$$\Im\{x(t-\tau)\} = \int_{-\infty}^{\infty} x(\sigma) e^{-j\omega(\sigma+\tau)} d\sigma$$

$$= e^{-j\omega\tau} \int_{-\infty}^{\infty} x(\sigma) e^{-j\omega\sigma} d\sigma$$

$$= e^{-j\omega\tau} X(\omega)$$

亦即，

$$x(t-\tau) \Leftrightarrow e^{-j\omega\tau} X(\omega) \tag{7.35}$$

因為 $e^{-j\omega\tau} = 1\angle -(\omega\tau)$，所以 $\Im\{x(t-\tau)\}$ 與 $X(\omega)$ 比較，幅度一樣但多了相角滯移；亦即，時間延遲對應於相角滯移。

■ **移頻性質**　現在考慮 $y(t) = x(t)e^{j\omega_0 t}$ 的傅立葉變換。

$$\Im\{y(t)\} = \int_{-\infty}^{\infty} \left[x(t)e^{j\omega_0 t}\right] \cdot e^{-j\omega t} dt$$

$$= \int_{-\infty}^{\infty} x(t) e^{j(\omega-\omega_0)t} dt$$

$$= X(\omega - \omega_0)$$

因此，

若 $x(t) \Leftrightarrow X(\omega)$，則 $y(t) = x(t)e^{j\omega_0 t} \Leftrightarrow Y(\omega) = X(\omega - \omega_0)$

所以，若一信號 $x(t)$ 以 $\cos\omega_0 t$ 做載波調制 (carrier modulation)，成為 $y(t) = x(t)\cos\omega_0 t$，則

$$y(t) = \tfrac{1}{2} x(t) e^{j\omega_0 t} + \tfrac{1}{2} x(t) e^{-j\omega_0 t} \Leftrightarrow \tfrac{1}{2} X(\omega - \omega_0) + \tfrac{1}{2} X(\omega + \omega_0).$$

易言之，被弦波調制 (sinusoidal modulated) 信號之頻率成分出現於上下兩個旁頻帶 (side-band)，其中心頻率即為載波頻率 (carrier frequency) $\omega_0 = 2\pi f_0$，此即為調幅 (amplitude modulation) 原理，參見圖 7.19 的幅度頻譜分布。

(a) 原信號頻譜　　　　(b) 調幅頻譜有二個旁頻帶

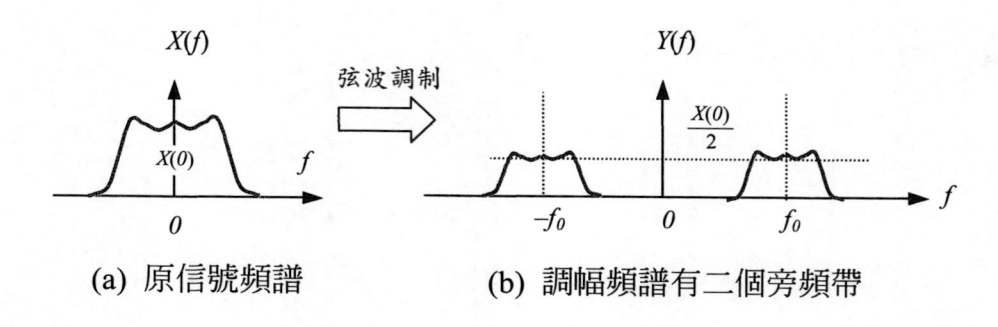

圖 7.19 載波調制及旁頻帶的幅度頻譜分布。

■ **對偶性質**　我們已在 (7.33) 介紹過，若時間信號 $x(t)$ 之傅立葉變換為 $X(\omega)$，則當時間信號為 $X(t)$，其傅立葉變換為 $2\pi x(-\omega)$，亦即

$$x(t) \Leftrightarrow X(\omega)，\quad 則 \quad X(t) \Leftrightarrow 2\pi x(-\omega)$$

在線頻率 (line frequency) 的領域，上式為

$$x(t) \Leftrightarrow X(f)，\quad 則 \quad X(t) \Leftrightarrow x(-f) \tag{7.36}$$

此原理稱為對偶性 (duality)，再一次參見圖 7.20。

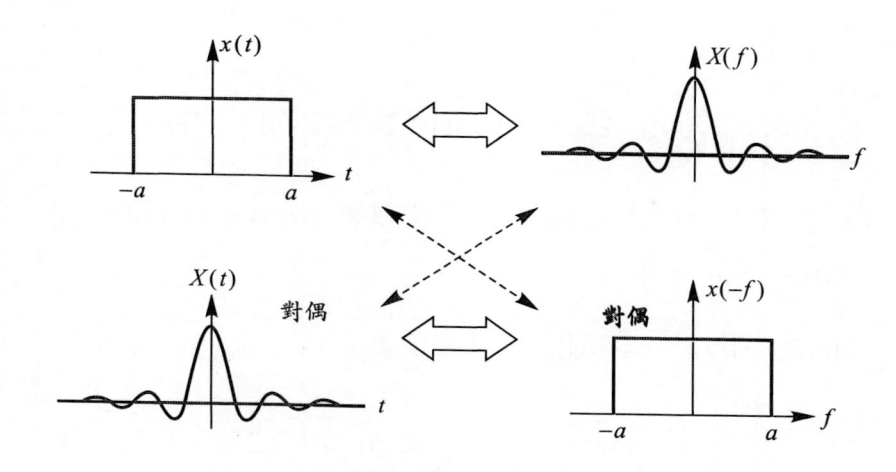

圖 7.20 傅立葉變換的對偶性：若 $x(t) \to X(f)$，則 $X(t) \to x(-f)$。

■ **摺積性質**　函數 $f(t)$ 與 $g(t)$ 之摺積 (convolution integral) 定義為

$$f(t)*g(t) = \int_{-\infty}^{\infty} f(t-\lambda)g(\lambda)d\lambda \tag{7.37}$$

因此，

$$\begin{aligned}\Im\{f(t)*g(t)\} &= \int_{-\infty}^{\infty}\left[\int_{-\infty}^{\infty} f(t-\lambda)g(\lambda)d\lambda\right]e^{-j\omega t}dt \\ &= \int_{-\infty}^{\infty}\left[\int_{-\infty}^{\infty} f(t-\lambda)e^{-j\omega(t-\lambda)}dt\right]g(\lambda)e^{-j\omega\lambda}d\lambda\end{aligned}$$

亦即，

$$f(t)*g(t) \Leftrightarrow F(f)\cdot G(f) \tag{7.38}$$

考慮相關的時域與頻域運算對偶，則

$$f(t)\cdot g(t) \Leftrightarrow F(f)*G(f) \text{ 或 } \frac{1}{2\pi}[F(\omega)*G(\omega)] \tag{7.39}$$

式中，

$$F(\omega)*G(\omega) = \int_{-\infty}^{\infty} F(\omega-\lambda)G(\lambda)d\lambda$$

■ **微分與積分性質**　若 $|t|\to\infty$ 時 $x(t)\to 0$，現在考慮 $y(t)=\frac{d}{dt}x(t)$ 的傅立葉變換如下。

$$\begin{aligned}\Im\left\{\frac{d}{dt}x(t)\right\} &= \int_{-\infty}^{\infty}\frac{d}{dt}x(t)\,e^{-j\omega t}dt \\ &= x(t)e^{-j\omega t}\bigg|_{-\infty}^{\infty} + j\omega\int_{-\infty}^{\infty} x(t)\,e^{-j\omega t}dt\end{aligned}$$

因此，

$$\frac{d}{dt}x(t) \Leftrightarrow j\omega X(\omega) = j2\pi f X(f) \tag{7.40}$$

考慮相關的時域與頻域運算對偶，則

$$-j2\pi t x(t) \Leftrightarrow \frac{d}{dt}X(f) \tag{7.41}$$

所以，

$$\int_{-\infty}^{t} y(t)dt \Leftrightarrow \frac{Y(f)}{j2\pi f} = X(f) \tag{7.42}$$

茲以下列例題說明，以上所討論的，有關傅立葉變換之性質。

【例題 7.16】

試求圖 7.21 所示信號的傅立葉變換。

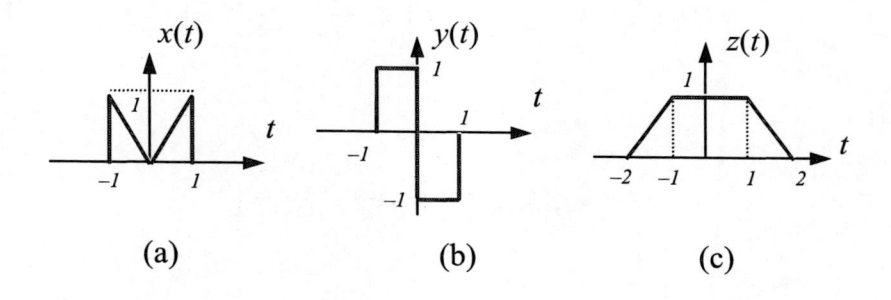

(a)   (b)   (c)

圖 7.21   例題 7.16 之波形。

解 (a) 信號係由 rect(t) 及 tri(t) 組合而成，$x(t) = \text{rect}\left(\frac{t}{2}\right) - \text{tri}(t)$，參見圖 7.22(a) 所示。因為 $\text{rect}(t) \Leftrightarrow \text{sinc}(f)$，$\text{tri}(t) \Leftrightarrow \text{sinc}^2(f)$，故

$$X(f) = 2\text{sinc}(2f) - \sin^2(f).$$

圖 7.22 例題 7.16(a) 波形的剖析。

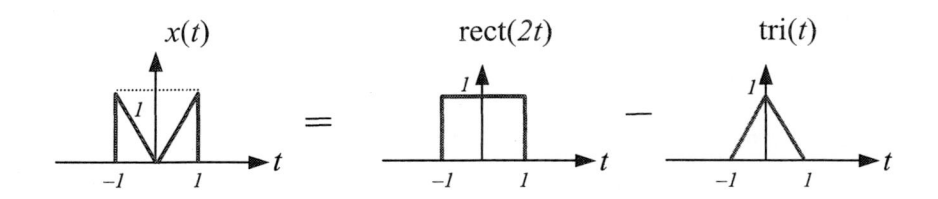

(b) 參見圖 7.23，$y(t) = \frac{d}{dt}\text{tri}(t)$，所以

$$Y(f) = j2\pi f \sin^2(f).$$

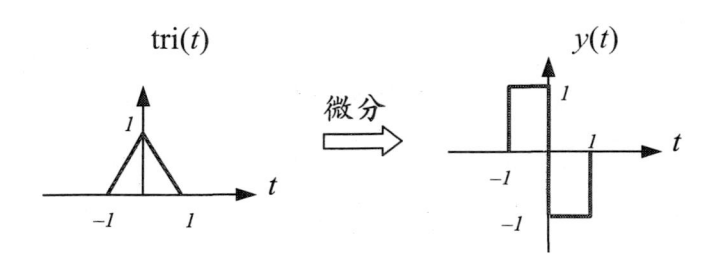

圖 7.23 例題 7.16(b) 波形的剖析。

(c) 參見圖 7.24，因為 $z(t) = \text{tri}(t+1) + \text{tri}(t+1) + \text{tri}(t-1)$，所以

$$Z(f) = \text{sinc}^2(f)e^{j2\pi f} + \text{sinc}^2(f) + \text{sinc}^2(f)e^{-j2\pi f}$$
$$= \text{sinc}^2(f)[1 + 2\cos(\pi f)]$$

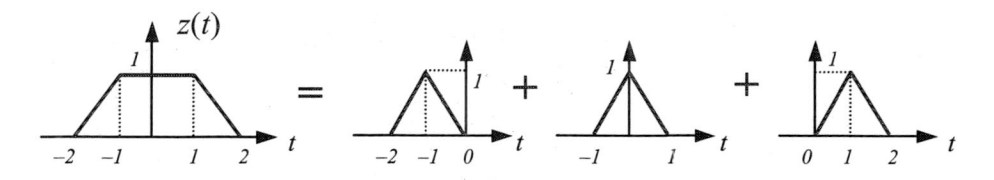

圖 7.24 例題 7.16(c) 之波形。

【例題 7.17】

若信號 $x(t)$ 的傅立葉變換為 $X(f) = 2\text{rect}\left(\frac{1}{4}f\right)$，試求下列信號的

頻譜。

(a) $y(t) = x(2t)$，　　(b) $z(t) = x(t-2)$，
(c) $g(t) = \frac{d}{dt}x(t)$，　　(d) $h(t) = tx(t)$，
(e) $w(t) = x^2(t)$，　　(f) $v(t) = \cos(2\pi f_0 t)x(t)$，$f_0 = 2, 1$.

解 (a) 參見表 7.3，$x(at) \Leftrightarrow \frac{1}{|a|}X\left(\frac{\omega}{a}\right)$，所以 $y(t)$ 的頻譜 $Y(f) = 0.5X\left(\frac{f}{2}\right)$，如圖 7.25 (a)。

(b) 參見表 7.3，$x(t-2) \Leftrightarrow e^{-j\omega 2}X(\omega)$，所以 $z(t)$ 的頻譜幅度不變，但是相角滯移了 $-j\omega 2 = -4\pi f$，如圖 7.25 (b)。

(c) 參見表 7.3，$\frac{d}{dt}x(t) \Leftrightarrow j\omega X(\omega) = j2\pi f X(f)$，頻譜如圖 7.25 (c)。

(d) 參見表 7.3，利用時域與頻域之對偶性質，$-j2\pi tx(t) \Leftrightarrow \frac{d}{df}X(f)$，亦即：$h(t) = tx(t) \Leftrightarrow \frac{j}{2\pi}\left[\frac{d}{df}X(f)\right]$. 因此幅度頻譜 $|H(f)|$ 係將 $|X(f)|$ 對頻率微分後除以 2π，而相角添加 $\pm\frac{\pi}{2}$，如圖 7.25 (d)。

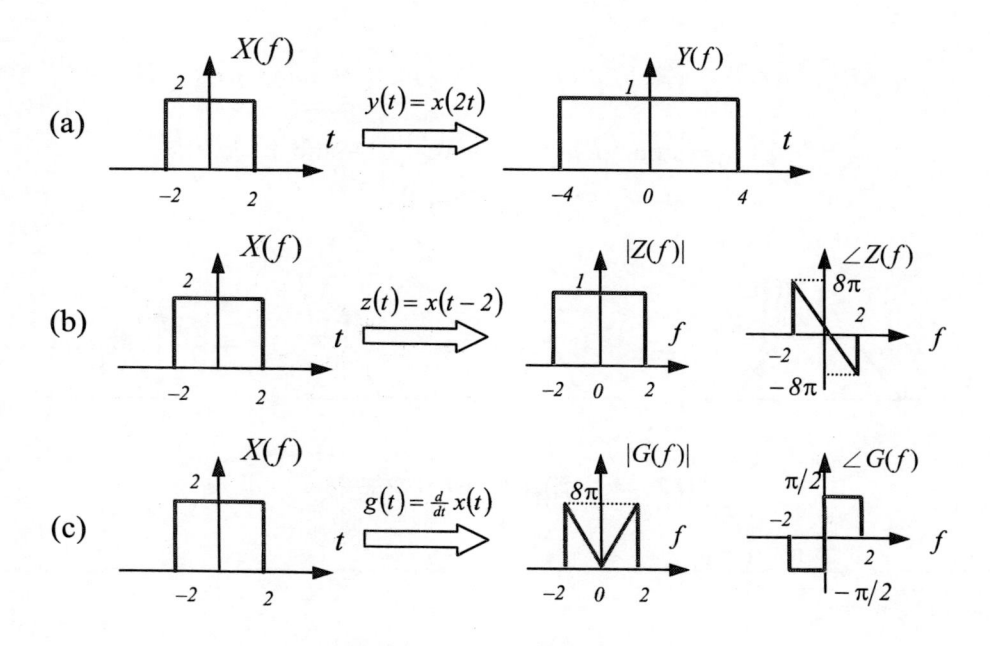

圖 7.25 例題 7.17 之波形。

表 7.3　傅立葉變換的性質

函　數	傅立葉變換	性　質
$ax_1(t)+bx_2(t)$	$aX_1(\omega)+bX_2(\omega)$	線性特性
$x_1(t-\tau)$	$e^{-j\omega\tau}X_1(\omega)$	移時性質
$e^{-j\omega_0 t}x_1(t)$	$X_1(\omega-\omega_0)$	移頻性質
$x_1(t)*x_2(t)$	$X_1(\omega)\cdot X_2(\omega)$	時域摺積
$x_1(t)\cdot x_2(t)$	$\frac{1}{2\pi}[X_1(\omega)\cdot X_2(\omega)]$	頻域摺積
$\int_{-\infty}^{\infty}x_1(t)x_2(t+\tau)d\tau$	$X_1(-\omega)\cdot X_2(\omega)=X_1^*(\omega)\cdot X_2(\omega)$	互關性質
$\int_{-\infty}^{\infty}x^2(t)d\tau$	$\frac{1}{2\pi}\int_{-\infty}^{\infty}|X_1(\omega)|^2 d\omega$	帕沙佛定理
$\frac{d}{dt}x(t)$	$j\omega\cdot X(\omega)$	微分性質
$\int_{-\infty}^{t}x(\tau)d\tau$	$\frac{1}{j\omega}X(\omega)+\pi X(0)\delta(\omega)$	積分性質
$x(at)$	$\frac{1}{|a|}X(\frac{\omega}{a})$	時間縮比
$x(t)$ $X(t)$	$X(\omega)$ $2\pi x(-\omega)$	對偶性質
$x_P(t)$，週期 T_0	$X_k=\frac{1}{T_0}X(\omega)\big|_{\omega\leftarrow k\omega_0}$	傅立葉係數
$x(t)$ 偶對稱實函數 $x(t)$ 奇對稱實函數	$X(\omega)$ 偶對稱，ω 的實數函數 $X(\omega)$ 奇對稱，ω 的虛數函數	對稱性質

註：1. 連續時間函數傅立葉變換 (CTFT)

$$x(t)=\frac{1}{2\pi}\int_{-\infty}^{\infty}X(\omega)e^{j\omega t}d\omega \quad \Leftrightarrow \quad X(\omega)=\int_{-\infty}^{\infty}x(t)e^{-j\omega t}dt$$

(時間 t 連續，x 非週期函數)　　(頻率 ω 連續，x 非週期函數)

2. 連續時間函數傅立葉級數 (CTFS)

$$x(t)=\sum_{k=-\infty}^{\infty}X_k e^{jk\omega_0 t} \quad \Leftrightarrow \quad X_k=\frac{1}{T_0}\int_{t_0}^{t_0+T_0}x(t)e^{-jk\omega_0 t}dt$$

(時間 t 連續，x 週期函數)　　(頻率 ω 離散，X 非週期函數)

3. $x_1(t)\Leftrightarrow X_1(\omega)$，且 $x_2(t)\Leftrightarrow X_2(\omega)$

(e) $w(t) = x^2(t)$，$W(f) = X(f) * X(f)$，幅度頻譜如圖 7.25 (e)。

(f) $v(t) = \cos(4\pi t) \cdot x(t) = \cos(2\pi \cdot 2 \cdot t) \cdot x(t)$，因此信號被 $\cos(2\pi f_0 t)$ 做調制，$f_0 = \pm 2$ Hz。$|V(f)|$ 幅度頻譜左右旁帶分別為 $|X(f)|$ 的一半，中心頻率在 $f_0 = \pm 2$ Hz，如圖 7.25 (f)。如果 $f_0 = \pm 1$ Hz，參見圖 (g)。

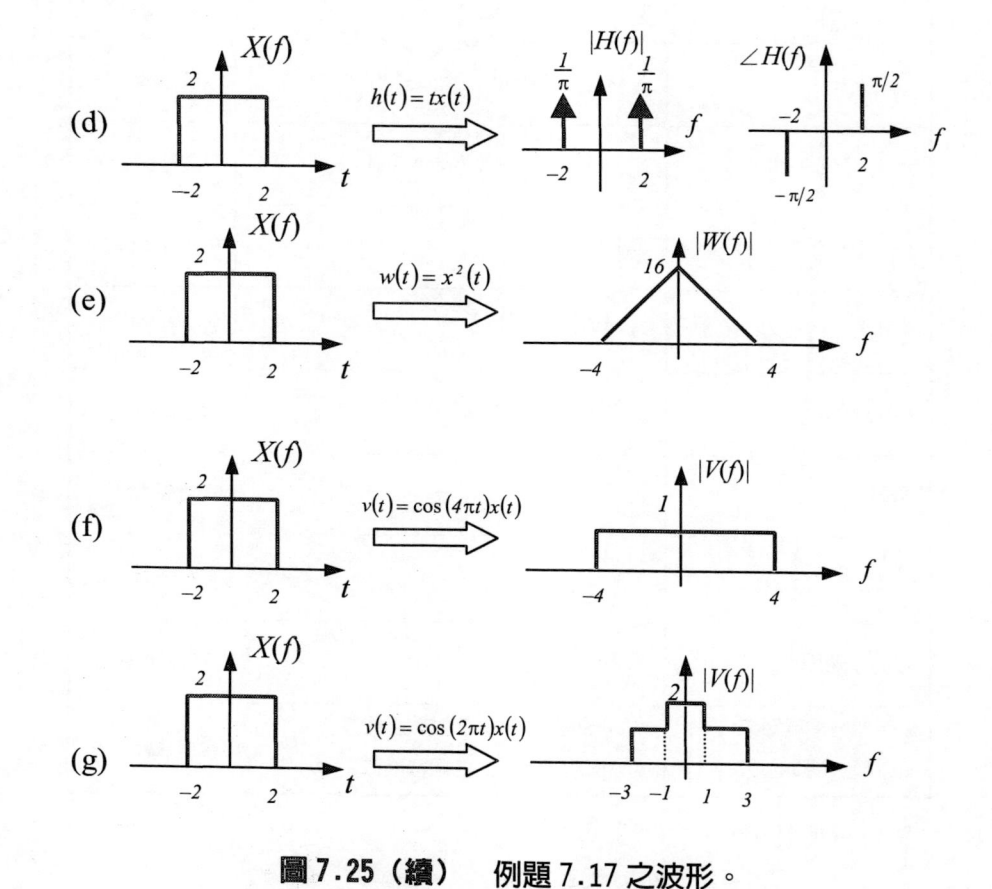

圖 7.25（續） 例題 7.17 之波形。

習　題

P7.1. （**基本定義**）下列的名詞請簡單地定義，或做說明。

(a) 基本頻率（基頻），

(b) 諧波 (harmonics)，

(c) 吉布現象 (Gibbs' phenomenon)，(d) 偶對稱與奇對稱，
(e) 隱藏式對稱性，　　　　　　(f) 頻譜 (spectrum)，
(g) 帕沙佛 (Pardeval) 定理，　　(h) 時間與頻率縮比。

P7.2. **(基本定義)** 下列的名詞請簡單地定義，或做說明。
(a) 頻譜分析，　　　　　　　　(b) 狄里奇雷特 (Dirichlet) 條件，
(c) 對偶性，　　　　　　　　　(d) 載波調制，
(e) 摺積 (convolution)，　　　　(f) 中心頻率與旁頻帶。

P7.3. **(傅立葉級數)** 求下列信號的傅立葉級數，及其基頻與週期。
(a) $x(t) = 4 + 2\sin(4\pi t) + 3\sin(16\pi t) + 4\cos(16\pi t)$
(b) $x(t) = \sum_{k=-4}^{4} \frac{6}{k} \sin\left(\frac{k\pi}{2}\right) e^{-jk\pi} e^{jk6\pi t}$
(c) $x(t) = [\cos(t) + 2\cos(2t)]^2$

P7.4. **(傅立葉級數)** 求下列信號所需的傅立葉係數。
(a) $x(t) = e^{-t}, 0 \leq t \leq 1$，且週期 $T = 1/f_0 = 1$ s.，求 X_k。
(b) $x(t) = (1+t), 0 \leq t \leq 1$，且週期 $T = 1/f_0 = 1$ s.，求 B_k。

P7.5. **(頻譜及對稱性)** 有一週期函數之頻譜如圖 P7.5 所示，
(a) 識別出傅立葉級數中，可能的諧波成分。
(b) 確認可能的對稱性 (隱藏式，或偶、奇式)。
(c) 寫出傅立葉級數。

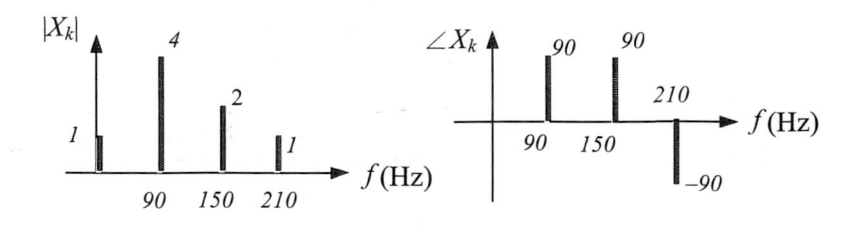

圖 P7.5 習題 7.5 之頻譜。

P7.6. **(頻譜及對稱性)** 有一週期函數之頻譜如圖 P7.6 所示，
(a) 識別出傅立葉級數中，可能的諧波成分。
(b) 確認可能的對稱性 (隱藏式，或偶、奇式)。

(c) 寫出傅立葉級數。

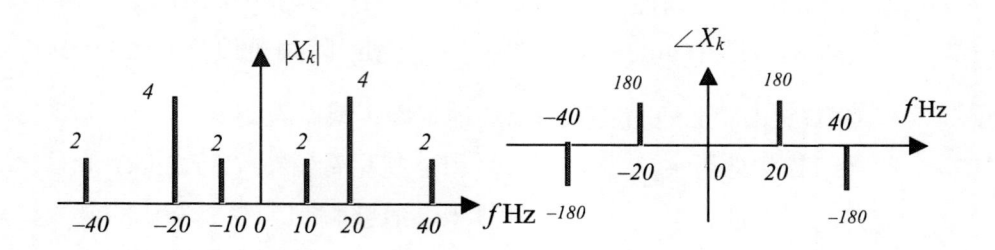

圖 P7.6 習題 7.6 之頻譜。

P7.7. (對稱性) 有一週期函數，週期 $T>1$ 秒，定義為 $x(t)=t,(0 \le t \le 1)$。試於 $-2T \le T \le 2T$，針對 $t=\frac{T}{2}$ 及 $t=\frac{T}{4}$ 之對稱性，繪製下列波形。
(a) $x(t)$ 為偶對稱，$T=2$ 秒。
(b) $x(t)$ 為奇對稱，$T=2$ 秒。
(c) $x(t)$ 為偶對稱及半波對稱，$T=4$ 秒。
(d) $x(t)$ 為奇對稱及半波對稱，$T=4$ 秒。

P7.8. (傅立葉級數性質) 有一週期函數 $x(t)$ 之頻譜如圖 P7.8 所示，
(a) 試求傅立葉級數。
(b) 繪製 $f(t)=x(2t)$ 的幅度及相角頻譜。
(c) 繪製 $g(t)=x(t-\frac{1}{6})$ 的幅度及相角頻譜。
(d) 繪製 $h(t)=\frac{d}{dt}x(t)$ 的幅度及相角頻譜。

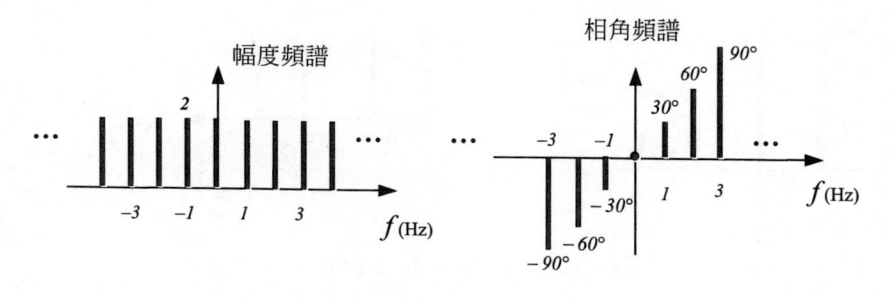

圖 P7.8 習題 7.8 之波形。

P7.9. (傅立葉級數性質) 有一週期函數 $x(t)$，其傅立葉係數 (複指數) 為 X_k，試求下列函數的傅立葉係數。

(a) $f(t) = x(2t)$，　　　　　(b) $g(t) = x(-t)$，
(c) $h(t) = x(-2t)$，　　　　(d) $y(t) = 2 + x(2t)$

P7.10. (**微分與積分性質**) 試求圖 P7.10 信號 $x(t)$ 之傅立葉係數 X_k。

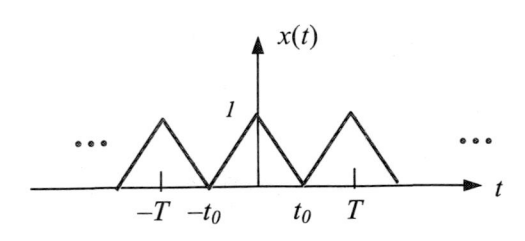

圖 P7.10　習題 7.10 之波形。

P7.11. (**穩態響應**) 有一線性系統之轉移函數為 $H(s) = \frac{1}{(s+1)}$，輸入信號為基頻 $\omega_0 = 1$ 的單位脈衝函數序列：$x(t) = \sum_{k=-\infty}^{\infty} \delta(t - kT_0)$，
(a) 試求出輸入信號的傅立葉級數。
(b) 試求出頻率響應。
(c) 試求輸出信號的傅立葉級數。

P7.12. (**濾波器頻率響應**) 有一週期信號 $x(t) = |\sin(250\pi t)|$ 為下列理想濾波器的輸入，試分別求輸出信號的傅立葉級數。
(a) 理想低通濾波器，其截止頻率為 200 Hz。
(b) 理想帶通濾波器，其低頻與高頻截止頻率分別為 200 及 400 Hz。
(c) 理想濾波器，將高於 400Hz 的信號除去。

P7.13. (**帕沙佛定理**) 有一電子放大器之輸入為週期信號 $x(t) = \cos(10\pi t)$，因為非線性失真使得輸出信號成為

$$y(t) = 10\cos(10\pi t) + 2\cos(30\pi t) + \cos(50\pi t)。$$

(a) 計算第三次諧波失真。
(b) 計算總諧波失真。

P7.14. (**傅立葉變換**) 繪製下列波形，並求傅立葉變換。
(a) $x(t) = rect(t - 0.5)$，　　(b) $x(t) = 2t\, rect(t)$，

(c) $x(t) = te^{-2t}u(t)$，　　　　(d) $x(t) = e^{-2|t|}$ 。

P7.15. (傅立葉變換) 試求如圖 P7.15 信號之傅立葉變換。

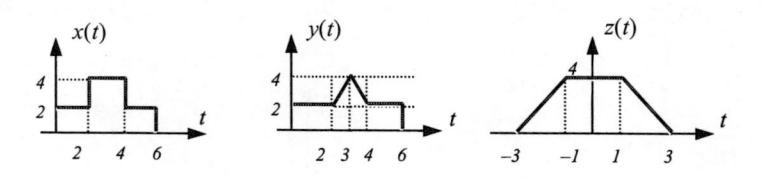

圖 P7.15 習題 7.15 之波形。

P7.16. (傅立葉變換之性質) 若信號 $x(t)$ 之傅立葉變換為 $X(f) = \text{rect}\left(\frac{f}{2}\right)$，試求下列信號的頻譜。
(a) $d(t) = x(t-2)$，　(b) $e(t) = \frac{d}{dt}x(t)$，　(c) $f(t) = x(-t)$，
(d) $g(t) = tx(t)$，　(e) $h(t) = x(2t)$，　(f) $p(t) = x(t)\cos(2\pi t)$。

P7.17. (傅立葉變換之性質) 如果 $x(t) = te^{-2t}u(t)$，且傅立葉變換對為 $x(t) \Leftrightarrow X(f)$，試求下列變換所對應的信號。
(a) $Y(f) = X(2f)$，　　　(b) $D(f) = X(f-1) + X(f+1)$，
(c) $G(f) = \frac{d}{df}X(f)$，　　(d) $H(f) = f\frac{d}{df}X(f)$，
(e) $M(f) = j2\pi f X(2f)$，　(f) $P(f) = X\left(\frac{f}{2}\right)$。

P7.18. (頻率響應) 如下列濾波器，試求輸入為 $x(t) = \cos(\pi t)$ 之響應。
(a) $h(t) = 8\text{sinc}[8(t-1)]$，　(b) $H(f) = \text{tri}\left(\frac{f}{6}\right)e^{-j\pi f}$。

P7.19. (頻率響應) 一線性系統之轉移函數為 $H(\omega) = \frac{16}{(4+j\omega)}$，試分別求下列輸入之輸出 $y(t)$。
(a) $x(t) = 4\cos(4t)$，　　(b) $x(t) = 4\cos(4t) - 4\sin(4t)$，
(c) $x(t) = \delta(t)$，　　　(d) $x(t) = e^{-4t}u(t)$，
(e) $x(t) = 4\cos(4t) - 4\sin(2t)$，　(f) $x(t) = u(t)$。

P7.20. 如下信號 $x(t)$，求其傅立葉變換 $X(f)$。現在考慮週期函數
$$x_P(t) = x(t), \quad \frac{-T}{2} \leq t < \frac{T}{2}, \quad (T為週期)$$

試由傅立葉變換 $X(f)$ 導出週期函數 $x_P(t)$ 的傅立葉係數。

(a)　$x(t) = \text{rect}(t), T = 2$，
(b)　$x(t) = \text{rect}(t), T = 0.75$，
(c)　$x(t) = \text{rect}(t - \frac{1}{2}), T = 2$，
(d)　$x(t) = \text{tri}(t), T = 2$，
(e)　$x(t) = \text{tri}(t), T = 1.5$，
(f)　$x(t) = \text{tri}(t - 1), T = 2$。

第八章

DTFT 與 DFT

在本章我們要介紹下列主題：
1. 離散式傅立葉變換
2. DTFT 的性質
3. DFT 及其性質
4. FFT 及其應用

8-1 離散式傅立葉變換

我們在第七章已經介紹過傅立葉級數、傅立葉變換，及其性質了。連續時間之週期函數 $x_p(t)$，其傅立葉係數 X_k 對於頻率之分佈為離散式 (離散式頻譜)；而對於非週期函數 $x(t)$，其傅立葉變換 $X(\omega)$ 對於頻率之分佈為連續式 (連續式頻譜)。連續時間信號之頻譜皆不為頻率之週期函數，而週期時間函數之頻譜不為頻率之連續函數，而是離散頻率式。此意味著時間與頻率領域在連續與週期性的對偶關係。

在本章我們要考慮離散時間信號的頻譜。依照前述時域與頻域的對偶關係，我們不難預期其頻譜對於頻率為週期函數，這就是數位信號非常重要的性質。離散時間信號係對於連續時間信號 (類比信號) 作一定週期的抽樣而得，因此本質上就是一種週期函數，故知其頻譜為週期函數。

■ **離散時間傅立葉變換 (DTFT)** 離散時間信號 (離散時間數列) 之頻譜也可以利用傅立葉變換敘述之。一個線性離散時間系統的頻率響應為

$$H(e^{j\theta}) = \sum_{m=-\infty}^{\infty} h[m] e^{-jm\theta} \tag{8.1}$$

式中，$h[n]$ 為此線性系統的單位脈波響應數列，θ 為數位頻率。將此原理推廣至一般信號數列 $x[n]$，則

$$\mathcal{D}\{x[n]\} = X(e^{j\theta}) = \sum_{m=-\infty}^{\infty} x[m] e^{-jm\theta} \tag{8.2}$$

式中，$X(e^{j\theta})$ 稱為是離散時間數列 $x[n]$ 的離散時間傅立葉變換 (DTFT)，且對於頻率 θ 而言為週期是 2π 的函數。而離散時間傅立葉反變換 (IDTFT) 則定義為

$$\mathcal{D}^{-1}\{X(e^{j\theta})\} = x[n] = \frac{1}{2\pi} \int_0^{2\pi} X(e^{j\theta}) e^{-jn\theta} \, d\theta \tag{8.3}$$

亦即，離散時間傅立葉變換對 (DTFT pair) 記述為

$$x[n] \Leftrightarrow X(e^{j\theta}) \tag{8.4}$$

【例題 8.1】

若一離散時間數列為 $x[n] = \{\cdots, 1, 1, 1, 1; 1, 1, 1, 1, 1, \cdots\}$，試求其傅

立葉變換,及其頻譜。

解 由 (8.2) 式可得

$$H(e^{j\theta}) = \sum_{m=-4}^{4} x[m]e^{-jm\theta} = \sum_{m=-4}^{4} 1 \cdot e^{-jm\theta}$$
$$= \frac{\sin(4.5\theta)}{\sin(0.5\theta)}$$

頻譜請參見圖 8.1。

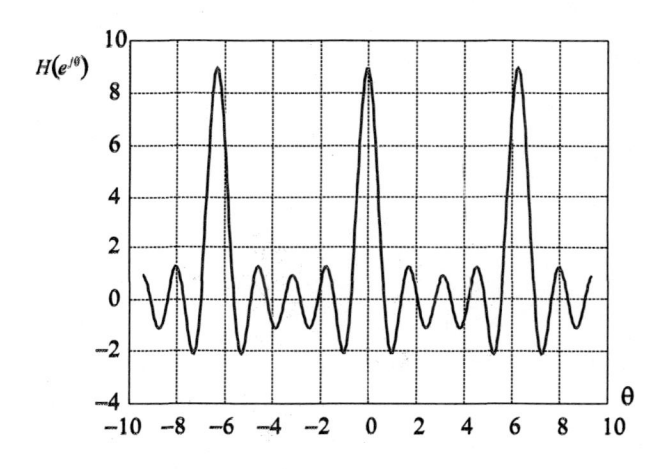

圖 8.1 例題 8.1 的頻譜。

因 $X(e^{j\theta})$ 是週期 2π 的函數,令 $\theta = 2\pi F$,(8.2) 及 (8.3) 式亦可寫成

$$\mathcal{D}\{x[n]\} = X(F) = \sum_{k=-\infty}^{\infty} x[k]e^{-j2\pi kF} \tag{8.5}$$

$$\mathcal{D}^{-1}\{X(F)\} = x[n] = \frac{1}{2\pi} \int_{-\frac{1}{2}}^{\frac{1}{2}} X(F) e^{-j2\pi nF} dF \tag{8.6}$$

式中,F 稱為主要週期 (principal period),定義為:

$$-\frac{1}{2} \le F \le \frac{1}{2}, \quad \text{或} \quad 0 \le F \le 1 \tag{8.7a}$$

因此，

$$-\pi \le \theta \le \pi, \quad \text{或} \quad 0 \le \theta \le 2\pi \tag{8.7b}$$

DTFT 對亦可記述為

$$x[n] \Leftrightarrow X(F) \tag{8.8}$$

如果 DTFT 中無脈衝函數，則

$$X(F) = X(\theta)\big|_{\theta \leftarrow 2\pi F} \tag{8.9a}$$

而，

$$X(\theta) = X(F)\big|_{2\pi F \to \theta} \tag{8.9b}$$

如果 DTFT 中具有脈衝函數，則

$$\delta(F) \leftrightarrow 2\pi\delta(\theta), \quad \text{且} \ \theta \leftrightarrow 2\pi F \tag{8.10}$$

即可在 $X(F)$ 與 $X(\theta)$ 之間做轉換。我們以下列的例題說明之。

【例題 8.2】

試求下列數列 $x[n]$ 的 DTFT $X_P(F)$。

(a) $x[n] = \delta[n]$，

(b) $x[n] = \{1, 0, 3, 2\}$，

(c) $x[n] = \alpha^n u[n]$，

(d) $x[n] = u[n]$

解 由 (8.5) 式可得

(a) $X_P(F) = \sum_{k=-\infty}^{\infty} x[k]e^{-j2\pi kF} = \sum_{k=-\infty}^{\infty} \delta[k]e^{-j2\pi kF} = 1$.

亦即，$\delta[n] \Leftrightarrow 1$。

(b) $X_P(F) = \sum_{k=-\infty}^{\infty} x[k]e^{-j2\pi kF} = 1 + 3e^{-j4\pi kF} - 2e^{-j6\pi kF}$，或

$X_P(\theta) = 1 + 3e^{-j2k\theta} - 2e^{-j3\theta}$.

(c) $X_P(F) = \sum_{k=-\infty}^{\infty} \alpha^k e^{-j2\pi kF} = \sum_{k=-\infty}^{\infty} \left(\alpha e^{-j2\pi F}\right)^k = \frac{1}{1-\alpha e^{-j2\pi F}}$

$= \frac{1}{1-\alpha e^{-j2\pi F}}$，$|\alpha| < 1$，或

$X_P(\theta) = \frac{1}{1-\alpha e^{-j\theta}}$，$|\alpha| < 1$.

亦即，$\alpha^n u[n] \Leftrightarrow \frac{1}{1-\alpha e^{-j\theta}}$，$|\alpha| < 1$。

(d) 因為 $u(t) \Leftrightarrow 0.5\delta(f) + \frac{1}{j2\pi f}$，由 (c) 考慮 $\alpha = 1$

$X_P(F) = \frac{1}{1-e^{-j2\pi F}} + 0.5\delta(F)$，或

$X_P(\theta) = \frac{1}{1-e^{-j\theta}} + \pi\delta(\theta)$.

亦即，$u[n] \Leftrightarrow \frac{1}{1-e^{-j\theta}} + \pi\delta(\theta)$，$(-\pi \leq \theta \leq \pi)$

$= \frac{1}{1-e^{-j2\pi F}} + \frac{1}{2}\delta(F)$，$(-\frac{1}{2} \leq F \leq \frac{1}{2})$。

■ 離散時間傅立葉變換表

表 8.1 所示為常用的數列之 DTFT 對照，請參見之。

表 8.1　常用數列的 DTFT

信　號	$X_P(F)$	$X_P(\theta)$
$\delta[n]$	1	1
$\alpha^n u[n]$, $\|\alpha\|<1$	$\dfrac{1}{1-\alpha e^{-j2\pi F}}$	$\dfrac{1}{1-\alpha e^{-j\theta}}$
$n\alpha^n u[n]$, $\|\alpha\|<1$	$\dfrac{\alpha e^{-j2\pi F}}{\left(1-\alpha e^{-j2\pi F}\right)^2}$	$\dfrac{\alpha e^{-j\theta}}{\left(1-\alpha e^{-j\theta}\right)^2}$
$(n+1)\alpha^n u[n]$, $\|\alpha\|<1$	$\dfrac{1}{\left(1-\alpha e^{-j2\pi F}\right)^2}$	$\dfrac{1}{\left(1-\alpha e^{-j\theta}\right)^2}$
$\alpha^{\|n\|}$, $\|\alpha\|<1$	$\dfrac{1-\alpha^2}{1-2\alpha\cos(2\pi F)+\alpha^2}$	$\dfrac{1-\alpha^2}{1-2\alpha\cos\theta+\alpha^2}$
1	$\delta(F)$	$2\pi\delta(\omega)$
$u[n]$	$0.5\delta(F)+\dfrac{1}{1-e^{-j2\pi F}}$	$\pi\delta(\theta)+\dfrac{1}{1-e^{-j\theta}}$
$\cos(2n\pi F_0)=\cos(n\theta_0)$	$\tfrac{1}{2}\left[\delta(F+F_0)+\delta(F-F_0)\right]$	$\pi\left[\delta(\theta+\theta_0)+\delta(\theta-\theta_0)\right]$
$\sin(2n\pi F_0)=\sin(n\theta_0)$	$\tfrac{j}{2}\left[\delta(F+F_0)-\delta(F-F_0)\right]$	$j\pi\left[\delta(\theta+\theta_0)-\delta(\theta-\theta_0)\right]$
$2F_C\,\text{sinc}(2nF_C)=\sin\left(\dfrac{n\theta_C}{n\pi}\right)$	$\text{rect}\left(\dfrac{F}{2F_C}\right)$	$\text{rect}\left(\dfrac{\theta}{2\theta_C}\right)$
$x[n]$	$X(F)=\displaystyle\sum_{k=-\infty}^{\infty}x[k]e^{-j2\pi kF}$	$X(\theta)=\displaystyle\sum_{m=-\infty}^{\infty}x[m]e^{-jm\theta}$

註：
1. $X(F)=X(\theta)\big|_{\theta\leftarrow 2\pi F}$，$X(\theta)=X(F)\big|_{2\pi F\to\theta}$，且
2. $-\tfrac{1}{2}\le F\le\tfrac{1}{2}$　$(0\le F\le 1)$，或 $-\pi\le\theta\le\pi$　$(0\le\theta\le 2\pi)$。

8-2 DTFT的性質

有關 DTFT 的性質整理於表 8.2，其中許多性質與討論過的傅立葉級數 (FS) 性質是對偶相似的，不同之處在於：我們針對連續時間的週期實函數討論傅立葉級數，其頻譜對頻率的分佈是離散式；而針對 DT 數列討論 DTFT，頻譜對頻率的分佈則是週期式。

表 8.2 DTFT 之性質

DT 信號	傅立葉變換 (F 型)	傅立葉變換 (θ 型)
$x[-n]$	$X_P(-F) = X_P^*(F)$	$X_P(-\theta) = X_P^*(\theta)$
$x[n-m]$	$e^{-j2\pi mF} X_P[F]$	$e^{-jm\theta} X_P(\theta)$
$e^{-j2\pi nF_0} x[n]$	$X_P(F-F_0)$	$X_P(\theta-\theta_0)$
$(-1)^n x[n]$	$X_P(F-0.5)$	$X_P(\theta-\pi)$
$nx[n]$	$\frac{j}{2\pi}\left[\frac{d}{dF} X_P(F)\right]$	$j\left[\frac{d}{d\theta} X_P(\theta)\right]$
$\cos(2\pi nF_0)x[n]$	$\frac{1}{2}[X_P(F+F_0)+X_P(F-F_0)]$	$\frac{1}{2}[X_P(\theta+\theta_0)+X_P(\theta-\theta_0)]$
$x[n]*y[n]$	$X_P(F) \cdot Y_P(F)$	$X_P(\theta) \cdot Y_P(\theta)$
$x[n] \cdot y[n]$	$X_P(F) \otimes Y_P(F)$	$\frac{1}{2\pi} X_P(\theta) \otimes Y_P(\theta)$

註：1. DTFT 對 $x[n] \Leftrightarrow X_P(F)$，或 $x[n] \Leftrightarrow X_P(\theta)$

2. $\theta = 2\pi F, -\frac{1}{2} \leq F \leq \frac{1}{2}$。

3. $x[n]*y[n]$ 及 $X_P(F) \otimes Y_P(F)$ 為褶積和 (convolution summation)。

- **時間摺疊性質** (folding)　當 $y[n]=x[-n]$ 時，其 DTFT 為

$$Y_P(F)=\sum_{n=-\infty}^{\infty}x[-n]e^{-j2\pi nF}=\sum_{m=-\infty}^{\infty}x[m]e^{j2\pi mF}=X_P(-F)$$

因此，當 $x[n]\Leftrightarrow X_P(F)$，則

$$x[-n]\Leftrightarrow X_P(-F)=X_P^*(F) \tag{8.11}$$

亦即，時間摺疊造成的頻譜，其幅度維持不變，但是相位變號。

- **時移性質** (time shift)　當 $y[n]=x[n-m]$ 時，其 DTFT 為

$$Y_P(F)=\sum_{n=-\infty}^{\infty}x[n-m]e^{-j2\pi nF}=\sum_{l=-\infty}^{\infty}x[l]e^{j2\pi(m+l)F}=X_P(F)e^{-j2\pi mF}$$

因此，當 $x[n]\Leftrightarrow X_P(F)$，則

$$x[n-m]\Leftrightarrow X_P(F)e^{-j2\pi mF}=X_P(\theta)e^{-jm\theta} \tag{8.12}$$

亦即，時間遷移造成的頻譜，其幅度維持不變，但是產生相位滯移，相角多出了 $\phi=-2\pi mF$，或 $-m\theta$ rad.。

- **移頻性質** (frequency shift)　當 $y[n]=x[n]e^{j2\pi nF_0}$ 時，其 DTFT 為

$$Y_P(F)=\sum_{n=-\infty}^{\infty}x[n]e^{-j2\pi n(F-F_0)}=X_P(F-F_0)$$

因此，當 $x[n]\Leftrightarrow X_P(F)$，則

$$x[n]e^{j2\pi nF_0}\Leftrightarrow X_P(F-F_0)，\text{ 或 } X_P(\theta-\theta_0) \tag{8.13}$$

式中，$\theta_0=2\pi F_0$。如果考慮 $F_0=\pm0.5$（$\theta_0=\pm\pi$），則因 $e^{\pm jn\pi}=(-1)^n$，

$$(-1)^n x[n]\Leftrightarrow X_P(F\pm0.5) \tag{8.14}$$

此時，$x[n]$ 數列值在奇序數處 $(n=\pm1,\pm3,\cdots)$ 要變號，此原理稱之為

半週位移 (half-period shift)。

■ **乘 n 性質 (times-n)**　當 $x[n] \Leftrightarrow X_P(F)$，則

$$\frac{d}{dF} X_P(F) = \sum_{n=-\infty}^{\infty} (-j2n\pi) x[n] e^{-j2\pi nF}$$

此為信號 $(-j2n\pi)x[n]$ 的 DTFT，因此

$$nx[n] \Leftrightarrow \frac{j}{2\pi} \frac{d}{dF} X_P(F), \quad \text{或} \quad j\frac{d}{d\theta} X_P(\theta) \qquad (8.15)$$

■ **帕沙佛 (Parseval's) 性質**　當 $x[n] \Leftrightarrow X_P(F)$，則

$$\sum_{k=-\infty}^{\infty} x^2[k] = \int_1 |X_P(F)|^2 dF = \frac{1}{2\pi} \int_{2\pi} |X_P(\theta)|^2 d\theta \qquad (8.16)$$

式中，$\int_1$ 或 $\int_{2\pi}$ 代表在一週期 (主要週期) 內的積分。

■ **中心軸定理**　現在考慮 DTFT 中的 $F=0\,(\theta=0)$ 的情形，或 IDTFT 中 $n=0$ 的情形如下：

$$x[0] = \int_1 X_P(F) dF = \frac{1}{2\pi} \int_{2\pi} X_P(\theta) d\theta \qquad (8.17)$$

$$X_P[0] = \sum_{n=-\infty}^{\infty} |x_n| \qquad (8.18)$$

此即為中心軸性質 (central ordinate)。

【例題 8.3】

試求下列數列 $x[n]$ 的 DTFT $X_P(F)$。
(a) $x[n] = n\alpha^n u[n], |\alpha| < 1$，
(b) $x[n] = (n+1)\alpha^n u[n]$，
(c) $x[n] = \alpha^n, \ 0 \le n < N$，
(d) $x[n] = \alpha^{|n|}, \ |\alpha| < 1$，

(e) $x[n] = 4(0.5)^{n+3} u[n]$, (f) $x[n] = n(0.4)^{2n} u[n]$

解 (a) 由 (8.15) 可知

$$X_P(F) = \frac{j}{2\pi} \frac{d}{dF}\left[\frac{1}{1-\alpha e^{-j2\pi F}}\right] = \frac{\alpha e^{-j2\pi F}}{\left(1-\alpha e^{-j2\pi F}\right)^2}$$

或， $X_P(\theta) = j \frac{d}{d\theta}\left[\frac{1}{1-\alpha e^{-j\theta}}\right] = \frac{\alpha e^{-j\theta}}{\left(1-\alpha e^{-j\theta}\right)^2}$ 。

(b) $x[n] = n\alpha^n u[n] + \alpha^n u[n]$，利用重疊定理可得

$$X_P(F) = \frac{\alpha e^{-j2\pi F}}{\left(1-\alpha e^{-j2\pi F}\right)^2} + \frac{1}{1-\alpha e^{-j2\pi F}} = \frac{1}{\left(1-\alpha e^{-j2\pi F}\right)^2}$$

或， $X_P(\theta) = \frac{1}{\left(1-\alpha e^{-j\theta}\right)^2}$ 。

(c) $x[n] = \alpha^n (u[n] - u[n-N]) = \alpha^n u[n] - \alpha^N \alpha^{n-N} u[n-N]$，由 (8.12)

$$X_P(F) = \frac{1}{1-\alpha e^{-j2\pi F}} - \alpha^N \frac{e^{-j2\pi FN}}{1-\alpha e^{-j2\pi F}} = \frac{1-\left(\alpha e^{-j2\pi F}\right)^N}{1-\alpha e^{-j2\pi F}}$$

或， $X_P(\theta) = \frac{1-\left(\alpha e^{-j\theta}\right)^N}{1-\alpha e^{-j\theta}}$ 。

(d) $x[n] = \alpha^{|n|} = \alpha^n u[n] + \alpha^{-n} u[-n] + \delta[n]$，因此

$$X_P(F) = \frac{1}{1-\alpha e^{-j2\pi F}} + \frac{1}{1-\alpha e^{j2\pi F}} - 1 = \frac{1-\alpha^2}{1-2\alpha\cos(2\pi F) + \alpha^2}$$

或， $X_P(\theta) = \frac{1-\alpha^2}{1-2\alpha\cos\theta + \alpha^2}$ 。

(e) $x[n] = 4(0.5)^{n+3} u[n] = 4(0.5)^3 (0.5)^n u[n] = (0.5) \cdot (0.5)^n u[n]$，故

$$X_P(F) = \frac{0.5}{1-0.5e^{-j2\pi F}}, \quad 或 \quad X_P(\theta) = \frac{0.5}{1-0.5e^{-j\theta}} 。$$

(f) $x[n] = n(0.4)^{2n} u[n] = n(0.16)^n u[n]$,因此

$$X_P(F) = \frac{0.16 e^{-j2\pi F}}{(1-0.16 e^{-j2\pi F})^2}, \quad \text{或} \quad X_P(\theta) = \frac{0.16 e^{-j\theta}}{(1-0.16 e^{-j\theta})^2} \text{。}$$

【例題 8.4】

若 $x[n] = \dfrac{4}{2-e^{-j2\pi F}} \Leftrightarrow X_P(F)$,試求下列數列的 DTFT。

(a) $y[n] = nx[n]$, (b) $z[n] = x[-n]$,
(c) $g[n] = x[n] * x[n]$, (d) $h[n] = (-1)^n x[n]$。

解 (a) $y[n] = nx[n]$,由 (8.15) 可得

$$X_P(F) = \frac{j}{2\pi} \frac{d}{dF} \left[\frac{4}{2-e^{-j2\pi F}} \right] = \frac{-4e^{-j2\pi F}}{(2-e^{-j2\pi F})^2}, \quad \text{或}$$

$$X_P(\theta) = j \frac{d}{d\theta} \left[\frac{4}{2-e^{-j\theta}} \right] = \frac{-4e^{-j\theta}}{(2-e^{-j\theta})^2} \text{。}$$

(b) $z[n] = x[-n]$,由 (8.11) 可得

$$Z_P(F) = X_P(-F) = \frac{4}{2-e^{j2\pi F}}, \quad \text{或} \quad Z_P(\theta) = \frac{4}{2-e^{j\theta}} \text{。}$$

(c) $g[n] = x[n] * x[n]$,由摺積和原理 (參見表 8.2) 得

$$G_P(F) = X_P^2(F) = \frac{16}{(2-e^{-j2\pi F})^2}, \quad \text{或} \quad G_P(\theta) = \frac{16}{(2-e^{-j\theta})^2}$$

(d) 由 (8.14),$H_P(F) = X_P(F-0.5) = \dfrac{4}{2-e^{-j2\pi(F-0.5)}} = \dfrac{4}{2+e^{-j2\pi F}}$,或

$$H_P(\theta) = X_P(\theta - \pi) = \frac{4}{2+e^{-j\theta}} \text{。}$$

【例題 8.5】

若 $X_P(F) \Leftrightarrow x[n] = (0.5)^n u[n]$,試求下列 DTFT 所相對應的數列。

(a) $Y_P(F) = X_P(F) \otimes X_P(F)$,

(b) $W_P(F) = X_P(F+0.4) + X_P(F-0.4)$,

(c) $Z_P(F) = X_P^2(F)$.

解 (a) $y[n] = x^2[n] = (0.25)^n u[n]$。

(b) 因為 $F_0 = 0.4$,$w[n] = 2\cos(2n\pi F_0)x[n] = 2(0.5)^n \cos(0.8n\pi)u[n]$。

(c) $z[n] = x[n] * x[n] = (0.5)^n u[n] * (0.5)^n u[n] = (n+1)(0.5)^n u[n]$。

■ **離散週期信號的 DTFT** 我們曾經在第七章討論過,對於連續時間函數,如果週期為 $T = \frac{1}{f_0}$ 的信號 $x_P(t)$,其傅立葉係數 X_k,當考慮其相關單一週期內的函數:

$$x_I(t) = \begin{cases} x_P(t) & -\frac{T}{2} \leq t \leq \frac{T}{2} \\ 0 & \text{其他} \end{cases}$$

則其傅立葉變換頻譜 $X_I(f)$ 與 $x_P(t)$ 的傅立葉係數 X_k 之關連為

$$X_I(f) = TX_k \big|_{kf_0 \to f} \quad \text{且} \quad X_k = \frac{1}{T} X_I(f) \big|_{f \to kf_0} \tag{8.19}$$

亦即,連續時間週期信號 $x_P(t)$ 之頻譜為離散式,當頻率為 kf_0 (第 k 次諧波) 時,其頻譜幅度等於 X_k。其實,$x_P(t)$ 之頻譜亦可表達成

$$X(f) = \frac{1}{T} \sum_{k=-\infty}^{\infty} X_I(kf_0) \delta(f - kf_0) \tag{8.20}$$

此原理又稱為抽樣性質 (sampling property),在時域內信號做週期性延續,則其頻域之頻譜產生抽樣 (離散) 性質;根據時域與頻域之對偶

性，當時域信號為離散 (抽樣)，則其頻域之頻譜為週期性。因此，我們預期離散時間系統信號之頻譜具有週期函數之性質，參見圖 8.1。

現在考慮離散時間信號相對應的類似的情況。如果單一週期數列 $x_1[n]$ $(0 \leq n \leq N-1)$ 之 DTFT 為 $X_1(F)$，將之施行週期為 N 的延續，成為離散時間週期函數信號 (週期數列) $x_P[n]$，則其 DTFT $X_P(F)$ 為

$$X_P(F) = \frac{1}{N} \sum_{k=0}^{N-1} X_1(kF_0) \delta(f - kF_0) \quad (0 \leq F < 1) \tag{8.21}$$

式中，N 為週期數列 $x_P[n]$ 的週期，$F_0 = \frac{1}{N}$ 為基頻 (fundamental frequency)。注意，現在積合序數由 $n=0$ 至 $n=N-1$ (僅有一週)，乃因其 DTFT 為週期函數，因此頻譜僅表達於 $0 \leq F < 1$，(或 $-\frac{1}{2} \leq F < \frac{1}{2}$) 一週期中。

由以上推論可知，週期為 N 的週期數列 $x_P[n]$，其 DTFT 為週期脈波數列 $X_P(F)$；每一個週期內共有 N 個脈波，其脈波強度等於 $X_1(F)$ 的 N 個抽樣值。另外，當 $k=0$ (相當於 $F=0$, 或 $\theta=0$) 及當 $k=\frac{N}{2}$ (相當於 $F=0.5$, 或 $\theta=\pi$) 時，DTFT $X_P(F)$ 表現出共軛對稱 (conjugate symmetry) 之特性。

同理，當我們考慮類比信號 (連續時間信號) 的相似情形，則

$$X_{\text{DFS}}[k] = \frac{1}{N} X_1(kF_0) = \frac{1}{N} \sum_{k=0}^{N-1} x_1[n] e^{-j2\pi nk/N} \tag{8.22}$$

為週期數列 $x_P[n]$ 的傅立葉係數，此原理是為離散時間傅立葉級數 (DFS，discrete Fourier series)。

【例題 8.6】

試求下列週期數列 $x_P[n]$ 的 DTFT。

(a) 若 $x_P[n]$ 之單一週期數列 $x_1[n] = \{3, 2, 1, 2\}$ $N=4$，

(b) 若 $x_P[n]$ 之單一週期數列 $x_1[n] = \{1, 0, 2, 0, 3\}$

解 (a) $x_1[n] = \{3, 2, 1, 2\}$　$N = 4$，$F_0 = \frac{1}{N} = \frac{1}{4}$，DTFT 為

$$X_1(F) = 3 + 2e^{-j2\pi F} + e^{-j4\pi F} + 2e^{-j6\pi F},$$

現在考慮 $X_1(F)$ 在 $F = kF_0, (k = 0..N-1)$，4 個抽樣值如下：

$$X_1(kF_0) = 3 + 2e^{-j2\pi k/4} + e^{-j4\pi k/4} + 2e^{-j6\pi k/4} = \{8, 2, 0, 2\}.$$

因此，在一主要週期內 $(0 \le F < 1)$，週期數列 $x_P[n]$ 的 DTFT 為

$$X_P(F) = \frac{1}{4}\sum_{k=0}^{3} X_1(kF_0)\delta(f - kF_0) = \frac{1}{4}\sum_{k=0}^{3} X_1\left(\frac{k}{4}\right)\delta\left(f - \frac{k}{4}\right)$$

$$= 2\delta(F) + 0.5\delta\left(F - \frac{1}{4}\right) + 0.5\delta\left(F - \frac{3}{4}\right) \quad (0 \le F < 1)$$

以上數列及相關頻譜參見圖 8.2。

(b) $x_1[n] = \{1, 0, 2, 0, 3\}$，$F_0 = \frac{1}{N} = \frac{1}{5}$，$F = kF_0 = \frac{k}{5}$, $(k = 0..4)$。週期數列 $x_P[n]$ 的 DFS (離散式傅立葉係數) 為

$$X_{\text{DES}}[k] = \frac{1}{N}X_1(kF_0) = 0.2X_1(kF_0)$$

式中，

$$X_1(kF_0) = \left[1 + 2e^{-j4\pi F} + 3e^{-j8\pi F}\right]\Big|_{F \leftarrow \frac{k}{5}} \quad (k = 0, 1, 3, 5)$$

$$X_{\text{DES}}[k] = \{1.2, 0.0618 + j0.3355, -0.1618 + j0.7331, -0.1618 - j0.7331, 0.0618 - j0.3355\}$$

因此，在一主要週期內 $(0 \le F < 1)$，週期數列 $x_P[n]$ 的 DTFT 為

$$X_P(F) = \sum_{k=0}^{3} X_P[k]\delta\left(f - \frac{k}{5}\right) (0 \le F < 1)$$

第八章 DTFT 與 DFT　375

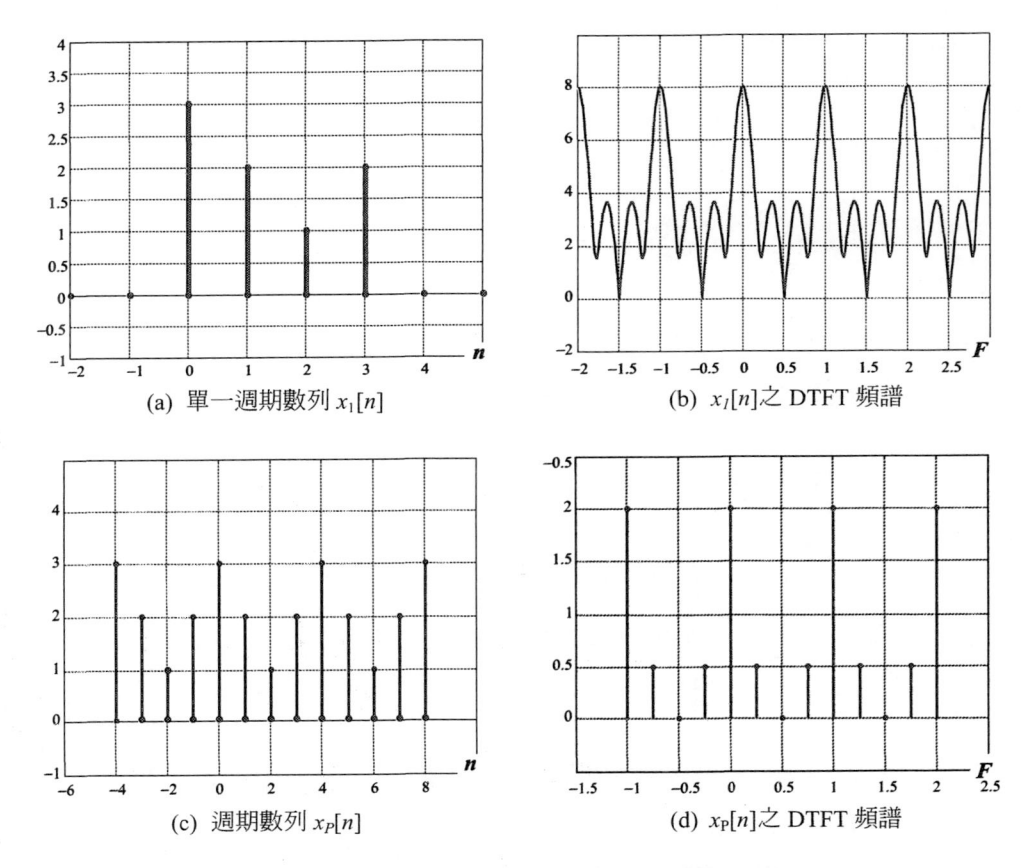

圖 8.2 例題 8.6(a) 各 DT 數列及其週期式頻譜。

(a) 單一週期數列 $x_1[n]$
(b) $x_1[n]$ 之 DTFT 頻譜
(c) 週期數列 $x_P[n]$
(d) $x_P[n]$ 之 DTFT 頻譜

$X_{\text{DES}}[k]$ 及 $X_P(F)$ 在 $k=0$ 及 $k=\frac{N}{2}=2.5$ 之處有共軛對稱。

【例題 8.7】　(IDFT)

試求下列頻譜的離散時間傅立葉反變換。

(a) $X(F) = 1 + 3e^{-j4\pi F} - 2e^{-j6\pi F}$ ，

(b) $X_P(F) = \dfrac{2e^{-j\theta}}{1 - 0.25e^{-j2\theta}}$ ，

(c) 一離散時間濾波器，頻率轉移函數為 $H_P(F) = j2\pi F$。

解　(a) $X(F) = 1 + 3e^{-j4\pi F} - 2e^{-j6\pi F}$ ，所以其 IDFT 為

$$x[n] = \delta[n] + 3\delta[n-2] - 2\delta[n-2]，\quad 或 \quad x[n] = \{1, 0, 3, 2\}。$$

(b) 仿照 Z-反變換之程序，

$$X_P(F) = \frac{2e^{-j\theta}}{1-0.25e^{-j2\theta}} = \frac{2}{1-0.5e^{-j\theta}} - \frac{2}{1+0.5e^{-j\theta}}$$，IDFT 為

$$x[n] = 2(0.5)^n u[n] - 2(-0.5)^n u[n] \text{。}$$

(c) 因為 $H_P(F) = j2\pi F$ 為 F 的奇函數，所以 $h[n] = 0$；當 $n \neq 0$ 時利用奇對稱求 IDTFT 如下

$$\begin{aligned}
h[n] &= \int_{-\frac{1}{2}}^{\frac{1}{2}} j2\pi F [\cos(2n\pi F) + j\sin(2n\pi F)] dF \\
&= -4\pi \int_0^{\frac{1}{2}} F\sin(2n\pi F) dF \\
&= \frac{-4\pi[\sin(2\pi nF) - 2\pi nF\sin(2\pi nF)]}{(2\pi nF)^2} \Big|_0^{\frac{1}{2}} = \frac{\cos(n\pi)}{n}
\end{aligned}$$

因 $H_P(F)$ 為奇函數、共軛對稱，所以 $h[n]$ 必是奇對稱，如圖 8.3 所示。

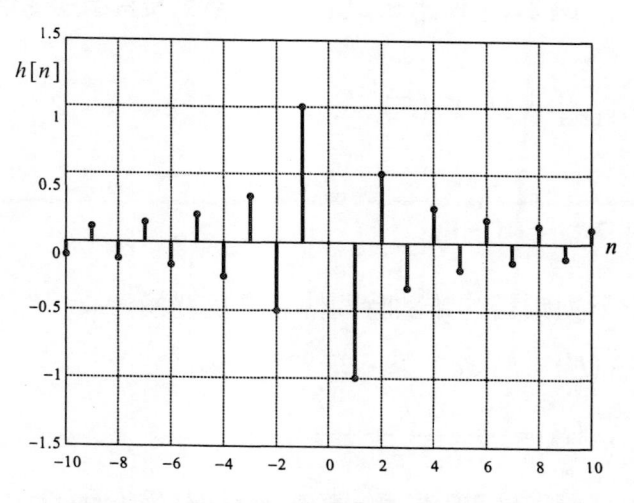

圖 8.3 例題 8.7(c) 之 DT 數列 $h[n]$。

■ **系統分析** 若線性系統的單位脈衝響應為 $h[n]$，輸入為離散時間信號 $x[n]$，則其輸出數列為下述褶積和 (convolution summation)：

$$y[n] = x[n] * h[n] \tag{8.23}$$

由表 8.2，若 $x[n] \Leftrightarrow X_P(F)$、$h[n] \Leftrightarrow H(F)$，且 $y[n] \Leftrightarrow Y_P(F)$，則

$$Y_P(F) = H(F) X_P(F)，\quad 或 \quad Y_P(\theta) = H(\theta) X_P(\theta)$$

亦即，頻率轉移函數 (frequency transfer function) 為

$$H(F) = \frac{Y_P(F)}{X_P(F)}，\quad \left(0 \leq F < 1, 或 -\tfrac{1}{2} \leq F < \tfrac{1}{2}\right) \tag{8.24}$$

或，

$$H(\theta) = \frac{Y_P(\theta)}{X_P(\theta)}，\quad (0 \leq \theta < 2\pi, 或 -\pi \leq F < \pi) \tag{8.25}$$

【例題 8.8】

以下的系統試求頻率轉移函數，及單位脈衝響應數列。

(a) 若 $y[n] - 0.6 y[n-1] = x[n]$。

(b) 若單位脈衝響應數列為 $h[n] = \delta[n] - (0.5)^n u[n]$。

解 (a) 對差分方程式兩邊取 DTFT 而得

$$Y(F) - 0.6 e^{-j2\pi F} Y(F) = X(F)，\quad 或 \quad Y(\theta) - 0.6 e^{-j\theta} Y(F) = X(F)$$

因此，頻率轉移函數為

$$H(F) = \frac{Y(F)}{X(F)} = \frac{1}{1 - 0.6 e^{-j2\pi F}}，\quad 或 \quad H(\theta) = \frac{Y(\theta)}{X(\theta)} = \frac{1}{1 - 0.6 e^{-j\theta}}。$$

(b) 單位脈衝響應數列為 $h[n] = \delta[n] - (0.5)^n u[n]$，兩邊取 DTFT 而

得

$$H(F) = \frac{Y(F)}{X(F)} = 1 - \frac{1}{1 - 0.5e^{-j2\pi F}}$$

$$= \frac{-0.5e^{-j2\pi F}}{1 - 0.5e^{-j2\pi F}} = \frac{-0.5e^{-j\theta}}{1 - 0.5e^{-j\theta}} \circ$$

因此，

$$Y(\theta) - 0.5e^{-j\theta}Y(\theta) = -0.5e^{-j\theta}X(\theta).$$

輸出入差分方程式為

$$y[n] - 0.5y[n-1] = -0.5x[n-1] \circ$$

■ **DTFT 與 FS 及 DFT 之關連** 　離散時間傅立葉變換 (DTFT) 與傅立葉級數 (FS) 的性質是對偶式的。如果 $x[n]$ 為離散數列 (離散時間信號)，$x_P(t)$ 為週期信號 (連續時間信號)，$x(t)$ 是 $x_P(t)$ 的單一週期信號。離散數列 $x[n]$ 通常是實數型，但其離散頻譜 $X[k]$ 則通常是複數形式，表 8.3 所示為 DTFT 與 FS 一些運算的關連特性。

表 8.3　DTFT 與 FS 的關連性質

性　　質	DTFT 性質	FS 性質
時間延遲	$x[n-\alpha] \Leftrightarrow X_P(F)e^{-j2\pi F\alpha}$	$x_P(t-\alpha) \Leftrightarrow X_k e^{-jk\omega_0\alpha}$
時間反摺	$x[-n] \Leftrightarrow X_P(-F) = X_P^*(F)$	$x_P(-t) \Leftrightarrow X_k^* = X[-k]$
調　　制	$x[n]e^{j2\pi n\alpha} \Leftrightarrow X_P(F-\alpha)$	$x_P(t)e^{jm\omega_0 t} \Leftrightarrow X[k-m]$
乘　　積	$x[n] \cdot y[n] \Leftrightarrow X_P(F) \otimes Y_P(F)$	$x_P(t) \cdot y_P(t) \Leftrightarrow X[k] \otimes Y[k]$
摺　　積	$x[n] * y[n] \Leftrightarrow X_P(F) \cdot Y_P(F)$	$x_P(t) * y_P(t) \Leftrightarrow X[k] \cdot Y[k]$

表 8.4　各種傅立葉變換之間的關連性

變　換	時域上之操作	頻域之結果
傅立葉變換 (FT)	連續時間，非週期函數	連續頻率 $X(f)$，非週期函數
傅立葉級數 (FS)	將 $x(t) \rightarrow x_P(t)$ 延續為週期函數 (週期 = T)	將 $X(f)$ 成為 $X[k]$ 抽樣頻率 $= 1/T = f_0$
離散式傅立葉級數 (DFS)	將 $x_P(t) \rightarrow x_P[n]$ (抽樣間隔 = t_S)	$X[k] \rightarrow X_{DFS}[k]$ 延續為週期函數 (週期 S = $1/t_S$)
離散時間傅立葉變換 (DTFT)	將 $x(t)$ 抽樣成為 $x[n]$ (抽樣間隔 = 1)	$X(f) \rightarrow X_P(f)$ 延續為週期函數 (週期 = 1)
離散傅立葉變換 (DFT)	$x[n] \rightarrow x_P[n]$ 延續為週期函數 (週期 = N)	將 $X_P(f)$ 抽樣成為 $X_{DFS}[k]$ (抽樣間隔 = $1/N$)

　　DTFT 與 FT (傅立葉變換) 之關連在抽樣。如前討論，在時域上抽樣成為離散時間信號，則其頻譜週期函數；反之，週期信號之頻譜為離散式，其第 k 次諧波頻率之幅度即為傅立葉係數 $X_k = X[k]$。一領域抽樣空間之倒數即為另一領域之週期。如果我們將一類比信號 (連續時間信號) $x(t)$ 抽樣成為數列 (離散時間信號) $x[n]$，則後者之頻譜為週期函數，其單一週期即是 $X(f) = \Im[x(t)]$。上述的討論中，我們假設 $x(t)$ 為有限頻帶 (band-limited) 信號，且抽樣頻率大於奈奎斯特頻率。如果離散數列亦為週期函數，則其頻譜亦為週期式離散數列，此即為離散傅立葉變換 (DFT) 與離散傅立葉級數 (DFS) 之密切關連，參見表 8.4。

【例題 8.9】

試求以下數列的 DTFT。

(a) $x[n] = \cos(2\pi n\alpha)$,

(b) $x[n] = \text{sinc}(2n\alpha)$。

解 (a) 由傅立葉變換 $x(t) = \cos(2\pi\alpha t) \Leftrightarrow 0.5[\delta(f+\alpha) + \delta(f-\alpha)]$。因為將 $x(t)$ 抽樣成為 $x[n]$，$t \to n$，則對應於 $X(f)$ 作週期式延續，週期等於 1，$f \to F$：

$$x[n] = \cos(2\pi n\alpha) \Leftrightarrow 0.5[\delta(F+\alpha) + \delta(F-\alpha)]。$$

(b) 由傅立葉變換 $x(t) = 2\alpha \text{sinc}(2\alpha t) \Leftrightarrow X(f) = \text{rect}\left(\frac{f}{2\alpha}\right)$。因為將 $x(t)$ 抽樣成為 $x[n]$，$t \to n$，則對應於 $X(f)$ 作週期式延續，週期等於 1，$f \to F$： $2\alpha \text{sinc}(2n\alpha) \Leftrightarrow \text{rect}\left(\frac{F}{2\alpha}\right)$。

8-3 DFT及其性質

在前一章討論過，傅立葉級數 (FS) 用來描述週期信號的離散式頻譜分佈；在前幾節次則討論過，離散時間傅立葉變換 (DTFT) 用來描述離散信號的週期式頻譜。亦即於分析中，時域上做抽樣 (成為離散信號)，則其對應的頻譜變成週期性延續；相對的，週期信號有離散式頻譜。抽樣及週期性係為時域及頻域分析中重要的對偶性質，參見表 8.4。因此，如果信號 (或頻譜) 為離散週期式，則其對應的頻譜 (或信號) 亦為離散且週期式。此即為離散式傅立葉變換 (DFT) 之基本原理與意義。

■ **離散式傅立葉變換 (DFT)** 若 $x[n]$ 為含有 N 個抽樣的離散時間信號 (離散時間數列)，則其 N-點 DFT (N-point DFT) 定義如下：

$$X_{\text{DFT}}[k] = \sum_{n=0}^{N-1} x[n] e^{-j2\pi nk/N}, \quad (k = 0, 1, 2, \cdots N-1) \tag{8.26}$$

相對的,離散式傅立葉反變換 (IDFT) 為

$$x[n] = \frac{1}{N} \sum_{k=0}^{N-1} X_{\text{DFT}}[k] e^{j2\pi nk/N}, \quad (n = 0, 1, 2, \cdots N-1) \tag{8.27}$$

易言之,前二式之 DFT 運算表達為

$$x[n] \Leftrightarrow X_{\text{DFT}}[k], \quad (k, n = 0, 1, 2, \cdots N-1) \tag{8.28}$$

稱為離散式傅立葉變換對 (DFT pair)。

(8.26) 式或 (8.27) 式均代表一組 N 個聯立方程式。DFT 隱含有週期性質,可以從複數指數項 $e^{\pm j2\pi nk/N}$ 看出,其為 n 及 k 之週期函數,週期等於 N:

$$e^{\pm j2\pi nk/N} = e^{\pm j2\pi(n+N)k/N} = e^{\pm j2\pi n(k+N)/N}$$

【例題 8.10】

若一離散時間數列為 $x[n] = \{1, 2, 1, 0\}$,

(a) 試以定義求其 DFT。

(b) 試求其 DTFT,然後驗證出 DFT 之結果。

解 (a) $N = 4$, $e^{-j2\pi nk/N} = e^{-jnk\pi/2}$,由 (8.26) 式可得

$$k = 0: \quad X_{DFT}[0] = \sum_{n=0}^{3} x[n] e^{-0} = 1 + 2 + 1 + 0 = 4$$

$$k = 1: \quad X_{DFT}[1] = \sum_{n=0}^{3} x[n] e^{-jn\pi/2} = 1 + 2e^{-j\pi/2} + e^{-j\pi} + 0 = -j2$$

$$k = 2: \quad X_{DFT}[2] = \sum_{n=0}^{3} x[n] e^{-jn\pi} = 1 + 2e^{-j\pi} + e^{-j2\pi} + 0 = 0$$

$$k = 3: \quad = \sum_{n=0}^{3} x[n]e^{-j3n\pi/2} = 1 + 2e^{-j3\pi/2} + e^{-j3\pi} + 0 = j2$$

因此，$x[n] = \{1, 2, 1, 0\} \Leftrightarrow X_{\text{DFT}}[k] = \{4, -j2, 0, j2\}$。

(b) $x[n] = \{1, 2, 1, 0\}$ 之 DTFT 爲

$$X_P(F) = 1 + 2e^{-j2\pi F} + e^{-j4\pi F} = [2 + 2\cos(2\pi F)]e^{-j2\pi F}.$$

欲求 $N = 4$ 點 DFT，令 $F = \frac{k}{4} (k = 0, 1, 2, 3)$，則

$$X_{\text{DFT}}[k] = X_P(F)\big|_{F \leftarrow \frac{k}{N}},$$

$$X_{\text{DFT}}[k] = [2 + 2\cos(2\pi \tfrac{k}{4})]e^{-j2\pi k/4}, \quad (k = 0, 1, 2, 3).$$

因此，$X_{\text{DFT}}[k] = \{4, -j2, 0, j2\}$，與 (a) 之答案一致。

■ **矩陣型 DFT 及 IDFT**　若令數位頻率 (digital frequency) 爲

$$W_N = e^{-j2\pi/N} \tag{8.29}$$

則 (8.26) 及 (8.27) 式定義的 DFT 及 IDFT 可改寫成

$$X_{\text{DFT}}[k] = \sum_{n=0}^{N-1} x[n] W_N^{nk}, \quad (k = 0, 1, 2, \cdots N-1) \tag{8.30}$$

及，

$$x[n] = \frac{1}{N} \sum_{k=0}^{N-1} X_{\text{DFT}}[k] \left[W_N^{nk}\right]^*, \quad (n = 0, 1, 2, \cdots N-1) \tag{8.31}$$

(8.26) 式代表一組 N 個聯立方程式，可以寫成 $\mathbf{X} = \mathbf{W}_N \mathbf{x}$ 形式之矩陣方程式，表達如下：

第八章 DTFT 與 DFT 383

$$\begin{bmatrix} X[0] \\ X[1] \\ X[2] \\ \vdots \\ X[N-1] \end{bmatrix} = \begin{bmatrix} W_N^0 & W_N^0 & W_N^0 & \cdots & W_N^0 \\ W_N^0 & W_N^1 & W_N^2 & \cdots & W_N^{N-1} \\ W_N^0 & W_N^2 & W_N^4 & \cdots & W_N^{2(N-1)} \\ \vdots & \vdots & \vdots & \ddots & \vdots \\ W_N^0 & W_N^{N-1} & W_N^{2(N-1)} & \cdots & W_N^{(N-1)(N-1)} \end{bmatrix} \begin{bmatrix} x[0] \\ x[1] \\ x[2] \\ \vdots \\ x[N-1] \end{bmatrix} \quad (8.32)$$

式中，

$$\mathbf{X} = [X[0]\ X[1] \cdots X[N-1]]^T$$
$$\mathbf{x} = [x[0]\ x[1] \cdots x[N-1]]^T$$

且 $\mathbf{W}_N = [W_N^t]$，$t = nk\ (n, k = 0, 1, \cdots N-1)$ 稱為撥轉因子 (twiddle factor)，參見 (8.32) 式，我們以下列例題說明之。

【例題 8.11】

若一離散時間數列為 $x[n] = \{1, 2, 1, 0\}$，試以矩陣形式公式求其 DFT，然後驗證出 DFT 之結果。

解 $N = 4$，$W_N = e^{-j2\pi/4} = -j$，由 (8.32) 式可得

$$\begin{bmatrix} X[0] \\ X[1] \\ X[2] \\ X[3] \end{bmatrix} = \begin{bmatrix} W_N^0 & W_N^0 & W_N^0 & W_N^0 \\ W_N^0 & W_N^1 & W_N^2 & W_N^3 \\ W_N^0 & W_N^2 & W_N^4 & W_N^6 \\ W_N^0 & W_N^3 & W_N^6 & W_N^9 \end{bmatrix} \begin{bmatrix} x[0] \\ x[1] \\ x[2] \\ x[3] \end{bmatrix}$$

$$= \begin{bmatrix} 1 & 1 & 1 & 1 \\ 1 & -j & -1 & j \\ 1 & -1 & 1 & -1 \\ 1 & j & -1 & -j \end{bmatrix} \begin{bmatrix} 1 \\ 2 \\ 1 \\ 0 \end{bmatrix} = \begin{bmatrix} 4 \\ -j2 \\ 0 \\ j2 \end{bmatrix}$$

亦即，$X_{\text{DFT}}[k] = \{4, -j2, 0, j2\}$，與例題 8.10 之答案一致。

因為 DFT 為 $\mathbf{X} = \mathbf{W}_N \mathbf{x}$，所以 IDFT 為

$$\mathbf{x} = \mathbf{W}_N^{-1} \mathbf{X} \tag{8.33}$$

式中 $\mathbf{W}_N^{-1}$，稱為 IDFT 矩陣 (IDFT matrix)。有鑒於 (8.31) 的定義，若將複數指數項 $e^{j2\pi nk/N}$ 中的序數 n 及 k 對調 $(n \leftrightarrow k)$，且改變其符號得到 $\mathbf{W}_N$ 的共軛轉置矩陣，則

$$\mathbf{x} = \frac{1}{N}\left[\mathbf{W}_N^*\right]^T \mathbf{X}, \quad \mathbf{W}_N^{-1} = \frac{1}{N}\left[\mathbf{W}_N^*\right]^T \tag{8.34}$$

比較且轉借 (8.30) 及 (8.31) 之定義，則

$$x[n] = \text{IDFT}\{X_{\text{DFT}}[k]\} = \frac{1}{N}\left(\text{DFT}\{X_{\text{DFT}}^*[k]\}\right)^* \tag{8.35}$$

注意上述共軛及運算之次序，我們以下列例題說明之。

【例題 8.12】

若一離散時間數列之 DFT 為 $X_{\text{DFT}}[k] = \{4, -j2, 0, j2\}$，試求 IDFT (離散時間數列) $x[n]$。

解 $X_{\text{DFT}}[k] = \{4, -j2, 0, j2\}$，$N = 4$

第一步： 先求共軛值 $X_{\text{DFT}}^*[k] = \{4, j2, 0, -j2\}$。

第二步： 套用 DFT 公式如下

$$\text{DFT}\{X_{\text{DFT}}^*[k]\} = \begin{bmatrix} 1 & 1 & 1 & 1 \\ 1 & -j & -1 & j \\ 1 & -1 & 1 & -1 \\ 1 & j & -1 & -j \end{bmatrix} \begin{bmatrix} 4 \\ -j2 \\ 0 \\ j2 \end{bmatrix} = \begin{bmatrix} 4 \\ 8 \\ 4 \\ 0 \end{bmatrix}.$$

第三步： 將上述結果求共軛值，再除以 N，即得

$$x[n] = \text{IDFT}\{X_{\text{DFT}}[k]\} = \tfrac{1}{4}\{4,\ 8,\ 4,\ 0\} = \{1,\ 2,\ 1,\ 0\}。$$

參見與例題 8.10。

■ **離散式傅立葉變換之性質**　表 8.5 所示為 DFT 的一些性質。DFT 的性質與傅立葉級數、傅立葉變換、DTFT 等頻域變換非常類似，但

表 8.5　*N*-點 DFT 的特性

性　　質	信　號	DFT	說　明
移時、延遲	$x[n-n_0]$	$X_{\text{DFT}}[k]e^{-j2\pi kn_0/N}$	幅度大小不變，產生滯相
半 週 移 時	$x[n-\tfrac{1}{2}N]$	$(-1)^k X_{\text{DFT}}[k]$	週期 *N* 為偶數
調　　制	$x[n]e^{-j2\pi nk_0/N}$	$X_{\text{DFT}}[k-k_0]$	移頻
半 週 調 制	$(-1)^k x[n]$	$X_{\text{DFT}}[k-\tfrac{1}{2}N]$	週期 *N* 為偶數
反　　摺	$x[-n]$	$X_{\text{DFT}}[-k]$	循環摺疊
相　　乘	$x[n]\cdot y[n]$	$\tfrac{1}{N} X_{\text{DFT}}[k]\otimes Y_{\text{DFT}}[k]$	循環式摺積和
摺 積 和	$x[n]\otimes y[n]$	$X_{\text{DFT}}[k]\cdot Y_{\text{DFT}}[k]$	循環式摺積和
相　　關	$x[n]\otimes\otimes y[n]$	$X_{\text{DFT}}[k]\cdot Y_{\text{DFT}}^*[k]$	循環式相關
中 心 軸	$x[0]=\tfrac{1}{N}\sum_{k=0}^{N-1}X_{\text{DFT}}[k]$，$X_{\text{DFT}}[0]=\sum_{n=0}^{N-1}x[n]$		
半週中心軸	$x[\tfrac{N}{2}]=\tfrac{1}{N}\sum_{k=0}^{N-1}(-1)^k X_{\text{DFT}}[k]$，$X_{\text{DFT}}[\tfrac{N}{2}]=\sum_{n=0}^{N-1}(-1)^n x[n]$　(*N* 為偶數)		
帕沙佛原理	$\tfrac{1}{N}\sum_{n=0}^{N-1}|x[n]|^2 = \sum_{k=0}^{N-1}|X_{\text{DFT}}[k]|^2$		

是要注意其內涵的 (時域及頻域) 週期特性,因此考慮摺積和時,時域或頻域之離散序數 (n 或 k) 需做循環式折回,形成循環式摺積和 (cyclic convolution summation)。在離散時域上,兩個數列的循環式摺積和記為 $x[n] \otimes y[n]$;而頻域上,兩個離散式頻譜的循環式摺積和記為 $X[k] \otimes Y[k]$,其運算原理留待往後討論。

因為離散週期式信號 (或頻譜),其對應的頻譜 (或信號) 亦為離散且週期式,其間存在許多偶對稱 (even symmetry)、奇對稱 (odd symmetry)、反摺 (folding)、循環移位 (circular shift)、循環摺疊 (circular folding) 等一些有趣且特殊的特性,將在以下介紹之。

一、對稱性質 與其他頻域變換類似之處為,實數離散數列之 DFT 對於原點有共軛對稱 (conjugate symmetry) 之性質,因此 $X_{\text{DFT}}[-k] = X_{\text{DFT}}^*[k]$;又因為 DFT 為 N-點週期式,故 $X_{\text{DFT}}[-k] = X_{\text{DFT}}[N-k]$。綜上述,

$$X_{\text{DFT}}[-k] = X_{\text{DFT}}^*[k] = X_{\text{DFT}}[N-k] \tag{8.36}$$

DFT 亦對於 $k = \frac{N}{2}$ 為共軛對稱,此序數 ($k = 0.5N$) 稱之為折疊序數 (folding index)。此特性類似於傅立葉級數討論的半波對稱。基於上述之對稱性質,求 DFT 時只需做一半的計算工作,此為下一節要討論的 FFT 原理。

二、中心軸及半週中心軸 在序數 $k = 0$ 及 $k = \frac{N}{2}$ (偶數 N),DFT 有下述的特殊結果,非常有用。

$$x[0] = \frac{1}{N} \sum_{k=0}^{N-1} X_{\text{DFT}}[k], \quad X_{\text{DFT}}[0] = \sum_{n=0}^{N-1} x[n] \tag{8.37}$$

$$x\left[\frac{N}{2}\right] = \frac{1}{N} \sum_{k=0}^{N-1} (-1)^k X_{\text{DFT}}[k], \quad X_{\text{DFT}}\left[\frac{N}{2}\right] = \sum_{n=0}^{N-1} (-1)^n x[n] \quad (N \text{ 為偶數}) \tag{8.38}$$

三、循環移位及對稱

在定義 DFT 時，週期為 N 之信號須在 $0 \le n \le N-1$ 之序數上定義之，因此這組 N 個抽樣即為週期信號的單一週。如果考慮時移信號 $x[n-n_0]$，則 n_0 必須於 $(0, N-1)$ 範圍內，將 $x[n]$ 延遲 n_0 單位，將後面的 n_0 抽樣數據移到 $x[n]$ 的前面，如此建構成 $0 \le n \le N-1$ 內的單一週期信號，此即為循環右移位之原理。若考慮時移信號 $x[n+n_0]$，將 $x[n]$ 左移 n_0 單位，將前面的 n_0 抽樣數據移到 $x[n]$ 的後面，如此建構成單一週期信號，此即為循環左移位之原理。

如果 $x[n]=x[-n]$，則稱數列為偶對稱。當 $x[n]=x[N-n]$，稱為循環偶對稱 (circular even symmetry)；而當 $x[n]=-x[N-n]$，則稱數列為循環奇對稱 (circular odd symmetry)。

現在我們以 4-點數列 $x[n]=\{1, 2, 3, 4\}$ 為例，因此延續週期 ($N=4$) 數列為 $x_P[n]=\{..1, 2, 3, 4; 1, 2, 3, 4, 1, 2, 3, 4...\}$，灰色區即為 4-點數列 $x[n]$。若將 $x_P[n]$ 右移位形成 $x_P[n-1]=\{..1, 2, 3, 4, 1; 2, 3, 4, 1, 2, 3, 4...\}$，其對應的單一週 (灰色區) 4-點數列即是 $x[n-1]=\{2, 3, 4, 1\}$。是故，週期數列 $x_P[n]$ 的右 (左) 移位 $\Leftrightarrow$ 單一週數列 $x[n]$ 的循環右 (左) 移位。我們也可以將 N-點數列循環右移 m 單位記為 $x[n\oplus -m]$，(循環左移 m 單位記為 $x[n\oplus m]$)，$0 \le m \le N-1$。依照同原理，則循環反摺為 $x[-n]=\{1, 4, 3, 2\}$。

基上述原理，兩 N-點數列之循環摺積和定義為

$$z[n] = x[n] \otimes y[n] = \sum_{m=0}^{N-1} x[m] \cdot y[n \oplus -m] \quad n=0,1,\cdots N-1 \quad (8.39)$$

【例題 8.13】

離散數列為 $x[n]=\{1, 2, 3, 4\}$ 及 $y[n]=\{-5, 2, -1, 4\}$ $n=0..3$，

試求 $z[n] = x[n] \otimes y[n]$。

解 $y[-m] = \{-5, 4, -1, 2\}$ $m = 0..3$，由 (8.36) 式

$n = 0$: $z[n] = \sum_{m=0}^{3} x[m] \cdot y[0 \oplus -m]$
$= (1) \cdot (-5) + (2) \cdot (4) + (3) \cdot (-1) + (4) \cdot (2) = 8$,

$n = 1$: $z[n] = \sum_{m=0}^{3} x[m] \cdot y[1 \oplus -m]$
$= (1) \cdot (2) + (2) \cdot (-5) + (3) \cdot (4) + (4) \cdot (-1) = 0$,

$n = 2$: $z[n] = \sum_{m=0}^{3} x[m] \cdot y[2 \oplus -m]$
$= (1) \cdot (-1) + (2) \cdot (2) + (3) \cdot (-5) + (4) \cdot (4) = 4$,

$n = 3$: $z[n] = \sum_{m=0}^{3} x[m] \cdot y[3 \oplus -m]$
$= (1) \cdot (4) + (2) \cdot (-1) + (3) \cdot (2) + (4) \cdot (-5) = -12$,

因此，$z[n] = x[n] \otimes y[n] = \{8, 0, 4, -12\}$。

【例題 8.14】

若一離散時間數列 $x[n] = \{1, 2, 3, 4, 5, 0, 0, 0\}$，$n = 0..7$, 試求如下單一週期之移位。

(a) $f[n] = x[n-2]$， (b) $g[n] = x[n+2]$， (c) $h[n] = x[-n]$。

解 (a) $f[n] = x[n-2]$，此為循環移位，因此我們要將最後的 2 個數據移至 $x[n]$ 的前面，說明如下：$x[n] = \{1, 2, 3, 4, 5, 0, \boldsymbol{0}, \boldsymbol{0}\}$，$n = 0..7$

$f[n] = x[n-2] = \{\boldsymbol{0}, \boldsymbol{0}, 1, 2, 3, 4, 5, 0\}$，$n = 0..7$

(b) $g[n] = x[n+2]$，此為循環移位，因此我們要將最前的 2 個數據移至 $x[n]$ 的後面，說明如下：$x[n] = \{\boldsymbol{1}, \boldsymbol{2}, 3, 4, 5, 0, 0, 0\}$，$n = 0..7$

$$g[n] = x[n+2] = \{3, 4, 5, 0, 0, 0, 1, 2\}\text{，} n = 0..7$$

(c) $h[n] = x[-n] = \{1, 0, 0, 0, 5, 4, 3, 2\}\text{，} n = 0..7$

【例題 8.15】

若一離散時間數列 $x[n] = \{1, 1, 0, 0, 0, 0, 0, 0\}$，$n = 0..7$，試利用對稱原理、求 DFT。

解 $x[n] = \{1, 1, 0, 0, 0, 0, 0, 0\}$，$n = 0..7$，因此 $N = 8$。

$$X_{\text{DFT}}[k] = \sum_{n=0}^{7} x[n] e^{-j2\pi nk/8} = 1 + e^{-j\pi k/4}\text{，} \quad k = 0..7$$

因為 $N = 8$，只須計算 $X_{\text{DFT}}[k]\,(k \leq 4)$ 如下

$X_{\text{DFT}}[0] = 1 + 1 = 2$，$X_{\text{DFT}}[1] = 1 + e^{-j\frac{\pi}{4}} = 1.701 - j0.707$，
$X_{\text{DFT}}[2] = 1 + e^{-j\pi/2} = 1 - j$，$X_{\text{DFT}}[3] = 0.293 - j0.707$，

$X_{\text{DFT}}[4] = 1 - 1 = 0$。再利用共軛對稱原理 $X_{\text{DFT}}[k] = X_{\text{DFT}}^*[8-k]$ ($k = 4, 5, 6, 7$) 如下：

$X_{\text{DFT}}[4] = 1 - 1 = 0$，$X_{\text{DFT}}[5] = X_{\text{DFT}}^*[3] = 0.293 + j0.707$，
$X_{\text{DFT}}[6] = X_{\text{DFT}}^*[2] = 1 + j$，$X_{\text{DFT}}[7] = X_{\text{DFT}}^*[1] = 1.707 + j0.707$，

所以，$x[n]$ 的 DFT 為

$$X_{\text{DFT}}[k] = \{2, 1.707 - j0.707, 0.293 - j0.707, 1 - j, 0,$$
$$1 + j, 0.293 + j0.707, 1.707 + j0.707\}.$$

【例題 8.16】

若 $x[n] = \{1, 2, 1, 0\}$ 之 DFT 為 $X_{\text{DFT}}[k] = \{4, -j2, 0, j2\}$，現在討論下列 DFT 及 IDFT 的性質。

(a) (時移性質) $y[n] = x[n-2] = \{1, 0, 1, 2\}$，其 DFT 為
$$Y_{\text{DFT}}[k] = X_{\text{DFT}}[k]e^{-j2\pi k n_0} = X_{\text{DFT}}[k]e^{-jk\pi} = \{4, j2, 0, -j2\}。$$

(b) (頻移性質) $Z_{\text{DFT}}[k] = X_{\text{DFT}}[k-1] = \{j2, 4, -j2, 0\}$，其 IDFT 為
$$z[n] = x[n]e^{j2\pi n/4} = x[n]e^{j\pi n/2} = \{1, j2, -1, 0\}。$$

(c) (反折性質) $g[n] = x[-n] = \{1, 0, 1, 2\}$，其 DFT 為
$$G_{\text{DFT}}[k] = X_{\text{DFT}}[-k] = X_{\text{DFT}}^*[k] = \{4, j2, 0, -j2\}。$$

(d) (共軛性質) $p[n] = x^*[n] = \{1, 2, 1, 0\}$，其 DFT 為
$$P_{\text{DFT}}[k] = X_{\text{DFT}}^*[-k] = \{4, j2, 0, -j2\}^* = \{4, -j2, 0, j2\}。$$

(e) (乘積性質) $h[n] = x[n] \cdot x[n] = \{1, 4, 1, 0\}$，其 DFT 為
$$H_{\text{DFT}}[k] = \tfrac{1}{4} X_{\text{DFT}}[k] \otimes X_{\text{DFT}}[k]$$
$$= \tfrac{1}{4}\{4, -j2, 0, j2\} \otimes \{4, -j2, 0, j2\},$$

此為循環式摺積和，因此 $H_{\text{DFT}}[k] = \{6, -j4, 0, j4\}$。

(f) (循環摺積性質) $c[n] = x[n] \otimes x[n] = \{1, 2, 1, 0\} \otimes \{1, 2, 1, 0\}$，此為循環摺積和，因此 $c[n] = \{2, 4, 6, 4\}$。其 DFT 為
$$C_{\text{DFT}}[k] = X_{\text{DFT}}[k] \cdot X_{\text{DFT}}[k] = \{16, -4, 0, -4\}。$$

(g) (一般的摺積性質) $s[n] = x[n] * x[n] = \{1, 2, 1, 0\} * \{1, 2, 1, 0\}$，此為一般習用摺積和，因此 $s[n] = \{1, 4, 6, 4, 1, 0, 0\}$。

(h) (帕斯佛性質) $\sum_{n=0}^{3} |x[n]|^2 = 6$。因為 $X_{\text{DFT}}^2[k] = \{16, -4, 0, -4\}$，所以
$$\sum_{k=0}^{3} |X_{\text{DFT}}[k]|^2 = \tfrac{1}{4}(16 + 4 + 4) = 6 = \sum_{n=0}^{3} |x[n]|^2。$$

8-4 FFT及其應用

DFT 在求得離散數列 $x[n]$ 的週期式、離散頻譜 $X_{\text{DFT}}[k]$，此種變換具有許多週期循環式對稱性質，如表 8.5 所述，可以利用來減輕運算程序，此即為快速傅立葉變換 (FFT) 之原理。

對於 N-點離散數列 $x[n]$，其 DFT 及 IDFT 分別如式 (8.30) 及 (8.31)，為聯立方程式組，亦可描述成為 (8.32) 及 (8.33) 的矩陣方程式。每一方程式需做 N 個乘法及 $N-1$ 個加法，因此總共須完成 N^2 個乘法及 $N(N-1)$ 個加法以計算出 DFT。可想而知，當 N 很大時，欲求 DFT (或 IDFT) 計算量之繁瑣及龐大。

■ **一些週期循環及對稱性質** 現在我們研討複數指數 $W_N = e^{-j2\pi/N}$ 的週期循環性，及其對稱性質如下：

$$W_N^{n+N} = e^{-j2\pi(n+N)/N} = e^{-j2\pi n/N} = W_N^n \tag{8.40}$$

$$W_N^{n+N/2} = e^{-j2\pi(n+N/2)/N} = -e^{-j2\pi n/N} = -W_N^n \tag{8.41}$$

$$W_N^{NK} = e^{-j2NK\pi/N} = e^{-j2\pi K} = 1 \tag{8.42}$$

$$W_{N/2} = e^{-j2\pi/\frac{N}{2}} = e^{-j2(2\pi/N)} = = W_N^2 \tag{8.43}$$

施行 FFT 的計算機程式運算時，通常選用 $N = 2^m$，其基底數 (radix) 等於 2，因此往後我們要討論基底數等於 2 的 FFT 演算法。此外，為了減少運算量，偶數序數及奇數序數的抽樣數據分別處理。計算機程式運算結果須做儲存，如果儲存位置 (儲存空間) 需要愈少，則所用的演繹程式 (algorithm) 也就愈簡潔，使得數值計算之效率可以有效地提高。施行 FFT 時，為節省儲存空間，常用的方法為原位計

算 (in place computation)，亦即計算之結果所用的儲存位置就是原來數據的位置。因為 DFT 變換 $x[n] \Leftrightarrow X_{DEF}[k]$，是故計算時儲存數列數據及頻譜數據分別採用原位計算，此為 FFT 演繹法之特點。

現在我們考慮 2-點式數列 $x[n] = \{x[1], x[2]\}$ 之 DFT 如下：

$$X_{DEF}[0] = x[0] + x[1]，\quad 且 \quad X_{DEF}[1] = x[0] - x[1] \tag{8.44}$$

由於循環對稱性質，N-點 DFT 可以考慮由兩組數據 (各為 $\frac{N}{2}$ 個數據) 之 DFT 組成，其一為原數列之偶序數，另一組奇序數之數據，說明如下：

$$\begin{aligned} X_{DFT}[k] &= \sum_{n=0}^{N-1} x[n] W_N^{nk} = \sum_{n=0}^{N/2-1} x[2n] W_N^{2nk} + \sum_{n=0}^{N/2-1} x[2n+1] W_N^{(2n+1)k} \\ &= \sum_{n=0}^{N/2-1} x[2n] W_N^{2nk} + W_N^k \sum_{n=0}^{N/2-1} x[2n+1] W_N^{2nk} \\ &= \sum_{n=0}^{N/2-1} x[2n] W_{N/2}^{nk} + W_N \sum_{n=0}^{N/2-1} x[2n+1] W_{N/2}^{nk} \end{aligned}$$

若 $X^e[k]$ 及 $X^o[k]$ 分別為 DFT 的偶數序數及奇序數數列，其各含 $\frac{N}{2}$ 個數據長度，則上式可改寫為

$$X_{DEF}[k] = X^e[k] + W_N^k X^o[k], \quad k = 0, 1, \cdots N-1 \tag{8.44}$$

又因為 $X^e[k]$ 及 $X^o[k]$ 分別序數 k 的週期函數，週期為 $\frac{N}{2}$，又由於週期對稱性，再將 $X_{DEF}[k]$ 拆開如下

$$X_{DEF}[k] = X^e[k] + W_N^k X^o[k], \quad k = 0, 1, \cdots \left(\frac{N}{2} - 1\right) \tag{8.45}$$

$$X_{DEF}\left[k + \tfrac{N}{2}\right] = X^e\left[k + \tfrac{N}{2}\right] + W_N^{k+N/2} X^o\left[k + \tfrac{N}{2}\right]$$

$$X_{DEF}\left[k + \tfrac{N}{2}\right] = X^e[k] - W_N^k X^o[k], \quad k = 0, 1, \cdots \left(\frac{N}{2} - 1\right) \tag{8.46}$$

上兩式即為丹尼爾生-蘭克索斯預備定理 (Danielson-Lanczos lemma)。

根據 (8.45) 及 (8.46) 式所述 DFT 程序，則偶數序數數列 $A =$

第八章 DTFT 與 DFT   393

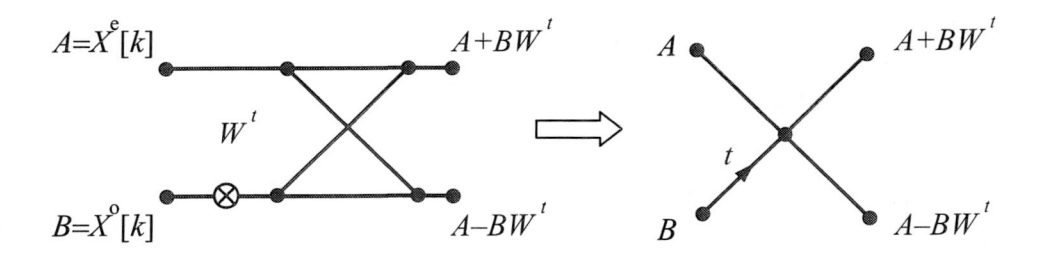

圖 8.4 FFT 計算所用的蝶符信號流程圖。

$X^e[k]$ 及奇數序數數列 $B = X^o[k]$ 被變換成 $X^e + W_N^k X^o$ 及 $X^e - W_N^k X^o$。以圖 8.4 的蝶符 (butterfly) 代表此演算，須有 2 個複數加法及 1 個複數乘法，一般對於 N-點 DFT，將有 $\frac{N}{2}$ 個蝶符。

因此，對於 2-點式數列 $x[n] = \{x[1], x[2]\}$ 之 DFT：

$$X[0] = x[0] + x[1], \quad \text{且} \quad X[1] = x[0] - x[1]$$

參見式 (8.44)，此時 $W^0 = 1$，其蝶符代表的信號流程圖即如圖 8.5。

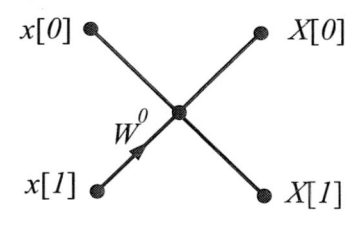

圖 8.5 2-點數列之 FFT 計算所用的蝶符。

對於 N-點數列，套用前述之預備定理，分解成二組各含 $\frac{N}{2}$ 個數據長度之 DFT (第一級分解)。同上原理，上述 DFT 可再進一步地分解成各含 $\frac{N}{4}$ 個數據長度之 DFT (第二級分解)，以減輕計算之複雜度，因此

$$X^e[k] = X^{ee}[k] + W_{N/2}^k X^{eo}[k], \quad X^o[k] = X^{oe}[k] + W_{N/2}^k X^{oo}[k]$$

因為，$W_{N/2}^k = W_N^{2k}$，所以

$$X^e[k] = X^{ee}[k] + W_N^{2k} X^{eo}[k], \quad X^o[k] = X^{oe}[k] + W_N^{2k} X^{oo}[k] \quad (8.47)$$

一般施行 DFT 時，令 $N = 2^m$，則一再地套用上述偶數序數及奇數序數之分解，最後到達第 m-級 (第 m 級分解)，變成為 1-點的 DFT 了。亦即，對於 N-點數列之 DFT，其 FFT 之分化程序共有 $m = \log_2 N$ 級。1-點數列 (週期為 1) 的 DFT 是為其本身，以此原理，N-點數列 $x[n]$ 經由 m-級分解之蝶符逐步計算，可以得到 DFT $X_{DEF}[k]$，此種程序稱之為分化法 (decimation)。經由上述之分化程序所得到的 DFT 結果，其序數的二進位元組剛好反過來，稱之為反位元組 (bit-reverse)。以 2-點 DFT 為例，序數 $\{0,1,2,3\}$ 之二進數碼為 $\{00, 01, 10, 11\}$，將此二進數碼做反位元編碼得 $\{00, 10, 01, 11\}$，其對應於序數 $\{0, 2, 1, 3\}$，我們發現前面的一半 $\{0, 2\}$ 是偶數，而後面 $\{1, 3\}$ 則是奇數。因為二進數碼的最小位元 (最右邊位元) 若為 0/1，則代表偶數/奇數，是故令 $e = 0, o = 1$，在將序數做反位元編碼即得所需的 DFT 了。我們以下列的例子說明之。

【例題 8.17】

考慮 4-點離散時間數列 $x[n]$，$n = 0..3$, 試以 FFT 程序求 DFT。

解 $N = 4$，所以 $W_4 = e^{-j2\pi/4} = e^{-j\pi/2} = -j$，其 DFT 為

$$X_{DFT}[k] = \sum_{n=0}^{3} x[n] W_4^{nk}, \quad k = 0, 1, 2, 3$$

整理 $x[n]$ 中，偶序數及奇序數之數據如下：

$$X_{DFT}[k] = X^e[k] + W_4^k X^o[k] \begin{cases} X^e[k] = x[0] + x[2] W_4^{2k} \\ X^o[k] = x[1] + x[3] W_4^{2k} \end{cases} k = 0, 1, 2, 3$$

利用週期循環對稱性質，上式分解成

$$X_{\text{DFT}}[k] = X^e[k] + W_4^k X^o[k]$$
$$X_{\text{DFT}}[k + \tfrac{N}{2}] = X^e[k] - W_4^k X^o[k]$$
$$\begin{cases} X^e[k] = x[0] + x[2]W_4^{2k} \\ X^o[k] = x[1] + x[3]W_4^{2k} \end{cases} k = 0, 1$$

因此，

$$X_{\text{DFT}}[0] = X^e[0] + W_4^0 X^o[0] = x[0] + x[2]W_4^0 + W_4^0\{x[1] + x[3]W_4^0\}$$
$$X_{\text{DFT}}[1] = X^e[1] + W_4^1 X^o[1] = x[0] + x[2]W_4^2 + W_4^1\{x[1] + x[3]W_4^2\}$$
$$X_{\text{DFT}}[2] = X^e[0] - W_4^0 X^o[0] = x[0] + x[2]W_4^0 - W_4^0\{x[1] + x[3]W_4^0\}$$
$$X_{\text{DFT}}[3] = X^e[1] - W_4^1 X^o[1] = x[0] + x[2]W_4^2 - W_4^1\{x[1] + x[3]W_4^2\}$$

又因為 $W_4^0 = 1$, $W_4^1 = W_4 = -j$, $W_4^2 = -1$，所以

$$X_{\text{DFT}}[0] = \{x[0] + x[2]\} + \{x[1] + x[3]\}$$
$$X_{\text{DFT}}[1] = x[0] - x[2] + W_4\{x[1] - x[3]\}$$
$$= \{x[0] - x[2]\} - j\{x[1] - x[3]\}$$
$$X_{\text{DFT}}[2] = \{x[0] + x[2]\} - \{x[1] + x[3]\}$$
$$X_{\text{DFT}}[3] = x[0] - x[2] - W_4\{x[1] - x[3]\}$$
$$= \{x[0] - x[2]\} + j\{x[1] - x[3]\}$$

現在我們討論此例題所用的 4-點 DFT 蝶符程序，參見圖 8.6。

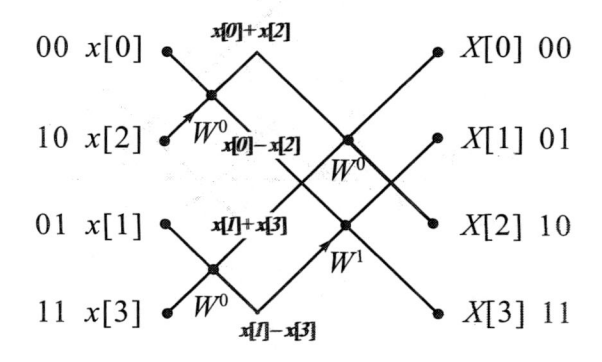

圖8.6 例題 8.17 的 4-點 FFT 蝶符計算程序。

首先序數 $\{0, 1, 2, 3\}$ 之二進數碼 $\{00, 01, 10, 11\}$ 做反位元編碼得 $\{00, 10, 01, 11\}$，對應於序數 $\{0, 2, 1, 3\}$，因而輸入數據為 $x[0], x[2], x[1], x[3]$，由此導出第一級蝶符，其輸出分別為 $x[0]+x[2]$、$x[0]-x[2]$，以及 $x[1]+x[3]$、$x[1]-x[3]$。再來，於第二級蝶符，依照前述表示式可以組合出 $X_{\text{DFT}}[k]\, k = 0, 1, 2, 3$。

【例題 8.18】

若一離散時間 4-點數列為 $x[n] = \{1, 2, 1, 0\}$，試以 FFT 蝶符程序求其 DFT，然後驗證出 DFT 之結果。

解 $N = 4$，所以 $W_4 = e^{-j2\pi/4} = e^{-j\pi/2} = -j$。仿照例題 8.17，所用的 FFT 蝶符流程圖有 $m = \log_2 N = 2$ 級：第一級有 2 個蝶符，輸入分別為 $x[0], x[2]$，及 $x[1], x[3]$；產生二組輸出分別為：$x[0]+x[2] = 2$、$x[0]-x[2] = 1-1 = 0$，及 $x[1]+x[3] = 2+0 = 2$、$x[1]-x[3] = 2-0 = 2$。第二級也有 2 個蝶符，其輸入分別為 $x[0]+x[2] = 2$、$x[0]-x[2] = 0$，及 $x[1]+x[3] = 2$、$x[1]-x[3] = 2$。

因為 $W_4^0 = 1$ 且 $W_4^1 = -j$，所以第二級輸出分別為 $X[0] = 2$

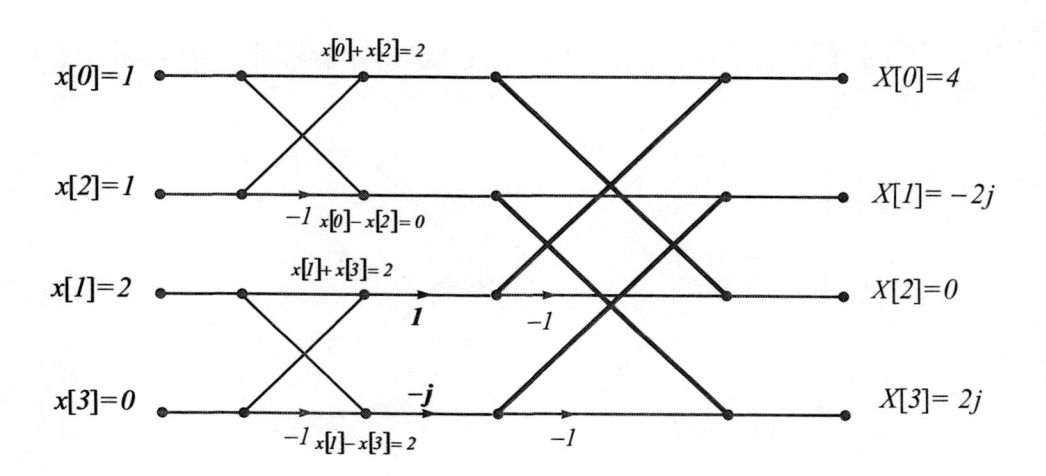

圖 8.7 例題 8.18 的 4-點 FFT 蝶符計算程序。

$+ 2 = 4$，$X[1] = 0 - j2 = -j2$，$X[2] = 2 - 2 = 0$，及 $X[3] = 0 - (-j2) = j2$，$X_{\text{DFT}}[k] = \{4, -2j, 0, 2j\}$，參見例題 8.10。

習 題

P8.1. (數列的 DTFT) 試求下列數列的 DTFT $X_P(F)$，並且計算 $X_P(F)$ 在 $F = 0, 0.5$, 及 $F = 1$ 之值。
(a) $x[n] = \{1, 2; 3, 2, 1\}$，
(b) $x[n] = \{-1, 2; 0, -2, 1\}$，
(c) $x[n] = \{;1, 2, 2, 1\}$，
(d) $x[n] = \{;-1, -2, 2, 1\}$。

P8.2. (離散時間信號的 DTFT) 試求下列信號的 DTFT。
(a) $x[n] = (0.5)^{n+2} u[n]$，
(b) $x[n] = n(0.5)^{2n} u[n]$，
(c) $x[n] = (0.5)^{n+2} u[n-1]$，
(d) $x[n] = n(0.5)^{n+2} u[n-1]$，
(e) $x[n] = (n+1)(0.5)^n u[n]$，
(f) $x[n] = (0.5)^{-n} u[-n]$。

P8.3. (DTFT 的性質) 若數列 $x[n]$ 之 DTFT 為 $X_P(F) = \frac{4}{2-e^{-j2\pi F}}$，試分別求下列信號的 DTFT。
(a) $y[n] = x[n-2]$，
(b) $z[n] = nx[n]$，
(c) $w[n] = x[-n]$，
(d) $v[n] = x[n] - x[n-1]$，
(e) $p[n] = x[n] * x[n]$，
(f) $q[n] = e^{j\pi} x[n]$，
(g) $e[n] = x[n]\cos(n\pi)$，
(h) $f[n] = x[n+1] + x[n-1]$。

P8.4. (DTFT 的性質) 若信號 $x[n] = (0.5)^n u[n]$ 的 DTFT 為 $X(F)$，試分別求下列 DTFT 所對應的信號。
(a) $Y(F) = X(-F)$，
(b) $Z(F) = X(F - 0.25)$，
(c) $W(F) = X(F + 0.25) + X(F - 0.25)$，
(d) $V(F) = \frac{d}{dF} X(F)$，
(e) $P(F) = X(F)^2$，
(f) $Q(F) = X(F) \otimes X(F)$，
(g) $E(F) = X(F)\cos(4\pi F)$，
(h) $D(F) = X(F + 0.25) - X(F - 0.25)$。

P8.5. (離散週期信號的頻譜) 試繪製下述離散時間週期信號的 DTFT 頻

譜，主要頻率為 $|F| \leq 0.5$。
(a) $x[n] = \cos(0.5n\pi)$
(b) $x[n] = \cos(0.5n\pi) + \sin(0.25n\pi)$
(c) $x[n] = \cos(0.5n\pi) \cdot \sin(0.25n\pi)$

P8.6. (週期式離散信號的 DTFT) 試求下列信號的 DTFT，N 為週期。
(a) $x[n] = \{; 1, 0, 0, 0, 0\}$, $N = 5$
(b) $x[n] = \{; 1, 0, -1, 0\}$, $N = 4$
(c) $x[n] = \{; 3, 2, 1, 2\}$, $N = 4$
(d) $x[n] = \{; 1, 2, 3\}$, $N = 3$

P8.7. (週期式離散信號及響應) 如果 $x_1[n] = \{; 1, -2, 0, 1\}$ 為週期信號 $x_P[n]$ 的單一週期數列，
(a) 試求 $x_P[n]$ 的 DTFT，
(b) 若一數位濾波器的單位脈衝響應為 $h[n] = \text{sinc}(0.8n)$，試求 $x_P[n]$ 輸入產生的響應。

P8.8. (頻率響應) 如果一數位濾波器的頻率響應為 $H(F) = 2\cos(\pi F)e^{-j\pi F}$，求下列輸入所產生的輸出。
(a) $x[n] = \delta[n]$，　　　　　(b) $x[n] = \cos(0.5n\pi)$，
(c) $x[n] = \cos(n\pi)$，　　　　(d) $x[n] = 1$，
(e) $x[n] = e^{j0.4n\pi}$，　　　　(f) $x[n] = (j)^n$。

P8.9. (頻率響應) 如果一數位濾波器的輸入數列為 $x[n] = \{; 1, 0.5\}$，產生的輸出數列為 $y[n] = \delta[n] - 2\delta[n-1] - \delta[n-2]$，
(a) 試求頻率轉移函數 $H[F]$，
(b) 試求系統的單位脈衝響應數列 $h[n]$。

P8.10. (抽樣、DTFT 及濾波) 考慮類比信號 $x(t)$ 經抽樣為離散時間信號 $x[n]$，其次以數位濾波器做數位信號處理 (DSP)，產生數列 $y[n]$，再經過理想低頻通濾波器取出所需的類比信號 $y(t)$，如圖 P8.10 所示。抽樣器 (sampler) 之抽樣速率為 $f_S = 1$ Hz，理想低頻通濾波器之截止頻率為 $f_C = 0.5$ Hz。

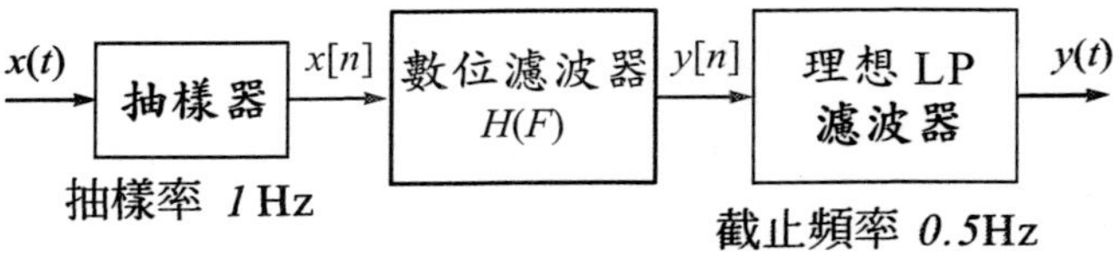

第八章 DTFT 與 DFT　399

```
x(t) → [抽樣器] → x[n] → [數位濾波器 H(F)] → y[n] → [理想 LP 濾波器] → y(t)
        抽樣率 1 Hz                              截止頻率 0.5Hz
```

圖 P8.10 習題 8.10 之系統。

(a) 若數位濾波器的頻率響應為 $H(F) = \text{rect}(2F)e^{-j0.5\pi F}$，試求其單位脈衝響應數列 $h[n]$。

(b) 若輸入為 $x(t) = \cos(0.2\pi t)$，求 $h[n]$ 及 $y(t)$。

(c) 試求 $H(f) = \frac{Y(f)}{X(f)}$。

P8.11. (DFT) 試求下列離散時間信號的 DFT。

(a) $x[n] = \{1, 2, 1, 2\}$　　(b) $x[n] = \{2, 1, 3, 0, 4\}$
(c) $x[n] = \{2, 2, 2, 2\}$　　(d) $x[n] = \{1, 0, 0, 0, 0, 0, 0, 0\}$

P8.12. (IDFT) 試求下列 DFT 所對應的數列。

(a) $X_{DFT}[k] = \{2, -j, 0, j\}$　　(b) $X_{DFT}[k] = \{4, -1, 1, 1, -1\}$
(c) $X_{DFT}[k] = \{1, 2, 1, 2\}$　　(d) $X_{DFT}[k] = \{1, 0, 0, j, 0, -j, 0, 0\}$

P8.13. (DFT 的對稱性) 下列的數列係為實數數列之 DFT，試求式中空格處之數值。

(a) $X_{DFT}[k] = \{0, \boxed{A}, 2+j, -1, \boxed{B}, j\}$
(b) $X_{DFT}[k] = \{1, 2, \boxed{C}, \boxed{D}, 0, 1-j, -2, \boxed{E}\}$

P8.14. (DFT 的性質) 若數列 $x[n]$ 的 DFT 為 $X_{DFT}[k] = \{1, 2, 3, 4\}$，試利用 DFT 的性質求下列數列的 DFT。

(a) $a[n] = x[n-2]$，　　(b) $b[n] = x[n+6]$，
(c) $c[n] = e^{jn\pi/2} x[n]$，　　(d) $d[n] = x[n] \otimes x[n]$，
(e) $e[n] = x[n] \cdot x[n]$，　　(f) $f[n] = x[-n]$，
(g) $g[n] = x^*[n]$，　　(h) $h[n] = x^2[-n]$

P8.15. (位元反序) 二進位元反序，試求下列數列之反位元數列。

(a) $\{1, 2, 3, 4\}$，　　(b) $\{0, -1, 2, -3, 4, -5, 6, -7\}$。

P8.16. (FFT 與 DFT)　根據 FFT 之蝶符計算程序求以下數列之 DFT：
$$x[n] = \{1, 2, 2, 2, 1, 0, 0, 0\}$$

P8.17. (摺積和)　現有二數列分別為 $x[n] = \{\,;1, 2, 1\}$ 及 $y[n] = \{\,;1, 2, 3\}$
(a) 試於時域上直接求線性摺積和 $z[n] = x[n] * y[n]$，
(b) 試利用 DFT 求循環摺積和 $z[n] = x[n] * y[n]$。

P8.18. (循環摺積和)　現有二數列分別為 $x[n] = \{1, 2, 1\}$ 及 $y[n] = \{1, 2, 3\}$
(a) 試於時域上直接求循環摺積和 $z[n] = x[n] \otimes y[n]$，
(b) 試利用 DFT 求循環摺積和 $z[n] = x[n] \otimes y[n]$。

附　錄
習題解答

第一章 習題解答

P1.1. 至 **P1.8.**　(參見課本之定義)

P1.9. 參見圖 PA1.9。

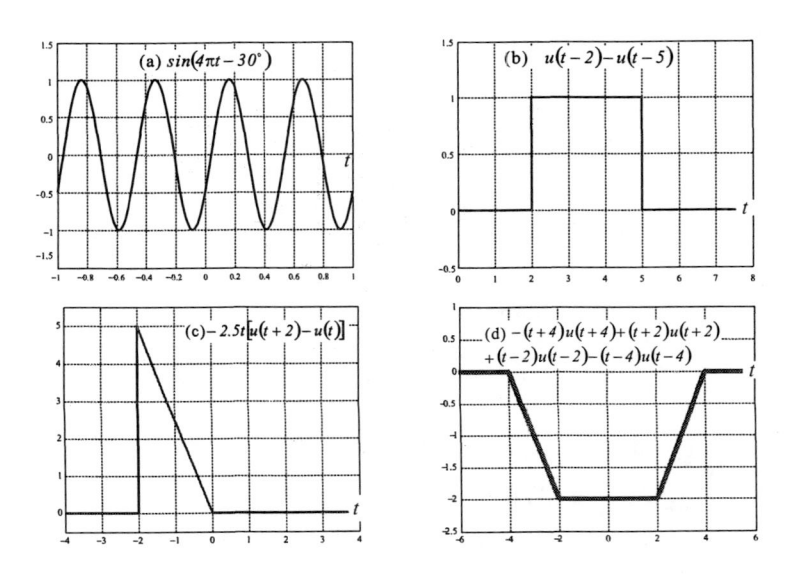

圖 PA1.9　習題 P1.9. 之圖形。

401

P1.10. 參見圖 PA1.10.。

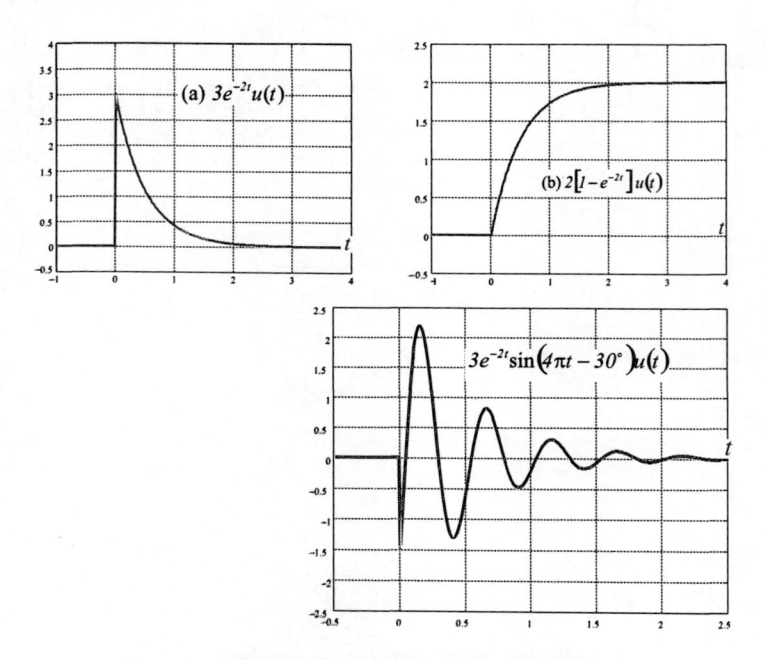

圖 PA1.10　習題 P1.10. 之圖形。

P1.11. 參見圖 PA1.11。

(a) $x(t) = \begin{cases} 0, & t < 2 \\ 2, & -2 \leq t < 0 \\ t-2, & 0 \leq t < 2 \\ 0, & t \geq 2 \end{cases}$

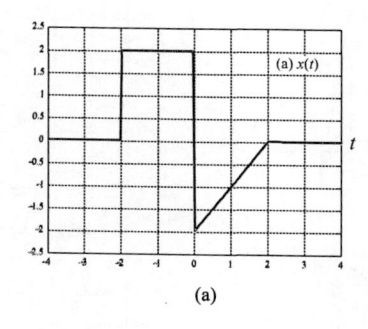

圖 PA1.11(a)

(b) $x(-t)$，將 $x(t)$ 在時間軸上反摺。
(c) $x(2t-2)$，$x(t)$ 在時間軸右移（延遲）2 單位，再壓縮 2 倍。
(d) $x(0.5(t-2))$，$x(t)$ 在時間軸上先膨脹 2 倍，再右移（延遲）2 單位，參見圖 PA1.11(d)。

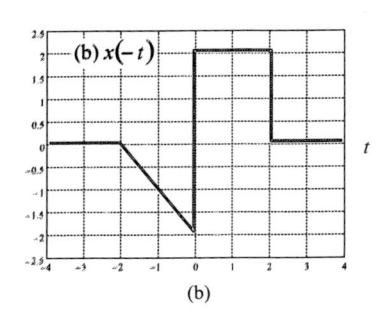

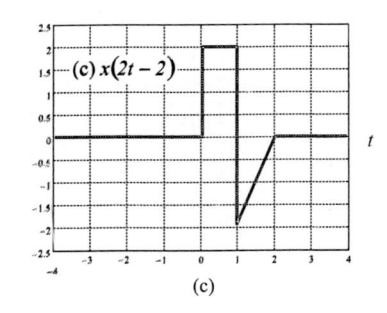

圖 PA1.11(b)　　　　　　　　　圖 PA1.11(c)

(e) $x(-1-0.5t)$，$x(t)$ 在時間軸右移 1 單位，膨脹 2 倍，再反摺，參見圖 PA1.11(e)。

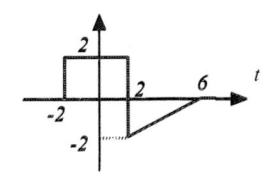

圖 PA1.11(d) 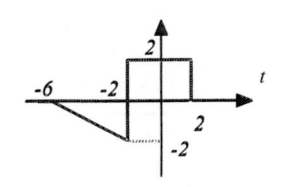　　　　　　　　　圖 PA1.11(e)

P1.12. (a) 信號 $z(t)$ 定義如下：

$$z(t) = \begin{cases} t & 0 \le t < 2 \\ 2 & 2 \le t \le 4 \\ -(t-6) & 4 \le t \le 6 \\ 0 & \text{其他} \end{cases}$$

(b) $z(t)$ 時間微分定義如下：

$$\frac{d}{dt}z(t) = \begin{cases} 1 & 0 \le t < 2 \\ 0 & 2 \le t \le 4 \\ -1 & 4 \le t \le 6 \\ 0 & \text{其他} \end{cases}$$

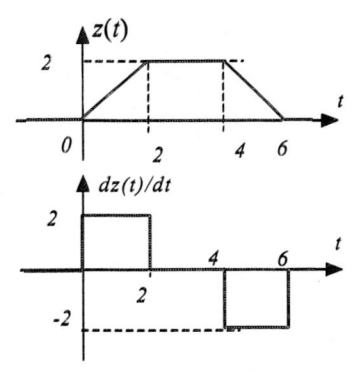

圖 P1.12　習題 1.12. 之波形。

P1.13. $z(t) = 2r(t) - 2r(t-2) - 2r(t-4) + 2r(t-6)$。

P1.14. 參見圖 PA1.14。

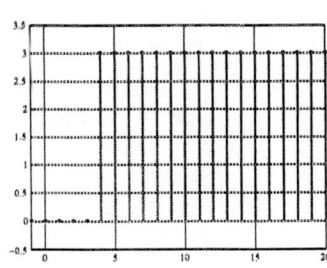

圖 P1.14(a)　$3u[n-4]$。

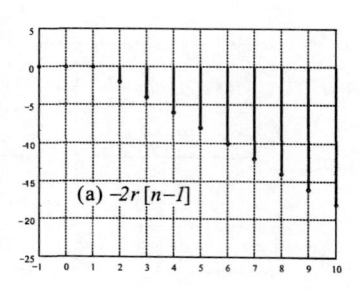

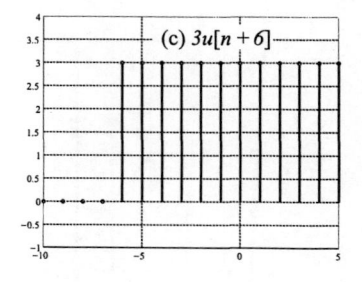

圖 P1.14(b), (c)

P1.15. 參見圖 PA1.15。

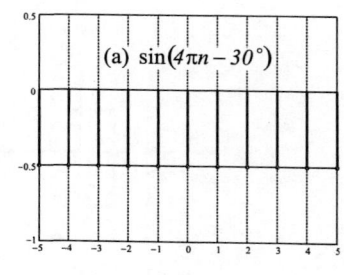

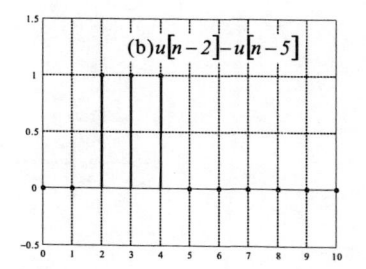

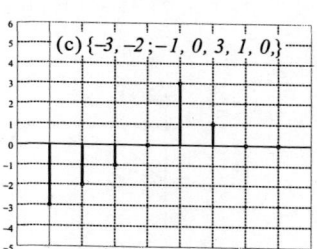

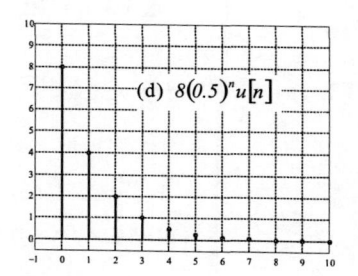

圖 PA1.15

P1.16. $x[n]=\{\ ;6, 4, 2, 2\}$，所以

(a) $x[n-2]=\{\ ;0, 0, 6, 4, 2, 2\}$

(b) $x[n+2]=\{6, 4\ ;2, 2\}$

(c) $x[-n+2]=\{2\ ;2, 4, 6\}$

(d) $x[-n-2]=\{2, 2, 4, 6, 0, 0\ ;\}$

P1.17. (a) $x(t)=\sum_{m=-\infty}^{\infty}2[u(t-4m)-u(t-2-4m)]$

(b) $y(t)=\sum_{m=-\infty}^{\infty}2[u(t-4m)-u(t-2-4m)]-1$

P1.18. $y(t) = x(t) - 1$。

P1.19. $u[n] - u[n-5] + (n-10)(u[n-5] - u[n-10])$。

P1.20. $A = 4$, $\alpha = \frac{1}{2}$, $N = 5$。

P1.21. $A = 2$, $\phi = \frac{\pi}{4}$, $F = \frac{1}{8}$，信號為 $2\cos\left(\frac{\pi n}{4} + \frac{\pi}{4}\right)$。

P1.22. 信號為 $A\alpha^n \sin(2\pi F n + \phi)u[n] = 5(0.8)^n \sin\left(\frac{\pi n}{6} + \frac{\pi}{4}\right)u[n]$，所以 $A = 5$, $\alpha = 0.8$, $\phi = \frac{\pi}{4}$, $F = \frac{1}{12}$。

P1.23. $x[n] = \{0, 0.5\,;\,1, 0.5, 0\}$。

P1.24. 至 P1.28 (參見課本之定義)

第二章 習題解答

P2.1. 至 P2.5 (參見課本之定義)

P2.6. 解答參見下表：

	系　統	線性	非時變	因果性	動態
(a)	$D^2 y(t) + 3Dy = 2Dx(t) + x(t)$	是	是	是	是
(b)	$D^2 y(t) + 3y(t)Dy = 2Dx(t) + x(t)$	否	是	是	是
(c)	$D^2 y(t) + 3tx(t)Dy = 2Dx(t)$	否	否	是	是
(d)	$D^2 y(t) + 3Dy = 2x^2(t) + x(t+2)$	否	是	否	是
(e)	$y(t) + 3 = 2x(t) + x^2(t)$	否	是	是	否
(f)	$y(t) = 2x(t+1) + 1$	否	是	否	是

P2.7.

	系　　統	線性	非時變	因果性	動態
(a)	$D^2y(t)+e^{-t}Dy=\|Dx(t-1)\|$	否	否	是	是
(b)	$y(t)=2x(t+1)+x^2(t)$	否	是	否	是
(c)	$D^2y(t)+\cos(2t)Dy=Dx(t+1)$	是	否	否	是
(d)	$y(t)+t\int_{-\infty}^{t}ydt=2x(t)$	是	否	是	是
(e)	$y(t)+\int_{0}^{t}ydt=\|Dx(t)\|-x(t)$	否	是	是	是
(f)	$D^2y(t)+t\int_{0}^{t+1}ydt=Dx(t)+2$	否	否	是	是

P2.8. (a) $Dy(t)+2y=u(t)$，令 $y_F=A$（常數），因此 $Dy_F+2y_F=0+2A=1$，解得 $y_F(t)=A=\frac{1}{2}$。

(b) $Dy(t)+2y=\cos(t)u(t)$，令 $y_F=A\cos(t)+B\sin(t)$，將之代入原方程式，比較 $\cos(t)$ 及 $\sin(t)$ 係數可得：$B+2A=1, 2B-A=0$ 之聯立方程式，因此 $A=0.4, B=0.2$。因此，$y_F=0.4\cos(t)+0.2B\sin(t)$。

(c) $Dy(t)+2y=e^{-t}u(t)$，令 $y_F=Ae^{-t}$，將之代入原方程式，比較係數可得：$A=1$，因此 $y_F=e^{-t}$。

(d) $Dy(t)+2y=e^{-2t}u(t)$，因為自然響應之形式為 e^{-2t}，故令 $y_F=Ate^{-t}$。將之代入原方程式，比較係數可得：$A=1$，因此 $y_F=te^{-t}$。

(e) $Dy(t)+2y=tu(t)$，令 $y_F=A+Bt$，將之代入原方程式，比較係數可得：$A=-0.25, B=0.5$，因此 $y_F=-\frac{1}{4}+\frac{1}{2}t$。

(f) $Dy(t)+2y=te^{-2t}u(t)$，因為自然響應之形式為 e^{-2t}，故令 $y_F=At^2e^{-t}$。將之代入原方程式，比較係數可得：$A=0.5$，因此 $y_F=\frac{1}{2}t^2e^{-t}$。

P2.9. (a) $Dy(t)+5y(t)=u(t), y(0)=2$。自然響應為 $y_N=Ke^{-5t}$，強迫響應為 $y_F=A=0.2$，因此總響應為 $y(t)=0.2+Ke^{-5t}$。因為 $2=y(0)=0.2+K$，$K=1.8$，即 $y(t)=0.2+1.8e^{-5t}$。

(b) $Dy(t)+3y(t)=2e^{-2t}u(t), y(0)=1$。自然響應為 $y_N=Ke^{-3t}$，強迫響應為 $y_F=Ae^{-2t}=2e^{-2t}$，因此總響應為 $y(t)=2e^{-2t}+Ke^{-3t}$。代入

初始條件 $y(0)=1$ 可以解得 $K=-1$，所以 $y(t)=2e^{-2t}-e^{-3t}$。

(c) $Dy(t)+4y(t)=8tu(t), y(0)=2$。自然響應為 $y_N=Ke^{-4t}$，強迫響應為 $y_F=A+Bt=-\frac{1}{2}+2t$。代入初始條件 $y(0)=2$ 可以解得 $K=2.5$，因此總響應為 $y(t)=-\frac{1}{2}+2t+\frac{5}{2}e^{-4t}$。

(d) $Dy(t)+2y(t)=2\cos(2t)u(t), y(0)=4$。令 $y_F=A\cos(2t)+B\sin(2t)=\frac{1}{2}\cos(2t)+\frac{1}{2}\sin(2t)$。代入初始條件 $y(0)=4$ 可以解得 $K=3.5$，因此 $y(t)=3.5e^{-2t}+\frac{1}{2}\cos(2t)+\frac{1}{2}\sin(2t)$。

(e) $Dy(t)+2y(t)=2e^{-2t}u(t), y(0)=6$。自然響應為 $y_N=Ke^{-2t}$，因此強迫響應為 $y_F=Ate^{-2t}=2te^{-2t}$，總響應為 $y(t)=2te^{-2t}+Ke^{-2t}$。代入初始條件 $y(0)=6$ 可以解得 $K=6$，因此 $y(t)=2te^{-2t}+6e^{-2t}$。

(f) $Dy(t)+2y(t)=2e^{-2t}\cos(t)u(t), y(0)=8$。自然響應為 $y_N=Ke^{-2t}$，令強迫響應為 $y_F=e^{-2t}\left[A\cos(t)+B\sin(t)\right]=2e^{-2t}\sin(t)$，總響應為 $y(t)=Ke^{-2t}+2e^{-2t}\sin(t)$。代入初始條件 $y(0)=8$ 可以解得 $K=8$，因此 $y(t)=8e^{-2t}+2e^{-2t}\sin(t)$。

P2.10. (a) 欲解系統 $Dy(t)+2y=x(t)$ 之單位脈衝響應 $h(t)$，即解 $Dh(t)+2h=0$，因此單位脈衝響應為 $h(t)=Ce^{-2t}$。代入初始條件：$h(0)=1$ 解得 $C=1$，因此 $h(t)=e^{-2t}u(t)$。

(b) $Dy(t)+2y=Dx(t)-2x(t)$。先解系統 $Dy(t)+2y=x(t)$ 之單位脈衝響應 $h_0(t)$，由(a)可知其為：$h_0(t)=e^{-2t}u(t)$。再利用線性系統之重疊原理，則系統 $Dy(t)+2y=Dx(t)-2x(t)$ 之單位脈衝響應為：$h(t)=\frac{d}{dt}h_0(t)-2h_0(t)$，亦即 $h(t)=\delta(t)-4e^{-2t}u(t)$。

(c) $D^2y(t)+5Dy(t)+4y=x(t)$，特性根為 $\{-1,-4\}$，因此單位脈衝響應為 $h(t)=C_1e^{-t}+C_2e^{-4t}$。代入初始條件：$h(0)=0$ 及 $Dh(0)=1$ 解得 $C_1=\frac{1}{3}$，$C_2=-\frac{1}{3}$，因此 $h(t)=\frac{1}{3}\left[e^{-t}-e^{-4t}\right]u(t)$。

(d) $D^2y(t)+4Dy(t)+4y=2x(t)$，單位脈衝響應為 $h(t)=(C_1+C_2t)e^{-2t}$。代入初始條件：$h(0)=0$ 及 $Dh(0)=1$，可以解得：$C_1=0$，$C_2=1$，因此 $h(t)=te^{-2t}u(t)$。

(e) 先解單一輸入式系統 $D^2y(t)+4Dy(t)+3y=x(t)$ 之單位脈衝響應 $h_0(t)$，其為 $h_0(t)=\frac{1}{2}\left[e^{-t}-e^{-3t}\right]u(t)$。則系統 $D^2y(t)+4Dy(t)+3y=$

$2Dx(t) - x(t)$ 之單位脈衝響應為：$h(t) = 2\frac{d}{dt}h_0(t) - h_0(t) = -\frac{3}{2}e^{-t}u(t) + \frac{7}{2}e^{-3t}u(t)$。

(f) 先解單一輸入式系統 $D^2y(t) + 2Dy(t) + y(t) = x(t)$ 之單位脈衝響應 $h_0(t)$，其為 $h(t) = te^{-t}u(t)$。則 $D^2y(t) + 2Dy(t) + y(t) = D^2x(t) + Dx(t)$ 之單位脈衝響應為：$h(t) = D^2h_0(t) + h_0(t) = \delta(t) - e^{-t}u(t)$。

P2.11. (a) $Dy(t) + 2y = x(t)$，特性根 $s = -2$，為穩定的系統。

(b) $Dy(t) - 3y = 2x(t)$，特性根 $s = 3$，系統不穩定。

(c) $Dy(t) + 4y = Dx(t) + 3x(t)$，特性根 $s = -4$，為穩定的系統。

(d) $D^2y(t) + 5Dy(t) + 4y = 6x(t)$，特性根 $s = -1, -4$，穩定的系統。

(e) $D^2y(t) + 5Dy(t) + 6y = D^2x(t)$，特性根 $s = -2, -3$，穩定的系統。

(f) $D^2y(t) - 5Dy(t) + 4y = x(t)$，特性根 $s = 1, 4$，系統不穩定。

P2.12. (a) $h(t) = \frac{d}{dt}\sigma(t) = \frac{d}{dt}\left[(1 - e^{-t})u(t)\right] = e^{-t}u(t)$，波形參見圖 PA2.12。

(b) 輸入為 $x(t) = u(t) - u(t-1)$，則根據重疊原理，輸出為
$y(t) = \sigma(t) - \sigma(t-1) = (1 - e^{-t})u(t) - (1 - e^{-(t-1)})u(t-1)$，參見圖 PA2.12。

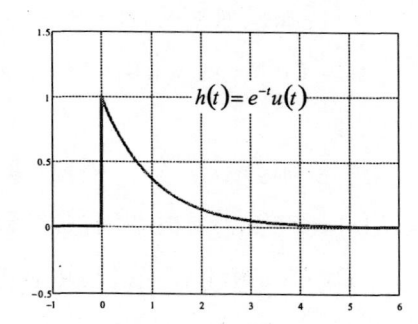

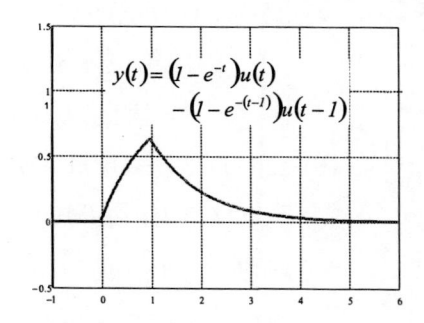

圖 PA2.12　習題 P2.12. 之波形。

P2.13. (a) 系統 $y(t) = x(\alpha t)$ 及 $y(t) = x(t + \alpha)$ 線性之條件為：$\alpha \in \Re$（任意值）。

(b) 系統 $y(t) = x(\alpha t)$ 具有因果性時 $0 < \alpha < 1$，系統 $y(t) = x(t + \alpha)$ 具有因果性之條件為 $\alpha < 0$。

(c) 當 $\alpha = 1$ 時，系統 $y(t) = x(\alpha t)$ 為非時變，而 $\alpha \in \Re$（任意值）系統 $y(t) = x(t + \alpha)$ 皆為非時變。

(d) 當 $\alpha = 1$ 時，$y(t) = x(\alpha t)$ 不是動態系統；當 $\alpha \neq 0$ 時，$y(t) = x(t + \alpha)$ 為動態系統。

P2.14. 解答參見下述表格：

	系　　統	線性	非時變	因果性	動態
(a)	$y[n] - y[n-1] = x[n]$	是	是	是	是
(b)	$y[n] + y[n+1] = nx[n]$	是	否	是	是
(c)	$y[n] - y[n+1] = x[n+2]$	是	是	否	是
(d)	$y[n+2] - y[n+1] = x[n]$	是	是	是	是
(e)	$y[n+1] - x[n]y[n] = nx[n+2]$	否	否	否	是
(f)	$y[n] + y[n-3] = x^2[n] + x[n+6]$	否	否	否	是
(g)	$y[n] - 2^n y[n] = x[n]$	是	否	是	否
(h)	$y[n] = x[n] + x[n-1] + x[n-2]$	是	是	是	是

P2.15. (a) $y[n] = ay[n-1] + \delta[n]$，$y[-1] = 0$。

　　　$n = 0$: $y[0] = ay[-1] + \delta[0] = 1$，　　$n = 1$: $y[1] = ay[0] + \delta[1] = a$，

　　　$n = 2$: $y[2] = ay[1] + \delta[2] = a^2$，　　$n = 3$: $y[3] = ay[2] + \delta[3] = a^3$，

　　　$n = 4$: $y[4] = ay[3] + \delta[4] = a^4 \cdots$，一般形式：$y[n] = a^n$。

(b) $y[n] = ay[n-1] + u[n]$，$y[-1] = 1$.

　　　$n = 0$: $y[0] = ay[-1] + u[0] = a + 1$，

　　　$n = 1$: $y[1] = ay[0] + u[1] = a^2 + a + 1$，

　　　$n = 2$: $y[2] = ay[1] + u[2] = a^3 + a^2 + a + 1$，$\cdots$

　　　一般形式：$y[n] = \sum_{k=0}^{n+1} a^k = \dfrac{1 - a^{n+2}}{1 - a}$。

(c) $y[n] = ay[n-1] + nu[n]$，$y[-1] = 0$.

　　　$n = 0$: $y[0] = ay[-1] + 0 \cdot u[0] = 0$，

　　　$n = 1$: $y[1] = ay[0] + u[1] = 1$，

　　　$n = 2$: $y[2] = ay[1] + 2u[2] = a + 2$，

　　　$n = 3$: $y[3] = ay[2] + 3u[3] = a(a+2) + 3 = a^2 + 2a + 3$，

　　　$n = 4$: $y[4] = ay[3] + 3u[4] = a^3 + 2a^2 + 3a + 4$，$\cdots$

一般形式： $y[n] = a\sum_{k=1}^{n} kx^k$。

(d) $y[n] = -4y[n-1] - 3y[n-2] + u[n-2]$, $y[-1] = 0, y[-2] = 1$.
$n=0$: $y[0] = -4y[-1] - 3y[-2] + u[-2] = -3$，
$n=1$: $y[1] = -4y[0] - 3y[-1] + u[-1] = 12$，
$n=2$: $y[2] = -4y[1] - 3y[0] + u[0] = -38$，
$n=3$: $y[3] = -4y[2] - 3y[1] + u[1] = 117$，
$n=4$: $y[4] = -4y[3] - 3y[2] + u[2] = -353$，…

P2.16. 令差分方程式的強迫響應為 $y_F[n]$：

(a) $y[n] - 0.4y[n-1] = u[n]$，強迫響應 $y_F[n] = A = \frac{5}{3}$。

(b) $y[n] - 0.4y[n-1] = (0.5)^n$，強迫響應 $y_F[n] = A(0.5)^n = 5(0.5)^n$。

(c) $y[n] + 0.4y[n-1] = (0.5)^n$，強迫響應 $y_F[n] = A(0.5)^n = \frac{5}{9}(0.5)^n$。

(d) $y[n] - 0.5y[n-1] = \cos(\frac{n\pi}{2})$，$y_F[n] = \frac{4}{5}\cos(0.5n\pi) + \frac{2}{5}\sin(0.5n\pi)$。

(e) $y[n] - 1.1y[n-1] + 0.3y[n-2] = 2u[n]$，強迫響應 $y_F[n] = A = 10$。

(f) $y[n] - 0.9y[n-1] + 0.2y[n-2] = (0.5)^n$，$y_F[n] = An(0.5)^n = 5n(0.5)^n$。

(g) $y[n] + 0.7y[n-1] + 0.1y[n-2] = (0.5)^n$，$y_F[n] = A(0.5)^n = \frac{5}{14}(0.5)^n$。

(h) $y[n] - 0.25y[n-2] = \cos(n\pi/2)$，$y_F[n] = \frac{4}{5}\cos(0.5n\pi)$

P2.17. (a) $y[n] + 0.1y[n-1] - 0.3y[n-2] = 2u[n]$, $y[-1] = 0, y[-2] = 0$。特性方程式為 $1 + 0.1z^{-1} - 0.3z^{-2} = 0$，即 $(z-0.5)(z+0.6) = 0$，因此特性根為 $z = 0.5, -0.6$。自然響應為 $y_N[n] = K_1(0.5)^n + K_2(-0.6)^n$，強迫響應 $y_F[n] = C$。由 $C + 0.1C - 0.3C = 2$，可得 $y_F[n] = C = 2.5$，因此總響應為 $y[n] = 2.5 + K_1(0.5)^n + K_2(-0.6)^n$。將初始條件：$y[-1] = 0, y[-2] = 0$ 代入前式，可以再解出 $K_1 = -\frac{10}{11}, K_2 = \frac{9}{22}$。

(b) $y[n] - 0.9y[n-1] + 0.2y[n-2] = (0.5)^n$，$y[-1] = 1, y[-2] = -4$。特性方程式為 $(z-0.5)(z-0.4) = 0$，自然響應為 $y_N[n] = K_1(0.5)^n + K_2(0.4)^n$，強迫響應 $y_F[n] = 5n(0.5)^n$，總響應 $y[n] = 5n(0.5)^n + K_1(0.5)^n + K_2(0.4)^n$。代入初始條件 $y[-1] = 1, y[-2] = -4$ 可再解出 $K_1 = -8.5, K_2 = 11.2$。因此，$y[n] = 5n(0.5)^n - 8.5(0.5)^n$

$+ 11.2(0.4)^n$。

(c) $y[n] + 0.7y[n-1] + 0.1y[n-2] = (0.5)^n$, $y[-1] = 0, y[-2] = 3$。自然響應為 $y_N[n] = K_1(-0.5)^n + K_2(-0.2)^n$，強迫響應 $y_F[n] = \frac{5}{14}(0.5)^n$。代入初始條件可再解出 $K_1 = \frac{1}{3}, K_2 = \frac{1}{105}$。

(d) $y[n] - 0.25y[n-2] = (0.5)^n$，$y[-1] = 0, y[-2] = 0$。總響應為 $y[n] = -\frac{6}{19}(0.4)^n + K_1(-0.5)^n + K_2(-0.5)^n$，代入初始條件可再解出 $K_1 = 2.875, K_2 = 0.6528$。

(e) $y[n] - 0.25y[n-2] = (0.4)^n$，$y[-1] = 0, y[-2] = 3$。總響應為 $y[n] = 0.5n(0.5)^n + K_1(0.5)^n + K_2(-0.5)^n$，代入初始條件可再解出 $K_1 = 0.75, K_2 = 0.25$。

P2.18. (a) $y[n] - y[n-1] = 2x[n]$。先求系統 $y[n] - y[n-1] = x[n]$ 的單位脈衝響應 $h_0[n]$：$h_0[n] - h_0[n-1] = 0, h_0[0] = 1$，因此 $h_0[n] = K(1)^n = 1$。則系統 $y[n] - y[n-1] = 2x[n]$ 的單位脈衝響應 $h[n] = 2u[n]$。

(b) $y[n] = x[n] + x[n-1] + x[n-2]$，為 FIR 數位濾波器，所以單位脈衝響應 $h[n] = \delta[n] + \delta[n-1] + \delta[n-2] = \{\,\overset{\uparrow}{;}\,1, 1, 1\}$。

(c) $y[n] + 2y[n-1] = x[n-1]$，先求系統 $y[n] + 2y[n-1] = x[n]$ 的單位脈衝響應 $h_0[n]$：$h_0[n] + 2h_0[n-1] = 0, h_0[0] = 1$，因此 $h_0[n] = (-2)^n u[n]$。故系統 $y[n] + 2y[n-1] = x[n-1]$ 之單位脈衝響應為 $h[n] = (-2)^{n-1} u[n-1]$。

(d) $y[n] + 2y[n-1] = 2x[n] + 6x[n-1]$。因為系統 $y[n] + 2y[n-1] = x[n]$ 的單位脈衝響應為 $h_0[n] = (-2)^n u[n]$，所以 $y[n] + 2y[n-1] = 2x[n] + 6x[n-1]$ 的單位脈衝響應為 $h[n] = 2h_0[n] + 6h_0[n-1] = 2(-2)^n u[n] + 6(-2)^{n-1} u[n-1]$。

(e) $y[n] + 4y[n-1] + 4y[n-2] = x[n]$，其單位脈衝響應 $h_0[n]$ 可由下式求解：$h_0[n] + 4h_0[n-1] + 4h_0[n-2] = 0$。因此，$h_0[n] = (A + Bn)(-2)^n$。代入初始條件 $h_0[-1] = 0, h_0[0] = 1$ 得 $A = B = 1$，故 $h_0[n] = (1 + n)(-2)^n$。

P2.19. 解答參見下表：

	系　　統	穩定性	因果性
(a)	$y[n] = x[n-1] + x[n] + x[n+1]$	是	否
(b)	$y[n] = x[n] + x[n-1] + x[n-2]$	是	是
(c)	$y[n] - 2y[n-1] = x[n]$	否	是
(d)	$y[n] - 0.2y[n-1] = x[n] - 2x[n+2]$	是	否
(e)	$y[n] + y[n-1] + 0.5y[n-2] = x[n]$	是	是
(f)	$y[n] - 2y[n-1] + y[n-2] = x[n] - x[n-3]$	否	是

P2.20. 系統 $\frac{d}{dt}y(t) + \alpha y(t) = x(t),\ \alpha \neq 0$ 之響應為 $y(t) = (5 + 3e^{-2t})u(t)$，

(a) 自由響應為 $y_N(t) = 3e^{-t}$，強迫響應為 $y_F(t) = 5$。

(b) $\alpha = 2$，$y(0) = 5 + 3 = 8$。

(c) 零輸入響應 $y_{ZIR}(t) = Ke^{-t}$，因為 $y(0) = 5 + 3 = 8$ 解得 $K = 8$，故 $y_{ZIR}(t) = 8e^{-t}$。零狀態響應 $y_{ZSR}(t) = 5 + Ke^{-t}$，因為 $y(0) = 0$ 解得 $K = -5$，故 $y_{ZSR}(t) = 5 - 5e^{-t}$。$y(t) = y_{ZIR}(t) + y_{ZSR}(t) = (5 + 3e^{-2t})u(t)$ 得到印證。

(d) 因為 $y_F(t) = 5$ 為常數，$\alpha = 2$，因此激發項 $x(t) = 10u(t)$。

P2.21. (a) $h(t) = e^{-\alpha t}u(t)$，$\frac{d}{dt}h(t) = -\alpha e^{-\alpha t}u(t) + \delta(t)$，使得 $\frac{d}{dt}h(t) + \alpha h(t) = \delta(t)$，因此系統的輸出入 LCDE 為：$Dy(t) + \alpha y(t) = x(t)$。

(b) $h(t) = e^{-t}u(t) - e^{-2t}u(t)$，故系統的二個特性根為 $s_{1,2} = -1, -2$，特性方程式為 $s^2 + 3s + 2 = 0$。因為 $h(t)$ 滿足 $(D^2 + 3D + 2)h(t) = \delta(t)$ 之關係，所以系統的輸出入 LCDE 為：$(D^2 + 3D + 2)y(t) = x(t)$。

P2.22. (a) $h[n] = \delta[n] + 2\delta[n-1]$，則 $y[n] = x[n] + 2x[n-1]$。

(b) $h[n] = \{2; 3, -1\} = 2\delta[n+1] + 3\delta[n] - \delta[n-1]$，所以系統的輸出入 LCDE 為：$y[n] = 2x[n+1] + 3x[n] - x[n-1]$。

(c) $h[n] = (0.3)^n u[n]$，特性根為 $s = 0.3$，特性方程式為 $s - 0.3 = 0$。計算

$$h[n] - 0.3h[n-1] = (0.3)^n u[n] - 0.3(0.3)^{n-1} u[n-1]$$
$$= (0.3)^n (u[n] - u[n-1]) = \delta[n]$$

所以系統的輸出入 LCDE 為：$y[n] - 0.3y[n-1] = x[n]$。

(d) $h[n] = (0.5)^n u[n] - (-0.5)^n u[n]$，特性方程式為 $(s-0.5)(s+0.5) = 0$，計算 $h[n] - 0.25h[n-1] = \delta[n-1]$，系統 LCDE 為：$y[n] - 0.25y[n-1] = x[n-1]$。

P2.23. $\ddot{\theta}(t) + \dot{\theta}(t) = x(t)$，令狀態變數如下：$v_1(t) = \theta(t), v_2(t) = D\theta(t)$，則得到 $\frac{d}{dt}v_1(t) = D\theta(t) = v_2(t)$，$\frac{d}{dt}v_2(t) = D^2\theta(t) = x(t) - v_2(t)$。狀態方程式為

$$\frac{d}{dt}\begin{bmatrix} v_1 \\ v_2 \end{bmatrix} = \begin{bmatrix} 0 & 1 \\ 0 & -1 \end{bmatrix} \begin{bmatrix} v_1 \\ v_2 \end{bmatrix} + \begin{bmatrix} 0 \\ 1 \end{bmatrix} x(t), \quad \theta(t) = \begin{bmatrix} 1 & 0 \end{bmatrix} \begin{bmatrix} v_1(t) \\ v_2(t) \end{bmatrix}.$$

P2.24. 狀態變數：$v_1(t) = \theta(t), v_2(t) = D\theta(t)$，則得到 $\frac{d}{dt}v_1(t) = D\theta(t) = v_2(t)$，$\frac{d}{dt}v_2(t) = D^2\theta(t) = x(t) + v_2(t)$。$v_3(t) = p(t), v_4(t) = Dp(t)$ 則得到 $\frac{d}{dt}v_3(t) = Dp(t) = v_4(t)$，$\frac{d}{dt}v_4(t) = D^2p(t) = -x(t) + \beta v_1(t)$，令狀態向量為 $\mathbf{v}(t) = [v_1(t) \quad v_2(t) \quad v_3(t) \quad v_4(t)]^T$，則狀態方程式為：

$$\frac{d}{dt}\mathbf{v}(t) = \begin{bmatrix} 0 & 1 & 0 & 0 \\ 0 & 1 & 0 & 0 \\ 0 & 0 & 0 & 1 \\ \beta & 0 & 0 & 0 \end{bmatrix} \mathbf{v}(t) + \begin{bmatrix} 0 \\ 1 \\ 0 \\ -1 \end{bmatrix} x(t) \ ;$$

$$\begin{bmatrix} y_1(t) \\ y_2(t) \end{bmatrix} = \begin{bmatrix} 1 & 0 & 0 & 0 \\ 0 & 0 & 1 & 0 \end{bmatrix} \mathbf{v}(t).$$

P2.25. $3\ddot{p}(t) + 2\dot{p}(t) + p(t) - 2q(t) = 5f(t) - 7g(t)$，$2\ddot{q}(t) - 3\dot{q}(t) + 5p(t) = 3g(t)$。令狀態變數 $v_1(t) = p(t), v_2(t) = Dp(t), v_3(t) = q(t), v_4(t) = Dq(t)$，令狀態向量為

$\mathbf{v}(t) = [v_1(t) \quad v_2(t) \quad v_3(t) \quad v_4(t)]^T$，輸入向量 $\mathbf{x}(t) = [f(t) \quad g(t)]^T$ 則

$$\frac{d}{dt}v_1(t) = Dp(t) = v_2(t), \quad \frac{d}{dt}v_3(t) = D^2q(t) = v_4(t)$$

$$\frac{d}{dt}v_2(t) = D^2p(t) = \frac{5}{3}f(t) - \frac{7}{3}g(t) - \frac{1}{3}v_1(t) - \frac{2}{3}v_2(t) + \frac{2}{3}v_3(t)$$

$$\frac{d}{dt}v_4(t) = D^2q(t) = \frac{3}{2}g(t) - \frac{5}{2}v_1(t) + \frac{3}{2}v_4(t)$$

狀態方程式為 $\dot{\mathbf{v}} = \mathbf{A}\mathbf{v}(t) + \mathbf{B}\mathbf{x}(t); \mathbf{y}(t) = \mathbf{C}\mathbf{x}(t)$：

$$\mathbf{A} = \begin{bmatrix} 0 & 1 & 0 & 0 \\ -\frac{1}{3} & -\frac{2}{3} & \frac{2}{3} & 0 \\ 0 & 0 & 0 & 1 \\ -\frac{5}{2} & 0 & 0 & \frac{3}{2} \end{bmatrix}, \mathbf{B} = \begin{bmatrix} 0 & 0 \\ \frac{5}{3} & -\frac{7}{3} \\ 0 & 0 \\ 0 & \frac{3}{2} \end{bmatrix} \mathbf{x}(t), \mathbf{C} = \begin{bmatrix} 1 & 0 & 0 & 0 \\ 0 & 0 & 1 & 0 \end{bmatrix}$$。

P2.27. 令狀態向量為 $\mathbf{v}[n] = [v_1[n] \quad v_2[n] \quad v_3[n]]^T$，則狀態方程式
$\dot{\mathbf{v}} = \mathbf{A}\mathbf{v}(t) + \mathbf{B}\mathbf{x}(t); \mathbf{y}(t) = \mathbf{C}\mathbf{x}(t)$ 為：

$$\mathbf{v}[n+1] = \begin{bmatrix} 0 & 1 & 0 \\ 0 & 0 & 1 \\ 0.11 & 0.35 & -0.65 \end{bmatrix} \mathbf{v}[n] + \begin{bmatrix} 0 \\ 0 \\ 1 \end{bmatrix} x[n] \; ; \quad y[n] = \begin{bmatrix} 0 & 1 & 0 \end{bmatrix} \mathbf{v}[n]$$

第三章
習題解答

P3.1. 及 **P3.2.** （參見課本之定義）

P3.3. (a) $\sin(\omega t + \theta) = \sin(\omega t)\cos\theta + \cos(\omega t)\sin\theta \Leftrightarrow \dfrac{s\sin\theta + \omega\cos\theta}{s^2 + \omega^2}$。

(b) $\dfrac{1}{(s+a)(s+b)} = \dfrac{\frac{1}{b-a}}{(s+a)} + \dfrac{\frac{1}{a-b}}{(s+b)} \Leftrightarrow \dfrac{1}{b-a}\left(e^{-at} - e^{-bt}\right)$。

(c) $\dfrac{s}{(s+a)(s+b)} = \dfrac{\frac{a}{a-b}}{(s+a)} + \dfrac{\frac{b}{b-a}}{(s+b)} \Leftrightarrow \dfrac{1}{b-a}\left(be^{-bt} - ae^{-at}\right)$。

(d) $\dfrac{1}{s(s+a)(s+b)} = \dfrac{1}{ab}\left(\dfrac{1}{s}\right) + \dfrac{1}{a(a-b)}\left(\dfrac{1}{s+a}\right) + \dfrac{1}{b(b-a)}\left(\dfrac{1}{s+b}\right)$

$\Leftrightarrow \dfrac{1}{ab}\left[1 + \dfrac{1}{a-b}\left(be^{-at} - ae^{-bt}\right)\right]$。

(e) $\dfrac{1}{s(s+a)} = \dfrac{1}{a}\left[\dfrac{1}{s} + \dfrac{-1}{s+a}\right]$，所以 $\dfrac{1}{s^2(s+a)} = \dfrac{1}{a}\left(\dfrac{1}{s^2}\right) - \dfrac{1}{a^2}\left(\dfrac{1}{s}\right) + \dfrac{1}{a^2}\left(\dfrac{1}{s+a}\right)$

$\Leftrightarrow \dfrac{1}{a^2}\left(at - 1 + e^{-at}\right)$

P3.4. $\dfrac{d^2y}{dt^2} + 3\dfrac{dy}{dt} + 2y(t) = 0$；$y(0) = a$，$Dy(0) = b$，取拉式變換可得

$$[s^2Y(s)-as-b]+3[sY(s)-a]+2Y(s)=0 \text{，亦即}$$

$$Y(s)=\frac{as+b+3a}{s^2+3s+2}=\frac{2a+b}{s+1}-\frac{a+b}{s+2}$$

$$\Leftrightarrow y(t)=(2a+b)e^{-t}-(a+b)e^{-2t}, \quad t\geq 0 \text{。}$$

P3.5. (a) $Y(s)=\dfrac{5}{s(s^2+2s+5)}=\dfrac{1}{s}-\dfrac{s+2}{s^2+2s+5}$

$\Leftrightarrow y(t)=1-\dfrac{2}{\sqrt{5}}e^{-t}\cos(2t-\tan^{-1}(1/2)), \quad t\geq 0$

(b) $Y(s)=\dfrac{1}{s(s+1)^2}=\dfrac{1}{s}+\dfrac{-1}{(s+1)^2}+\dfrac{-1}{s+1}$

$\Leftrightarrow y(t)=1-(t+1)e^{-t}, \quad t\geq 0$

(c) $Y(s)=\dfrac{0.5}{s(s+1)(s+0.5)}=\dfrac{1}{s}+\dfrac{1}{s+1}+\dfrac{-2}{s+0.5}$

$\Leftrightarrow y(t)=1+e^{-t}-2e^{-0.5t}, \quad t\geq 0$

(d) $Y(s)=\dfrac{2}{s(s-1)(s+2)}=\dfrac{1}{s}+\dfrac{2/3}{s-1}+\dfrac{1/3}{s+2}$

$\Leftrightarrow y(t)=1+\dfrac{2}{3}e^{t}+\dfrac{1}{3}e^{-2t}, \quad t\geq 0$

P3.6. (a) $tf(t)\Leftrightarrow -\dfrac{d}{ds}F(s)$，因此 $t^2f(t)=t(tf(t))\Leftrightarrow -\dfrac{d}{ds}\left[-\dfrac{d}{ds}F(s)\right]=\dfrac{d^2}{ds^2}F(s)$，

$t^3f(t)=t(t^2f(t))\Leftrightarrow -\dfrac{d}{ds}\left[\dfrac{d^2}{ds^2}F(s)\right]=-\dfrac{d^3}{ds^3}F(s)$，… 重複此程序可歸納出

$$t^n f(t) \Leftrightarrow (-1)^n \frac{d^n}{ds^n}F(s) \text{。}$$

(b) $\sin\omega t \Leftrightarrow \dfrac{\omega}{s^2+\omega^2}$，因此 $t\sin\omega t \Leftrightarrow -\dfrac{d}{ds}\left(\dfrac{\omega}{s^2+\omega^2}\right)=\dfrac{2\omega s}{(s^2+\omega^2)^2}$，

$$t^2\sin\omega t \Leftrightarrow -\frac{d}{ds}\left(\frac{\omega}{s^2+\omega^2}\right)=-\frac{2\omega^3+6\omega s^2}{(s^2+\omega^2)^3} \text{。}$$

P3.7. $F(s)=\dfrac{A}{s-\sigma-j\omega}+\dfrac{A^*}{s-\sigma+j\omega}=\dfrac{(A+A^*)(s-\sigma)+j\omega(A-A^*)}{(s-\sigma)^2+\omega^2}$。因為 $A=|A|e^{j\theta}=|A|\cos\theta+j|A|\sin\theta$，故 $A+A^*=2|A|\cos\theta$，$A-A^*=j2|A|\sin\theta$，因此，

$F(s) = 2|A| \frac{(s-\sigma)\cos\theta - \omega\sin\theta}{(s-\sigma)^2 + \omega^2} \Leftrightarrow f(t) = 2|A|e^{\sigma t}\cos(\omega t + \theta)$, $t \geq 0$ 。

P3.8. $2t|A|e^{\sigma t}\cos(\omega t + \theta) \Leftrightarrow -\frac{d}{ds}\left[\frac{A}{s-\sigma-j\omega} + \frac{A^*}{s-\sigma+j\omega}\right] = \frac{A}{(s-\sigma-j\omega)^2} + \frac{A^*}{(s-\sigma+j\omega)^2}$

P3.9. $F(s) = \int_0^\infty f(t)e^{-st}dt = \sum_{n=0}^\infty \int_{nT}^{(n+1)T} f(t)e^{-st}dt$ 。令 $\tau = t - nT$,則

$$F(s) = \sum_{n=0}^\infty e^{-nTs}\int_0^T f(\tau)e^{-s\tau}d\tau$$ 。因為 $\sum_{n=0}^\infty e^{-nTs} = \frac{1}{1-e^{-Ts}}$,所以

$$F(s) = \frac{\int_0^T f(t)e^{-st}dt}{1-e^{-Ts}}$$ 。

P3.10. $F(s) = \frac{s+3}{s^2+3s+2}$,
  (a) $f(0^+) = \lim_{s\to\infty} sF(s) = \lim_{s\to\infty} \frac{s^2+3s}{s^2+3s+2} = 1$,
  (b) $f(\infty) = \lim_{s\to 0} sF(s) = \lim_{s\to 0} \frac{s^2+3s}{s^2+3s+2} = 0$ 。

P3.11. $F(s) = \frac{2(s+2)}{s(s+1)(s+2)}$,
  (a) $f(0^+) = sF(s)\big|_{s\to\infty} = \frac{2(s+2)}{(s+1)(s+2)}\big|_{s\to\infty} = 0$
  (b) $f(\infty) = sF(s)\big|_{s\to 0} = \frac{2(s+2)}{(s+1)(s+2)}\big|_{s\to 0} = 2$ 。

P3.12. (a) $x(t) = e^{-2t+4}u(t) = e^4 e^{-2t}u(t) \Leftrightarrow X(s) = \frac{e^4}{s+2}$ 。
  (b) $x(t) = te^{-2t+4}u(t) = e^4 te^{-2t}u(t) \Leftrightarrow X(s) = \frac{e^4}{(s+2)^2}$ 。
  (c) $x(t) = e^{-2t+4}u(t-1) = e^2 e^{-2(t-1)}u(t-1) \Leftrightarrow X(s) = \frac{e^2 e^{-2s}}{s+2}$ 。
  (d) $x(t) = (t-2)u(t-1) = (t-1)u(t-1) - u(t-1) \Leftrightarrow X(s) = e^{-s}\left(\frac{1}{s^2} - \frac{1}{s}\right)$ 。

P3.13. (a) $F(s) = \frac{2s}{(s+1)(s+2)(s+3)} = \frac{-1}{s+1} + \frac{4}{s+2} + \frac{-3}{s+3}$
  $\Leftrightarrow f(t) = \left(-e^{-t} + 4e^{-2t} - 3e^{-3t}\right)u(t)$ 。
  (b) $F(s) = \frac{4s}{(s+3)(s+1)^2} = \frac{-3}{s+3} + \frac{-2}{(s+1)^2} + \frac{3}{s+1}$
  $\Leftrightarrow f(t) = \left(-3e^{-3t} + (3-2t)e^{-t}\right)u(t)$ 。
  (c) $F(s) = \frac{4(s+2)}{(s+3)(s+1)^2} = \frac{-1}{s+3} + \frac{2}{(s+1)^2} + \frac{1}{s+1}$
  $\Leftrightarrow f(t) = \left(-e^{-3t} + (1+2t)e^{-t}\right)u(t)$ 。
  (d) $F(s) = \frac{2(s^2+2)}{(s+2)(s^2+4s+5)} = \frac{12}{s+2} + \frac{-5-j4}{s+2+j} + \frac{-5-j4}{s+2-j}$ 。

因為 $-5-j4 \approx 6.4\angle-141.3°$,所以

$$f(t) = \left[12e^{-2t} + 2(6.4)e^{-2t}\cos(t+141.3°)\right]u(t)。$$

P3.14. $x(t) \Leftrightarrow X(s) = \frac{4}{(s+2)^2}$,

(a) 因 $x(t) \Leftrightarrow X(s) = \frac{4}{(s+2)^2}$,故 $x(t-2) \Leftrightarrow \frac{4e^{-2s}}{(s+2)^2}$ (時間移位)。

(b) $x(2t) \Leftrightarrow \frac{\frac{1}{2}(4)}{(\frac{1}{2}s+2)^2} = \frac{8}{(s+4)^2}$ (時間縮比)。

(c) $x(2t) \Leftrightarrow \frac{8}{(s+4)^2}$,所以 $x(2t-2) \Leftrightarrow \frac{8e^{-2s}}{(s+4)^2}$ (時間移位)。

(d) $\frac{d}{dt}x(t) \Leftrightarrow \frac{4s}{(s+2)^2}$ (時間微分)。

(e) $x(t-2) \Leftrightarrow \frac{4e^{-2s}}{(s+2)^2}$,所以 $\frac{d}{dt}x(t-2) \Leftrightarrow \frac{4se^{-2s}}{(s+2)^2}$ (時間微分)。

(f) $x(2t) \Leftrightarrow \frac{8}{(s+4)^2}$,所以 $\frac{d}{dt}x(2t) \Leftrightarrow \frac{8s}{(s+4)^2}$ (時間微分)。

P3.15. $x(t) = e^{-2t}u(t) \Leftrightarrow X(s)$

(a) $X(2s) \Leftrightarrow \frac{1}{2}x\left(\frac{t}{2}\right) = \frac{1}{2}e^{-2(1/2)t}u(t/2) = \frac{1}{2}e^{-t}u(t)$ (頻率縮放)。

(b) $\frac{d}{ds}X(s) \Leftrightarrow -tx(t) = -te^{-2t}u(t)$ (乘以 t)。

(c) $sX(s) \Leftrightarrow \frac{d}{dt}x(t) = \delta(t) - 2e^{-2t}u(t)$ (乘以 s)。

(d) $s\frac{d}{ds}X(s) \Leftrightarrow \frac{d}{dt}[-tx(t)] = \frac{d}{dt}[-te^{-2t}u(t)] = (2t-1)e^{-2t}u(t)$。

P3.16. (a) $\frac{d^3y}{dt^3} + 6\frac{d^2y}{dt^2} + 11\frac{dy}{dt} + 6y(t) = 0$;$y(0)=1$,$Dy(0)=D^2y(0)=0$,此為零輸入響應 $y_{ZIR}(t)$。對上述之微分方程式,取拉式變換可得

$(s^3Y(s) - s^2) + 6(s^2Y(s) - s) + 11(sY(s) - 1) + 6Y(s) = 0$,可以解得:

$$Y(s) = \frac{s^2+6s+11}{(s+1)(s+2)(s+3)} = \frac{3}{s+1} + \frac{-3}{s+2} + \frac{1}{s+3}$$

$\Rightarrow y_{ZIR}(t) = 3e^{-t} - 3e^{-2t} + e^{-3t}$

(b) $\frac{d^3y}{dt^3} + 6\frac{d^2y}{dt^2} + 11\frac{dy}{dt} + 6y(t) = 6$;$y(0) = Dy(0) = D^2y(0) = 0$,此為零狀

態響應 $y_{ZSR}(t)$。對上述之微分方程式，取拉式變換可得

$$Y(s) = \frac{6}{(s+1)(s+2)(s+3)} = \frac{3}{s+1} + \frac{-6}{s+2} + \frac{3}{s+3}$$

$\Rightarrow y_{ZSR}(t) = 3e^{-t} - 6e^{-2t} + 3e^{-3t}$。

(c) $\frac{d^3y}{dt^3} + 6\frac{d^2y}{dt^2} + 11\frac{dy}{dt} + 6y(t) = 6$；$y(0) = 1$，$Dy(0) = D^2y(0) = 0$，此為總響應，因此 $y(t) = y_{ZIR}(t) + y_{ZSR}(t) = (6e^{-t} - 9e^{-2t} + 4e^{-3t})u(t)$。

(d) $\frac{d^3y}{dt^3} + 6\frac{d^2y}{dt^2} + 11\frac{dy}{dt} + 6y(t) = 12$；$y(0) = 1$，$Dy(0) = D^2y(0) = 0$，此時 $y_{ZIR}(t) = 3e^{-t} - 3e^{-2t} + e^{-3t}$，$y_{ZSR}(t) = 2(3e^{-t} - 6e^{-2t} + 3e^{-3t})$，因此總響應為 $y(t) = y_{ZIR}(t) + y_{ZSR}(t) = (9e^{-t} - 15e^{-2t} + 7e^{-3t})u(t)$。

P3.17. $x(t) = e^{-2t}u(t) \Leftrightarrow X(s) = \frac{1}{(s+2)}$，初始條件為 $y(0) = 1$，$Dy(0) = 2$。

(a) $\ddot{y} + 4\dot{y} + 3y(t) = 2\dot{x} + (x)$，轉移函數為 $H(s) = \frac{2s+1}{s^2+4s+3}$，因此

$$Y_{ZSR}(s) = H(s)X(s) = \frac{2s+1}{(s+1)(s+2)(s+3)} = \frac{-\frac{1}{2}}{s+1} + \frac{3}{s+2} + \frac{-\frac{5}{2}}{s+3}$$，所以

$y_{ZSR}(t) = \left(-\frac{1}{2}e^{-t} + 3e^{-2t} - \frac{5}{2}e^{-3t}\right)u(t)$。

$$Y_{ZIR}(s) = \frac{sy(0) + 4y(0) + Dy(0)}{s^2+4s+3} = \frac{s+6}{s^2+4s+3} = \frac{\frac{5}{2}}{s+1} + \frac{-\frac{3}{2}}{s+3}$$，所以

$y_{ZIR}(t) = \left(\frac{5}{2}e^{-t} - \frac{3}{2}e^{-3t}\right)u(t)$，因此

$y(t) = y_{ZIR}(t) + y_{ZSR}(t) = (2e^{-t} + 35e^{-2t} - 4e^{-3t})u(t)$。

(b) $\ddot{y} + 4\dot{y} + 4y(t) = 2\dot{x} + (x)$，轉移函數為 $H(s) = \frac{2s+1}{s^2+4s+4}$，因此

$$Y_{ZSR}(s) = H(s)X(s) = \frac{2s+1}{(s+2)^3} = \frac{-3}{(s+2)^3} + \frac{2}{(s+2)^2}$$

$$Y_{ZIR}(s) = \frac{sy(0) + 4y(0) + Dy(0)}{s^2+4s+4} = \frac{s+6}{s^2+4s+4} + \frac{4}{(s+2)^2} + \frac{1}{s+2}$$

所以，$y(t) = y_{ZIR}(t) + y_{ZSR}(t) = (1 + 6t - 1.5t^2)e^{-2t}u(t)$。

(c) $\ddot{y} + 4\dot{y} + 5y(t) = 2\dot{x} + (x)$，轉移函數為 $H(s) = \frac{2s+1}{s^2+4s+5}$，因此

$$Y_{ZSR}(s) = H(s)X(s) = \frac{-3}{s+2} = \frac{1.5+j}{s+2+j} + \frac{1.5-j}{s+2-j}$$，

$$Y_{ZIR}(s) = \frac{sy(0) + 4y(0) + Dy(0)}{s^2+4s+5} = \frac{s+6}{s^2+4s+5} + \frac{0.5+j2}{s+2+j} + \frac{0.5-j2}{s+2-j}$$，

所以 $y(t) = y_{ZIR}(t) + y_{ZSR}(t) = [-3 + 4\cos(t) + 6\sin(t)]e^{-2t}u(t)$。

P3.18. $H(s) = \frac{2s+2}{s^2+4s+4}$，輸出響應為 $Y(s) = H(s)X(s)$。

(a) $x(t) = \delta(t) \Leftrightarrow X(s) = 1$,$Y(s) = H(s)X(s) = \frac{-2}{(s+2)^2} + \frac{2}{s+2}$,故

$y(t) = (2 - 2t)e^{-2t} u(t)$。

(b) $x(t) = e^{-t}u(t) \Leftrightarrow X(s) = \frac{1}{s+1}$,$Y(s) = H(s)X(s) = \frac{2}{(s+2)^2}$,故

$y(t) = 2t\, e^{-2t} u(t)$。

(c) $X(s) = \frac{2}{(s+1)^2}$,$Y(s) = H(s)X(s) = \frac{-2}{(s+2)^2} + \frac{-2}{s+2} + \frac{2}{s+1}$,故

$y(t) = 2(e^{-t} - t\,e^{-2t} - e^{-2t})u(t)$。

(d) $x(t) = [4\cos(2t) + 4\sin(2t)]u(t) \Leftrightarrow X(s) = \frac{4s+8}{s^2+4}$。

$Y(s) = H(s)X(s) = \frac{0.5+j1.5}{s+j2} + \frac{0.5-j1.5}{s-j2} + \frac{-1}{s+2}$,所以

$y(t) = [\cos(2t) + 3\sin(2t) - e^{-2t}]u(t)$。

P3.19. (a) $x(t) = \cos(t - \frac{\pi}{4})u(t) = [\cos(t)\cos(\frac{\pi}{4}) + \sin(t)\sin(\frac{\pi}{4})]u(t)$,所以

$X(s) = \frac{1}{\sqrt{2}} \frac{s+1}{s^2+1}$。

(b) $x(t) = \cos(t - \frac{\pi}{4})u(t - \frac{\pi}{4}) \Leftrightarrow X(s) = \frac{se^{-s\pi/4}}{s^2+1}$。

(c) $x(t) = \cos(t)u(t - \frac{\pi}{4}) = [\cos((t - \frac{\pi}{4}) + \frac{\pi}{4})]u(t - \frac{\pi}{4})$

$= \frac{1}{\sqrt{2}}[\cos(t - \frac{\pi}{4}) - \sin(t - \frac{\pi}{4})]u(t - \frac{\pi}{4})$。

$\Leftrightarrow X(s) = \frac{1}{\sqrt{2}} e^{-\frac{s\pi}{4}} \frac{s-1}{s^2+1}$

(d) $x(t) = u(\sin(\pi t))u(t) = \begin{cases} 1 & \sin(\pi t) \geq 0 \\ 0 & \sin(\pi t) < 0 \end{cases}$,因此為週期函數,週期 $T = 2$。其單一週期之信號為 $x_1(t) = u(t) - u(t-1) \Leftrightarrow X_1(s) = \frac{1-e^{-s}}{s}$,所以週期函數之拉式變換為 $X(s) = \frac{X_1(s)}{1-e^{-sT}} = \frac{1-e^{-s}}{s(1-e^{-2s})} = \frac{1}{s(1+e^{-s})}$。

P3.20. (a) $F(s) = \frac{e^{-4s}}{s^3} \Leftrightarrow f(t) = \frac{1}{2}(t-4)^2 u(t-4)$

(b) $\frac{1-e^{-2s}}{s^3} \Leftrightarrow \frac{t^2}{2}u(t) - \frac{(t-2)^2}{2}u(t-2)$

(c) $\frac{e^{-3\pi s}}{s+1} \Leftrightarrow e^{-(t-3\pi)}u(t-3\pi)$

(d) $\frac{se^{-2s}}{s^2+16} \Leftrightarrow \cos(4(t-2))u(t-2)$

(e) $\frac{e^{-2s}}{s^2+6s+10} \Leftrightarrow e^{-3t}\sin(t)u(t)|_{t\leftarrow t-2} = e^{-3(t-2)}\sin(t-2)u(t-2)$

(f) $\frac{e^{-3\pi s}}{s(s+1)} \Leftrightarrow [1 - e^{-(t-3\pi)}]u(t-3\pi)$。

P3.21. (a) 特性方程式：$\Delta(s)=\begin{vmatrix} s & -6 \\ 1 & s+5 \end{vmatrix}=(s+2)(s+3)=0$

(b) 特性方根：$s=-2,-3$，皆為負根，此為穩定系統。

(c) $\dot{\mathbf{v}}=\begin{bmatrix} 0 & 6 \\ -1 & -5 \end{bmatrix}\mathbf{v}(t)$，$\phi(t)=e^{\mathbf{A}t}=\begin{bmatrix} 3 & 6 \\ -1 & -2 \end{bmatrix}e^{-2t}+\begin{bmatrix} -2 & -6 \\ 1 & 3 \end{bmatrix}e^{-3t}$

自由響應：$\mathbf{v}_{IC}(t)=\phi(t)\mathbf{v}(0)=\begin{bmatrix} 3e^{-2t}-2e^{-3t} \\ -e^{-2t}+e^{-3t} \end{bmatrix}$。

(d) 令 $\mathbf{v}(0)=0$，且 $\mathbf{X}(s)=\frac{1}{s}$，利用拉式變換可以解得

強迫響應：$\mathbf{v}_F(t)=\begin{bmatrix} 1-3e^{-2t}+2e^{-3t} \\ e^{-2t}-e^{-3t} \end{bmatrix}$。

(e) 總響應 $\mathbf{v}(t)=\mathbf{v}_{IC}(t)+\mathbf{v}_F(t)=\begin{bmatrix} 1 \\ 0 \end{bmatrix}$，$y(t)=u(t)$。

(f) 轉移函數 $H(s)=\dfrac{6}{s^2+5s+6}$。

(g) 單位脈衝響應 $h(t)=6(e^{-2t}-e^{-3t})u(t)$。

P3.22. (a) 系統的特性方程式為 $\Delta(s)=\begin{vmatrix} s & -1 \\ 2 & s+3 \end{vmatrix}=(s+1)(s+2)=0$。

(b) 特性方根：$s=-1,-2$，皆為負根，此為穩定系統。

(c) 狀態轉移矩陣 $\mathbf{\Phi}(s)=\dfrac{1}{(s+1)(s+2)}\begin{pmatrix} s+3 & 1 \\ -2 & s \end{pmatrix}$。

(d) 轉移函數矩陣 $\mathbf{H}(s)=\mathbf{C}\mathbf{\Phi}(s)\mathbf{B}=\begin{bmatrix} \dfrac{4}{(s+1)(s+2)} & \dfrac{4}{s+2} \\ \dfrac{s+3}{(s+1)(s+2)} & \dfrac{1}{s+2} \end{bmatrix}$。

P3.23. (a) $\mathbf{A}=\begin{bmatrix} -6 & -1 \\ 5 & 0 \end{bmatrix}$，特性根為 $s=-1,-5$，系統穩定。

(b) $\mathbf{A}=\begin{bmatrix} -1 & 0 \\ 1 & 1 \end{bmatrix}$，特性根為 $s=-1,1$，系統不穩定。

(c) $\mathbf{A}=\begin{bmatrix} 0 & 1 \\ 0 & -2 \end{bmatrix}$，特性根為 $s=0,-2$，系統不穩定。

(d) $\mathbf{A}=\begin{bmatrix} -1 & 0 & 0 \\ -1 & -2 & -1 \\ -1 & 0 & -3 \end{bmatrix}$，特性根為 $s=-1,-2,-3$，系統穩定。

(e) $\mathbf{A} = \begin{bmatrix} 0 & 2 & -4 \\ 1 & 3 & 1 \\ 2 & 0 & 1 \end{bmatrix}$,特性根為 $s = 0.8 \mp j3, 2.41$,系統不穩定。

P3.24. $\mathbf{A} = \begin{bmatrix} 0 & 1 & 0 \\ 0 & 0 & 1 \\ -6 & -11 & -6 \end{bmatrix}$,

$\mathbf{R}_0 = \mathbf{I} = \begin{bmatrix} 1 & 0 & 0 \\ 0 & 1 & 0 \\ 0 & 0 & 1 \end{bmatrix}$,$\alpha_1 = -\dfrac{\mathrm{Tr}(\mathbf{AR}_0)}{1} = 6$。

$\mathbf{R}_1 = A\mathbf{R}_0 + \alpha_1 \mathbf{I} = \begin{bmatrix} 6 & 1 & 0 \\ 0 & 6 & 1 \\ -6 & -11 & 0 \end{bmatrix}$,$\alpha_2 = -\dfrac{\mathrm{Tr}(\mathbf{AR}_1)}{2} = 11$。

$\mathbf{R}_2 = A\mathbf{R}_1 + \alpha_2 \mathbf{I} = \begin{bmatrix} 11 & 6 & 1 \\ -6 & 0 & 0 \\ 0 & -6 & 0 \end{bmatrix}$,$\alpha_3 = -\dfrac{\mathrm{Tr}(\mathbf{AR}_2)}{3} = 6$。

特性方程式為 $\Delta(s) = s^3 + \alpha_1 s^2 + \alpha_2 s + \alpha_3$
$= s^3 + 6s^2 + 11s + 6\alpha_3 = 0$。

因此,

$\Phi(s) \dfrac{1}{\Delta(s)} \left[\mathbf{R}_0 s^{n-1} + \mathbf{R}_1 s^{n-2} + \cdots + \mathbf{R}_{n-2} s + \mathbf{R}_{n-1} \right]$

$= \dfrac{1}{s^3 + 6s^2 + 11s + 6} \left(\begin{bmatrix} 1 & 0 & 0 \\ 0 & 1 & 0 \\ 0 & 0 & 1 \end{bmatrix} s^2 + \begin{bmatrix} 6 & 1 & 0 \\ 0 & 6 & 1 \\ -6 & -11 & 0 \end{bmatrix} s + \begin{bmatrix} 11 & 6 & 1 \\ -6 & 0 & 0 \\ 0 & -6 & 0 \end{bmatrix} \right)$

$= \dfrac{1}{s^3 + 6s^2 + 11s + 6} \begin{bmatrix} s^2 + 6s + 11 & s + 6 & 1 \\ -6 & s^2 + 6s & s \\ -6s & -11s - 6 & s^2 \end{bmatrix}$

第四章 習題解答

P4.1. (參見課本)

P4.2. (參見課本)

P4.3. (a) $x[k] = \{-7, -3; 1, 4, -8, 5\}$，$X(z) = -7z^2 - 3z + 1 + 4z^{-1} - 8z^{-2} + 5z^{-3}$

(b) $x[k] = \{-1, -2; 0, -2, -1, 0\}$，$X(z) = -z^2 - 2z - 2z^{-1} - z^{-2}$

(c) $x[k] = \{0; 1, 1, 1, 1\}$，$X(z) = 1 + z^{-1} + z^{-2} + z^{-3}$

(d) $x[k] = \{1, 1, -1, -1; 0\}$，$X(z) = z^4 + z^3 - z^2 - z$

（以上 ROC：$z \neq 0, z \neq \infty$）

P4.4. (a) $x[k] = (2)^{k+2} u[k] = 4(2)^k u[k] \Leftrightarrow \frac{4z}{z-2}$ （$|z| > 2$）

(b) $x[k] = k(2)^{0.2k} u[k] = k(2^{0.2})^k u[k] \Leftrightarrow \frac{(2^{0.2})^k z}{(z - 2^{0.2})^2}$ （$|z| > 2^{0.2}$）

(c) $x[k] = (2)^{k+2} u[k-1] = (2)^3 (2)^{k-1} u[k-1] \Leftrightarrow z^{-1} \frac{8z}{z-2} = \frac{8}{z-2}$ （$|z| > 2$）

(d) $x[k] = k(2)^{k+2} u[k-1] = (2)^3 [(k-1) + 1](2)^{k-1} u[k-1]$

$\Leftrightarrow 8z^{-1} \frac{2z}{(z-2)^2} + 8z^{-1} \frac{z}{z-2}$

$= 8(k-1)(2)^{k-1} u[k-1] + 8(2)^{k-1} u[k-1]$

$= \frac{16}{(z-2)^2} + \frac{8}{z-2} = \frac{8z}{(z-2)^2}$ （$|z| > 2$）

(e) $x[k] = (k+1)(2)^k u[k] = k(2)^k u[k] + (2)^k u[k] \Leftrightarrow \frac{2z}{(z-2)^2} + \frac{z}{z-2}$ （$|z| > 2$）

(f) $x[k] = (k-1)(2)^{k+2} u[k] = 4k(2)^k u[k] - 4(2)^k u[k]$

$\Leftrightarrow \frac{8z}{(z-2)^2} - \frac{4z}{z-2} = \frac{-4z(z-4)}{(z-2)^2}$ （$|z| > 2$）。

P4.5. (a) $x[n] = \cos\left(\frac{n\pi}{4} - \frac{\pi}{4}\right) = \cos(0.25n\pi)\cos(0.25\pi) + \sin(0.25n\pi)\sin(0.25\pi)$，

$X(z) = \left[\frac{z^2 - z\cos(0.25\pi)}{z^2 - 2z\cos(0.25\pi) + 1} + \frac{z\sin(0.25\pi)}{z^2 - 2z\cos(0.25\pi) + 1}\right] = \frac{\sqrt{2}z^2}{z^2 - \sqrt{2}z + 1}$。

(b) $\cos\left(\frac{n\pi}{4}\right) u(n) \Leftrightarrow \frac{z^2 - z\cos(0.25\pi)}{z^2 - 2z\cos(0.25\pi) + 1}$，所以

$x[n] = (0.5)^n \cos\left(\frac{n\pi}{4}\right) u(n) \Leftrightarrow \frac{(2z)^2 - (2z)\cos(0.25\pi)}{(2z)^2 - 2(2z)\cos(0.25\pi) + 1} = \frac{4z^2 - \sqrt{2}z}{4z^2 - 2\sqrt{2}z + 1}$ （$|z| > \frac{1}{2}$）

(c) 因為 $\cos\left(\frac{n\pi}{4} - \frac{\pi}{4}\right) \Leftrightarrow \frac{\sqrt{2}z^2}{z^2 - \sqrt{2}z + 1}$，所以

$x[n] = (0.5)^n \cos\left(\frac{n\pi}{4} - \frac{\pi}{4}\right) u(n) \Leftrightarrow \frac{4\sqrt{2}z^2}{4z^2 - 2\sqrt{2}z + 1}$

(d) $x[k] = \left(\frac{1}{3}\right)^k (u[k] - u[k-4])$。

P4.6. (a) $x[n-2] \Leftrightarrow z^{-2} X(z) = \frac{4}{z(z+0.5)^2}$ （$|z| > 0.5$）

(b) $2^n x[n] \Leftrightarrow X\left(\frac{z}{2}\right) = \frac{2z}{(0.5z + 0.5)^2} = \frac{8z}{(z+1)^2}$ （$|z| > 1$）

(c) $nx[n] \Leftrightarrow -z\frac{d}{dz}X(z) = \frac{4z^2-2z}{(z+0.5)^3}$ $(|z|>0.5)$

(d) $2^n nx[n] \Leftrightarrow \frac{4(0.5z)^2-2(0.5z)}{(0.5z+0.5)^3} = \frac{8(z^2-z)}{(z+1)^3}$ $(|z|>1)$

(e) $n^2 x[n] \Leftrightarrow -z\frac{d}{dz}\left[\frac{4z^2-2z}{(z+0.5)^3}\right] = \frac{4z^3-8z^2+z}{(z+0.5)^4}$ $(|z|>0.5)$

(f) $(n-2)x[n] = nx[n] - 2x[n] = \frac{4z^2-2z}{(z+0.5)^3} - \frac{8z}{(z+0.5)^2}$ $(|z|>0.5)$

(g) $x[-n] \Leftrightarrow X(\frac{1}{z}) = \frac{4z}{(\frac{1}{z}+0.5)^2} = \frac{16z}{(z+2)^2}$ $(|z|<2)$

(h) $x[n] - x[n-1] \Leftrightarrow (1-z^{-1})X(z) = \frac{4(z-1)}{(z+0.5)^2}$ $(|z|>0.5)$

(i) $x[n]*x[n] \Leftrightarrow X^2(z) = \frac{16z^2}{(z+0.5)^4}$ $(|z|>0.5)$。

P4.7. $X(z) \Leftrightarrow 2^n u[n] = x[n]$

(a) $A(z) = X(2z) \Leftrightarrow (0.5)^n x[n] = (0.5)^n (2)^n u[n] = u[n]$

(b) $B(z) = X(\frac{1}{z}) \Leftrightarrow x[-n] = 2^{-n} u[-n]$

(c) $C(z) = z\frac{d}{dz}X(z) \Leftrightarrow -x[n] = -2^n u[n]$

(d) $D(z) = \frac{zX(z)}{z-1} \Leftrightarrow \sum_{k=0}^{n} x[k] = \sum_{k=0}^{n} (2)^k u[k] = \frac{1-2^{n+1}}{1-2} u[n] = (2^{n+1}-1)u[n]$

(e) $E(z) = \frac{zX(2z)}{z-1} \Leftrightarrow \sum_{k=0}^{n} u[k] = (n+1)u[n]$

(f) $F(z) = z^{-1}X(z) \Leftrightarrow x[n-1] = 2^{n-1} u[n-1]$

(g) $G(z) = z^{-2}X(2z) \Leftrightarrow u[n-2]$

(h) $H(z) = X(z)^2 \Leftrightarrow x[n]*x[n] = 2^n u[n] * 2^n u[n] = (n+1)2^n u[n]$

(i) $Y(z) = X(-z) \Leftrightarrow (-1)^n x[n] = (-2)^n u[n]$。

P4.8. (a) $A(z) = \frac{(z+1)^2}{z^2+1} = 1 + 2z^{-1} - 2z^{-3} + \cdots \Leftrightarrow a[n] = \{\,;\,1, 2, 0, -2, \ldots\,\}$。

(b) $B(z) = \frac{z+1}{z^2+2} = z^{-1} + z^{-2} - 2z^{-3} + \cdots \Leftrightarrow b[n] = \{\,;\,0, 1, 1, -2, \ldots\,\}$。

(c) $C(z) = \frac{1-z^{-2}}{2+z^{-1}} = \frac{z^2-1}{2z^2+z} = \frac{1}{2} - \frac{1}{4}z^{-1} - \frac{3}{8}z^{-2} + \frac{3}{16}z^{-3} + \cdots \Leftrightarrow$

$c[n] = \{\,;\,\frac{1}{2}, -\frac{1}{4}, -\frac{3}{8}, \frac{3}{16}, \ldots\,\}$。

P4.9. (a) $\frac{X(z)}{z} = \frac{1}{(z+1)(z+2)} = \frac{1}{z+1} - \frac{1}{z+2}$，是故

$X(z) = \frac{z}{z+1} - \frac{z}{z+2} \Leftrightarrow x[n] = [(-1)^n - (-2)^n]\,u[n]$。

(b) $\frac{X(z)}{z} = \frac{16}{z(z-2)(z+2)} = \frac{-4}{z} + \frac{2}{z-2} + \frac{-2}{z+2}$，是故

$X(z) = -4 + \frac{2z}{z-2} + \frac{-2z}{z+2} \Leftrightarrow x[n] = -4\delta[n] + 2[(2)^n + (-2)^n]u[n]$。

(c) $\frac{X(z)}{z} = \frac{3z}{(z-1)(z-0.5)(z-0.25)} = \frac{8}{z-1} + \frac{-12}{z-0.5} + \frac{4}{z-0.25}$，故

$X(z) = \frac{8z}{z-1} + \frac{-12z}{z-0.5} + \frac{4z}{z-0.25} \Leftrightarrow [8 - 12(0.5)^n + 4(0.25)^n]u[n]$。

(d) $\frac{X(z)}{z} = \frac{3z^2}{(z^2-1.5z+0.5)(z-0.25)} = \frac{8}{z-1} + \frac{-6}{z-0.5} + \frac{1}{z-0.25}$，故

$X(z) = \frac{8z}{z-1} + \frac{-6z}{z-0.5} + \frac{z}{z-0.25} \Leftrightarrow [8 - 6(0.5)^n + (0.25)^n]u[n]$。

P4.10. (a) $\frac{X(z)}{z} = \frac{1}{(z+1)(z^2+z+0.25)} = \frac{4}{z+1} + \frac{2}{(z+0.5)^2} + \frac{-4}{(z+0.5)}$，故

$X(z) = \frac{4z}{z+1} + \frac{2z}{(z+0.5)^2} + \frac{-4z}{(z+0.5)}$

$\Leftrightarrow x[n] = \left[4(-1)^n - 4(-0.5)^n - 4n(-0.5)^n\right]u[n]$。

(b) $X(z) = \frac{z}{(z+0.5)(z^2+z+0.25)} = \frac{z}{(z+0.5)^3} \Leftrightarrow x[n] = \frac{n(n-1)}{2}(-0.5)^{n-2}u[n]$

(c) $\frac{X(z)}{z} = \frac{2}{z+1} + \frac{-1-j}{z+0.5-j0.5} + \frac{-1+j}{z+0.5+j0.5}$，因為

$-1 \mp j = \sqrt{2}e^{\mp j\frac{3\pi}{4}}$，且 $(z+0.5 \mp j0.5) = \left(z - \sqrt{0.5}e^{\pm j\frac{3\pi}{4}}\right)$

故，$x[n] = \left[2(-1)^n + 2\sqrt{2}\left(\frac{1}{\sqrt{2}}\right)^n \cos\left(n\frac{3\pi}{4} - \frac{3\pi}{4}\right)\right]u[n]$。

(d) $\frac{X(z)}{z} = \frac{1}{(z^2+0.5)^2} = \frac{-j2}{z-j0.5} + \frac{-1}{(z-j0.5)^2} + \frac{j2}{z+j0.5} + \frac{-1}{(z+j0.5)^2}$，因

$-j2 = 2e^{-j\frac{\pi}{2}}$, $-1 = e^{-j\pi}$, $(z \mp j0.5) = \left(z - 0.5e^{\pm j\frac{\pi}{2}}\right)$，所以

$x[n] = \left[2(2)(0.5)^n \cos\left(n\frac{\pi}{2} - \frac{\pi}{2}\right) + 2(1)n(0.5)^{n-1}\cos\left((n-1)\frac{\pi}{2} + \pi\right)\right]u[n]$

$= \left[4(0.5)^n(1-n)\sin\left(n\frac{\pi}{2}\right)\right]u[n]$。

P4.11. $y[k+2] - 3y[k+1] + 2y[k] = u[k]$；$y[0] = y[1] = 0$。兩邊取 z-變換，

$(z^2Y(z) - z^2x[0] - zx[1]) - 3(zY(z) - zx[0]) + 2Y(z) = \frac{z}{z-1}$，亦即

$\frac{Y(z)}{z} = \frac{1}{(z-1)^2(z-2)} = \frac{-1}{(z-1)^2} + \frac{-1}{z-1} + \frac{1}{z-2}$

所以，$Y(z) \Leftrightarrow y[n] = [2^n - (n+1)]u[n]$。

P4.12. (a) $y[n] + 0.1y[n-1] - 0.3y[n-2] = 2u[k]$ $y[-1] = y[-2] = 0$，兩邊取 z-變換可得，$(1 + 0.1z^{-1} - 0.3z^{-2})Y(z) = \frac{2z}{z-1}$，整理為

$$\frac{Y(z)}{z} = \frac{2z^2}{(z-1)^2(z+0.6)(z-0.5)} = \frac{2.5}{z-1} + \frac{\frac{9}{22}}{z+0.6} + \frac{\frac{-10}{11}}{z-0.5}$$，所以

$$Y(z) \Leftrightarrow y[n] = \left[2.5 + \frac{9}{22}(-0.6)^n - \frac{10}{11}(0.5)^n\right]u[n]。$$

(b) $y[n] - 0.9y[n-1] + 0.2y[n-2] = (0.5)^n$; $y[-1] = 1, y[-2] = -4$，取 z-變換 $Y(z) - 0.9(z^{-1}Y(z) + y[-1]) + 0.2(z^{-2}Y(z) + z^{-1}y[-1] + y[-2]) = \frac{z}{z-0.5}$，

因此，$\frac{Y(z)}{z} = \frac{2.7z^2 - 1.05z + 0.1}{(z-0.4)(z-0.5)^2} = \frac{11.2}{z-0.4} + \frac{2.5}{(z-0.5)^2} + \frac{-8.5}{z-0.5}$，所以

$$Y(z) \Leftrightarrow y[n] = \left[5n(0.5)^n - 8.5(0.5)^n + 11.2(0.4)^n\right]u[n]。$$

(c) $y[n] - 0.7y[n-1] + 0.1y[n-2] = (0.5)^n$; $y[-1] = 0, y[-2] = 3$，取 z-變換得，

$$Y(z) + 0.7(z^{-1}Y(z) + y[-1]) + 0.1(z^{-2}Y(z) + z^{-1}y[-1] + y[-2]) = \frac{z}{z-0.5}$$，

因此 $\frac{Y(z)}{z} = \frac{0.7z^2 + 0.15z}{(z+0.2)(z+0.5)(z-0.5)} = \frac{.0095}{z+0.2} + \frac{.3333}{z+0.5} + \frac{.3571}{z-0.5}$，

所以 $Y(z) \Leftrightarrow y[n] = \left[0.0095(-0.2)^n + 0.3333(-0.5)^n + 0.3571(0.5)^n\right]u[n]。$

(d) $y[n] - 0.25y[n-2] = (0.5)^n$; $y[-1] = 0, y[-2] = 0$，取 z-變換得，

$(1 - 0.25z^{-2})Y(z) = \frac{z}{z-5}$，因此

$$\frac{Y(z)}{z} = \frac{z^2}{(z+0.5)(z-0.5)^2} = \frac{0.25}{(z-0.5)^2} + \frac{0.25}{z+0.5} + \frac{0.75}{z-0.5}$$，所以

$$Y(z) \Leftrightarrow y[n] = \left[0.5n(0.5)^n + 0.75(0.5)^n + 0.25(-0.5)^n\right]u[n]。$$

P4.13. $H(z) = \frac{2z(z-1)}{z^2 + 4z + 4}$

(a) $x[n] = \delta[n] \Leftrightarrow X[z] = 1$，$Y(z) = H(z)X(z) = \frac{2z^2 - 2z}{(z+2)^2}$，因此

$$y[n] = \left[2(n+1)(-2)^n - 2n(-2)^{n-1}\right]u[n]$$

(b) $x[n] = 2\delta[n] + \delta[n+1] \Leftrightarrow X(z) = 2 + z$，因此

$Y(z) = H(z)X(z) = \frac{2z^2 - 2z}{z+2} = 2z - \frac{6z}{z+2}$，所以

$$y[n] = 2\delta[n+1] - 6(-2)^n u[n]$$

(c) $x[n] = u[n] \Leftrightarrow X(z) = \frac{z}{z-1}$，因此 $Y(z) = H(z)X(z) = \frac{2z^2}{(z+2)^2}$

所以，$y[n] = 2(n+1)(-2)^n u[n]$

(d) $x[n] = 2^n u[n] \Leftrightarrow \frac{z}{z+2}$，因此 $Y(z) = H(z)X(z) = \frac{2z^2(z-1)}{(z+2)^2(z-2)}$。

經部份分式分解可得：$Y(z) = \frac{\frac{1}{4}z}{z-2} + \frac{\frac{7}{3}z}{z+2} + \frac{-3z}{(z+2)^2}$，所以

$$y[n] = \left[\frac{1}{4}(2)^n + \frac{7}{3}(-2)^n - 3n(-2)^{n-1}\right]u[n] \text{。}$$

(e) $x[n] = nu[n] \Leftrightarrow X(z) = \frac{z}{(z-1)^2}$，因此 $Y(z) = H(z)X(z) = \frac{2z^2}{(z+2)^2(z-1)}$。

經部份分式分解可得：$Y(z) = \frac{\frac{2}{9}z}{z-1} + \frac{-\frac{2}{9}z}{z+2} + \frac{\frac{3}{4}z}{(z+2)^2}$，所以

$$y[n] = \frac{1}{9}\left[2 - 2(-2)^n + 12n(-2)^{n-1}\right]u[n] \text{。}$$

(f) $x[n] = \cos\left(\frac{n\pi}{2}\right)u[n] \Leftrightarrow X(z) = \frac{z^2}{z^2+1}$，因此

$$Y(z) = H(z)X(z) = \frac{2z^3(z-1)}{(z+2)^2(z^2-1)} \text{。}$$

經部份分式分解可得：

$$\frac{Y(z)}{z} = \frac{-0.28+j0.04}{z-j} + \frac{-0.28-j0.04}{z+j} + \frac{2.56}{z+2} + \frac{-4.8}{(z+2)^2} \text{，}$$

因為 $z - j = z - e^{j\pi/2}$，$-0.28 - j0.04 = 0.2828e^{j0.9548\pi}$，所以

$$y[n] = \left[2.56(-2)^n - 4.8n(-2)^{n-1} + 0.5656\cos\left(\frac{n\pi}{2} + 0.9548\pi\right)\right]u[n] \text{。}$$

P4.14. $\dot{\mathbf{v}}(t) = \begin{bmatrix} 0 & 1 \\ 0 & 0 \end{bmatrix}\mathbf{v}(t) + \begin{bmatrix} 0 \\ 10 \end{bmatrix}x(t)$，則 $e^{At} = \begin{bmatrix} 1 & t \\ 0 & 1 \end{bmatrix}$，因此

(a) $\mathbf{G}(T) = e^{AT} = \begin{bmatrix} 1 & T \\ 0 & 1 \end{bmatrix} = \begin{bmatrix} 1 & 1 \\ 0 & 1 \end{bmatrix}$，

$$\mathbf{H}(T) = \int_0^T e^{A(T-\tau)}\mathbf{B}d\tau = \int_0^T \begin{bmatrix} 1 & T-\tau \\ 0 & 1 \end{bmatrix}\begin{bmatrix} 0 \\ 10 \end{bmatrix}d\tau = \begin{bmatrix} 5T^2 \\ 10T \end{bmatrix} = \begin{bmatrix} 5 \\ 10 \end{bmatrix}$$

令 $\mathbf{v}[k] := \mathbf{v}(t)|_{t=kT} = \mathbf{v}(kT)$，所以 DT 差分狀態方程式為

$$\mathbf{v}[k+1] = \begin{bmatrix} 1 & 1 \\ 0 & 1 \end{bmatrix}\mathbf{v}[k] + \begin{bmatrix} 5 \\ 10 \end{bmatrix}x[k]\text{，}\quad y[k] = \begin{bmatrix} 1 & 0 \end{bmatrix}\mathbf{v}[k] \text{。}$$

(b) 若抽樣周期為 $T = 0.1$ 秒，則

$$\mathbf{G}(T) = e^{AT} = \begin{bmatrix} 1 & 0.1 \\ 0 & 1 \end{bmatrix} = \begin{bmatrix} 1 & 0.1 \\ 0 & 1 \end{bmatrix}\text{，且 } \mathbf{H}(T) = \begin{bmatrix} 5(0.1)^2 \\ 10(0.1) \end{bmatrix} = \begin{bmatrix} 0.05 \\ 1 \end{bmatrix}\text{，}$$

則 DT 差分狀態方程式為

$$\mathbf{v}[k+1] = \begin{bmatrix} 1 & 0.1 \\ 0 & 1 \end{bmatrix}\mathbf{v}[k] + \begin{bmatrix} 0.05 \\ 1 \end{bmatrix}x[k]\text{，}\quad y[k] = \begin{bmatrix} 1 & 0 \end{bmatrix}\mathbf{v}[k] \text{。}$$

P4.15. $\mathbf{v}(0) = \begin{bmatrix} 1 & 0 \end{bmatrix}^T$, $x(kT) = 5kT = 0.5k$，$T = 0.1$ 秒，所以差分狀態方程式為

$$\mathbf{v}[k+1] = \begin{bmatrix} 1 & 0.1 \\ 0 & 1 \end{bmatrix} \mathbf{v}[k] + \begin{bmatrix} 0.05 \\ 1 \end{bmatrix} x[k]，\quad \mathbf{v}[k] = \mathbf{v}(kT)$$

$k = 0:$ $\mathbf{v}[1] = \mathbf{v}(0.1) = \begin{bmatrix} 1 & 0.1 \\ 0 & 1 \end{bmatrix} \begin{bmatrix} 1 \\ 0 \end{bmatrix} + \begin{bmatrix} 0.05 \\ 1 \end{bmatrix} 0.5(0) = \begin{bmatrix} 1 \\ 0 \end{bmatrix}$

$k = 1:$ $\mathbf{v}[2] = \mathbf{v}(0.2) = \begin{bmatrix} 1 & 0.1 \\ 0 & 1 \end{bmatrix} \begin{bmatrix} 1 \\ 0 \end{bmatrix} + \begin{bmatrix} 0.05 \\ 1 \end{bmatrix} 0.5(1) = \begin{bmatrix} 1.025 \\ 0.5 \end{bmatrix}$

$k = 2:$ $\mathbf{v}[3] = \mathbf{v}(0.3) = \begin{bmatrix} 1 & 0.1 \\ 0 & 1 \end{bmatrix} \begin{bmatrix} 1.025 \\ 0.5 \end{bmatrix} + \begin{bmatrix} 0.05 \\ 1 \end{bmatrix} 0.5(2) = \begin{bmatrix} 1.125 \\ 1.5 \end{bmatrix}$

$k = 3:$ $\mathbf{v}[4] = \mathbf{v}(0.4) = \begin{bmatrix} 1 & 0.1 \\ 0 & 1 \end{bmatrix} \begin{bmatrix} 1.125 \\ 1.5 \end{bmatrix} + \begin{bmatrix} 0.05 \\ 1 \end{bmatrix} 0.5(3) = \begin{bmatrix} 1.35 \\ 3.0 \end{bmatrix}$

$k = 4:$ $\mathbf{v}[5] = \mathbf{v}(0.5) = \begin{bmatrix} 1 & 0.1 \\ 0 & 1 \end{bmatrix} \begin{bmatrix} 1.35 \\ 3.0 \end{bmatrix} + \begin{bmatrix} 0.05 \\ 1 \end{bmatrix} 0.5(4) = \begin{bmatrix} 1.75 \\ 5.0 \end{bmatrix}$

因此，$y(0.5) = y[5] = \begin{bmatrix} 1 & 0 \end{bmatrix} \mathbf{v}[5] = 1.75$。

P4.16. 脈波轉移函數 $\mathbf{H}(z) = \dfrac{0.05(z+1)}{z^2 - 2z + 1}$。

第五章 習題解答

P5.1. (參見課本)

P5.2. 若 $n \times n$ 矩陣 $\mathbf{A}$ 之特性方程式為 $\Delta(s) = s^n + a_{n-1} s^{n-1} + \cdots a_1 s + a_0 = 0$，則 $\Delta(\mathbf{A}) = \mathbf{A}^n + a_{n-1} \mathbf{A}^{n-1} + \cdots a_1 \mathbf{A} + a_0 \mathbf{I} = \mathbf{0}$，此為凱莉-漢彌爾頓定理。現在，

$A = \begin{bmatrix} 5 & 4 & 3 \\ -1 & 0 & 3 \\ 1 & -2 & 1 \end{bmatrix}$，$n = 3$，特性方程式為 $\Delta(s) = s^3 - 6s^2 + 32 = 0$。而

$$\Delta(\mathbf{A}) = \mathbf{A}^3 - 6\mathbf{A}^2 + 32\mathbf{I} = \begin{bmatrix} 112 & 84 & 36 \\ -48 & -20 & -36 \\ 48 & 12 & 28 \end{bmatrix} - 6\begin{bmatrix} 24 & 14 & 6 \\ -8 & 2 & -6 \\ 8 & 2 & 10 \end{bmatrix}$$

$$+ 32\begin{bmatrix} 1 & 0 & 0 \\ 0 & 1 & 0 \\ 0 & 0 & 1 \end{bmatrix} = \begin{bmatrix} 0 & 0 & 0 \\ 0 & 0 & 0 \\ 0 & 0 & 0 \end{bmatrix} = \mathbf{0}。$$

P5.3. 方塊圖可以進一步地簡化為圖 PA5.3，所以 $\frac{C}{R} = \frac{G_A G_B}{1 + G_A G_B H_2}$。

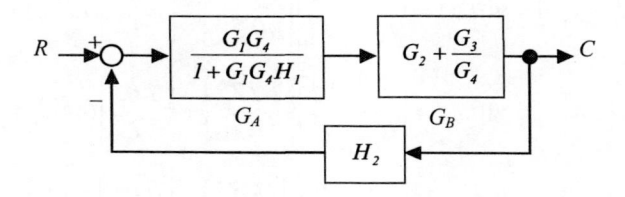

圖 PA5.3　習題 5.3 之簡化方塊圖。

P5.4. $\dfrac{C}{R} = \dfrac{G_1 G_2 G_3}{1 + G_2 H_2 + G_1 G_2 H_1 + G_2 G_3 H_3}$。

P5.5. $\dfrac{C}{R} = \dfrac{G_1 G_2 G_3 G_4}{(1 + G_1 G_2 H_1) \cdot (1 + G_3 G_4 H_2) + G_2 G_3 H_3}$。

P5.6. $C = \dfrac{G_1 G_2 R_1 + G_2 R_2 - G_2 R_3 - G_1 G_2 H_1 R_4}{1 + G_2 H_2 + G_1 G_2 H_1}$。

P5.7. SFG（信號流程圖）參見圖 PA5.7。

由梅生公式，$\Delta = 1 + G_1 G_4 H_1 + G_1 G_4 G_2 H_2 + G_1 G_3 H_2$；$T_1 = G_1 G_4 G_2$，$\Delta_1 = 1$；$T_1 = G_1 G_3$，$\Delta_1 = 1$。因此，

$$\frac{C}{R} = \frac{G_1 G_4 G_2 + G_1 G_3}{1 + G_1 G_4 H_1 + G_1 G_4 G_2 H_2 + G_1 G_3 H_2}。$$

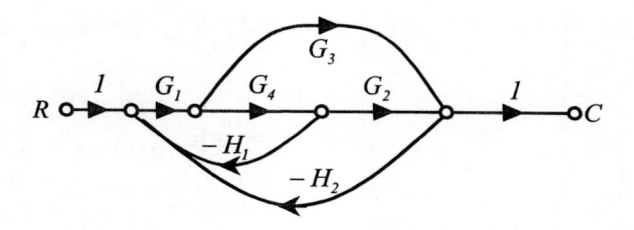

圖 PA5.7　習題 5.7 的信號流程圖。

P5.8. SFG（信號流程圖）參見圖 PA5.8。

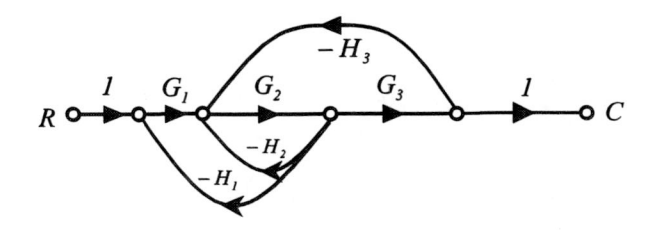

圖 PA5.8 習題 5.8 的 SFG。

由梅生公式，$\Delta = 1 + G_1G_2H_1 + G_2H_2 + G_2G_3H_3$；$T_1 = G_1G_2G_3$，$\Delta_1 = 1$，故

$$\frac{C}{R} = \frac{G_1G_2G_3}{1 + G_2H_2 + G_1G_2H_1 + G_2G_3H_3}$$

P5.9. SFG（信號流程圖）參見圖 PA5.9。

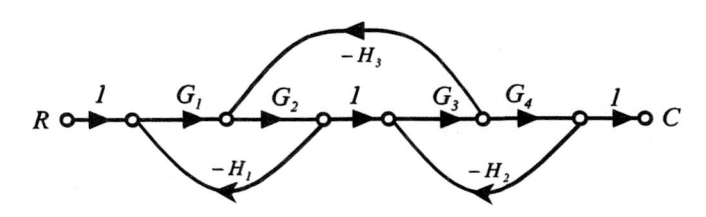

圖 PA5.9 習題 5.9 的 SFG。

由梅生公式，$\dfrac{C}{R} = \dfrac{G_1G_2G_3G_4}{1 + G_1G_2H_1 + G_3G_4H_2 + G_1G_2H_1G_3G_4H_2 + G_2G_3H_3}$

$$= \frac{G_1G_2G_3G_4}{(1 + G_1G_2H_1)\cdot(1 + G_3G_4H_2) + G_2G_3H_3}$$

P5.10. SFG（信號流程圖）參見圖 PA5.10。

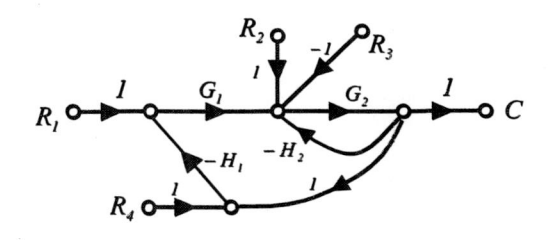

圖 PA5.10 習題 5.10 之 SFG。

由梅生公式，$C = \dfrac{G_1 G_2 R_1 + G_2 R_2 - G_2 R_3 - G_1 G_2 H_1 R_4}{1 + G_2 H_2 + G_1 G_2 H_1}$

P5.11. $\dfrac{V_3}{V_1}(s) = \dfrac{\dfrac{1}{(sRC)^2}}{1 + \dfrac{3}{sRC} + \dfrac{1}{(sRC)^2}} = \dfrac{1}{s^2(RC)^2 + 3sRC + 1}$ 。

P5.12. 仿照例題 8.11，將有 9 個變數：$V_1, V_2, V_3, V_4, V_5, I_1, I_2, I_3, I_4$，形成的信號流程圖中將有 7 個迴路，其迴路增益皆為 $R\left(\dfrac{1}{R}\right) = 1$；**15** 組 2-不相接觸迴路；**10** 組 3-不相接觸迴路；**1** 組 3-不相接觸迴路。因此，

$$\dfrac{V_5}{V_1}(s) = \dfrac{1}{1 - 7(-1) + 15(-1) \cdot (-1) - 10(-1) + 1} = \dfrac{1}{34}$$ 。

P5.13. (a) $D^3 y(t) + 3D^2 y(t) + 4Dy(t) + 2y(t) = 10x(t)$，令狀態變數為：

$v_1(t) = y(t)$，$v_2(t) = Dy(t)$，$v_3(t) = D^2 y(t)$，則狀態方程式為

$$\dfrac{d}{dt}\begin{bmatrix} v_1 \\ v_2 \\ v_3 \end{bmatrix} = \begin{bmatrix} 0 & 1 & 0 \\ 0 & 0 & 1 \\ -2 & -4 & -3 \end{bmatrix}\begin{bmatrix} v_1(t) \\ v_2(t) \\ v_3(t) \end{bmatrix} + \begin{bmatrix} 0 \\ 0 \\ 10 \end{bmatrix}x(t)$$

$$y(t) = \begin{bmatrix} 1 & 0 & 0 \end{bmatrix}\begin{bmatrix} v_1(t) \\ v_2(t) \\ v_3(t) \end{bmatrix}$$

(b) $(D^2 + 2D + 2)(D + 5)y(t) = (D + 3)x(t)$ 即是

$D^3 y(t) + 7D^2 y(t) + 12Dy(t) + 10y(t) = Dx(t) + 3x(t)$，其轉移函數為

$\dfrac{Y(s)}{X(s)} = \dfrac{s + 3}{s^3 + 7s^2 + 12s + 10} = \dfrac{s^{-2} + 3s^{-3}}{1 + 7s^{-1} + 12s^{-2} + 10s^{-3}}$，因此狀態方程式為

$$\dfrac{d}{dt}\begin{bmatrix} v_1 \\ v_2 \\ v_3 \end{bmatrix} = \begin{bmatrix} 0 & 1 & 0 \\ 0 & 0 & 1 \\ -10 & -12 & -7 \end{bmatrix}\begin{bmatrix} v_1(t) \\ v_2(t) \\ v_3(t) \end{bmatrix} + \begin{bmatrix} 0 \\ 0 \\ 1 \end{bmatrix}x(t)$$

$$y(t) = \begin{bmatrix} 3 & 1 & 0 \end{bmatrix}\begin{bmatrix} v_1(t) \\ v_2(t) \\ v_3(t) \end{bmatrix}$$

(c) $D^3 y(t) - 11D^2 y(t) + 38Dy(t) - 40y(t) = 2D^2 x(t) + 6Dx(t) + x(t)$，其轉

移函數為：$\dfrac{Y(s)}{X(s)} = \dfrac{2s^2+6s+1}{s^3-11s^2+38s-40} = \dfrac{2s^{-1}+6s^{-2}+s^{-3}}{1-11s^{-1}+38s^{-2}-40s^{-3}}$，狀態方程式為

$$\dfrac{d}{dt}\begin{bmatrix} v_1 \\ v_2 \\ v_3 \end{bmatrix} = \begin{bmatrix} 0 & 1 & 0 \\ 0 & 0 & 1 \\ 40 & -38 & 11 \end{bmatrix}\begin{bmatrix} v_1(t) \\ v_2(t) \\ v_3(t) \end{bmatrix} + \begin{bmatrix} 0 \\ 0 \\ 1 \end{bmatrix} x(t)$$

$$y(t) = \begin{bmatrix} 1 & 6 & 2 \end{bmatrix}\begin{bmatrix} v_1(t) \\ v_2(t) \\ v_3(t) \end{bmatrix}$$

P5.14. $D^3 y(t) + a_2 D^2 y(t) + a_1 D y(t) + a_0 y(t) = b_3 D^3 x(t) + b_2 D^2 x(t) + b_1 D x(t) + b_0 x(t)$，其轉移函數為：

$$\dfrac{Y(s)}{X(s)} = \dfrac{b_3 s^3 + b_2 s^2 + b_1 s + b_0}{s^3 + a_2 s^2 + a_1 s + a_0} = \dfrac{b_3 + b_2 s^{-1} + b_1 s^{-2} + b_0 s^{-3}}{1 + a_2 s^{-1} + a_1 s^{-2} + a_0 s^{-3}}$$

信號流程圖如圖 PA5.14。

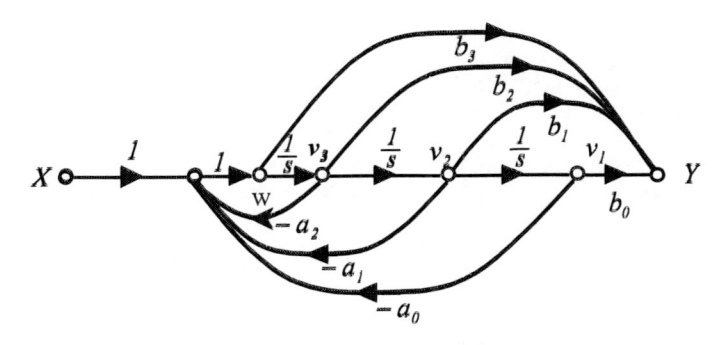

圖 PA5.14　習題 5.14 之信號流程圖。

P5.15. $y[k] + a_2 y[k-1] + a_1 y[k-2] + a_0 y[k-3] = b_3 x[k] + b_2 x[k-1] + b_1 x[k-2] + b_0 x[k-3]$，脈波轉移函數為：$\dfrac{Y(z)}{X(z)} = \dfrac{b_3 + b_2 z^{-1} + b_1 z^{-2} + b_0 z^{-3}}{1 + a_2 z^{-1} + a_1 z^{-2} + a_0 z^{-3}}$，流程圖如圖 PA5.15。

P5.16. 參見圖 PA5.14：$\dfrac{d}{dt}v_1(t) = v_2(t)$，$\dfrac{d}{dt}v_2(t) = v_3(t)$，$\dfrac{d}{dt}v_3(t) = w$，而

$$w = x - a_0 v_1 - a_1 v_2 - a_2 v_3 \text{。}$$

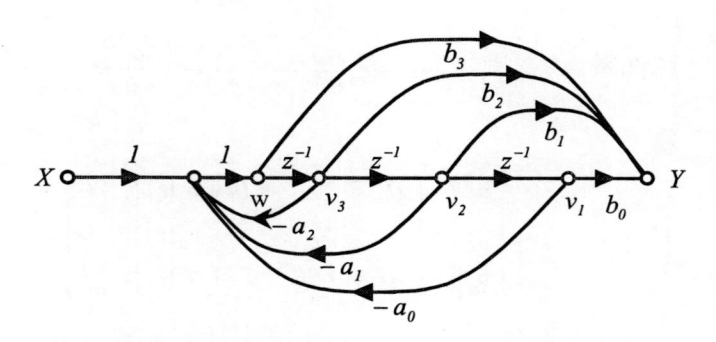

圖 PA5.15　習題 5.15 之信號流程圖。

輸出為　$y = b_0 v_1 + b_1 v_2 + b_2 v_3 + b_3 w$
$\qquad\quad = b_0 v_1 + b_1 v_2 + b_2 v_3 + b_3(x - a_0 v_1 - a_1 v_2 - a_2 v_3)$
$\qquad\quad = (b_0 - b_3 a_0) v_1 + (b_1 - b_3 a_1) v_2 + (b_2 - b_3 a_2) v_3 + b_3 x$

狀態方程式為

$$\frac{d}{dt}\begin{bmatrix} v_1 \\ v_2 \\ v_3 \end{bmatrix} = \begin{bmatrix} 0 & 1 & 0 \\ 0 & 0 & 1 \\ -a_2 & -a_1 & -a_0 \end{bmatrix} \begin{bmatrix} v_1(t) \\ v_2(t) \\ v_3(t) \end{bmatrix} + \begin{bmatrix} 0 \\ 0 \\ 1 \end{bmatrix} x(t)$$

$$y(t) = \begin{bmatrix} b_0 - b_3 a_0 & b_1 - b_3 a_1 & b_2 - b_3 a_2 \end{bmatrix} \begin{bmatrix} v_1(t) \\ v_2(t) \\ v_3(t) \end{bmatrix} + b_3 x$$

P5.17. 參見圖 PA5.15：$v_1[n+1] = v_2[n]$，$v_2[n+1] = v_3[n]$，$v_3[n+1] = w[n]$，而

$$w = x - a_0 v_1 - a_1 v_2 - a_2 v_3 \; \circ$$

輸出為　$y[n] = b_0 v_1[n] + b_1 v_2[n] + b_2 v_3[n] + b_3 w[n]$
$\qquad\quad = b_0 v_1 + b_1 v_2 + b_2 v_3 + b_3(x - a_0 v_1 - a_1 v_2 - a_2 v_3)$
$\qquad\quad = (b_0 - b_3 a_0) v_1[n] + (b_1 - b_3 a_1) v_2[n] + (b_2 - b_3 a_2) v_3[n] + b_3 x[n]$

狀態方程式為

$$\begin{bmatrix} v_1[n+1] \\ v_2[n+1] \\ v_3[n+1] \end{bmatrix} = \begin{bmatrix} 0 & 1 & 0 \\ 0 & 0 & 1 \\ -a_2 & -a_1 & -a_0 \end{bmatrix} \begin{bmatrix} v_1[n] \\ v_2[n] \\ v_3[n] \end{bmatrix} + \begin{bmatrix} 0 \\ 0 \\ 1 \end{bmatrix} x[n] y[n]$$

$$= \begin{bmatrix} b_0 - b_3 a_0 & b_1 - b_3 a_1 & b_2 - b_3 a_2 \end{bmatrix} \begin{bmatrix} v_1[n] \\ v_2[n] \\ v_3[n] \end{bmatrix} + b_3 x[n]$$

P5.18. (a) $H(s) = \dfrac{4}{s^3 + 6s^2 + 16s + 16} = \dfrac{4s^{-3}}{1 + 6s^{-1} + 16s^{-2} + 16s^{-3}}$，因此狀態方程式為

$$\dfrac{d}{dt}\begin{bmatrix} v_1 \\ v_2 \\ v_3 \end{bmatrix} = \begin{bmatrix} 0 & 1 & 0 \\ 0 & 0 & 1 \\ -16 & -16 & -6 \end{bmatrix}\begin{bmatrix} v_1(t) \\ v_2(t) \\ v_3(t) \end{bmatrix} + \begin{bmatrix} 0 \\ 0 \\ 4 \end{bmatrix} x(t);$$

$$y(t) = \begin{bmatrix} 1 & 0 & 0 \end{bmatrix}\begin{bmatrix} v_1(t) \\ v_2(t) \\ v_3(t) \end{bmatrix}$$

(b) $H(s) = \dfrac{10(s+10)}{(s+1)^2(s^2+4s+5)} = \dfrac{10s + 100}{s^4 + 6s^3 + 14s^2 + 14s + 5}$，狀態方程式為

$$\dfrac{d}{dt}\begin{bmatrix} v_1 \\ v_2 \\ v_3 \\ v_4 \end{bmatrix} = \begin{bmatrix} 0 & 1 & 0 & 0 \\ 0 & 0 & 1 & 0 \\ 0 & 0 & 0 & 1 \\ -5 & -14 & -14 & -6 \end{bmatrix}\begin{bmatrix} v_1 \\ v_2 \\ v_3 \\ v_4 \end{bmatrix} + \begin{bmatrix} 0 \\ 0 \\ 0 \\ 1 \end{bmatrix} x(t);$$

$$y(t) = \begin{bmatrix} 100 & 10 & 0 & 0 \end{bmatrix}\begin{bmatrix} v_1 \\ v_2 \\ v_3 \\ v_4 \end{bmatrix}$$

(c) $H(s) = \dfrac{4s + 12}{s^3 + 9s^2 + 29s + 28}$，狀態方程式為

$$\dfrac{d}{dt}\begin{bmatrix} v_1 \\ v_2 \\ v_3 \end{bmatrix} = \begin{bmatrix} 0 & 1 & 0 \\ 0 & 0 & 1 \\ -28 & -29 & -9 \end{bmatrix}\begin{bmatrix} v_1(t) \\ v_2(t) \\ v_3(t) \end{bmatrix} + \begin{bmatrix} 0 \\ 0 \\ 1 \end{bmatrix} x(t);$$

$$y(t) = \begin{bmatrix} 12 & 4 & 0 \end{bmatrix}\begin{bmatrix} v_1(t) \\ v_2(t) \\ v_3(t) \end{bmatrix}$$

(d) $H(s) = \dfrac{4s^3 + 4s^2 + 12s + 20}{(s+1)(s+2)(s+5)} = \dfrac{4s^3 + 4s^2 + 12s + 20}{s^3 + 8s^2 + 17s + 10} = 4 + \dfrac{-28s^2 - 56s - 20}{s^3 + 8s^2 + 17s + 10}$

狀態方程式為

$$\tfrac{d}{dt}\begin{bmatrix}v_1\\v_2\\v_3\end{bmatrix}=\begin{bmatrix}0 & 1 & 0\\0 & 0 & 1\\-10 & -17 & -8\end{bmatrix}\begin{bmatrix}v_1(t)\\v_2(t)\\v_3(t)\end{bmatrix}+\begin{bmatrix}0\\0\\1\end{bmatrix}x(t)\ ;$$

$$y(t)=\begin{bmatrix}-20 & -56 & -28\end{bmatrix}\begin{bmatrix}v_1(t)\\v_2(t)\\v_3(t)\end{bmatrix}+4x(t)$$

P5.19. (a) $H(z)=\dfrac{3-z^{-1}}{1-0.5z^{-1}+0.25z^{-2}-0.125z^{-3}}$,參見圖 PA5.19 之 SFG,$w=x+0.125v_1-0.25v_2+0.5v_3$.

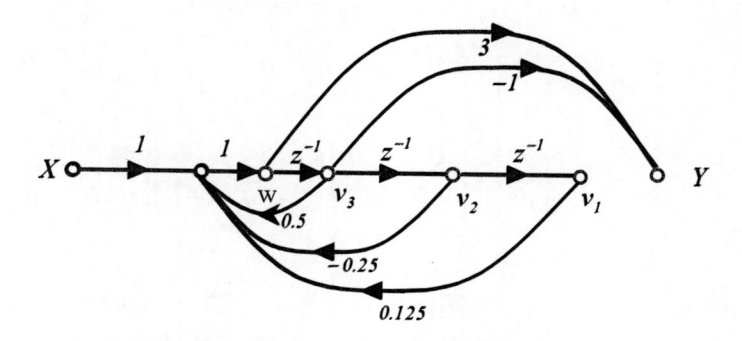

圖 PA5.19 習題 5.19 之信號流程圖。

$$v_1[n+1]=v_2[n]\ ,\ v_2[n+1]=v_3[n]\ ,\ v_3[n+1]=w[n]\ ,$$
$$y[n]=-v_3[n]+3w[n]=0.375v_1[n]-0.75v_2[n]+0.5v_3[n]+3x[n]$$

狀態方程式為

$$\begin{bmatrix}v_1[n+1]\\v_2[n+1]\\v_3[n+1]\end{bmatrix}=\begin{bmatrix}0 & 1 & 0\\0 & 0 & 1\\.125 & -0.25 & .5\end{bmatrix}\begin{bmatrix}v_1[n]\\v_2[n]\\v_3[n]\end{bmatrix}+\begin{bmatrix}0\\0\\1\end{bmatrix}x[n]$$

$$y[n]=\begin{bmatrix}0.375 & -0.75 & 0.5\end{bmatrix}\begin{bmatrix}v_1[n]\\v_2[n]\\v_3[n]\end{bmatrix}+3x[n]$$

(b) $H(z)=\dfrac{z}{z^3+0.65z^2-0.35z-0.11}=\dfrac{z^{-2}}{1+0.65z^{-1}-0.35z^{-2}-0.11z^{-3}}$,狀態方程式為

$$\begin{bmatrix} v_1[n+1] \\ v_2[n+1] \\ v_3[n+1] \end{bmatrix} = \begin{bmatrix} 0 & 1 & 0 \\ 0 & 0 & 1 \\ 0.11 & 0.35 & -0.65 \end{bmatrix} \begin{bmatrix} v_1[n] \\ v_2[n] \\ v_3[n] \end{bmatrix} + \begin{bmatrix} 0 \\ 0 \\ 1 \end{bmatrix} x[n]$$

$$y[n] = \begin{bmatrix} 0 & 1 & 0 \end{bmatrix} \begin{bmatrix} v_1[n] \\ v_2[n] \\ v_3[n] \end{bmatrix}$$

(c) $H(z) = \dfrac{z^3 - 0.5z + 0.25}{z^3 - 0.5z^2 + 0.25z - 0.125} = 1 + \dfrac{0.5z^2 - 0.75z + 0.375}{z^3 - 0.5z^2 + 0.25z - 0.125}$，狀態方程式為

$$\begin{bmatrix} v_1[n+1] \\ v_2[n+1] \\ v_3[n+1] \end{bmatrix} = \begin{bmatrix} 0 & 1 & 0 \\ 0 & 0 & 1 \\ 0.125 & -0.25 & 0.5 \end{bmatrix} \begin{bmatrix} v_1[n] \\ v_2[n] \\ v_3[n] \end{bmatrix} + \begin{bmatrix} 0 \\ 0 \\ 1 \end{bmatrix} x[n]$$

$$y[n] = \begin{bmatrix} 0.375 & -0.75 & 0.5 \end{bmatrix} \begin{bmatrix} v_1[n] \\ v_2[n] \\ v_3[n] \end{bmatrix} + x[n]$$

P5.20. (a) $\dot{\mathbf{v}} = \begin{bmatrix} 0 & 1 & 0 \\ 0 & 0 & 1 \\ -6 & -11 & -6 \end{bmatrix} \mathbf{v}(t) + \begin{bmatrix} 0 \\ 0 \\ 1 \end{bmatrix} x(t)$，$y(t) = \begin{bmatrix} -1 & 2 & 1 \end{bmatrix} \mathbf{v}(t)$，轉移函數為

$$\dfrac{Y(s)}{X(s)} = \dfrac{s^2 + 2s - 1}{s^3 + 6s^2 + 11s + 6}$$

(b) $\dot{\mathbf{v}} = \begin{bmatrix} 0 & 1 & 0 \\ 0 & 0 & 1 \\ -6 & -11 & -6 \end{bmatrix} \mathbf{v}(t) + \begin{bmatrix} 0 \\ 0 \\ 1 \end{bmatrix} x(t)$，$y(t) = \begin{bmatrix} -1 & 2 & 1 \end{bmatrix} \mathbf{v}(t) + 6x(t)$，轉移函數為

$$\dfrac{Y(s)}{X(s)} = \dfrac{s^2 + 2s - 1}{s^3 + 6s^2 + 11s + 6} + 6 = \dfrac{6s^3 + 37s^2 + 68s + 35}{s^3 + 6s^2 + 11s + 6}$$

(c) $\dot{\mathbf{v}} = \begin{bmatrix} -4 & 1 & 0 \\ 0 & -3 & 1 \\ 0 & 0 & -1 \end{bmatrix} \mathbf{v}(t) + \begin{bmatrix} 0 \\ 2 \\ 2 \end{bmatrix} x(t)$，$y(t) = \begin{bmatrix} 1 & 2 & 0 \end{bmatrix} \mathbf{v}(t)$。先建構方塊圖，

參見圖 PA5.20，轉移函數為

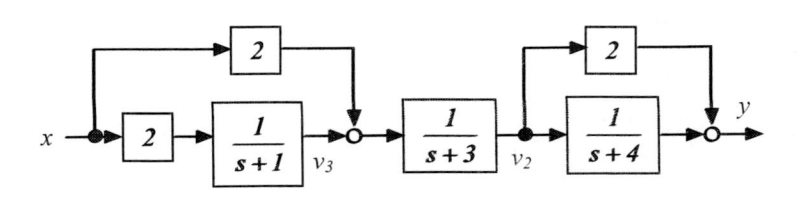

PA5.20　習題 5.20(c) 之方塊圖。

$$\frac{Y(s)}{X(s)} = \left(\frac{1}{s+4}+2\right)\left(\frac{1}{s+3}\right)\left(2+\frac{2}{s+1}\right) = \frac{4s^2+26s+36}{s^3+8s^2+19s+12} \text{ 。}$$

(d) $\dot{\mathbf{v}} = \begin{bmatrix} 0 & 1 & 0 \\ -3 & -3 & 0 \\ 0 & -3 & -1 \end{bmatrix}\mathbf{v}(t) + \begin{bmatrix} 0 \\ 1 \\ 2 \end{bmatrix}x(t)$, $y(t) = \begin{bmatrix} 1 & 0 & 0 \end{bmatrix}\mathbf{v}(t)$

此系統之轉移函數為 $\dfrac{Y(s)}{X(s)} = \dfrac{1}{s^2+3s+3}$ 。

P5.21. (a) $\mathbf{v}[k+1] = \begin{bmatrix} 0 & 1 & 0 \\ 0 & 0 & 1 \\ -0.5 & 0.125 & 0.25 \end{bmatrix}\mathbf{v}[k] + \begin{bmatrix} 0 \\ 0 \\ 3 \end{bmatrix}x[k]$, $y[k] = \begin{bmatrix} -0.5 & 0.125 & 0.25 \end{bmatrix} \cdot \mathbf{v}[k] + 3x[k]$, 脈波轉移函數為

$$\frac{Y(z)}{X(z)} = \frac{3}{1-0.25z^{-1}-0.125z^{-2}+0.5z^{-3}} = \frac{3z^3}{z^3-0.25z^2-0.125z+0.5} \text{ 。}$$

(b) $\mathbf{v}[k+1] = \begin{bmatrix} 0 & 1 \\ -0.16 & -1 \end{bmatrix}\mathbf{v}[k] + \begin{bmatrix} 0 \\ 1 \end{bmatrix}x[k]$, $y[k] = \begin{bmatrix} 2 & 1 \end{bmatrix}\mathbf{v}[k]$, 脈波轉移函數

為 $\dfrac{Y(z)}{X(z)} = \dfrac{z+2}{z^2+z+0.16}$ 。

(c) $\mathbf{v}[k+1] = \begin{bmatrix} 0 & -1 & 0 \\ 0.25 & 0.5 & 1 \\ 0 & 0 & 0.25 \end{bmatrix}\mathbf{v}[k] + \begin{bmatrix} 0 \\ 1 \\ 1 \end{bmatrix}x[k]$, $y[k] = \begin{bmatrix} -0.5 & 0.25 & 0.5 \end{bmatrix}\mathbf{v}[k] + x[k]$, 脈波轉移函數為

$$\frac{Y(z)}{X(z)} = \frac{z^3+0.8125z+0.4375}{z^3-0.75z^2+0.375z-0.0625}$$

P5.22. 我們直接實行狀態方程式的實現。

轉移函數 $\dfrac{Y}{X} = \dfrac{2s^2-s+10}{s^3+8s^2+17s+10} = \dfrac{2s^2-s+10}{(s+2)(s^2+6s+5)} = \dfrac{2s^{-1}-s^{-2}+10s^{-3}}{1+8s^{-1}+17s^{-2}+10s^{-3}}$

(a) 控制型典式：信號流程圖如圖 PA5.22(a)，狀態方程式為

$$\dot{\mathbf{v}}(t) = \begin{bmatrix} 0 & 1 & 0 \\ 0 & 0 & 1 \\ -10 & -17 & -8 \end{bmatrix}\mathbf{v}(t) + \begin{bmatrix} 0 \\ 0 \\ 1 \end{bmatrix}x(t)$$

$$y(t) = \begin{bmatrix} 10 & -1 & 2 \end{bmatrix}\mathbf{v}(t)$$

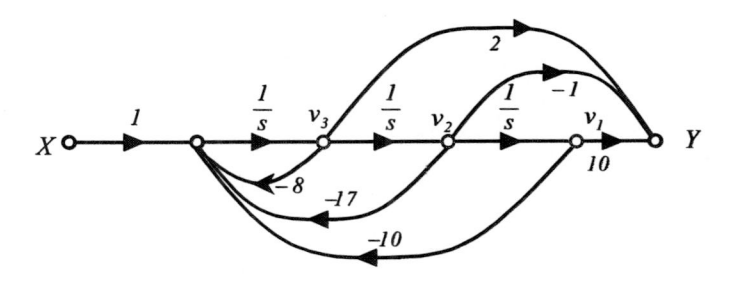

圖 PA5.22　(a) 習題 5.22(a)：控制型典式。

(b) 觀察型典式：信號流程圖如圖 PA5.22(b)，狀態方程式為

$$\dot{\mathbf{\theta}}(t) = \begin{bmatrix} 0 & 0 & -10 \\ 1 & 0 & -17 \\ 0 & 1 & -8 \end{bmatrix} \mathbf{\theta}(t) + \begin{bmatrix} 10 \\ -1 \\ 2 \end{bmatrix} x(t), \quad y(t) = \begin{bmatrix} 0 & 0 & 1 \end{bmatrix} \mathbf{\theta}(t)$$

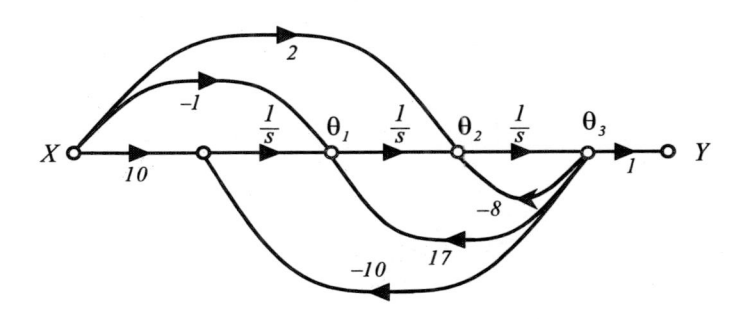

圖 PA5.22(b)　例題 5.22(b)：觀察型典式。

(c) 觀察性典式：信號流程圖如圖 PA5.22(c)，狀態方程式為

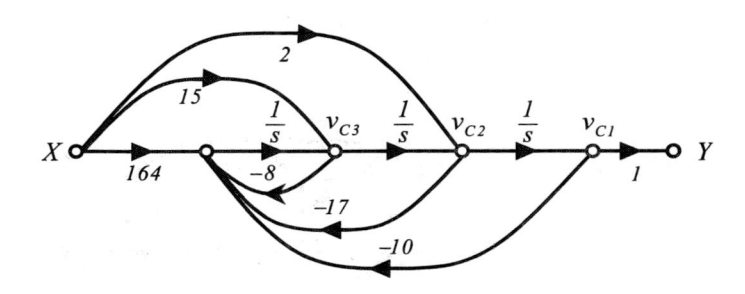

圖 5.22(c)　例題 5.22(c)：觀察性典式。

$$\frac{d}{dt}\begin{bmatrix} v_{C1} \\ v_{C2} \\ v_{C3} \end{bmatrix} = \begin{bmatrix} 0 & 1 & 0 \\ 0 & 0 & 1 \\ -10 & -17 & -8 \end{bmatrix} \begin{bmatrix} v_{C1} \\ v_{C2} \\ v_{C3} \end{bmatrix} + \begin{bmatrix} 2 \\ 15 \\ 164 \end{bmatrix} x(t)$$

$$y(t) = \begin{bmatrix} 1 & 0 & 0 \end{bmatrix} \mathbf{v}_C(t)$$

(d) 控制性典式：信號流程圖如圖 PA5.22(d)，狀態方程式為

$$\frac{d}{dt}\begin{bmatrix} \theta_{C1} \\ \theta_{C2} \\ \theta_{C3} \end{bmatrix} = \begin{bmatrix} 0 & 0 & -10 \\ 1 & 0 & -17 \\ 0 & 1 & -8 \end{bmatrix} \begin{bmatrix} \theta_{C1} \\ \theta_{C2} \\ \theta_{C3} \end{bmatrix} + \begin{bmatrix} 1 \\ 0 \\ 0 \end{bmatrix} x(t)$$

$$y(t) = \begin{bmatrix} 2 & 15 & 164 \end{bmatrix} \boldsymbol{\theta}_C(t)$$

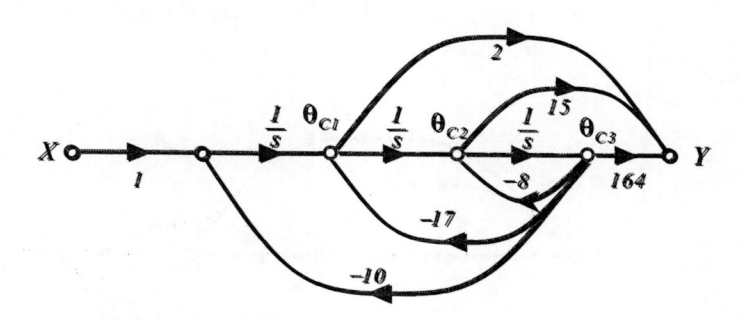

圖 5.22(d) 例題 5.22(d)：控制性典式。

(e) 對角型並聯式：轉移函數為

$$\frac{Y}{X} = \frac{2s^2 - s + 10}{(s+2)(s^2+6s+5)} = \frac{-\frac{20}{3}}{(s+2)} + \frac{\frac{26}{3}s + \frac{65}{3}5}{(s^2+6s+5)}$$

信號流程圖如圖 PA5.22(e)，狀態方程式為

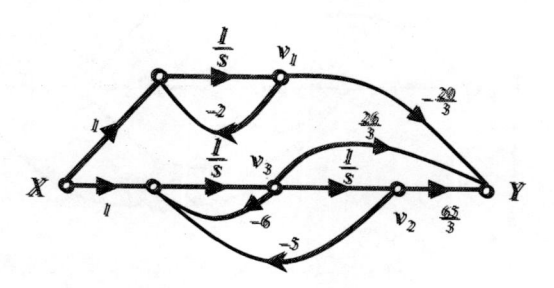

圖 PA5.22(e) 例題 5.22(e)：並聯式。

$$\dot{\mathbf{v}} = \begin{bmatrix} -2 & 0 & 0 \\ 0 & 0 & 1 \\ 0 & -5 & -6 \end{bmatrix} \mathbf{v}(t) + \begin{bmatrix} 1 \\ 0 \\ 1 \end{bmatrix} x(t), \; y(t) = \begin{bmatrix} -\dfrac{20}{3} & \dfrac{65}{3} & \dfrac{26}{3} \end{bmatrix} x(t)$$

(f)串聯式：將轉移函數轉化為分式連乘之型式如下：

$$\frac{Y}{X} = \frac{2s^2 - s + 10}{(s+2)(s^2 + 6s + 5)} = \frac{1}{(s+2)} \cdot \frac{2s^2 - s + 10}{(s^2 + 6s + 5)}$$

$$= \frac{1}{s+2} \left[2 + \frac{-13}{s^2 + 6s + 5} \right]$$

方塊模擬圖如圖 PA5.22(f)，狀態方程式為

$$\dot{\mathbf{v}}(t) = \begin{bmatrix} -2 & -1 & 0 \\ 0 & 0 & 1 \\ 0 & -5 & -6 \end{bmatrix} \mathbf{v}(t) + \begin{bmatrix} 2 \\ 0 \\ 13 \end{bmatrix} x(t)$$

$$y(t) = \begin{bmatrix} 1 & 0 & 0 \end{bmatrix} \mathbf{v}(t)$$

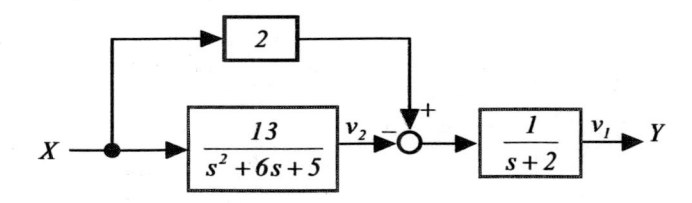

圖 PA5.22(f) 例題 5.22(f)：串聯式實現。

P5.23. $H(s) = \dfrac{Y}{X} = \dfrac{2s^2 - s - 10}{s^3 + 8s^2 + 17s + 10} = \dfrac{(s+2)(2s-5)}{(s+2)(s^2 + 6s + 5)} = \dfrac{2s-5}{s^2 + 6s + 5}$

(a) 此系統最簡階次等於 2（最簡系統為二次系統）。

(b) 狀態方程式為

$$\dot{\mathbf{v}}(t) = \begin{bmatrix} 0 & 1 \\ -5 & -6 \end{bmatrix} \mathbf{v}(t) + \begin{bmatrix} 0 \\ 1 \end{bmatrix} x(t)$$

$$y(t) = \begin{bmatrix} -5 & 2 \end{bmatrix} \mathbf{v}(t)$$

(c) 只需用 2 積分器合成此系統。

P5.24. $H(s) = \dfrac{Y}{X} = \dfrac{36}{(s+1)^2(s+2)(s+3)^2}$

$= \dfrac{9}{(s+1)^2} + \dfrac{-18}{s+1} + \dfrac{-18}{s+3} + \dfrac{9}{(s+3)^2} + \dfrac{36}{s+2}$

$= \left(\dfrac{9}{s+1} - 18\right)\left(\dfrac{1}{s+1}\right) + \left(\dfrac{9}{s+3} - 18\right)\left(\dfrac{1}{s+3}\right) + \dfrac{36}{s+2}$

其模擬方塊圖參見圖 PA5.24，狀態方程式為

$$\frac{d}{dt}\begin{bmatrix} v_{11} \\ v_{12} \\ v_{21} \\ v_{22} \\ v_3 \end{bmatrix} = \begin{bmatrix} -1 & 1 & 0 & 0 & 0 \\ 0 & -1 & 0 & 0 & 0 \\ 0 & 0 & -3 & 1 & 0 \\ 0 & 0 & 0 & -3 & 0 \\ 0 & 0 & 0 & 0 & -2 \end{bmatrix} \begin{bmatrix} v_{11}(t) \\ v_{12}(t) \\ v_{21}(t) \\ v_{22}(t) \\ v_3(t) \end{bmatrix} + \begin{bmatrix} 0 \\ 1 \\ 0 \\ 1 \\ 1 \end{bmatrix} x(t)$$

$$y(t) = \begin{bmatrix} -18 & 9 & -18 & 9 & 36 \end{bmatrix} \mathbf{v}(t)$$

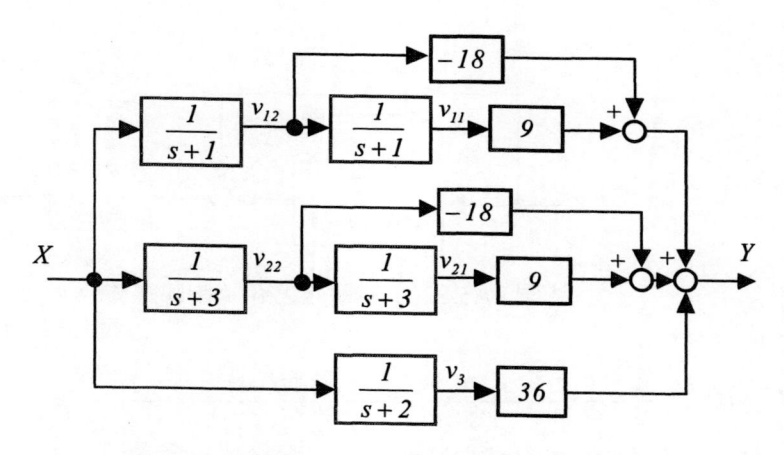

圖 PA5.24 習題 5.24：串聯式實現方塊圖。

P5.25. 線性系統轉移函數矩陣為：$\mathbf{H}(s) = \begin{bmatrix} \dfrac{2}{(s+1)^2(s+2)} & \dfrac{-1}{s+2} \\ \dfrac{1}{s+2} & \dfrac{4}{(s+2)^2} \end{bmatrix}$.

$$\mathbf{H}(s) = \frac{1}{(s+1)^2}\begin{bmatrix} 2 & 0 \\ 0 & 0 \end{bmatrix} + \frac{1}{s+1}\begin{bmatrix} -2 & 0 \\ 0 & 0 \end{bmatrix} + \frac{1}{(s+2)^2}\begin{bmatrix} 0 & 0 \\ 0 & 4 \end{bmatrix} + \frac{1}{s+2}\begin{bmatrix} 2 & -1 \\ 1 & 0 \end{bmatrix}$$

$$= \frac{1}{s+1} \cdot \begin{bmatrix} 2 \\ 0 \end{bmatrix}\frac{1}{s+1}[1 \quad 0] + \begin{bmatrix} -2 \\ 0 \end{bmatrix}\frac{1}{s+1}[1 \quad 0] + \begin{bmatrix} 2 \\ 1 \end{bmatrix}\frac{1}{s+2}[1 \quad 0]$$

$$+ \frac{1}{s+2} \cdot \begin{bmatrix} 0 \\ 4 \end{bmatrix}\frac{1}{s+2}[0 \quad 1] + \begin{bmatrix} -1 \\ 0 \end{bmatrix}\frac{1}{s+2}[0 \quad 1].$$

令 $\mathbf{v}_2 = \frac{1}{s+1}[1 \quad 0]\mathbf{x} = \frac{1}{s+1}x_1$，$\mathbf{v}_1 = \frac{1}{s+1}\mathbf{v}_2$，亦即

$$\frac{d}{dt}v_2 = -v_2 + x_1，\quad \frac{d}{dt}v_1 = -v_1 + v_2$$

$\mathbf{v}_3 = \frac{1}{s+2}[1 \quad 0]\mathbf{x} = \frac{1}{s+2}x_1$，亦即 $\frac{d}{dt}v_3 = -2v_3 + x_1$

$\mathbf{v}_5 = \frac{1}{s+2}[0 \quad 1]\mathbf{x} = \frac{1}{s+2}x_2$，$\mathbf{v}_4 = \frac{1}{s+2}\mathbf{v}_5$，亦即

$$\frac{d}{dt}v_5 = -2v_5 + x_2，\quad \frac{d}{dt}v_4 = -2v_4 + v_5.$$

因此 $\mathbf{Y} = \begin{bmatrix} y_1 \\ y_2 \end{bmatrix} = \begin{bmatrix} 2 \\ 0 \end{bmatrix}\mathbf{v}_1 + \begin{bmatrix} -2 \\ 0 \end{bmatrix}\mathbf{v}_2 + \begin{bmatrix} 2 \\ 1 \end{bmatrix}\mathbf{v}_3 + \begin{bmatrix} 0 \\ 4 \end{bmatrix}\mathbf{v}_4 + \begin{bmatrix} -1 \\ 0 \end{bmatrix}\mathbf{v}_5$，

狀態方程式為

$$\dot{\mathbf{v}} = \begin{bmatrix} -1 & 1 & 0 & 0 & 0 \\ 0 & -1 & 0 & 0 & 0 \\ 0 & 0 & -2 & 0 & 0 \\ 0 & 0 & 0 & -2 & 1 \\ 0 & 0 & 0 & 0 & -2 \end{bmatrix}\mathbf{v}(t) + \begin{bmatrix} 0 & 0 \\ 1 & 0 \\ 1 & 0 \\ 0 & 0 \\ 0 & 1 \end{bmatrix}\mathbf{x}(t),$$

$$\mathbf{y}(t) = \begin{bmatrix} 2 & -2 & 2 & 0 & -1 \\ 0 & 0 & 1 & 4 & 0 \end{bmatrix}\mathbf{v}(t)$$

第六章 習題解答

P6.1. （參見課本）

P6.2. （參見課本）

P6.3. (a) $H[j\omega] = H(s)\big|_{j\omega} = \dfrac{j\omega T}{1+j\omega T} = M(\omega)\angle\phi$。

(b) 幅度頻率響應 $M(\omega) = \dfrac{\omega T}{\sqrt{1+\omega^2 T^2}}$

(c) 相角頻率響應 $\phi(\omega) = \dfrac{\pi}{2} - \tan^{-1}(\omega T)$ rad.

(d) 輸入為 $x(t) = \sin\omega t$ 時，穩態響應為 $y_{ss}(t) = Y\sin(\omega t + \phi)$，且

$\omega = 0$　　$Y = M(0) = 0$，　$\phi = 90°$.

$\omega = \dfrac{1}{T}$　　$Y = M\left(\dfrac{1}{T}\right) = \dfrac{1}{\sqrt{2}}$，　$\phi = 45°$.

$\omega = \dfrac{10}{T}$　　$Y \approx 0.1$，　　　$\phi \approx 6°$.

$\omega \to \infty$　　$Y \approx 1$，　　　　$\phi = 0°$.

(e) $\omega = 2$, $T = 1$ 時

$$Y = M(2) = \dfrac{2}{\sqrt{1+2^2 \times 1}} = \dfrac{2}{\sqrt{5}}, \quad \phi = 90° - \tan^{-1}(2) \approx 27°$$

穩態響應為 $y_{ss}(t) = \dfrac{2}{\sqrt{5}} \sin(2t + 27°)$。

P6.4. 由上例可知，當輸入為 $x(t) = \sin\omega t$ 時，穩態響應為 $y_{ss}(t) = Y\sin(\omega t + \phi)$。
由 $x_1(t) = \sin t, (\omega = 1)$ 產生的穩態響應為 $y_1(t) = \dfrac{1}{\sqrt{2}}\sin(t+45°)$；而由
$x_1(t) = -\cos 2t = \sin(2t - 90°), (\omega = 2)$ 產生的穩態響應為
$y_2(t) = \dfrac{2}{\sqrt{5}}\sin(2t - 90° + 27°) = \dfrac{2}{\sqrt{5}}\sin(2t - 63°)$

因此，根據重疊原理，由 $x(t) = 10\sin t - 10\cos 2t$ 產生的穩態響應為

$$y_{ss}(t) = 5\sqrt{2}\sin(t+45°) + 4\sqrt{5}\sin(2t - 63°)$$

P6.5. (a) 脈波轉移函數為 $H(z) = \dfrac{1+0.5z^{-1}}{1-0.5z^{-1}}$，因此頻率響應為

$$H(e^{j\theta}) = \frac{1 + 0.5e^{-j\theta}}{1 - 0.5e^{-j\theta}} \text{ 。}$$

(b) 當 $\theta = \frac{\pi}{2}$，$H\left(e^{j\frac{\pi}{2}}\right) = \frac{1 + 0.5e^{-j\frac{\pi}{2}}}{1 - 0.5e^{-j\frac{\pi}{2}}} = 1\angle -2\tan^{-1}(0.5)$，穩態響應為

$$y[k] = \cos\left(k\frac{\pi}{2} + \frac{\pi}{4} - 2\tan^{-1}(0.5)\right)$$

P6.6. $H(s) = \frac{\omega_n^2}{s^2 + 2\zeta\omega_n s + \omega_n^2}$，所以

(a) $M(\omega) = |H(j\omega)| = \frac{\omega_n^2}{\sqrt{(\omega_n^2 - \omega^2)^2 + (2\zeta\omega\omega_n)^2}} := \frac{1}{\sqrt{(1-x)^2 + (2\zeta x)^2}}$, $\left(x := \frac{\omega^2}{\omega_n^2}\right)$

上式最大值發生於 $x = \frac{1}{1-2\zeta}$，因此 $\left(\frac{\omega_P}{\omega_n}\right)^2 = \frac{1}{1-2\zeta}$，峰頻率為
$\omega_P = \frac{1}{\sqrt{1-2\zeta}}\omega_n$.

(b) 將 $x = \frac{1}{1-2\zeta}$ 代入 (a) 式可得

$$M_p = |H(j\omega_p)| = \frac{1}{2\zeta\sqrt{1-\zeta^2}}$$

(c) 欲求頻寬 ω_b，令 $M(\omega) = |H(j\omega)| = \frac{1}{\sqrt{2}}$，即

$$\frac{\omega_n^2}{\sqrt{(\omega_n^2 - \omega^2)^2 + (2\zeta\omega\omega_n)^2}} = \frac{1}{\sqrt{2}}$$

解得 $\left(\frac{\omega_b}{\omega_n}\right)^2 = -2\zeta^2 + 1 \pm \sqrt{4\zeta^4 - 4\zeta^2 + 2}$，只取正根化簡而得

$$\omega_b = \omega_n\left(1 - 2\zeta^2 + \sqrt{2 - 4\zeta^2(1-\zeta^2)}\right)^{\frac{1}{2}} \text{ 。}$$

P6.7. (a) $H(j\omega) = \frac{j\omega + 1}{j\omega + 5}$，其幅度響應為 $M(\omega) = \frac{\sqrt{1+\omega^2}}{\sqrt{25+\omega^2}}$；

(b) $H(j\omega) = \dfrac{j\omega - 1}{j\omega + 5}$，其幅度響應亦為 $M(\omega) = \dfrac{\sqrt{1+\omega^2}}{\sqrt{25+\omega^2}}$。以上兩情況之幅度響應波德圖請參見圖 PA6.7a。

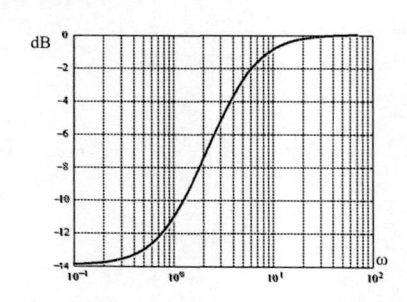

圖 PA6.7a　習題 6.7(a)及(b)情形的幅度響應波德圖。

(c) $H(j\omega) = \dfrac{10j\omega}{(j\omega)^2 + 2(j\omega) + 100}$，其幅度響應波德圖請參見圖 PA6.7b，藍色曲線所示，此為帶通濾波器；

(d) $H(j\omega) = \dfrac{(j\omega)^2 + 100}{(j\omega)^2 + 2(j\omega) + 100}$，幅度波德圖請參見圖 PA6.7b，黑色曲線，此為帶拒斥濾波器。

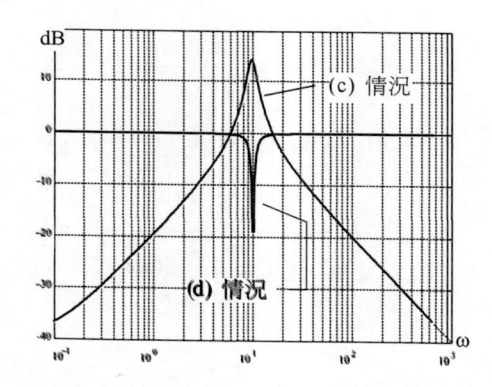

圖 PA6.7b　習題 6.7(c)及(d)情形的幅度響應波德圖。

(e) $H(j\omega) = \dfrac{0.5(j\omega)^2 + 2.5}{(j\omega)^3 + 2(j\omega)^2 + 1.25(j\omega) + 0.25}$，幅度波德圖參見圖 PA6.7c。

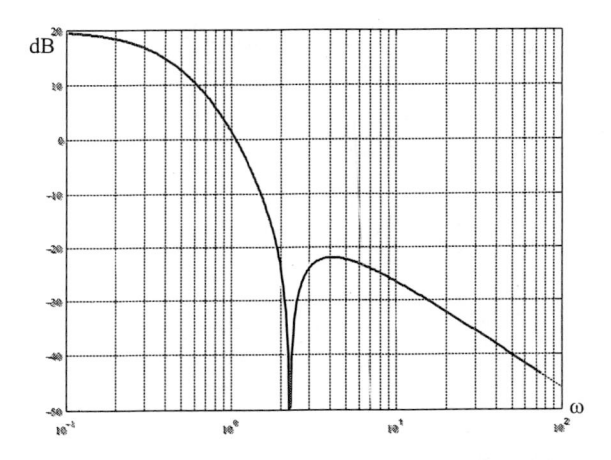

圖 PA6.7c 習題 6.7(e) 情形的幅度響應波德圖。

P6.8. (a) $v_{ss}(t) = 0.447\cos(t - 0.464)$；

(b) $v_{ss}(t) = 0.447\cos(t - 0.583)$；

(c) $v_{ss}(t) = 0.354\sin(2t - 0.785) + 0.447\cos(t - 0.464)$

P6.9. $H(s) = \dfrac{0.2s}{s^2 + 0.2s + 16}$，所以 $H(j\omega) = \dfrac{j(0.2\omega)}{(16 - \omega^2) + j(0.2\omega)}$

(a) $H(j0) = H(j\infty) = 0$，當 $\omega \approx 4$ 時，$|H|$ 發生峰值，因此這是一個帶通 (BP) 濾波器，峰頻率為 $\omega_p = 4$ rad/s。

(b) 現在輸入為 $x(t) = \cos(0.2t) + \sin(4t) + \cos(50t)$，由 (a) 可知當 $\omega \ll 4$ 或 $\omega \gg 4$ 時，$|H| \approx 0$，而當 $\omega = 4$ rad/s 時 $H(j4) = 1\angle 0°$，因此輸出為

$$y(t) = |H(j4)|\sin(4t + \angle H) = \sin(4t).$$

P6.10. $H(s) = \dfrac{1}{s^2 + s + 1}$

(a) $s \to \dfrac{s}{10}$，$H(s) = \dfrac{100}{s^2 + 10s + 100}$

(b) $s \to \dfrac{1}{s}$，$H(s) = \dfrac{s^2}{s^2 + s + 1}$

(c) $s \to \dfrac{10}{s}$，$H(s) = \dfrac{s^2}{s^2 + 10s + 100}$

(d) $B=1, \omega_0=1$,所以 LP2BP 變換為 $s \leftarrow \frac{s^2+\omega_0^2}{sB} = \frac{s^2+1}{s}$,因此

$$H_{BP}(s) = \frac{s^2}{s^4+s^3+3s^2+s+1}$$

(e) $B=10, \omega_0=100$,所以 LP2BP 變換為 $s \leftarrow \frac{s^2+\omega_0^2}{sB} = \frac{s^2+1000}{10s}$,因此,

$$H_{BP}(s) = \frac{100s^2}{s^4+10s^3+20100s^2+10^5 s+10^8}$$

(f) $B=1, \omega_0=1$,所以 LP2BS 變換為 $s \leftarrow \frac{sB}{s^2+\omega_0^2} = \frac{s}{s^2+1}$,因此,

$$H_{BS}(s) = \frac{(s^2+1)^2}{s^4+s^3+3s^2+s+1}$$

(g) $B=2, \omega_0=10$,所以 LP2BS 變換為 $s \leftarrow \frac{sB}{s^2+\omega_0^2} = \frac{2s}{s^2+100}$,因此,

$$H_{BS}(s) = \frac{(s^2+100)^2}{s^4+2s^3+204s^2+200s+10000}$$

第七章 習題解答

P7.1. (參見課本)

P7.2. (參見課本)

P7.3. (a) $2\sin(4\pi t) = 2\cos(4\pi t - 90°)$,$3\sin(16\pi t) + 4\cos(16\pi t) \rightarrow 3\angle -90° + 4\angle 0° = 5\angle -37° \rightarrow 5\cos(16\pi t - 37°)$,因此,

$$x(t) = 4 + 2\cos(4\pi t - 90°) + 5\cos(16\pi t - 37°)。$$

諧波頻率為 2 Hz,及 8 Hz,基頻為 $f_0 = GCD(2, 8) = 2$ Hz,周期為 $T_0 = \frac{1}{f_0} = 0.5$ s.

(b) 當 $k = \pm 2, \pm 4$ 時 $\sin(0.5k\pi) = 0$，因此

$$x(t) = 6e^{j6\pi t}e^{-j\pi/3} + 6e^{-j6\pi t}e^{-j\pi/3} + 2e^{j18\pi t} + 2e^{-j18\pi t}$$

或寫成，$x(t) = 12\cos\left(6\pi t - \frac{\pi}{3}\right) + 4\cos(18\pi t)$。

諧波頻率為 3 Hz，及 9 Hz，基頻為 $f_0 = GCD(3, 9) = 3$ Hz，周期為 $T_0 = \frac{1}{f_0} \approx 0.33$ s.

(c) $x(t) = \cos^2(t) + 4\cos(t)\cos(2t) + 4\cos^2(2t)$
$= 0.5[1 + \cos(2t)] + [2\cos(3t) + 2\cos(t)] + 2[1 + \cos(4t)]$
$= 2.5 + 2\cos(t) + 0.5\cos(2t) + 2\cos(3t) + 2\cos(4t)$

基頻為 $f_0 = 1$ Hz，周期為 $T_0 = \frac{1}{f_0} = 1$ s.

P7.4. (a) 基頻 $\omega_0 = 2\pi f_0 = 2\pi$ rad/s，傅立葉係數為

$$X_k = \frac{1}{T}\int_0^1 e^{-t}e^{-jk\omega_0 t}dt = \frac{1 - e^{-1}}{1 + jk2\pi}$$

(b) $B_k = \frac{2}{T}\int_0^1 (1+t)\sin(k2\pi t)dt = 2\int_0^1 \sin(k2\pi t)dt + 2\int_0^1 t\sin(k2\pi t)dt$
$= \frac{-2\cos(k2\pi t)}{k2\pi t}\Big|_0^1 + \frac{2\sin(k2\pi t) - 2k\pi t\cos(k2\pi t)}{(k2\pi t)^2}\Big|_0^1 = \frac{-1}{k\pi}$。

P7.5. (a) 諧波頻率：$90, 150, 210$ Hz，因此基頻為

$$f_0 = GCD(90, 150, 210) = 30 \text{ Hz}，諧波成分：k = 3, 5, 7 （奇數）$$

(b) 直流成分不為零，只有奇次諧波，諧波相角為 $\pm 90°$（只有 sine 項），此函數為隱藏奇對稱，且為半波對稱。

(c) 傅立葉級數為

$$x(t) = 1 + 4\cos\left(180\pi t + \frac{\pi}{2}\right) + 2\cos\left(300\pi t + \frac{\pi}{2}\right) + 4\cos\left(420\pi t - \frac{\pi}{2}\right)$$

P7.6. (a) 諧波頻率：$10, 20, 40$ Hz，因此基頻為

$$f_0 = GCD(10, 20, 40) = 10 \text{ Hz}，諧波成分：k = 1（基頻）, 2, 4。$$

(b) 直流成分為零，諧波相角為 $\pm 180°$，只有 cosine 項，因此為偶對

稱。

(c) 傅立葉級數為 $x(t) = 4\cos(20\pi t) - 8\cos(40\pi t) - 4\cos(80\pi t)$

P7.7. 詳見圖 PA7.7 所示。

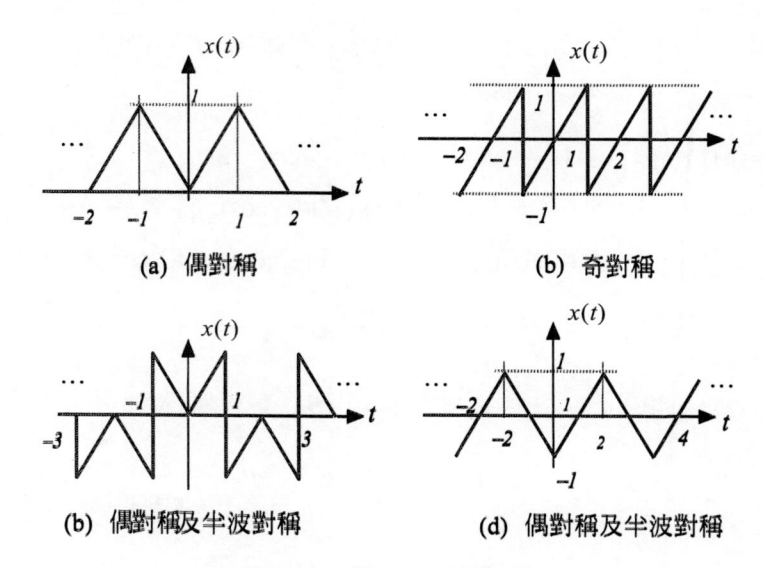

(a) 偶對稱

(b) 奇對稱

(b) 偶對稱及半波對稱

(d) 偶對稱及半波對稱

圖 PA7.7　習題 7.7 之波形。

P7.8. (a) 基頻 $f_0 = 1$ Hz，$X_0 = 2$，$|X_k| = 2$，$\angle X_k = k30° \, (k = \pm 1, \pm 2 \cdots)$，傅立葉級數為

$$x(t) = 2 + 4\cos(2\pi t + 30°) + 4\cos(4\pi t + 60°) + 4\cos(6\pi t + 90°) + \cdots$$

(b) $f(t) = x(2t)$：時間軸壓縮 2 單位，使得頻率擴張 2 倍；$f(t)$ 的基頻變成 2 Hz，其頻譜之係數不變，但是頻率之離散間隔倍增，參見圖 PA7.8(b)。

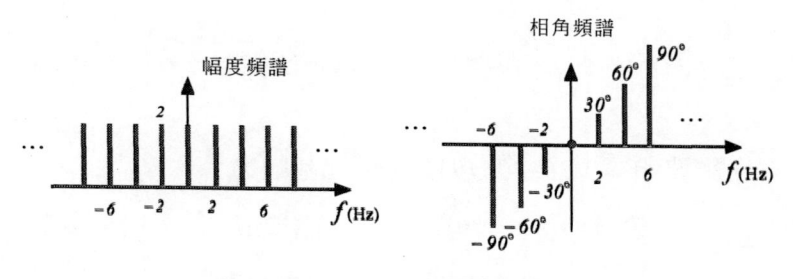

圖 PA7.8(b)　習題 7.8(b)之波形。

(c) $g(t) = x\left(t - \frac{1}{6}\right)$：時間軸延遲 $t_0 = \frac{1}{6}$ 單位，則基頻不變，幅度頻譜係數亦不變化，但相角滯移為

$$\phi_k = -k\omega_0 t_0 = -k(2\pi)\left(\frac{1}{6}\right) = -\frac{k\pi}{3} = -k60°$$

所得頻譜參見圖 PA7.8(c)。

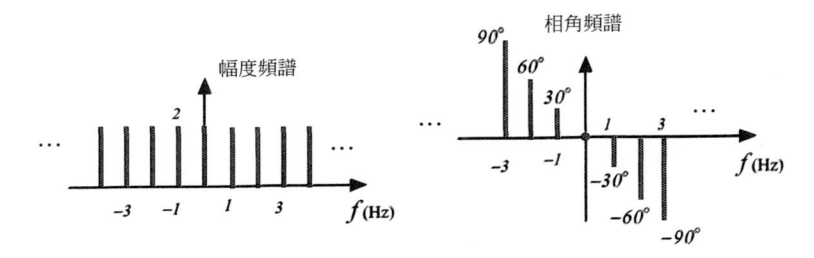

圖 PA7.8(c) 習題 7.8(c)之波形。

(d) $h(t) = \frac{d}{dt}x(t) \Leftrightarrow jk\omega_0 X_k$，基頻不變，幅度係數調節為 $|H_k| = k\omega_0|X_k|$ = $|H_k| = k2\pi(2) = k4\pi$，各次諧波之相角一律加 $90°$，所得頻譜參見圖 PA7.8(d)。

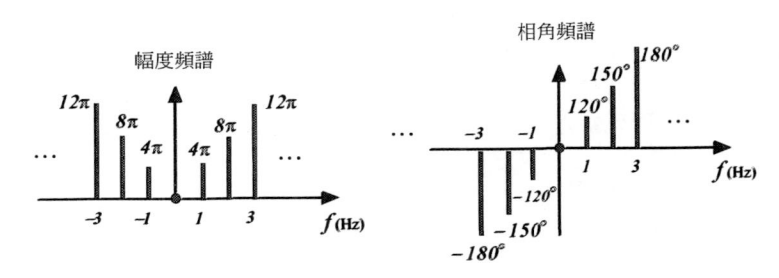

圖 PA7.8(d) 習題 7.8(d) 之波形。

P7.9. (a) $f(t) = x(2t)$：頻譜之係數不變，頻譜係數 F_k 與 X_k 相等；時間軸壓縮 2 單位，使得頻率擴張，頻率之離散間隔亦倍增 2 倍。

(b) $g(t) = x(-t)$：時間反摺，$G_k = X[-k] = X_k^*$。若 $x(t)$ 三角函數型傅立葉係數分別為 A_k 及 B_k，則 $g(t)$ 的傅立葉係數分別為 A_k 及 $-B_k$。

(c) $h(t) = x(-2t)$：時間反摺，因此 $h(t)$ 的傅立葉係數分別為 A_k 及 $-B_k$；時間軸壓縮 2 單位，使得頻率擴張，頻率之離散間隔亦

倍增 2 倍。

(d) $y(t) = 2 + x(2t)$：$Y_0 = 2 + X_0$，其他頻譜係數 F_k 與 X_k 相等；因時間軸壓縮 2 單位，使得頻率擴張，頻率之離散間隔亦倍增 2 倍。

P7.10. $X_k = \frac{t_0}{T} \text{sinc}^2(k f_0 t_0)$。

P7.11. (a) 輸入信號的傅立葉係數：$X_k = \frac{1}{T_0} = \frac{1}{2\pi}$ $(k = 0, \pm 1, \pm 2 \cdots)$

傅立葉級數：$x(t) = \frac{1}{2\pi} + \frac{1}{\pi} \sum_{k=1}^{\infty} \cos(k\omega_0 t)$。

(b) 頻率響應：$H(jk\omega_0) = \frac{1}{1 + jk\omega_0} = \frac{1}{(1+k\omega_0)^2} \angle - \tan^{-1}(k\omega_0)$

(c) 輸出信號的傅立葉係數：

$$|Y_k| = |X_k| \cdot |H(jk\omega_0)| = \frac{2}{T_0} \cdot \frac{1}{\sqrt{1 + (k\omega_0)^2}} \quad (k = \pm 1, \pm 2 \cdots)$$

$$Y_0 = \frac{1}{T_0}$$

$$\angle Y_k = \angle X_k + \angle H(jk\omega_0) = -\tan^{-1}(k\omega_0)$$

傅立葉級數：$y_{ss}(t) = 0.159 + 0.318 \sum_{k=1}^{\infty} \frac{1}{\sqrt{1+k^2}} \cos(kt - \tan^{-1} k)$。

P7.12. (a) $x(t) = |\sin(250\pi t)|$，所以基頻為 $f_0 = 250$ Hz (注意全波整流：不是 125 Hz)；$X_0 = \frac{2}{\pi}$，$X_k = \frac{2}{\pi(1-4k^2)}$。因截止頻率 200 Hz > 250 Hz，輸出只有直流成分，即 $y(t) = \frac{2}{\pi}$。

(b) 輸出只通過 200 至 400 Hz 之間的信號，因此只有 $f_0 = \pm 250$ Hz ($k = \pm 1$) 成分的信號。因為 $X_1 = -\frac{2}{3\pi}$，$y(t) = -\frac{4}{3\pi} \cos(500\pi t)$。

(c) 高於 400 Hz 的信號將被除去，因此輸出信號只有直流成分 ($k = 0$)，及 $f_0 = \pm 250$ Hz ($k = \pm 1$)，所以 $y(t) = \frac{2}{\pi} - \frac{4}{3\pi} \cos(500\pi t)$。

P7.13. (a) 第三次諧波失真 $= \frac{2}{10} = 20\%$。

(b) 總功率 $P_T = \frac{1}{2}[10^2 + 2^2 + 1^2]$，基頻功率 $P_1 = \frac{1}{2}[10^2]$

總諧波失真 $= \sqrt{\frac{P_T - P_1}{P_1}} = \sqrt{0.05} \approx 22.4\%$.

P7.14. (a) $x(t) = \text{rect}(t - 0.5)$，見圖 PA7.14(a)，

$$X(f) = \int_0^1 e^{-j2\pi ft} dt = \frac{1-e^{-j2\pi f}}{j2\pi f}$$

(b) $x(t) = 2t\,\text{rect}(t)$,見圖 PA7.14(b),

$$X(f) = \int_{-\frac{1}{2}}^{\frac{1}{2}} 2t\,e^{-j2\pi ft} dt = \int_{-\frac{1}{2}}^{\frac{1}{2}} 2t\cos(2\pi ft) dt - j\int_{-\frac{1}{2}}^{\frac{1}{2}} 2t\sin(2\pi ft) dt$$
$$= \frac{-j}{\pi^2 f^2}\left[\sin(\pi f) - \pi f\cos(\pi f)\right].$$

(c) 見圖 PA7.14(c),$X(f) = \int_0^\infty t e^{-2t} e^{-j2\pi ft} dt = \frac{1}{(2+j2\pi f)^2}$。

(d) 見圖 PA7.14(d),$X(f) = 2\int_0^\infty e^{-2t}\cos(2\pi ft) dt = \frac{4}{4+4\pi^2 f^2}$。

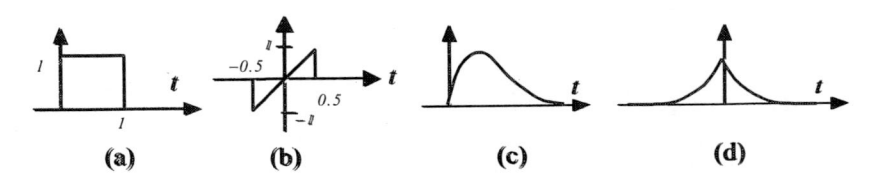

圖 PA7.14　習題 7.14 之波形。

P7.15. (a) $x(t) = 2\text{rect}\left[\frac{1}{6}(t-3)\right] + 2\text{rect}\left[\frac{1}{2}(t-3)\right]$,因此傅立葉變換為

$$X(f) = \left[12\text{sinc}(6f) + 4\text{sinc}(2f)\right]e^{-j6\pi f}.$$

(b) $x(t) = 2\text{rect}\left[\frac{1}{6}(t-3)\right] + 2\text{tri}(t-3)$,因此傅立葉變換為

$$X(f) = \left[12\text{sinc}(6f) + 2\text{sinc}^2(f)\right]e^{-j6\pi f}.$$

(c) $x(t) = 6\text{tri}\left(\frac{t}{3}\right) - 2\text{tri}(t)$,因此傅立葉變換為

$$X(f) = 18\text{sinc}^2(3f) - 2\text{sinc}^2(f)。$$

P7.16. (a) $d(t) = x(t-2) \Leftrightarrow D(f) = X(f)e^{-j4\pi f} = \text{rect}\left(\frac{f}{2}\right)e^{-j4\pi f}$,頻譜參見圖 PA7.16(a)。

(b) $e(t) = \frac{d}{dt}x(t) \Leftrightarrow E(f) = j2\pi f X(f) = j2\pi f\,\text{rect}\left(\frac{f}{2}\right)$,頻譜參見圖 PA7.16(b)

(c) $f(t) = x(-t) \Leftrightarrow F(f) = X(-f) = \text{rect}\left(-\frac{f}{2}\right) = \text{rect}\left(\frac{f}{2}\right)$,頻譜參見圖 PA7.16(c)。

(d) $g(t) = tx(t) \Leftrightarrow G(f) = \left(\frac{j}{2\pi}\right)\frac{d}{df}[\text{rect}(\frac{f}{2})] = \left(\frac{j}{2\pi}\right)[\delta(f+1) - \delta(f-1)]$,頻譜參見圖 PA7.16(d)。

(e) $h(t) = x(2t) \Leftrightarrow H(f) = \frac{1}{2}\text{rect}\left(\frac{f}{4}\right)$,頻譜參見圖 PA7.16(e)。

(f) $p(t) = x(t)\cos(2\pi t) \Leftrightarrow = \frac{1}{2}\text{rect}\left[\frac{1}{2}(f-1)\right] + \frac{1}{2}\text{rect}\left[\frac{1}{2}(f+1)\right]$,頻譜參見圖 PA7.16(f)。

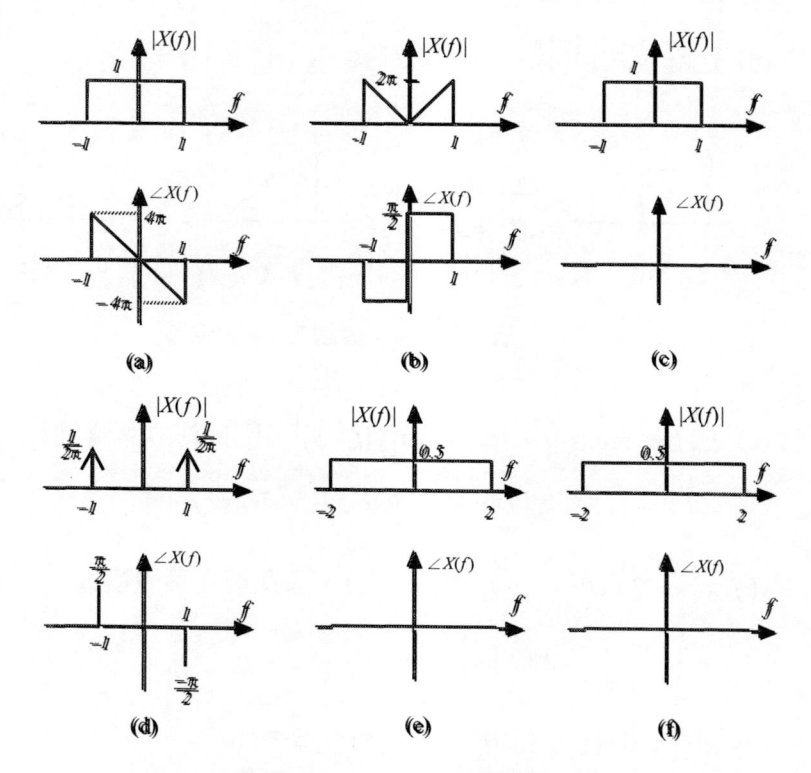

圖 PA7.16　習題 7.16 之波形。

P7.17. $x(t) = te^{-2t}u(t) \Leftrightarrow X(f)$.

(a) $X(2f) \Leftrightarrow \left(\frac{1}{2}\right)\left(\frac{t}{2}\right)x\left(\frac{t}{2}\right) = \left(\frac{t}{4}\right)e^{-t}u(t)$。故,

$$y(t) = \left(\frac{t}{4}\right)e^{-t}u(t)。$$

(b) $X(f-1)+X(f+1) \Leftrightarrow 2\cos(2\pi ft)te^{-2t}u(t)$。故，
$$d(t)=2\cos(2\pi ft)te^{-2t}u(t)。$$

(c) $G(f)=\frac{d}{df}X(f) \Leftrightarrow (-j2\pi t)te^{-2t}u(t)$，因此
$$g(t)=(-j2\pi t^2)e^{-2t}u(t)。$$

(d) $H(f)=f\frac{d}{df}X(f) \Leftrightarrow \left(-\frac{j}{2\pi}\right)\frac{d}{dt}[g(t)]$，因此 $h(t)=-\frac{d}{dt}\left(t^2 e^{-2t}u(t)\right)$。

(e) $M(f)=j2\pi f X(2f) \Leftrightarrow \frac{d}{dt}\left[\left(\frac{t}{4}\right)e^{-t}u(t)\right]=m(t)$。

(f) $P(f)=X\left(\frac{f}{2}\right) \Leftrightarrow 2(2t)x(2t)=(4t)e^{-4t}u(t)=p(t)$。

P7.18. 輸入為 $x(t)=\cos(\pi t)$，其基本頻率為 $f_0=0.5\,\text{Hz}$。

(a) $h(t)=8\text{sinc}[8(t-1)]$，頻率轉移函數為 $H(f)=\text{rect}\left(\frac{f}{8}\right)e^{-j2\pi f}$。因為
$H(f_0)=e^{-j\pi}=1\angle-\pi$，所以輸出為 $y(t)=\cos(\pi t-\pi)=-\cos(\pi t)$。

(b) $H(f)=\text{tri}\left(\frac{f}{6}\right)e^{-j\pi f}$，因為 $H(f_0)=\left(1-\frac{0.5}{6}\right)e^{-j\pi/2} \approx 0.92\angle-0.5\pi$，所以輸出為 $y(t) \approx 0.92\cos(\pi t-0.5\pi)=0.92\sin(\pi t)$。

P7.19. $H(\omega)=\frac{16}{(4+j\omega)}$

(a) $x(t)=4\cos(4t)$，$\omega_0=4$，$H(4)=\frac{16}{(4+j4)}=2\sqrt{2}\angle-45°$，所以輸出為 $y(t)=8\sqrt{2}\cos(4t-45°)$。

(b) $x(t)=4\cos(4t)-4\sin(4t)$，$H(4)=2\sqrt{2}\angle-45°$，所以輸出為 $y(t)=8\sqrt{2}\cos(4t-45°)-8\sqrt{2}\sin(4t-45°)$。

(c) $x(t)=\delta(t)$，$X(\omega)=1$，所以 $Y(\omega)=H(\omega)$，輸出為 $y(t)=16e^{-4t}u(t)$。

(d) $x(t)=e^{-4t}u(t)$，$X(\omega)=\frac{1}{(4+j\omega)}$，所以輸出響應為 $Y(\omega)=H(\omega)X(\omega)=\frac{16}{(4+j\omega)^2}$，輸出為 $y(t)=16te^{-4t}u(t)$。

(e) $x(t)=4\cos(4t)-4\sin(2t)$，$H(4)=2\sqrt{2}\angle-45°$，且 $H(4)=\frac{16}{(4+j2)} \approx 3.58\angle-26.6°$，輸出為
$$y(t)=8\sqrt{2}\cos(4t-45°)-14.3\sin(2t-26.6°)。$$

(f) $x(t)=u(t)$，$X(\omega)=\pi\delta(\omega)+\frac{1}{j\omega}$，所以輸出響應為 $Y(\omega)=H(\omega)X(\omega)$

$$= 4\pi\delta(\omega) + \frac{4}{j\omega} - \frac{4}{4+j\omega}$$，輸出為

$$y(t) = 4u(t) - 4e^{-4t}u(t)。$$

P7.20. (a) $x(t) = \text{rect}(t)$，$X(f) = \text{sinc}(f)$；因為 $T = 2$，基頻為 $f_0 = \frac{1}{T} = 0.5$，故傅立葉係數為 $X_k = X(f)\big|_{f=kf_0} = X(f)\big|_{f=0.5k} = 0.5\text{sinc}(0.5k)$。

(b) 因為 $T = 0.75$，$f = kf_0 = \frac{4}{3}k$，$X_k = \frac{4}{3}\text{sinc}\left(\frac{4k}{3}\right)$。

(c) $x(t) = \text{rect}(t - \frac{1}{2})$，$T = 2$，基頻為 $f_0 = \frac{1}{T} = 0.5$，$X(f) = \text{sinc}(f)e^{-j\pi f}$，故傅立葉係數為 $X_k = 0.5\text{sinc}(0.5k)e^{-jk\pi/2}$。

(d) $x(t) = \text{tri}(t)$, $T = 2$，$f_0 = \frac{1}{T} = 0.5$，$X(f) = \text{sinc}^2(0.5k)$。

(e) $x(t) = \text{tri}(t)$，$X(f) = \text{sinc}(f)$；因為 $T = 1.5$，基頻為 $f_0 = \frac{1}{T} = \frac{2}{3}$，$f = kf_0 = \frac{2}{3}k$，故傅立葉係數為 $X_k = \frac{2}{3}\text{sinc}^2\left(\frac{2k}{3}\right)$。

(f) $x(t) = \text{tri}(t - 1)$, $T = 2$，$X(f) = \text{sinc}^2(f)e^{-j2\pi f}$，基頻為 $f_0 = \frac{1}{T} = 0.5$，故傅立葉係數為 $X_k = 0.5\text{sinc}^2(0.5k)e^{-jk\pi}$。

第八章 習題解答

P8.1. (a) $x[n] = \{1, 2; 3, 2, 1\}$，$X(F) = e^{j4\pi F} + 2e^{j2\pi F} + 3 + 2e^{-j2\pi F} + e^{-j4\pi F} = 3 + 4\cos(2\pi F) + 2\cos(4\pi F)$，所以

$$X(0) = 9, X(0.5) = 3 - 4 + 2 = 1, X(1) = 9。$$

(b) $x[n] = \{-1, 2; 0, -2, 1\}$，因此 $X(F) = -e^{j4\pi F} + 2e^{j2\pi F} - 2e^{-j2\pi F} + e^{-j4\pi F} = j[4\sin(2\pi F) - 2\sin(4\pi F)]$。所以，$X(0) = 0, X(0.5) = 0, X(1) = 0$。

(c) $x[n] = \{; 1, 2, 2, 1\}$，因此 $X(F) = -e^{j3\pi F}\left[e^{j3\pi F} + 2e^{-j\pi F} + 2e^{j\pi F} + e^{-j3\pi F}\right]$。所以，$X(0) = 6, X(0.5) = 0, X(1) = 6$。

(d) $x[n] = \{; -1, -2, 2, 1\}$，因此 $X(F) = -1 - 2e^{-j2\pi F} + 2e^{-j4\pi F} + e^{-j6\pi F}$。

所以，$X(0) = 6, X(0.5) = 2, X(1) = 0$。

P8.2. (a) $X(F) = \sum_{n=0}^{\infty} \left(\frac{1}{2}\right)^{n+2} e^{-j2\pi nF} = \frac{1}{4} \sum_{n=0}^{\infty} \left(\frac{1}{2} e^{-j2\pi F}\right)^n = \frac{0.25}{1 - 0.5 e^{-j2\pi F}}$。

(b) $X(F) = \sum_{n=0}^{\infty} n\left(\frac{1}{2}\right)^{2n} e^{-j2\pi nF} = \sum_{n=0}^{\infty} n\left(\frac{1}{4} e^{-j2\pi F}\right)^n = \frac{0.25 e^{-j2\pi F}}{\left(1 - 0.25 e^{-j2\pi F}\right)^2}$。

(c) $X(F) = \sum_{n=1}^{\infty} \left(\frac{1}{2}\right)^{n+2} e^{-j2\pi nF} = \frac{1}{4} \sum_{n=1}^{\infty} \left(\frac{1}{2} e^{-j2\pi F}\right)^n = \frac{\frac{1}{8} e^{-j2\pi F}}{\left(1 - \frac{1}{2} e^{-j2\pi F}\right)}$。

(d) $X(F) = \sum_{n=1}^{\infty} n\left(\frac{1}{2}\right)^{n+2} e^{-j2\pi nF} = \frac{1}{4} \sum_{n=1}^{\infty} n\left(\frac{1}{2} e^{-j2\pi F}\right)^n = \frac{\frac{1}{8} e^{-j2\pi F}}{\left(1 - \frac{1}{2} e^{-j2\pi F}\right)^2}$。

(e) $x[n] = (n+1)(0.5)^n u[n] = n\left(\frac{1}{2}\right)^n u[n] + \left(\frac{1}{2}\right)^n u[n]$，所以，

$$X(F) = \sum_{n=1}^{\infty} n\left(\frac{1}{2} e^{-j2\pi F}\right)^n + \sum_{n=1}^{\infty} \left(\frac{1}{2} e^{-j2\pi F}\right)^n = \frac{\frac{1}{2} e^{-j2\pi F}}{\left(1 - \frac{1}{2} e^{-j2\pi F}\right)^2} + \frac{1}{1 - \frac{1}{2} e^{-j2\pi F}}$$。

(f) $(0.5)^n u[n] \Leftrightarrow \frac{1}{1 - \frac{1}{2} e^{-j2\pi F}}$，所以

$$x[n] = (0.5)^{-n} u[-n] \Leftrightarrow X(F) = \frac{1}{1 - \frac{1}{2} e^{j2\pi F}}$$。

P8.3. $x[n] \Leftrightarrow X(F) = \frac{4}{2 - e^{-j2\pi F}}$，所以

(a) $y[n] = x[n-2] \Leftrightarrow Y(F) = e^{-j4\pi F} X(F) = \frac{4 e^{-j4\pi F}}{2 - e^{-j2\pi F}}$。

(b) $z[n] = nx[n] \Leftrightarrow Z(F) = \left(\frac{j}{2\pi}\right) \frac{d}{dF} X(F) = \frac{4 e^{-j2\pi F}}{\left(2 - e^{-j2\pi F}\right)^2}$。

(c) $w[n] = x[-n] \Leftrightarrow W(F) = X(-F) = \frac{4}{2 - e^{j2\pi F}}$。

(d) $v[n] = x[n] - x[n-1] \Leftrightarrow V(F) = \left(1 - e^{-j2\pi F}\right) X(F) = \frac{4\left(1 - e^{-j2\pi F}\right)}{2 - e^{-j2\pi F}}$。

(e) $p[n] = x[n] * x[n] \Leftrightarrow P(F) = X^2(F) = \frac{16}{\left(2 - e^{-j2\pi F}\right)^2}$。

(f) $q[n] = e^{j\pi} x[n] \Leftrightarrow Q(F) = X\left(F - \frac{1}{2}\right) = \frac{4}{2 + e^{-j2\pi F}}$。

(g) $e[n] = x[n]\cos(n\pi) \Leftrightarrow E(F) = \frac{1}{2}\left[X\left(F+\frac{1}{2}\right)+X\left(F-\frac{1}{2}\right)\right] = \dfrac{4}{2+e^{-j2\pi F}}$。

(h) $f[n] = x[n+1]+x[n-1] \Leftrightarrow T(F) = \left(e^{-j2\pi F}+e^{j2\pi F}\right)X(F) = \dfrac{8\cos(2\pi F)}{2-e^{-j2\pi F}}$。

P8.4. $X(F) \Leftrightarrow x[n] = \left(\frac{1}{2}\right)^n u[n]$，所以

(a) $Y(F) = X(-F) \Leftrightarrow y[n] = x[-n] = 2^n u[-n]$。

(b) $Z(F) = X(F-0.25) \Leftrightarrow z[n] = e^{-j2\pi n F_0} X(F)$，因為 $F_0 = \frac{1}{4}$

$$z[n] = e^{j\pi n/2} x[n] = \left(\tfrac{1}{2}\right)^n e^{j\pi n/2} u[n]\text{。}$$

(c) $W(F) = X(F+0.25) + X(F-0.25) \Leftrightarrow w[n] = 2\cos(2\pi n F_0) x[n]$.

因為 $F_0 = \frac{1}{2}$，$w[n] = 2\left(\frac{1}{2}\right)^n \cos(2\pi n F_0) u[n]$。

(d) $V(F) = \frac{d}{dF}X(F) \Leftrightarrow v[n] = -j2\pi n x[n] = -j2\pi n \left(\frac{1}{2}\right)^n u[n]$。

(e) $P(F) = X(F)^2 \Leftrightarrow p[n] = x[n]*x[n] = \left(\frac{1}{2}\right)^n u[n] * \left(\frac{1}{2}\right)^n u[n] = (n+1)\left(\frac{1}{2}\right)^n u[n]$。

(f) $Q(F) = X(F) \otimes X(F) \Leftrightarrow q[n] = x[n]^2 = \left(\frac{1}{2}\right)^{2n} u[n] = \left(\frac{1}{4}\right)^n u[n]$。

(g) $E(F) = X(F)\cos(4\pi F) \Leftrightarrow e[n] = \frac{1}{2}(x[n-2]+x[n+2])$

所以，$e[n] = \left(\frac{1}{2}\right)^{n-2} u[n-2] + \left(\frac{1}{2}\right)^{n+2} u[n+2]$。

(h) $D(F) = X(F+0.25) - X(F-0.25)$，$F_0 = \frac{1}{4}$，所以

$$d[n] = e^{-j2\pi n/4} x[n] - e^{j2\pi n/4} x[n] = -j2\left(\tfrac{1}{2}\right)^n \sin\left(\tfrac{n\pi}{2}\right) u[n]\text{。}$$

P8.5. (a) $x[n] = \cos(0.5n\pi) = \cos(2n\pi F)$，因此 $F = \frac{1}{4}$。

頻譜為 $X(F) = \frac{1}{2}\delta(F+0.25) + \frac{1}{2}\delta(F-0.25)$，

因此在 $F_1 = \frac{1}{4}$ 處有 0.5 強度的脈衝函數，其相角為 0 rad.，參見圖 P8.5(a)。

(b) $x[n] = \cos(0.5n\pi) + \sin(0.25n\pi)$，因此在 $F_1 = \frac{1}{4}, F_2 = \frac{1}{8}$ 處分別有 0.5 強度的脈衝函數，其相角分別為 $\mp\frac{\pi}{2}$ 及 0 rad.，參見圖 P8.5(b)。

(c) $x[n] = \cos(0.5n\pi) \cdot \sin(0.25n\pi) = \frac{1}{2}\cos\left(\frac{3n\pi}{8}\right) + \frac{1}{2}\sin\left(\frac{3n\pi}{4}\right)$，在 $F_1 = \frac{3}{8}$ 及 $F_2 = \frac{1}{8}$ 處有 0.25 強度的脈衝函數，相角為 0 rad.，見圖 P8.5(c)。

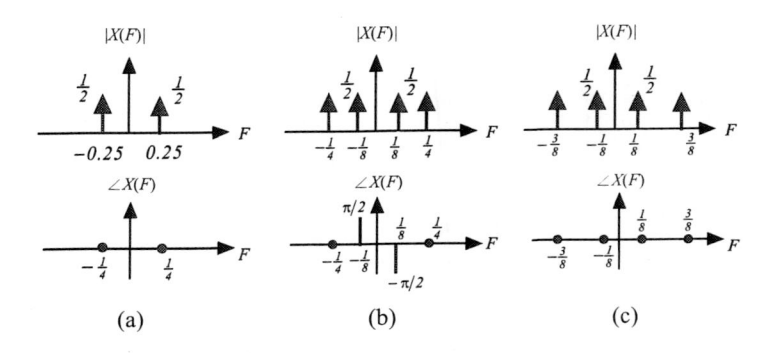

圖 P8.5　習題 8.5 之離散頻譜。

P8.6. (a) $x[n]=\{;1,0,0,0,0\} \Leftrightarrow X(F)=1$，因為 $N=5$，故週期延續對應於離散頻譜之傅立葉級數為 $X_k := X[k] = \frac{1}{5}\{;\ 1,1,1,1,1\}$。

(b) $x[n]=\{;1,0,-1,0\} \Leftrightarrow X(F)=1-e^{-j4\pi F}$。因為 $N=4$，故週期函數之傅立葉級數為 $X_k := X[k] = \frac{1}{N}X(F)\big|_{F\leftarrow k/N} = \{;0,\frac{1}{2},0,\frac{1}{2}\}$
$(k=0,1,2,3)$。

(c) $x[n]=\{;3,2,1,2\} \Leftrightarrow X(F)=3+2e^{-j2\pi F}+1\cdot e^{-j4\pi F}+2e^{-j6\pi F}$。因為 $N=4$ $(k=0,1,2,3)$，故週期函數之傅立葉級數為
$$X_k := X[k] = \frac{1}{N}X(F)\big|_{F\leftarrow k/N} = \{;2,\tfrac{1}{2},0,\tfrac{1}{2}\}。$$

(d) $x[n]=\{;1,2,3\} \Leftrightarrow X(F)=1+2e^{-j2\pi F}+3\cdot e^{-j4\pi F}$。
$N=4$ $(k=0,1,2,3)$，故週期函數之傅立葉級數為
$$X_k := X[k] = \frac{1}{N}X(F)\big|_{F\leftarrow k/N} = \frac{1}{4}\{;6,-1.5-j4.33,-1.5+j4.33\}。$$

P8.7. (a) $x_1[n]=\{;1,-2,0,1\} \Leftrightarrow X_1(F)=1-2e^{-j2\pi F}+6e^{-j6\pi F}$。
$N=4$，$X\big[\tfrac{k}{N}\big]=X_1(F)\big|_{F\leftarrow k/N}=\{;0,1+j3,2,1-j3\}$ $(k=0,1,2,3)$，則
$$x_P[n] \Leftrightarrow X_P(F) = \frac{1}{N}\sum_{n=0}^{N-1} X\big(\tfrac{k}{4}\big)\delta\big(F-\tfrac{k}{4}\big)$$
$$= \frac{1}{4}\big[(1+j3)\delta(F-\tfrac{1}{4})+2\delta(F-\tfrac{1}{2})+(1+j3)\delta(F-\tfrac{3}{4})\big]$$

(b) $h[n]=\mathrm{sinc}(0.8n) \Leftrightarrow H(F)=1.25\,\mathrm{rect}(1.25F)$，相當於一個理想低頻通濾波器，其截止頻率為 $F_C=0.4$。所以只有 $0\leq|F|<1$（主要週

期內）之信號輸出，亦即頻率成分為 $F = 0.25$ 及 $F = 0.75$ 之信號通過（或，$F = 0.25$ 及 $F = -0.25$），而頻率成分為 $F = 0.5$ 之信號被排斥在外，是則輸出信號之 DTFT 為

$$Y_P(F) = 1.25 \cdot \tfrac{1}{4}\left[(1+j3)\delta(F-\tfrac{1}{4}) + (1+j3)\delta(F-\tfrac{3}{4})\right]$$
$$= 0.3125\left[\delta(F-\tfrac{1}{4}) + \delta(F+\tfrac{1}{4})\right] - j3 \cdot (0.3125)\left[\delta(F+\tfrac{1}{4}) + \delta(F-\tfrac{1}{4})\right]$$

因此，$y_P[n] = 0.625[\cos(0.5n\pi) - 3\sin(0.5n\pi)]$。

P8.8. 轉移函數為 $H(F) = 2\cos(\pi F)e^{-j\pi F} = 1 + e^{-j2\pi F}$。

(a) 輸出為 $x[n] = \delta[n] \Leftrightarrow X(F) = 1$，所以輸出響應為 $Y(F) = H(F) = 1 + e^{-j2\pi F}$，因此輸出數列為 $y[n] = h[n] = \delta[n] + \delta[n-1]$。

(b) $x[n] = \cos(0.5n\pi)$，$F_0 = 0.25$，$H(F_0) = 2\cos(0.25\pi)e^{-j\pi/4} = \sqrt{2}e^{-j\pi/4}$，所以輸出數列為 $y[n] = \sqrt{2}\cos(0.5n\pi - \tfrac{\pi}{4})$。

(c) $x[n] = \cos(n\pi)$，$F_0 = 0.5$，$H(F_0) = 2\cos(0.5\pi)e^{-j\pi/2} = 0$，所以輸出數列為 $y[n] = 0$。

(d) $x[n] = 1$，$F_0 = 0$，$H(F_0) = 2$，輸出數列為 $y[n] = 2$。

(e) $x[n] = e^{j0.4n\pi}$，$F_0 = 0.2$，$H(F_0) = 2\cos(0.2\pi)e^{-j0.2\pi}$，所以輸出數列為 $y[n] = 2\cos(0.2\pi)e^{-j0.2\pi}e^{-j0.4n\pi}$。

(f) $x[n] = (j)^n$，$F_0 = 0.25$，$H(F_0) = 2\cos(0.25\pi)e^{-j0.25\pi}$，所以輸出數列為 $y[n] = \sqrt{2}\,e^{-j0.25\pi}e^{-j0.5n\pi}$。

P8.9. $x[n] = \{;1, 0.5\} \Leftrightarrow X(F) = 1 + 0.5e^{-j2\pi F}$，

$$y[n] = \delta[n] - 2\delta[n-1] - \delta[n-2] \Leftrightarrow Y(F) = 1 - 2e^{-j2\pi F} - e^{-j4\pi F}.$$

(a) 頻率轉移函數 $H[F] = \dfrac{Y(F)}{X(F)} = \dfrac{1 - 2e^{-j2\pi F} - e^{-j4\pi F}}{1 + 0.5e^{-j2\pi F}}$。

(b) 單位脈衝響應數為

$$h[n] = (-0.5)^n u[n] - 2(-0.5)^{n-1}u[n-1] - (-0.5)^{n-2}u[n-2]$$
$$= \delta[n] + 5\delta[n-1] + (-0.5)^n u[n-2]$$

P8.10. $H(F) = \text{rect}(2F)e^{-j0.5\pi F} = \text{rect}(2F)e^{-j2\pi(0.25)F}$，

(a) $h[n] = 0.5\,\text{sinc}(0.5(n-0.25))$。

(b) $x(t) = \cos(0.2\pi t)$，抽樣速率為 $f_S = 1$ Hz，故 $x[n] = \cos(0.2n\pi)$，
$F_0 = \frac{1}{8}$。$H(F_0) = H(\frac{1}{8}) = e^{-j\pi/16}$，因此
$$y[n] = \cos(0.25\pi t - \tfrac{\pi}{16}) = \cos(0.25\pi(t - \tfrac{1}{4})) = x(t - \tfrac{1}{4})。$$

(c) $Y(f) = X(f)e^{-j2\pi f/4}$，$H(f) = e^{-j2\pi f/4}$。

P8.11. (a) $x[n] = \{1, 2, 1, 2\}$，因此 $N=4$，$e^{-j2\pi nk/N} = e^{-jnk\pi/2}$，是故
$e^{-j\pi/2} = -j$，$e^{-j\pi} = -1$，$e^{-j3\pi/2} = j$，$e^{-j2\pi} = 1$。依照定義 (8.26)
$$X_{DFT}[k] = \sum_{n=0}^{3} x[n]e^{-jkn\pi/2} = x[0] + x[1]e^{-jk\pi/2} + x[2]e^{-jk\pi} + x[3]e^{-jk3\pi/2}.$$
$k=0$：$X_{DFT}[0] = 1+2+1+2 = 6$
$k=1$：$X_{DFT}[1] = 1 + 2e^{-j\pi/2} + 1\cdot e^{-j\pi} + 2e^{-j3\pi/2} = 1 - 2j - 1 + 2j = 0$
$k=2$：$X_{DFT}[2] = 1 + 2e^{-j\pi} + 1\cdot e^{-j2\pi} + 2e^{-j3\pi} = 1 - 2 + 1 - 2 = -2$
$k=3$：$X_{DFT}[3] = 1 + 2e^{-j3\pi/2} + 1\cdot e^{-j3\pi} + 2e^{-j9\pi/2} = 0$
所以 $x[n] = \{1, 2, 1, 2\} \Leftrightarrow X_{DFT}[k] = \{6, 0, -2, 0\}$。

(b) $x[n] = \{2, 1, 3, 0, 4\}$，因此 $N=5$，$X_{DFT}[k] = \sum_{n=0}^{4} x[n]e^{-jkn2\pi/5}$
$k=0$：$X_{DFT}[0] = 2+1+3+0+4 = 10$
$k=1$：$X_{DFT}[1] = 2 + e^{-j2\pi/5} + 3e^{-j4\pi/5} + 4e^{-j8\pi/5} = 1.12 + j1.09$
$k=2$：$X_{DFT}[2] = 2 + e^{-j4\pi/5} + 3e^{-j8\pi/5} + 4e^{-j16\pi/5} = -1.12 + j4.62$

當 $k > 0.5N = 2.5$ 時，可以利用 DFT 之循環對稱：$X[k] = X^*[N-k]$，因此
$X_{DFT}[3] = X_{DFT}^*[2] = -1.12 - j4.62$，$X_{DFT}[4] = X_{DFT}^*[1] = 1.12 - j1.09$

所以 $X_{DFT}[k] = \{10,\ 1.12+j1.09,\ -1.12+j4.62,\ -1.12-j4.62,\ 1.12 - j1.09\}$。

(c) $x[n] = \{2, 2, 2, 2\}$，因此 $N=4$，$e^{-j2\pi nk/N} = e^{-jnk\pi/2}$，依照定義 (8.26)
$$X_{DFT}[k] = \sum_{n=0}^{3} x[n]e^{-jkn\pi/2} = x[0] + x[1]e^{-jk\pi/2} + x[2]e^{-jk\pi} + x[3]e^{-jk3\pi/2}$$

$k=0$：$X_{DFT}[0] = 2+2+2+2 = 8$
$k=1$：$X_{DFT}[1] = 2 + 2e^{-j\pi/2} + 2e^{-j\pi} + 2e^{-j3\pi/2} = 0$

$k=2$: $X_{DFT}[2] = 2 + 2e^{-j\pi} + 2e^{-j2\pi} + 2e^{-j3\pi} = 0$

當 $k > 0.5N = 2$ 時,可以利用 DFT 之循環對稱:$X[k] = X^*[N-k]$,因此

$$X_{DFT}[3] = X_{DFT}^*[1] = 0,$$

(d) $x[n] = \{1, 0, 0, 0, 0, 0, 0, 0\}$,因此 $N=8$,依照定義 (8.26)

$$X_{DFT}[k] = \sum_{n=0}^{7} x[n] e^{-jkn\pi/4} = x[0] = 1, \quad k = 0, ..7$$

是故 $X_{DFT}[k] = \{1, 1, 1, 1, 1, 1, 1, 1\}$。

P8.12. (a) $X_{DFT}[k] = \{2, -j, 0, j\}$,因此 $N=4$,依照定義 (8.27)

$$x[n] = \frac{1}{4} \sum_{k=0}^{3} X_{DFT}[k] e^{jnk2\pi/4} = \frac{1}{4} \sum_{k=0}^{3} X_{DFT}[k] e^{jnk\pi/2}$$

$n=0$: $x[0] = \frac{1}{4} \sum_{k=0}^{3} X_{DFT}[k] = \frac{1}{4}(2 - j + 0 + j) = 0.5$

$n=1$: $x[1] = \frac{1}{4} \sum_{k=0}^{3} X_{DFT}[k] e^{jk\pi/2} = \frac{1}{4}(2 - je^{j\pi/2} + 0 + je^{j3\pi/2}) = 1$

$n=2$: $x[2] = \frac{1}{4} \sum_{k=0}^{3} X_{DFT}[k] e^{jk\pi} = \frac{1}{4}(2 - je^{j\pi} + je^{j3\pi}) = 0.5$

$n=3$: $x[3] = \frac{1}{4} \sum_{k=0}^{3} X_{DFT}[k] e^{jk3\pi/2} = \frac{1}{4}(2 - je^{j3\pi/2} + je^{j9\pi/2}) = 0$

是故 $x[n] = \{0.5, 1, 0.5, 0\}$。

(b) $X_{DFT}[k] = \{4, -1, 1, 1, -1\}$,因此 $N=5$,$x[n] = \frac{1}{5} \sum_{k=0}^{4} X_{DFT}[k] e^{jnk2\pi/5}$

$n=0$: $x[0] = \frac{1}{5} \sum_{k=0}^{4} X_{DFT}[k] = \frac{1}{5}(4 - 1 + 1 + 1 - 1) = 0.8$

$n=1$: $x[1] = \frac{1}{5} \sum_{k=0}^{4} X_{DFT}[k] e^{jk2\pi/5} = \frac{1}{5}(4 - e^{j2\pi/5} + e^{j4\pi/5} + e^{j6\pi/5} - e^{j8\pi/5}) = 0.35$

$n=2$: $x[2] = \frac{1}{5} \sum_{k=0}^{4} X_{DFT}[k] e^{jk4\pi/5} = \frac{1}{5}(4 - e^{j4\pi/5} + e^{j8\pi/5} + e^{j12\pi/5} - e^{j16\pi/5}) = 1.25$

因 $X_{DFT}[k]$ 為實數,當 $k > 0.5N = 2.5$ 時,$x[n] = x^*[N-n]$,使得 $x[3] = x^*[2] = 1.25$,$x[4] = x^*[1] = 0.35$。是故 $x[n] = \{0.8, 0.35, 1.25, 1.25, 0.35\}$。

(c) $X_{DFT}[k] = \{1, 2, 1, 2\}$,因此 $N=4$,$x[n] = \frac{1}{4} \sum_{k=0}^{3} X_{DFT}[k] e^{jnk\pi/2}$。

$n = 0: x[0] = \frac{1}{4}\sum_{k=0}^{3}X_{DFT}[k] = \frac{1}{4}(1+2+1+2) = 1.5$

$n = 1: x[1] = \frac{1}{4}\sum_{k=0}^{3}X_{DFT}[k]e^{jk\pi/2} = \frac{1}{4}(1+2e^{j\pi/2}+e^{j\pi}+2e^{j3\pi/2}) = 0$

$n = 2: x[2] = \frac{1}{4}\sum_{k=0}^{3}X_{DFT}[k]e^{jk\pi} = \frac{1}{4}(1+2e^{j\pi}+e^{j2\pi}+2e^{j3\pi}) = 0.5$

因 $X_{DFT}[k]$ 為實數，當 $k > 0.5N = 2$ 時，$x[n] = x^*[N-n]$，使得 $x[3] = x^*[1] = 0$，是故 $x[n] = \{1.5, 0, 0.5, 0\}$。

(d) $X_{DFT}[k] = \{1, 0, 0, j, 0, -j, 0, 0\}$，

因此 $N = 8$，$x[n] = \frac{1}{8}\sum_{n=0}^{7}X_{DFT}[k]e^{-jkn\pi/4}$，即

$$x[n] = \frac{1}{8}(1+je^{jn3\pi/4}-je^{jn5\pi/4})$$

$n = 0: x[0] = \frac{1}{8}(1+j-j) = 0.125$

$n = 1: x[1] = \frac{1}{8}(1+je^{j3\pi/4}-je^{j5\pi/4}) = -0.052$

$n = 2: x[2] = \frac{1}{8}(1+je^{j6\pi/4}-je^{j10\pi/4}) = 0.375$

$n = 3: x[3] = \frac{1}{8}(1+je^{j9\pi/4}-je^{j15\pi/4}) = -0.052$

$n = 4: x[4] = \frac{1}{8}(1+je^{jn3\pi}-je^{jn5\pi}) = 0.125$

$n = 5: x[5] = \frac{1}{8}(1+je^{j15\pi/4}-je^{j25\pi/4}) = 0.302$

$n = 6: x[6] = \frac{1}{8}(1+je^{j18\pi/4}-je^{j30\pi/4}) = -0.125$

$n = 7: x[7] = \frac{1}{8}(1+je^{j21\pi/4}-je^{j35\pi/4}) = 0.302$

是故 $x[n] = \{0.125, -0.052, 0.375, -0.052, 0.125, 0.302, -0.125, 0.302\}$。

P8.13. 實數數列之 DFT 具有共軛對稱之特性：$X[k] = X^*[N-k]$。

(a) $X_{DFT}[k] = \{0, \boxed{A}, 2+j, -1, \boxed{B}, j\}$，$N = 6$，所以
A = $X[1] = X^*[5] = -j$，B = $X[4] = X^*[2] = 2-j$

(b) $X_{DFT}[k] = \{1, 2, \boxed{C}, \boxed{D}, 0, 1-j, -2, \boxed{E}\}$，$N = 8$，所以
C = $X[2] = X^*[6] = -2$，D = $X[3] = X^*[5] = 1 = 1+j$，
E = $X[7] = X^*[1] = 2$。

P8.14. $x[n] \Leftrightarrow X_{DFT}[k] = \{1, 2, 3, 4\}$，$N = 4$

(a) $x[n-2] \Leftrightarrow e^{-jk2\pi(2)/4} X_{DFT}[k] = e^{-jk\pi} X_{DFT}[k] = \{1, -2, 3, -4\}$。

(b) $x[n+6] \Leftrightarrow e^{-jk2\pi(6)/4} X_{DFT}[k] = e^{jk3\pi} X_{DFT}[k] = \{1, -2, 3, -4\}$。

(c) $e^{jn\pi/2} x[n] = e^{-jn2\pi(-1)/4} x[n] \Leftrightarrow X_{DFT}[k \oplus -1] \{4, 1, 2, 3\}$。

(d) $x[n] \otimes x[n] \Leftrightarrow X_{DFT}[k] \cdot X_{DFT}[k] = \{1, 4, 9, 16\}$。

(e) $x[n] \cdot x[n] \Leftrightarrow \frac{1}{N} X_{DFT}[k] \otimes X_{DFT}[k] = \frac{1}{4}\{26, 28, 21, 20\} = \{6.5, 7, 6.5, 5\}$。

(f) $x[-n] \Leftrightarrow X_{DFT}[-k] = X_{DFT}[N-k] = \{1, 4, 3, 2\}$。

(g) $x^*[n] \Leftrightarrow X_{DFT}^*[-k] = \{1, 4, 3, 2\}$。

(h) $x^2[-n] \Leftrightarrow \frac{1}{N} X_{DFT}[-k] \otimes X_{DFT}[-k] = \frac{1}{4}\{26, 28, 26, 28\} = \{6.5, 5, 6.5, 7\}$。

P8.15. (a) $\{1, 2, 3, 4\} \Rightarrow \{00, 01, 10, 11\} \rightarrow \{00, 10, 01, 11\} \Rightarrow \{1, 3, 2, 4\}$。

(b) $\{0, -1, 2, -3, 4, -5, 6, -7\} \Rightarrow \{000, 001, 010, 011, 100, 101, 110, 111\}$

$\rightarrow \{000, 100, 010, 110, 001, 101, 011, 111\}$

$\Rightarrow \{0, 4, 2, 6, -1, -5, -3, -7\}$。

P8.16. $x[n] = \{1, 2, 2, 2, 1, 0, 0, 0\}$，$N = 8$，$W_N = e^{-j2\pi/8} = e^{-j\pi/4}$，因此

$$W_N^0 = 1 , \quad W_N^1 = \frac{1-j}{\sqrt{2}} , \quad W_N^2 = -j , \quad W_N^3 = \frac{1+j}{\sqrt{2}}$$

FFT 之蝶符圖參見圖 PA8.16，因為 $N = 8$，故有 3 級。

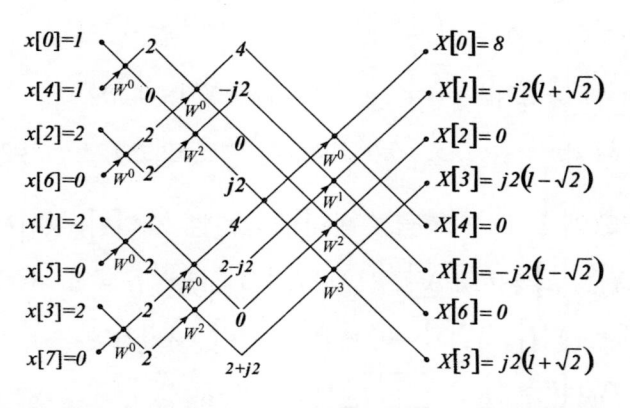

圖 PA8.16　習題 8.16 之 8-點、3 級 FFT 蝶符圖。

首先做輸入數列位元反序：$\{000, 001, 010, 011, 100, 101, 110, 111\} \rightarrow$

{000, 100, 010, 110, 001, 101, 011, 111}，因此輸入數列變成

$$x[0],\ x[4],\ x[2],\ x[6],\ x[1],\ x[5],\ x[3],\ x[7]$$

第 1 級蝶符計算輸出分別為：

$$x[0]+x[4]=2,\ x[0]-x[4]=0\ ;\ x[2]+x[6]=2,\ x[2]-x[6]=2\ ;$$
$$x[1]+x[5]=2,\ x[1]-x[5]=2\ ;\ \ x[3]+x[7]=2,\ x[3]-x[7]=2\ 。$$

第 2 級蝶符計算輸出分別為：$4, -j2;\ 0, j2;\ 4, 2-j2, 0, 2+j2$。

第 3 級蝶符計算輸出，即為實際順序的 DFT，分別為：

$$X[0]=8\ ;\ X[1]=-j2(1+\sqrt{2})\ ;\ X[2]=0\ ;\ X[3]=j2(1-\sqrt{2})\ ;$$
$$X[4]=0\ ;\ X[5]=-j2(1-\sqrt{2})\ ;\ X[6]=0\ ;\ X[7]=j2(1+\sqrt{2})\ 。$$

P8.17. 二數列為 $x[n]=\{\ ;\ 1, 2, 1\}$ 及 $y[n]=\{\ ;\ 1, 2, 3\}$，

(a) $z[n]=x[n]*y[n]=\sum_{m=0}^{\infty}x[m]y[n-m]$，因此

$n=0$：$z[0]=x[0]y[0]+x[1]y[-1]+x[2]y[-2]+...=x[0]y[0]=1$

$n=1$：$z[1]=x[0]y[1]+x[1]y[0]+x[2]y[-1]+...=x[0]y[1]+x[1]y[0]=4$

$n=2$：$z[2]=x[0]y[2]+x[1]y[1]+x[2]y[0]+...=8$

$n=3$：$z[3]=x[0]y[3]+x[1]y[2]+x[2]y[1]+...=x[1]y[2]+x[2]y[1]=8$

$n=4$：$z[4]=x[0]y[4]+x[1]y[3]+x[2]y[2]+...=x[2]y[2]=3$

$n=5$：$z[5]=x[0]y[5]+x[1]y[4]+x[2]y[3]+x[3]y[2]+\cdots=0$

$n=6$：$z[6]=x[0]y[6]+x[1]y[5]+x[2]y[4]+x[3]y[3]+\cdots=0$

...

因此二個 3-點數列之線性摺積和成為 5-點數列，亦即，有限長度 N-數列之線性摺積和成為長度 $2N-1$ 數列：$z[n]=x[n]*y[n]=\{\ ;\ 1, 4, 8, 8, 3\}$。

有鑑於上述摺積和之程序，二個 3-點數列（N-點數列）之摺

積和議可以下列直式算數施行之，請讀者詳加對照與比較：

```
序數    n   0   1   2   3   4   5   6 ...
       x[n]  1   2   1
       y[n]  1   2   3
             ─────────────────────────────
                  1   2   1
                      2   4   2
                          3   6   3
                              0   0   0
             ─────────────────────────────
       z[n]  1   4   8   8   3   0 ...
```

(b) 因為二個 3-點數列之線性摺積和，其結果成為 5-點數列，所以 DFT 亦為 5-點數列。是則，施行 DFT 之前須先將各數列轉換成 5-點數列，不足 5-點者以 0 填補 (zero padded)，如下述：

$$x_1[n] = \{\,;\,1, 2, 1, 0, 0\}, \quad y_1[n] = \{\,;\,1, 2, 3, 0, 0\}。$$

其次，施行 DFT 如下

序數 k	0	1	2	3	4
$X_1[k]$	4	0.81–j2.49	–0.31–j0.22	–0.31+j0.22	0.81+j2.49
$X_2[k]$	6	–0.81–j3.67	0.31+j1.68	0.31–j1.68	–0.81+j3.67
$X_1[k]\,X_2[k]$	24	–9.78–j0.95	0.28–j0.59	0.28+j0.59	–9.78+j0.95

因此，IDFT$\{X_1[k]\,X_2[k]\} = z[n] = \{1, 4, 8, 8, 3\}$，與前面結果一致。

P8.18. (a) $x[n] = \{1, 2, 1\}$ 及 $y[n] = \{1, 2, 3\}$，皆為 N = 3-點數列。現先考慮其線性摺積和如下（參見習題 8.17）：

$$x[n] * x[n] = \{1, 4, 8, 8, 3\}，為 5\text{-點數列}。$$

若考慮 $x[n]$ 及 $y[n]$ 為 N = 3 的週期數列，則 $x[n] = x(N + n)$，$y[n] = y[N + n]$，其循環摺積和之結果亦為 3-點數列：$z[n] = x[n] \otimes x[n] = \{9, 7, 8\}$，係將 $x[n] * x[n]$ 中後面 2 個數據捲回

(wraparound) 前面 3-點相加而成。二個 3-點數列（N-點數列）之循環摺積和可以用下列直式算數施行之，請讀者詳加對照與比較：

序數 n	0	1	2	3	4	5	（線性）
$x[n]$	1	2	1				
$y[n]$	1	2	3				
	1	2	1				
	2	2	4	2			┤捲回前面相加
	6	3	3	6	3		┤捲回前面相加
$z[n]$	**9**	**7**	**8**				

(b) $x[n] = \{1, 2, 1\} \Leftrightarrow X_{\text{DFT}}[k] = \{4, -0.50 - j0.87, -0.50 + j0.87\}$，且 $y[n] = \{1, 2, 3\} \Leftrightarrow Y_{\text{DFT}}[k] = \{6, -1.50 + j0.87, -1.50 - j0.87\}$，則 $Z_{\text{DFT}}[k] = X_{\text{DFT}}[k] \cdot Y_{\text{DFT}}[k] = \{24, 1.50 + j0.87, 1.50 - j0.87\}$，因此 $z[n] = \text{IDFT}\{Z_{\text{DFT}}[k]\} = \{9, 7, 8\}$，與前面結果一致。

參考文獻

1. Ambardar A., *Analog and Digital Signal Processing*, 2nd ed., CA: Brooks/Cole Publishing Co., 1999.

2. D'Azzo J. J. and Houpis C. H., *Linear Control System Analysis and Design, Conventional and Modern*, NY: McGraw-Hill Book Co., Inc., 1995.

3. Frederick D., and Chow J., *Feedback Control Problems using MATLAB and Control System Toolbox*, CA: Brooks/Cole Publishing Co., Thomson Learning, 2000.

4. Ogata, K., *System Dynamics*, 3rd ed., Upper Saddle River, NJ: Prentice Hall, 1998.

5. Noble B., and Daniel J. W., Applied Linear Algebra, 3rd. ed., Prentice-Hall Inc., Englewood Cliffs, New Jersey, 1988.

6. Ogata, K., *Solving Control Engineering Problems with MATLAB*, Upper Saddle River, NJ: Prentice-Hall, 1994.

7. Oppenheim A. V., Willsky A. S., and Nawab S., H., *Signals & Systems*, 2nd ed., Prentice-Hall International, Inc., 1997.

8. Roberts M. J., *Signals and Systems, Analysis Using Transform Method and MATLAB*, NY: McGraw-Hill Book Co., Inc., 2004.

9. Strum R. D., and Kirk D. E., *Contemporary Linear Systems using MATLAB*, CA: Brooks/Cole, Thomson Learning, 2000.

10. 莊政義，線性系統設計，國立編譯館主編，明文書局股份有限公司出版印行，1994.

11. 莊政義，線性控制系統，國立編譯館主編，中央圖書出版社出版印行，1984

12. 莊政義，自動控制，大中國圖書公司印行，1996.